U0218438

自然辩证法概论

李树业　主编

内 容 提 要

本书的主要内容包括：对自然辩证法的学科性质、体系、创立、发展及学习与研究意义的阐释；结合人类社会与当代科学技术的发展现实，论述了系统自然观、生态自然观和人工自然观；在对科学技术研究的辩证思维方法、创新思维方法、数学与系统思维方法等阐释的基础上，对每种方法又做了案例分析说明；探讨了科学技术的社会运行、国家治理和人文引导；阐述了创新型国家建设的内涵、特征、国家创新体系、增强自主创新能力等。

编写中根据不同的知识点和理论，搭配案例、知识链、思考题和进一步阅读书目等内容，便于自学和深入研究。本书不仅可作为全日制硕士研究生和工程硕士研究生的教材，也适合于高年级本科生、一般科技工作者及其他社会科学研究者使用。

图书在版编目(CIP)数据

自然辩证法概论/李树业主编. —天津：天津大学出版社，2013. 12

ISBN 978-7-5618-4910-1

Ⅰ. ①自… Ⅱ. ①李 Ⅲ. ①自然辩证法 - 教材 - Ⅳ. ①N031

中国版本图书馆 CIP 数据核字(2013)第 299351 号

出版发行 天津大学出版社
出 版 人 杨欢
地 址 天津市卫津路 92 号天津大学内(邮编:300072)
电 话 发行部:022-27403647
网 址 publish. tju. edu. cn
印 刷 昌黎太阳红彩色印刷有限责任公司
经 销 全国各地新华书店
开 本 169mm × 239mm
印 张 19. 25
字 数 399 千
版 次 2014 年 1 月第 1 版
印 次 2014 年 1 月第 1 次
定 价 40. 00 元

前　言

本书遵照2013年国家教育部颁发的《自然辩证法概论》教学修订大纲的精神和教学要求编写。编写中，作者坚持马克思主义自然观、科学技术观及科学技术方法论的基本观点，贯彻国家教育部统一的教学大纲，同时又考虑教学的实际情况，既注重思想性的要求，又注意知识应用性的需要，坚持教学内容与教学对象相结合、相统一的原则。

内容设计，一是突出思想性与知识性的统一。内容选择和编排，充分考虑施教对象是研究生，尽量突现以知识促进思想修养与提升，以思想指导提升知识学习与应用。研究生思想政治理论教育，应以丰富和充实知识来促进，对思想性问题，不论是理论问题，还是实际问题或热点问题，用摆事实、讲道理的方法做有根据的分析，不应只给出简单的论断或答案。如，只肯定马克思主义能够指导科学技术研究是不够的，必须说明这种指导是通过哪些环节和方法在实践活动中得到发挥而起到了作用。靠理论和材料，靠掌握分析问题所需的知识来阐明思想性问题。如果进行的是少有知识性的思想政治理论教育，会显得苍白无力，达不到应有的目的（效果）。研究生思想政治理论课不能离开思想性去堆积知识，也不能抛开知识性去提高思想。这样，既体现了自然辩证法知识性略强的特性，也尊重了施教对象高层次思想性的客观要求。二是针对课时所限，为便于自学，每章安排了“知识链”“案例”“进一步阅读书目”“思考题”。通过“知识链”帮助了解相关的背景知识或前沿问题；通过“案例解析”示范或启发如何把握和捕捉知识要点，“案例”与“思考题”的结合帮助提高运用所学知识分析问题和解决问题的能力；通过“进一步阅读书目”深化学习和研讨。

本书编写的具体分工如下。

前言、绪论、第一章、第五章：李树业

第二章：谭小琴

第三章：张巍

第四章：李树业，张姝艳

本书编写中参阅、引用了有关的自然辩证法教材、科技哲学专著及相关文献，同时得到天津大学“研究生创新人才培养项目”的资助和研究生院领导的支持，在此一并向作者和领导表示衷心的感谢！

由于时间紧，编者水平有限，书中难免有疏漏、不当之处，恳请读者和同人批评指正。

2013年12月于天津大学

目　录

绪 论

自然辩证法是马克思主义关于自然和科学技术发展的一般规律、人类认识和改造自然的一般方法以及科学技术与人类社会相互作用的理论体系，是对以科学技术为中介和手段的人与自然、社会的相互关系的概括、总结。自然辩证法是马克思主义自然辩证法，是马克思主义理论的重要组成部分。

第一节 自然辩证法的学科性质

自然辩证法作为一门独立的学科，其学科性质首先是具有哲学性质。

从历史渊源看，自然辩证法原是恩格斯在 1873 年至 1883 年间完成的一些书稿集成的一部著作。恩格斯的这部著作阐明了辩证法不仅存在于人类社会和人类思维中，也是自然界本身所具有的，进而论述了自然界的客观辩证规律和自然科学技术的辩证思维方法。自然界是一切事物的本原，是人类生存与发展的根基；科学技术是人类认识和改造自然形成的一种推动历史发展的革命性力量，揭示了自然事物的性质及特殊的规律和方法。一般规律和一般方法寓于特殊规律和特殊方法之中。人们把自然科学的特殊规律和特殊方法高度概括和抽象，使辩证唯物主义哲学与自然科学技术相互渗透、彼此结合，形成了包含自然观、科技观、方法论、科学技术与社会等领域的相对独立、稳定的知识体系——自然辩证法学科。故自然辩证法有着深厚的哲学底蕴，自然具有哲学性质。

从学科的功能、任务和解决的问题来看，自然辩证法作为一门独立的学科，其学科的基本功能是以辩证唯物主义哲学为指导，依据社会历史条件，结合时代的任务，研究自然界、科学技术发展及其与社会发展的相互关系，这种研究是从世界观、认识论和方法论的高度认识和反映自然界、科学技术与社会的关系；马克思主义理论，不仅是从哲学角度来考察，还从历史唯物主义、政治经济学、科学社会主义等角度来考察，即从整体上系统地把握自然界、人类认识与改造自然的科学技术活动以及科学技术发展的一般规律。故自然辩证法的学科功能有着鲜明的哲学性质。

自然辩证法其学科的基本任务是以辩证唯物主义哲学为指导，以自然科学技术成果和科学技术史为依据，运用方法论研究整个自然界和科学技术发展的一般规律。而各门自然科学技术是运用某种特殊方法研究自然界中的特殊现象或人类认识与改造自然的某种特殊事件的特殊规律。这就使自然辩证法的学科任务与各项自然科学技术的学科任务有明显的区别，具有哲学性质。

自然辩证法其学科解决的问题，理论上是以自然观为理论基础，考察作为社会实践活动的科学技术的成果(后果)与过程以及科学技术发展与社会发展的关系,考察科学技术的社会功能与伦理,研究现代科学技术与中国创新型国家(现代化)建设的关系等;现实中是探讨回答一些现实意义很强的有突出针对性的问题。如,科学技术对人类社会发展的影响越来越大,不仅使自然界依照人类的预想发生了巨大变化,同时也因科学技术后果的不完全可预见性,使科学技术的应用对自然界和人类社会产生了一些消极后果,因而如何看待科学技术与人类社会的可持续发展;马克思主义已创立近两个世纪了,在这个较长的历史进程中,社会状况发生了很大的变化,科学技术发展日新月异,该如何来理解马克思主义世界观(理论、观点和方法)仍然是正确的;马克思主义理论能够指导科学技术发展,那些不受马克思主义指导的国家或科学家为何反而创造了更大、更多的成果,等等。对这些问题不应该也不能回避,或不能含糊其辞、轻描淡写,应积极科学地回答,而这些问题正是自然辩证法要着重论及的,故探讨解决这些问题不仅体现了现实性和针对性,也体现了其学科的哲学性。

自然辩证法是一门具有哲学性质的学科,但又不完全属于哲学学科,是居于自然科学技术与哲学之间的学科。因为自然辩证法是运用马克思主义哲学(辩证唯物主义哲学)的普遍规律探究自然界和科学技术发展的一般规律与人类认识和改造自然的一般方法,而哲学是反映自然、社会、思维最共同的普遍规律,即自然辩证法所揭示的一般规律不像哲学的普遍规律那样具有最高层次的普遍性,自然辩证法的一般规律和方法概括的范围和抽象的程度也不像哲学那样是最高层次的普适范围,哲学的普遍规律和方法处于规律与方法体系中的最高层次。同时,当代的自然辩证法已发展成一个涉及广泛研究领域的学科,其中的一些领域,如科学技术与社会等,很难被划入哲学门类之中,这也使得自然辩证法不能成为完全意义上的哲学学科。自然辩证法与科学技术是紧密联系的,但又不同于自然科学技术的具体学科,各门自然科学技术是探索自然事物的具体规律或特殊规律,而自然辩证法是研究科学技术的一般规律,不具有完全的具体性,即自然辩证法的认识超脱了自然科学技术的专业化个性视阈进入了一般化共性视阈,但还没有超越追本溯源普适性的哲学视阈。所以,自然辩证法理论的普适性和抽象性较自然科学的大,又比哲学或马克思主义哲学普遍原理的普适性和抽象性小,故自然辩证法是居于自然科学技术与哲学之间、占据一个独特的中间层次的学科,是科学技术与哲学相互联系的桥梁(如图0.1所示)。

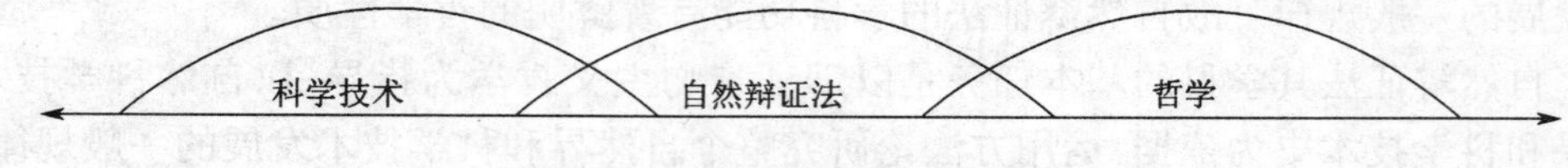

图0.1　自然辩证法的学科定位

自然辩证法还是一门"多音性"学科,这是它的另一显著特征。"多音性"表达了自然辩证法学科是多视角、多观点的多元化研究与考察。其在思维上汲取了哲学思维方法的精华,对自然、科学、技术、社会等领域进行哲学的分析、概括和抽象;在方法上又广泛吸收了多学科的知识,如自然科学、技术科学、思维科学、社会科学、人文科学等,进行具体的定性研究,形成了"文中有理""理中有文"的多学科知识渗透与融合的"多音性"。因此,它最能反映和表达自然的、思维的、社会的或人与自然、人与社会的关系,所以自然辩证法具有多科学交融的"多音性" 特性。

第二节　自然辩证法的研究内容

一、自然辩证法的研究对象

在恩格斯的自然哲学中,"自然辩证法"之意是"自然界的辩证法"即"辩证法的规律是自然界的实在的发展规律"。①其揭示了自然界是整个世界演化的原点,是整个世界一切事物的本原,自然界的演化形成了自然史和人类史。其思维逻辑就是:人类从自然界中分化出来并从自然界获得生存发展的资料,自然界是人类赖以生存和发展的基础;人类为了生存与发展产生了认识和改造自然的科学技术;而科学技术作为人类实践活动又都是在特定的"场"——人类社会中发展的。科学技术不仅是人类认识和改造自然的强大力量,还是改变人与谁、推动社会发展的强大力量。可知,自然界、科学、技术、社会是自然辩证法关注的领域。与此相应,研究与考察自然界、人类认识和改造自然的活动及科学技术,便构成了自然辩证法的核心研究对象,即"三律一法":自然界的演化规律、人类认识和改造自然的规律、科学技术发展的一般规律、科学技术的研究方法(一般方法)。这些只是自然辩证法的核心研究对象,自然辩证法作为一个开放理论体系,它的研究对象会随着人类社会的发展和科学技术的发展而变化,如科学技术与社会就是随社会和科学技术的发展而成为自然辩证法的一个重要研究对象。

二、自然辩证法的主要研究内容

自然辩证法的研究内容是与其研究对象相适应的,即自然观、科技观、科技方法论、科学技术与社会构成自然辩证法的主要研究内容。再则,中国马克思主义科学技术观是自然辩证法中国化发展的最新形态和理论实践,也成为自然辩证法的一个重要研究内容。

(一)自然观

自然观是人们对自然界的总的看法。自然观是发展的。人们生存于自然界中,在自然界里从事各种实践活动,逐步形成了对自然界的看法。人类认识自然和改造自然的实践活动是辩证地发展变化着的,自然界本身也是辩证地发展变化着的,这样人类对自然界以及人与自然的总的看法是发展变化着的,进而形成了具有代表性的朴素唯物主义自然观、机械唯物主义自然观、辩证唯物主义自然观,即唯物主义自然观发展的三个历史形态。其中,辩证唯物主义自然观是各种自然观的高级形态,它旨

---

① 马克思,恩格斯:《马克思恩格斯全集》,第3卷,485页,北京,人民出版社,1972。

在对自然界的存在、演化以及人与自然的关系进行科学理解与说明，从整体上阐述自然界的存在及其演化规律，是马克思主义自然观的核心。20世纪以来，现代科学技术的快速发展，丰富和深化了人们对自然界的哲学认识，产生了系统自然观和生态自然观，它们是辩证唯物主义自然观在现代发展的一种形态，丰富和发展了辩证唯物主义自然观。对上述几种自然观，本书在追溯思想渊源和概括科学技术成果的基础上，将深入阐明每种自然观的形成与发展。

（二）科学技术观

科学技术观是人们对科学技术的本质及其发展规律的总的看法，是在总结马克思、恩格斯的科学技术思想的基础上，形成的关于科学技术的性质、价值、发展规律以及科学技术与社会的关系的根本观点。科学是解决“是什么”“为什么”的，技术是解决“做什么”“怎么做”的，二者是人类认识自然和改造自然的实践活动中辩证统一的两个层面，相互依存、相互促进、相互制约，不断发展，科学已发展为大科学，技术已发展为高技术。现代科学技术的发展，一方面使科学技术成为日益庞大的知识体系和复杂的社会建制，另一方面科学技术的成果广泛应用于人类社会的各个方面、各个领域，广泛而深刻地改变着自然生态、社会生产、人类生活面貌。科学技术所促生的一系列变化，要求人们对科学技术的性质、价值、体系结构、发展规律以及科学技术与社会的动力关系进行深刻的反思，探寻科学技术、经济、自然、社会相协调的生态文明、生产绿色、社会和谐的可持续发展道路。

（三）科学技术方法论

科学技术方法论是对科学技术研究的一般方法的概括和总结，是以辩证唯物主义的认识论和方法论为指导，总结出分析和综合、归纳和演绎、从抽象到具体、历史和逻辑的统一等辩证思维形式，并且吸取具体科学技术研究中的创新思维方法和数学与系统思维方法等基本方法，对其进行概括和升华，形成具有普遍指导意义的方法论。科学技术方法论处于各门科学技术具体研究方法与哲学方法的中间层次，起着联结哲学普遍方法与各门科学技术的特殊方法的桥梁和纽带作用。所以，科学技术方法论是高于各门科学技术特殊方法，对各门科学技术研究具有指导意义的一般方法，并揭示了各种科学方法之间的联系与方法的创造性应用。

（四）科学技术社会论（科学技术与社会）

科学技术社会论主要研究科学技术与社会的关系，是从马克思主义的立场、观点出发，探讨社会中科学技术的发展规律，科学技术的社会建制，科学技术的社会运行等的普遍规律，追求科学、技术、自然、社会的协调和谐发展。自20世纪以来，科学技术的不断深入发展和广泛应用，使科学技术发展与应用需要人文关怀，从而使自然辩证法的研究范围极大地拓宽了，形成了包括科学、技术、自然界、社会、历史、文化等多领域的复杂大系统，即形成了“科学技术与社会”（Science Technology and Society，STS）这一广阔的综合研究领域。它是科技史、科技哲学、科技社会学、科技经济学、科技政治学、科技法学、科技人类学等相互渗透与相互作用的产物，其研究对象是科学技术与社会的关系。20 世纪 90 年代后,科学技术与社会(STS)演变为科学与技术的研究(Science & Technology Study,S&TS)。它的研究对象是科学技术发展与社会发展的关系,并进一步认为,科学与技术是全人类的事业,是关系国家的生存与发展的战略产业。本书从科学技术社会经济发展、科学技术异化、科学技术的社会体制、科学技术伦理、科学技术的社会运行等方面展开,阐述科学技术与社会的关系。

(五)中国马克思主义科学技术观

中国马克思主义科学技术观是对当代科学技术及其发展规律的概括和总结,是马克思主义科学技术观与中国具体科学技术实践相结合的产物,是中国化的马克思主义科学技术观。20 世纪 30 年代以来,马克思主义与中国革命、建设和改革相结合,在马克思主义科学技术观和辩证唯物主义思想的指导下,我国科学技术的发展,特别是实现科学技术现代化建设中形成了具有中国特色的科学技术的功能观、战略观、人才观、和谐观和创新观,这些成果是中国共产党人集体智慧的结晶,是对毛泽东、邓小平、江泽民、胡锦涛科学技术思想的概括和总结,充分反映了我国科学技术发展的时代性、实践性、科学性、创新性、自主性、人本性等特征。建设中国特色的创新型国家,是中国马克思主义科学技术观的具体体现。中国马克思主义科学技术观是自然辩证法中国化发展的最新形态和理论实践,需要我们不断深入研究和总结,本书将从中国马克思主义的科学技术思想、科学技术观等方面做理论性的分析和总结,并以建设中国特色创新型国家为模型做理论实践的探索。

上述的自然辩证法的研究内容是相互联系的辩证统一体。自然辩证法的研究和应用,是以自然界为始基,从人与自然的关系出发而开展的,在研究层面上始于自然观。自然观是自然辩证法研究的基础和前提,依据自然科学技术的成果,考察自然界,阐明自然界的普遍运动规律,即自然界的辩证法(自然观);在自然界的辩证法(自然观)指导下,研究科学技术的认知实践活动,概括和总结人类认识和改造自然的一般方法和规律,进而阐明科学技术研究的辩证法(科学技术方法论);人类对自然界的不同运动形式研究的结果构建了科学技术,而研究科学技术作为一个相对独立系统的发展,阐明其发展的普遍规律即科学技术的辩证法;在运用层面,研究自然辩证法就是科学地认识人与自然的关系和正确地解决人类生存和发展问题。这不仅要研究自然界、研究人类认识和改造自然的一般方法、研究科学技术的一般规律,还需要科学地认识人与自然、人与人的关系,还需要正确应用科学技术,也就是需要研究科学技术与社会的关系、需要研究科学技术发展与社会发展的关系,从而阐明人类社会发展的辩证法。即有了自然界的辩证法,才有了人类认识与改造自然的辩证法、科学技术发展的辩证法及人类社会发展的辩证法,也就是说自然辩证法的研究内容是一个统一的有机整体,共同揭示了人类社会与自然的本质。

第三节　自然辩证法的历史发展

自然辩证法经历了孕育、创立和发展的历程。人类对自然界的认识和改造经历了一个漫长的过程，而自然辩证法创立于19世纪70年代，在其创立之前，人类对自然界的认识和改造的成果是自然辩证法创立的基础和前提，为自然辩证法做了历史性准备，故称为自然辩证法的孕育期。

一、自然辩证法的孕育

自然辩证法的孕育是指自然辩证法创立之前，人类认识和改造自然界所形成的对自然与自然科学技术的看法，主要包括古代自然哲学中的朴素自然观与近代前期的形而上学（机械）自然观和自然科学方法论。

在古代，人类以自然哲学的形式来反映对自然界的认识。一些先哲凭抽象思维和逻辑推论，从整体上对自然界做思辨的说明（解释），形成对自然界自发的唯物主义和朴素的辩证法的理解。他们在依据直观得来的关于自然事物的材料的基础上，试图对整个自然界作出概括。如，在东方，认为整个自然界是由金、木、水、火、土五种元素构成的；在西方，认为或水或气或火或原子等是自然界的“本原”。在他们看来，自然界的本来面貌就是自然界自身存在的根据和变化的原因，整个自然界处于永恒的产生和消灭之中，辩证地把自然界作为有机联系的整体予以解释。他们从千变万化的自然现象中，提出了各式各样的可能的猜想，试图找出某种统一的本质，从而形成了既有哲学思想又有科学思想的古代自然观、自然科学方法论和自然科学技术观。但限于当时人类的实践能力和认识水平，人们还没有取得也不可能取得足够的科学基础，因而，以朴素自然观为核心的所有自然哲学，如中国的“八卦说”“五行说”“元气说”等，西方的“种子说”“四根说”“原子说”“四因说”等，都不可能做到对自然界进行分析研究，自然现象的总联系还不能从内部和细节方面得到证明，也就不可能揭示自然界各种事物和现象之间的联系及其发展、变化的过程，这就使古代朴素自然观具有浓厚的直观、思辨和猜测的性质。

在14—16世纪，欧洲掀起了反对宗教神权统治的宗教改革运动与倡导人文主义的文艺复兴运动。同时，在地理上的新发现和商业经济（远洋贸易）的发展，极大促进了已萌发的资本主义生产方式，使工场手工业有了较快的发展。新的经济制度和新的社会文化运动引发了1543年标志自然科学革命的哥白尼的不朽著作《天体运行论》的发表，自然科学开始从神学中解放出来，走上了独立发展的近代自然科学进程。近代自然科学不仅摆脱了神学的束缚，也克服了旧的自然哲学的缺陷。在天文学、力学、数学和生物学等领域，发生了自然观的革命。

人类对自然界的认识，开始建立在观察和实验的基础上，进行深入、细致的分析研究；开始从古代以直观和思辨为主的自然哲学及认识论、方法论，发展到以观察、实验方法和数学方法相结合为主的认识论及方法论。

弗朗西斯·培根是唯物主义和近代实验科学的始祖。他认为物质是自然界万物的本原,世界在本质上是物质的,创立了唯物主义自然观。培根从唯物主义自然观出发,深入研究了自然科学认识论和方法论,在对自然界的认识上,他提出知识来源于人的感觉经验和科学实验,并在经验和科学实验的基础上创立了归纳法。培根创立了经验论的认识论和归纳法的方法论。笛卡尔通过"普遍怀疑"方法论证了理性在科学认识中的重要作用,为更好地运用演绎法达到对事物真理性的认识,提出了"方法论原则和行为守则",建立了唯物论的认识论和演绎法的方法论。培根与笛卡尔的认识论和方法论虽各持一端,各有所长,不够全面,但对自然科学和哲学都有较大的影响,都对近代自然科学的发展产生了积极的作用,对近代自然观进一步形成产生了重要作用。

近代自然科学获得了长足的发展,出现了多种自然科学技术,生产力也有了较大的进步,但就整体而言,自然科学和生产力的发展水平并不高。在自然科学中机械力学是一门较为成熟的科学,相应的在生产力上,以人力、畜力、自然力作为动力驱动工具和发动机的机械技术有一定发展。人们对简单的机械运动形式研究得比较清楚,于是用机械运动理论去解释整个自然现象(自然界),对自然事物、现象和过程的认识总是用机械元件进行类比,提出"植物是机器""人是机器"等观点,认为世界是一部巨大的机器。这种"机器观"认识自然界在本质上用的就是分析方法,这种分析方法有三层含义:在认识整个自然界时,把自然界分解成许多部分,分门别类地去研究各个部分(领域)的自然现象;在认识某一事物时,对它加以解剖,去研究各个局部的细微构造;在认识某一自然过程时,把它分成若干阶段,在静止的状态上去研究它的某一截面。分析方法为科学认识积累了大量的经验材料,也是近代自然科学获得了巨大发展的基本条件。但是,这种分门别类、解剖分析和孤立静止的思维方法使人们养成一种思维习惯,即形成了孤立、静止、片面地认识自然界(看待一切事物)的思维模式,于是就形成了形而上学观,形成了具有形而上学和机械论特征的自然观。

二、自然辩证法的创立

自然辩证法创立于19世纪70年代,是马克思和恩格斯为适应当时社会和自然科学发展的需要,总结和概括了当时的自然科学技术发展成果,并批判地继承了人类认识史中一切有价值的成果而创立的。

18世纪中叶以后,西方资本主义工业由工场手工业向机器工业转变,一场彻底改变整个社会经济结构的工业革命正在掀起,蓬蓬勃勃发展的工业革命把人类历史从农业社会推向工业社会。资本主义的迅速发展,为自然科学研究提供了实验手段、材料和经济条件,有力推动了科学技术的发展,到19世纪科学技术呈现为全面、迅速发展时期。自然科学由搜集经验材料为主开始进入对这些材料进行整理加工为主的理论概括阶段,即自然科学对自然界的认识已要求突破形而上学观的局限。正如恩格斯所说:“在自然科学中,由于它本身的发展,形而上学的观点已经成为不可能的了。”①特别是细胞学说、能量守恒转化规律、生物进化论等重大发现以及自然科学的其他成就,深刻地揭示了自然界的辩证法。为了适应自然科学和社会发展的需要,为了阐明自然界和自然科学的辩证法,马克思和恩格斯对当时自然科学技术发展的最新成就进行了极其广泛、深入的研究,从哲学的高度挖掘蕴涵在自然科学中全部思想内容,做出了高度的概括和总结。同时,扬弃地继承了人类认识史中的一切有价值的成果,一方面继承了古希腊哲学中的辩证法思想,另一方面批判地吸收了德国古典哲学中的合理成分,主要是吸取了黑格尔辩证法的“合理内核”。恩格斯指出:“黑格尔说的很对,物质的本质是吸引和排斥。”②“黑格尔第一次把整个自然、历史和精神的世界,描绘为一个不断运动、变化、转变和发展的过程,并试图解释这种运动和发展的内在联系。”③同时也吸取了费尔巴哈的唯物主义“基本内核”,即对黑格尔哲学中辩证法的合理内核在唯物主义的基础上加以改造,建立了辩证唯物主义哲学体系,创立了自然辩证法。

三、自然辩证法的发展

(一)自然辩证法的传播

在马克思、恩格斯创立了自然辩证法后,特别是1925年恩格斯的《自然辩证法》出版后,自然辩证法就以多种文字的版本在多个国家相继面世,从而在世界范围内越来越多的人学习、研究和应用自然辩证法,使自然辩证法得到了广泛传播,促进了自然辩证法的发展。

自然辩证法首先在苏联传播。1925年,恩格斯的《自然辩证法》以德文和俄文两种文字对照的形式首次在苏联出版,后又几次编译出了新版本。自然辩证法在苏联的传播主要是以学习和研究自然科学中的哲学问题的形式展开的。一方面是研究自然科学哲学的基本性质,科学与哲学、学术与政治的关系等问题;另一方面是反对以哲学代替自然科学,批评混淆科学与政治的庸俗化倾向,反对取消哲学的虚无主义态度;再一方面是研究科学认识论、方法论和科学逻辑。作为代表,苏联物理学家(科学史家)黑森1931年在伦敦第二次国际科学史大会上作了题为“牛顿(原理)的社会和经济根源”的报告,运用马克思主义的观点研究科学理论产生和发展的社会背景,阐明了牛顿经典力学(原理)的产生与发展以及其具有的哲学性,是当时社会经济条件、技术状况的产物。黑森的报告既揭开了用马克思主义世界观和方法论研究科学史的新篇章,也开创了科学社会学的研究方向。

自然辩证法在日本的传播。1927年7月,由大山彦一将苏联学者德波林的论文《唯物辩证法和自然科学》译为日文发表,标志着自然辩证法开始在日本传播。德波

---

① 恩格斯:《自然辩证法》,3页,北京,人民出版社,1971。

② 恩格斯:《自然辩证法》,22页,北京,人民出版社,1971。

③ 马克思,恩格斯:《马克思恩格斯选集》,第3卷,63页,北京,人民出版社,1972。

林的论文对恩格斯的《自然辩证法》的写作目的、内容结构和出版发行过程做了介绍。1929 年恩格斯的《自然辩证法》首次译成日文出版，其后陆续出版了多种日文译本。其中，汤川秀树、坂田昌一、武谷三男等科学家是学习、研究和应用自然辩证法思想进行科学研究的著名代表。汤川秀树指出："发展理论物理学的是辩证法，其立足点是唯物论。"坂田昌一发表了《理论物理学与自然辩证法》《我的经典：恩格斯的〈自然辩证法〉》等有关自然辩证法研究的论文，他把恩格斯的《自然辩证法》视为经典，认为这部巨著像"珠宝的光芒一样"照耀着他"四十年的科学研究生活"。武谷三男运用自然辩证法分析解释相互作用理论和中子波动方程等问题，对元质点的发展产生了很大的推动作用。他创立了由"现象论阶段""实体论阶段""本质论阶段"构成的科学认识"三阶段"理论。他的自然辩证法代表作是《辩证法的诸问题》。这些科学家们在自己的科研工作中应用了辩证法，撰写了许多阐述自然辩证法的论文和专著，组织各种学术活动宣传自然辩证法，极大地推动了自然辩证法在日本的传播，在科学界产生了很大的影响。同时，日本学术界于 1932 年在"唯物论研究会"内设立了自然科学部门研究会，专门从事自然辩证法研究。自然辩证法在日本的传播十分强调"具体化"，即日本自然辩证法研究要"具体化"，其意是要求把自然辩证法研究与各门具体自然科学特别是科学技术史的研究结合起来，使自然辩证法研究与自然科学发展的实际更加紧密联系。

自然辩证法在中国的传播与发展。自然辩证法在中国的传播与发展是随同马克思主义在中国的传播与发展一起展开的。恩格斯的《自然辩证法》第一中译本于 1932 年出版发行。

新中国成立前，上海、延安、重庆等地先后成立了自然辩证法的学习、研究组织，如 1938 年在延安成立的新哲学会。1940 年 2 月经毛泽东批准成立了自然辩证法研究会，组织自然辩证法理论学习和研究，进行自然辩证法经典著作的翻译工作，为自然辩证法在中国的传播、学习与运用，做了大量艰苦的工作。

新中国成立后，1956 年，在国务院组织的科学规划委员会领导下，制定了全国 12 年（1956—1967 年）科学发展远景规划，自然辩证法正式被纳入国家自然科学和社会科学发展规划中，并制定了《自然辩证法（数学和自然科学中的哲学问题）12 年（1956—1967）研究规划草案》，明确了自然辩证法在我国发展的远景目标和方向。与此同时，中国科学院建立了"中国科学院哲学研究所自然辩证法研究组"，创办了我国第一个自然辩证法刊物《自然辩证法通讯》，随后许多省市成立了自然辩证法研究会，积极开展自然辩证法的学习和研究。进入 20 世纪 70 年代后，为适应我国现代化建设，自然辩证法的学习和研究开始了建制化，1978 年成立了中国自然辩证法研究会，并创办了《自然辩证法通讯》《自然辩证法研究》等刊物，同年 7 月在北京举办了全国自然辩证法第一次讲习会，宣传和研究自然辩证法的研究成果，极大地促进了自然辩证法的广泛传播与发展。

再一方面，自然辩证法在中国传播、学习、研究和应用的一个十分重要的途径是学校教育。1978 年,我国恢复研究生招生,教育部决定将自然辩证法作为理工农医专业硕士研究生的马克思主义理论必修课。同时很多高校成立了自然辩证法教研室、设置了自然辩证法专业,招收本科生(部分院校)、硕士生和博士生。这一方面使自然辩证法的学习和研究与青年科技工作者的培养结合起来,既提高了科技工作者的思想素质,也使得自然辩证法的学习和研究具有更广泛的群众基础性;另一方面培养和发展了一支稳定的、数量可观的教学、科研队伍,使我国自然辩证法的传播与发展有了力量的保证。

中国自然辩证法的研究特色可概括为"三大块结构""三元论""四核心内容"。"三大块结构"是指《自然辩证法讲义(初稿)》中所阐述的,自然辩证法理论体系由自然观、自然科学观和科学方法论三大块构成;"三元论"是指借鉴科学、技术、工程"三元论"的思想,提出自然辩证法的理论构成,包括辩证唯物主义自然观、科学技术工程观、科学技术工程方法论、科学技术工程与社会;"四核心内容"是指自然辩证法研究包括自然观、科技观、科技方法论和科技与社会(STS)四方面核心内容,此为中国自然辩证法研究中较为普遍的共识。

自然辩证法在其他国家的传播和发展。从 20 世纪 30 年代中期,自然辩证法开始在英国、美国、法国等一些国家传播、学习和研究。在英国,1940 年出版了恩格斯《自然辩证法》的英文译本。在法国,1950 年出版了恩格斯《自然辩证法》的法文译本。自然辩证法在世界范围的广泛传播,产生了很重要的影响,引起了不少国家的一些科学家和哲学家从不同的角度对自然辩证法进行学习和研究,并发表了一些重要论著。美国学者默顿在 1938 年出版了《17 世纪英国的科学、技术与社会》等多部论著,对社会、文化与科学之间相互作用的模式进行了开创性研究;英国物理学家贝尔纳于 1939 年出版了《科学的社会功能》,从科学和社会功能的角度,以科学的方法研究了科学本身,认为科学是为人类服务的,科学有巨大的社会作用,如果有计划地加以利用,科学可以大大改善人类的命运;美国社会学家奥格本在《社会变迁》中提出"文化滞后论"等,这些成果突破了以往科学技术的研究界限,开创了科学社会学、科学学、技术社会学等一些新的哲学社会学学科,体现了马克思主义自然辩证法的价值和社会意义。

(二)列宁对自然辩证法发展的贡献

从 19 世纪末到 20 世纪初,人类发现了许多重大科学技术成果,同时在现代物理学领域提出了许多重大的理论问题,引发了世纪之交的物理学革命及有关的哲学问题。列宁在总结和概括这些新的自然科学成果的基础上,对当时存在的哲学问题给予了创造性的精辟回答,继承和发展了自然辩证法,为自然辩证法的发展做出了新的贡献。

列宁在《唯物主义和经验批判主义》等著作中,深刻分析了"现代物理学危机"的实质和原因,他指出:“新物理学陷入唯心主义,主要就是因为物理学家不懂得辩证法”①。在物质观中,列宁阐明了物质的客观实在性,绝不是“物质消灭了”。他指出现代物理学的最新发现所证明的,绝不是“物质的消灭”,而是旧物理学关于物质结构的界限“正在消失”,关于物质结构的形而上学观点“正在消失”,永恒运动着的物质是绝不会消失的,客观实在性是物质的最根本的永恒的规定。列宁从物质的客观实在性出发,进一步阐明了恩格斯提出的“世界的统一性在于它的物质性”的观点,提出了“原子的可变性和不可穷尽性”及“电子和原子一样,也是不可穷尽的”论断。在运动观中,列宁重申了恩格斯“没有运动的物质和没有物质的运动是同样不可想象的”的思想,进而批判没有物质的运动和唯能论观点。……自然界中的能量是物质的能量,物质的能量不论在物体间的转移还是在不同形式间的转化都是客观实在的,是不依赖于人的意识的客观过程。物质的能量是物质运动属性的表征,没有了物质或没有了物质的运动就没有能量可言,所以列宁说:“世界上除了运动着的物质,什么也没有”②。

在时空观中,列宁依据物质的客观实在性,肯定了唯物主义关于时间和空间是“存在的客观形式”的观点,批判了马赫主义者“时空是主观的”的唯心主义观点,阐明了人类时空观念的相对性并没有推翻或否定时间和空间的客观实在性。

在认识论中,列宁指出:“生活、实践的观点,应该是认识论的首要和基本的观点。当然,在这里不要忘记:实践标准实质上决不能完全地证实或驳倒人类的任何表象。这个标准也是这样的‘不确定’,以便不至于使人的知识变成‘绝对’,同时它又是这样的确定,以便同唯心主义和不可知论的一切变种进行无情的斗争”③。列宁明确实践观是认识论的基本观点,也指明在实践标准上不要犯绝对主义和相对主义的错误,实践标准存在确定性和不确定性、至上性和非至上性。他强调要坚持辩证唯物主义的认识论,科学认识既有绝对性又有相对性,如果不懂得相对和绝对的辩证法,就会陷入唯心主义的泥潭。要懂辩证法,要学会辩证地看问题,“要去分析怎样从不知到知,怎样从不完全不确切的知到比较完全比较确切的知”④。列宁的这些思想和观点既创造性地继承和发展了自然辩证法,也对自然科学的发展有重要的指导意义。

(三)现代科学技术推进了自然辩证法的新发展

科学技术的发展始终是自然辩证法发展的坚实基础,自然辩证法随着科学技术的发展而发展。现代科学技术的发展把人类社会推向了新的历史时代,也把自然辩证法推向了新的发展进程。

进入20世纪以来,自然科学从相对论、量子力学、基本粒子进化到了现代宇宙

---

① 列宁:《唯物主义和经验批判主义》,262页,北京,人民出版社,1960。

② 列宁:《列宁全集》,第2卷,177页,北京,人民出版社,1960。

③ 列宁:《唯物主义和经验批判主义》,134-135页,北京,人民出版社,1960。

④ 列宁:《列宁全集》,第18卷,101页,北京,人民出版社,1988。

论、现代生物学、系统科学、生态学等,科学技术呈现出突飞猛进的发展,同时现代自然科学的发展推动了现代技术的发展,引发了材料、能源、通信、微电子、生物工程、航天等现代新技术的发展。科学技术的发展与社会生产力的进步,不仅使人类认识自然、控制自然和改造自然由直接利用天然自然进入到人化自然和人工自然,而且利用现代科学技术(基因技术、克隆技术等生物工程技术)创造出新物种和新品种,同时对经济、社会、生态的发展也产生了深远的影响,从而使人们的思维方式、自然观和自然科学技术观都产生了深刻的变化。一方面,现代自然科学技术的发展与社会生产力的巨大进步,为人类认识自然界提供了新理论、新技术、新方法和高精尖的仪器设备等先进的物质手段,从而使人们在更加广阔和更加深刻的基础上揭示自然界的辩证法,概括自然科学技术发展的一般规律和研究的一般方法。另一方面,现代科学技术的发展和社会生产力的巨大进步,对经济、政治、社会、生态、文化等领域都产生了深远的影响,出现了诸多关系人类生存与发展的全局性问题,如地球资源的有序开发、环境污染的有效治理、生态平衡协调发展、人口数量的控制与质量的提高、科技与经济增长与社会进步,等等。这些问题既让人们深刻反思如何去认识自然、改造自然,从而为自然辩证法拓展和扩大研究领域,亦为自然辩证法的发展开辟新的研究领域和新的研究内容。具体而言,在自然观方面,辩证唯物主义自然观的新发展是系统自然观和生态自然观。系统自然观在对现代自然科学技术的新成就概括的基础上,进一步揭示了自然物质系统的辩证法,并探究现实社会生活中的许多全局性的重大问题。诸如可持续发展,经济全球化,科学发展观,西部大开发及经济、政治、社会、生态、文化五位一体的统筹发展,创新型国家建设等,都迫切需要系统科学的理论、方法与技术,提出并树立起"系统自然观"。生态自然观是在生物科学、环境科学和生态学的发展基础上,关注人类生存与发展而形成的。它揭示了当代全球性的"生态危机"使人类生存与发展受到严重威胁,指明了实现可持续发展和生态文明建设的重大意义。"生态危机"是生态自然观确立的直接现实根源。系统自然观和生态自然观是辩证唯物主义自然观发展的当代形态。

第四节　自然辩证法与中国创新型国家建设

科学技术和社会的发展是自然辩证法发展的坚实基础,自然辩证法发展的根本宗旨是服务于科学技术和社会的发展或服务于国家建设与发展。目前,中国自然辩证法的发展是服务于中国创新型国家建设的。

科技创新驱动发展已成为各国战略发展的核心。建设中国特色创新型国家是中国现代化进程中的重大战略,是推动中国经济社会发展的重要战略机制。科学技术创新,在当今已发展成为科学、技术、工程与社会一体化的多要素复杂系统工程,因此,科技创新或许多科技创新已经不能仅仅依靠企业来完成,还需要政府、国家研发机构、中介机构、金融机构以及有助于创新的政策体系和制度框架等,还要求创新过程的各行为主体之间有效互动和合作,建立畅通沟通服务保障机制。也就是说,在理论上,要有从组织机构层面分析促进创新发生的各种要素配置与制度环境,为创新提供系统理论指导;在实践中,要构建在多组织机构层面推动创新要素流动与配置的机制。能够满足科技创新在理论上和实践中的要求的就是创新型国家这个最高层次的组织机构。中国特色创新型国家建设是以政府为主导、充分发挥市场配置资源的基础性作用、各类科技创新主体紧密联系和有效互动的社会系统。实施创新型国家建设,积极发挥国家创新体系的作用,要实施自主创新、重点跨越支撑发展、引领未来的战略方针,同时还要采取建设科学、合理的制度和政策保障体系,深化科学技术体制改革,培养造就富有创新精神的人才队伍,发展创新文化,培育全社会的创新精神的战略对策。这就需要用辩证思维来统筹思考创新型国家建设,需要用辩证理论来指导创新型国家建设,即用辩证的实践观深入阐明中国特色创新型国家建设的基本内涵与重要特征、国家创新体系的运行机制与制度保障、经济机构调整与发展方式的转变、资源的有效配置与合理流动、教育改革与创新人才培养、创新精神培育、创新文化建设等。因此,中国特色创新型国家建设,一方面深化了对中国自然辩证法研究的重要意义,自然辩证法与科技发展、经济发展与社会发展的关系的理解和认识;另一方面,自然辩证法作为创新的思想理论基础,对促进创新型国家建设、提升自主创新能力与完善国家创新体系有重要的现实意义;再一方面,自然辩证法在中国特色创新型国家建设进程中,从理论与实践的结合上丰富了自己的研究内容,扩展了研究领域,丰富和发展了自然辩证法。

第五节　学习自然辩证法的意义

自然辩证法比自然科学理论的抽象性大,比哲学理论或马克思主义原理更具体,即自然辩证法既能做高度概括总结又能结合实际做具体服务指导。因此,学习和研究自然辩证法不仅能提高理论思维能力还能提升分析解决问题的具体能力,对人们的科研、工作、生活都有重要的实际意义。下面仅从几个方面予以说明。

(一)有助于培养和提升人们的理论思维能力

“一个民族想要站在科学的最高峰,就一刻也不能没有理论思维”。①人的生存与发展不能离开思维,科研工作者更要有正确的理论思维,无论是认识自然界的现象、本质及其演化的图景,还是探究科学技术的性质、价值及其发展的一般规律与方法,都需要正确的世界观、认识论和方法论的指导,都需要很强的理论思维能力。自然科学技术发展的历史和现实都表明,任何一门具体的自然科学技术学科都不足以为我们提供有效的世界观层次上的指导,而自然辩证法能够给我们提供关于自然界、科学、技术、以及科学技术与社会全方位的、系统的总体看法和基本观点,使我们在对待

① 马克思,恩格斯:《马克思恩格斯选集》,第3卷,467页,北京,人民出版社,1972。

具体的科研问题时，有一个明确的方向和理论指导，使我们高瞻远瞩，避免盲目性、片面性。自然辩证法是人们进行科学思维的前提和基础，掌握了自然辩证法的正确自然观和科学方法论，有利于科技工作者充分发挥主观能动性。正确的自然观能引导人们按照自然界的规律去观察世界，去分析问题；科学的方法论能引导人们用科学方法和一般规律正确地认识世界，有效地开展研究工作，使人们在具体的科学研究中少走弯路、多出成果、快出成果。自然观是否正确，研究方法是否科学，决定着科技工作者能否取得成功以及成功的大小与快慢。现代自然科学在分化发展的同时，也日益趋向整合，这就对科研工作的理论思维能力提出更高的要求。无论是从纷繁复杂的自然现象中抓本质，还是从科学事实（一定的事件和过程）中探究变化的规律，都需要用辩证思维处理好偶然与必然、统一与对立、部分与整体、共性与个性等关系，站在辩证法的高度加以辨析，进而做出高度的概括和总结，形成高层次的抽象化结论，实现由个别到一般的研究。不能做高度的概括和总结，不能形成高层次的理论抽象，所进行的科研是就事论事，不能形成科学理论，这样的研究只能解决一个具体的问题而已，不能产生辐射和具有普遍意义的功能。事实上，在科研中，辩证法对科学的指导作用，或理论思维能力的作用，只是自觉与不自觉地接受的问题，不自觉地接受，对理论思维的指导作用带有茫然性，因而效果是不会理想的，自觉地接受是有意识地受理论思维的指导，当然使人们在认识自然、改造自然的过程中，即在科研中会少走或不走弯路，能早出、快出成果，能多出、出大成果。在现代科学研究中，“每一个现代科学家，特别是理论物理学家，都深刻地意识到自己的工作是同哲学思维错综地交织在一起的，要是对哲学文献没有充分的认识，他们的工作是无效的”。①因此，对从事科研的工作者，对理工农医类的研究生，学习和研究自然辩证法其意义是不言而喻的。

（二）有助于培养有战略眼光的高级创新人才

自然辩证法是从自然科学向社会科学与思维科学渗透的具有哲学性质的综合性学科。即自然辩证法将自然科学技术与人文社会科学紧密地联系起来，是科学文化与人文文化交流、沟通的桥梁，这种文理交叉、多学科结合的知识结构，既符合当今社会提倡培养科学文化与人文文化相结合、科学教育与人文教育相融合的复合型人才的需要，也迎合了现代科学技术日益综合化发展的趋势。也就是说，自然辩证法从整体上把握自然界、把握科学与技术、把握科学技术与社会的关系的特质，可以培养人们从整体出发，用全局的眼光去观察问题、分析问题的能力，使人们超脱单纯专业（知识）思维的视阈。对于理工农医类的研究生来说，他们从高中开始就只学习理科知识，上了大学就进入专业知识学习，而“用专业知识教育人是不够的。通过专业教育，他可以成为一种有用的机器，但是不能成为一个和谐发展的人”。②专业知识的学习是非常必要的，也是十分重要的，它可以使人们对事物的认识达到高级的精细化，

① M. 玻恩：《我的一生和我的观点》，26 页，北京，商务印书馆，1979。

② 爱因斯坦：《爱因斯坦文集》，第 3 卷，310 页，许良英，等，编译，北京，商务印书馆，1979。

但它也会使不少人由于缺乏整体观念和广阔的背景知识，往往是站在一个“点”上看问题，或骑着驴找驴，陷入思想（思维）狭隘的泥潭，难以在不同专业领域进行思想上的沟通和方法上的交流，难以在不同学科的交界处寻找到新的生长点，因而难以做出创新性的发现和发明。因此，单一性知识结构不仅跟不上现代科学技术发展的步伐，也不适应现代社会的发展要求。科学技术发展的日益综合和社会发展的生产性与人文性的融合趋势，要求科技工作者不仅应掌握广博精深的专业知识，还应具备一定的理论素质和哲学修养。自然辩证法借助于科学技术和哲学，把人与自然、社会联结起来，形成了一个开放的巨系统，能扩大知识面、拓宽视野、活跃思维，使人们不囿于专业知识的狭小天地，能站在更高的层次上，以更广阔的视野去审视自然、审视社会、审视科学技术、审视人与自然及社会的关系，具有开阔视野和战略眼光。故学习和研究自然辩证法有助于培养有深厚理论基础、有战略眼光、具备文理综合素质的高级创新人才。

（三）有助于人们正确认识人与自然的关系，促进科技与经济、社会的协调发展

人是自然界发展的产物，是自然界的一部分，自然界是人类生存与发展的根基，没有了自然界，无从谈人类的生存与发展。在人类的发展进程中，人类为了生活，对自然界实施了改造、利用和控制。在早期，人类的这种生存发展活动与自然环境的承载力和自我修复是平衡的，没有构成对自然环境的污染和破坏。但到了近代进入工业文明后，人类的生存发展活动主张一切以人为尺度，人是宇宙的中心，强调只有人有价值，生物和生态环境没有价值，自然界是为人任意控制和利用的。这种“人类中心主义”工业文明是建立在大量消耗自然资源和排放废弃物的基础之上的，因而在创造物质财富的同时严重地造成了环境污染、生态危机，严重地损害了人类赖以生存和发展的生态环境系统。科学技术在工业文明中产生了革命性力量的作用，不仅帮助人类创造了巨大的物质财富和精神文明，也促使人类对自然环境的作用超出了自然界自我调节能力的极限，使自然界不堪重负，引发了环境污染、生态破坏、能源紧张、矿物资源耗尽等一系列全球性问题，严重威胁着人类的持续生存与发展。对人与自然的困境关系、对科学技术产生的两难作用，使人类不得不从哲学的高度进行反思。自然辩证法关于人与自然关系的研究，关于科学技术与社会、经济协调发展的研究，关于自然界、人、社会协调发展的研究，对解决实践中面临的困境具有指导意义，有助于提高人们认识自然、利用自然、改造自然、保护自然的能力，进而促进人与自然及科技与经济、社会的协调发展。

进一步阅读书目

1. 黄顺基，等. 自然辩证法发展史[M]. 北京：中国人民大学出版社，1988.

本书运用辩证唯物主义和历史唯物主义的基本观点，系统地阐明了自然辩证法这门学科的形成过程，概要地阐述了它的基本原理及其100多年以来的发展历史。

2. 龚育之. 自然辩证法在中国[M]. 北京：北京大学出版社，1996.

自然辩证法作为马克思主义的重要组成部分，它在中国的传播和发展，是同马克思主义在中国的传播和发展相伴随的。本书将自然辩证法在中国传播和发展的历史进程分为四个大的阶段：准备阶段，开始阶段，传播和发展阶段，总结经验与开创新局面阶段。

3. 恩格斯. 自然辩证法[M]. 于光远，等，译. 北京：人民出版社，1984.

思考题

1. 自然辩证法是具有与时俱进品质的学科，你对自然辩证法的含义如何理解？
2. 对于学习自然辩证法的意义你的感受是什么？

第一章 马克思主义自然观

自然观是人类生存在自然界里从事实践活动，逐渐形成的关于自然界及其与人类关系的总的看法；它是人们认识和改造自然的本体论基础和方法论前提；它和自然科学发展相一致，并随每一个时代科学技术的发展而改变自己的形式；它在发展历程中，始终存在着唯物主义、辩证法和形而上学等论争，并由此推动其演化和进步。

辩证唯物主义自然观是自然观的高级形态，是马克思主义自然观的核心；马克思主义自然观是具有革命性、科学性、开发性和与时俱进等特点的辩证自然观，是自然辩证法的重要理论基础。

第一节 马克思主义自然观的形成

一、朴素唯物主义自然观

人是在大约300万年前从动物界中分化出来的。人类的出现，标志着人类社会的开始，也就是人类认识自然和改造自然的历史的开始。人类社会的前期称为古代社会①，在古代社会，人类为了生存，在和大自然斗争中制造工具，进行生产劳动，创造了一系列具有重大意义的技术，同时获得了一些经验知识，逐渐形成了古代的科学技术。与古代自然科学技术水平相适应，形成了朴素唯物主义自然观。

（一）朴素唯物主义自然观的渊源和基础

从原始社会到封建社会，人类经历了一个漫长的古代社会时期，在这个漫长的历史时期，人类从原始工具的使用、火的利用和从事原始农牧生产开始，逐渐创造了很多辉煌的文明，使得在公元前3000—前2000年，位于大河流域的古埃及、古巴比伦、古印度和中国先后成为四大文明古国。这些国家和地区成为世界闻名的科学技术和灿烂文化的发源地，极大地推进了人类社会的文明和进步。但是，从世界范围来看，获得古代社会自然科学技术辉煌成就的代表在西方是古希腊，在东方是中国。古希腊人在吸收古埃及和古巴比伦科学文化的基础上，创造出了光辉灿烂的希腊文学、艺术、哲学和科学技术，达到了奴隶制时代的发展高峰。古代中国的农学、医学、天文学和算学四大学科体系对世界影响深远，造纸术、印刷术、指南针和火药四大发明居世界领先地位。因此他们的自然观最具有典型性和代表性。故以古代中国和古希腊的自然观作为东方和西方的朴素自然观的主要代表加以学习和研究。

---

① 古代人类社会包括原始社会、奴隶社会和封建社会三个历史阶段。

1. 朴素唯物主义自然观形成的思想渊源

在原始社会,人类为满足最基本的生活需要,开创了多种技术活动,发明了许多开创性技术。原始人在他们的生产和生活中积累起了一定程度的反映自然物属性、符合实际状况的萌芽状态的自然知识。如制作石器要知道什么石头最易于加工应用,用火要知道什么东西易于“养活”火,制陶要懂得黏土与沙的配比和烧制方法,栽培要掌握季节的变化,等等。但原始人刚从动物界中分化出来,生产技术能力低下,活动范围狭小,他们对自身和周围的自然界缺乏认识,在强大的自然力面前软弱无力,因此对自然界产生了客观现实的朴素的认识,并形成了具有某些神秘性的原始宗教自然观。这种原始宗教自然观首先表现为把自然现象或自然力人格化和神化。当原始人看到、听到电闪雷鸣、狂风暴雨、熊熊的山火、凶猛的洪水、太阳的出没和月亮的盈缺时,他们不能解释这些现象,就以为自然界有“神灵”存在,是神灵主宰的结果。其次表现为对某种动物、植物的崇拜,即“图腾崇拜”。从事游牧生活的氏族和部落多崇拜动物。而从事农业生产的氏族和部落则把某种植物作为“图腾”来加以崇拜。再者表现为对自然物属性的某种理解而产生的崇拜。如原始的易洛魁部落崇拜三姐妹神(玉蜀黍之精、豆荚之精和南瓜之精),就因他们认为这些植物是“我们的赡养者”或“我们的生命”。对太阳神、火神、山神或狩猎神的原始崇拜以及在栽培、收获时的祭典,也有类似的性质。可以这样说,原始的宗教自然观是原始人自然知识不足的一种特殊形态自然知识的反映,是原始人对自然界认识的特殊表达,是人类对自然界的看法所形成的自然观的初始形态和思想源头。

人类进入奴隶制社会后,由于生产和技术的发展、剩余产品的出现、脑力劳动与体力劳动的分离、文字的发明和应用等,为科学技术的发展创造了条件,自然知识开始以科学技术形态出现。到了古希腊和古罗马时期,科学技术的发展达到高峰,而自然科学技术的存在形式是以自然哲学形态而存在。在奴隶社会中,人们积累了更多的经验知识,并开始有了理论形态的知识,但当时的哲学家大都非常关注自然现象,因此,他们同时也是自然科学家,他们研究的成果就以自然哲学的形态表现出来。

自然哲学是以自然界为研究对象,探索自然界的存在与演化的哲学。其特征是从整体上对自然界作思辨性说明。它产生于古代,流行于 17 世纪到 18 世纪初。古代自然哲学是与自然科学融合在一起的,因为在古代哲学形成时,自然科学刚刚萌芽,还没有形成独立的、系统的、分门别类的知识体系,一切有关自然的知识基本上都包含于统一的哲学中①。当时的自然哲学家们在从直观得来的关于自然事物的材料基础上,凭借直观经验,进行猜测和思辨,以推断事物变化发展的因果联系,试图对整个自然界作出统一的概括,对自然界的本质和规律做出有机联系的整体解释。从而

① 直到亚里士多德才在《形而上学》第 4 卷中将哲学与科学的区别大致划分出来,指出哲学是研究“作为存在的存在”、本体的性质、变化的原理和终极原因的,而科学只是割取了“存在”的一部分,研究自然运动的原因和原理。

给人们塑造了一种看待自然界的思维模式:从自然界的本来面目(本身),辩证地把自然界作为有机联系的整体予以解释。所以人们从千变万化的自然现象中,从形形色色的事物中,进行推断和抽象,提出了各式各样的猜想,想在某种具有固定形体的东西中,在某种特殊东西中寻找出一个统一的本质,从而形成了既有哲学思想,又有古代自然科学思想,还有古代自然观、科学方法和自然科学技术观的古代自然哲学思想。古代自然哲学思想是朴素唯物主义自然观形成的思想基础。

2. 朴素唯物主义自然观形成的实践基础

每个历史时期的自然观,是与那个历史时期人类认识和改造自然的社会实践或科学技术发展状况密切相关的,科学技术的发展水平反映了当时人们对自然界的认识和看法。所以,古代社会的科学技术是朴素唯物主义自然观形成的坚实基础。

(1)古代中国的认识和改造自然的社会实践(科学技术)

古代中国的科学技术是中国朴素唯物主义自然观形成的基础。古代中国是指从旧石器晚期到中国近代史开始之前的漫长历史。在这段漫长的历史时期,创造了对世界影响深远的农学、医学、天文学和算学,闻名世界的造纸、印刷术、指南针和火药的四大发明,等等。古代中国取得的辉煌科学技术成就,是中国古代朴素自然观形成的坚实基础。

古代中国的科学技术发展主要体现在以下几个历史时期①。

①萌芽期(萌芽开创期)。是指远古到夏、商、西周(从远古到公元前770年)的一段时期,这是古代中国的原始技术和科学知识的萌芽、开创和积累时期。在这个时期中国的先祖们,开创了多种技术活动,发明了多种开创性技术。如石器的制造、火的使用、采集狩猎、原始农牧业、陶器制造、原始纺织等,作出了许多发明制造,积累了对自然物属性有一定程度认识的萌芽状态的自然知识。

②奠基期。是春秋战国时期(公元前770—前221)。春秋战国时期,代表各阶级、阶层利益的不同学说纷起,百家争鸣,极大地促进了科学技术的发展,成为古代中国的科学技术奠基时期。在这一时期,无论是冶炼技术还是动植物的分类知识,无论是大型的水利工程修建还是对天象的观测记录,无论是手工业技术的发展与规范还是中医理论的初步建立,使古代中国的科学技术在许多门类上都取得了重要成就,可谓百花齐放。

③发展形成期。是秦汉到南北朝时期(公元前221—589)。从秦汉经两晋到南北朝,是古代中国科学技术发展的重要时期,这一时期的主要成就是基本形成了以农学、中医药学、天文学和算学为主的具有中国特色的四大实用科学知识体系。所以,这一时期是古代中国科学技术发展的形成时期。

④高峰期。是隋唐经宋金至元时期(581—1368)。从隋唐一直到元朝,就整体而言,无论是科学还是技术,中国在世界上均处于领先地位。唐朝在经济文化方面达

① 杜石然等:《中国社会科学技术史稿(上、下)》,北京,科学出版社,1982年。

到封建社会的鼎盛时期，宋代在科学技术方面达到了顶峰，出现了经济高峰和科技高峰，成为古代中国科学技术发展的高峰时期。航海造船技术、算学、地学、中医药学在这个时期得到了很大发展，创造了很高的成就，同时完成了具有世界意义的指南针、火药、造纸术和活字印刷术的发明创造。

古代中国的科学技术经过上述各个发展时期，在许多方面获得了快速的发展，跃居世界前列，而对世界产生深远影响的代表中国古代科学技术先进水平的是农学、医学、天文学、数学四大学科，形成了中国古代实用的科学技术体系。

农学 在公元前2000多年，中国就进入了奴隶制社会，农业生产在原始农业的基础上，开始使用牛耕，出现了新的耕作技术，有了水利灌溉技术和园艺技术。到了封建社会，由于铁器的大量应用，农业生产力有很大的发展。在农业生产中人们积累了许多农业生产知识，包括农、林、牧、副、渔等方面长期积累起来的丰富经验，其中还蕴涵着许多有关地质、气象、生物学、矿物学等方面的知识。人们对这些知识不断整理并系统化为农学著作，如：西汉时期的《氾胜之书》总结了我国北方的耕作制度；贾思勰的《齐民要术》全面总结了公元6世纪前关于种植农作物、蔬菜、果树、林木，养殖家禽、鱼，酿造和食品加工的技艺；徐光启的《农政全书》。这些著作突出了天时、地利、人力三者对农业生产的决定性作用，对有利于农作物生长的时令、土壤、施肥、锄耕等都有十分细致的研究。

医学 古代中国的医药学是借助气化说和阴阳、五行说的古代哲学思想，结合医疗实践经验，形成了长期行之有效的独特的中医药学理论体系，其代表作有《黄帝内经》《伤寒杂病论》《本草纲目》等。《黄帝内经》是我国现存最早、最完整的医学著作，在对先秦医学知识系统总结的基础上，论述了人体的生理活动和病理变化规律，成为2 000多年来中医实践的基本准则。《伤寒杂病论》是另一部具有奠基性的医学著作，是东汉医学家张仲景把《黄帝内经》的理论与临床实践紧密结合起来，论述了治疗各种传染病的原则和方法的医学著作。张仲景提出了“辨证施治”的基本原则，把阴阳说、脏腑说和经络说与诊断说中的“四诊”“六经”“八纲”结合起来，总结出了一套行之有效的治疗方法。《本草纲目》是中药学方面的代表作。明朝药学家李时珍在吸收总结前人关于药学经验的基础上，结合他的观察和实验，论述了药物1 892种，附处方11 096个，配插图1 160幅，共成书52卷，是一部集药物学、生物学、化学、地质学、天文学为一体的科学巨著，被达尔文誉为“中国古代的百科全书”。此书相继被译成多种文字在不同的国家流传，在世界上产生了很大的影响，推动了世界医药学和生物学的发展。我国古代的医药学内容丰富、分科齐全、医理独特、历史悠久、博大精深，形成了具有中国特色的完整的中医药理论体系。

天文学 古代中国的天文学成就主要体现在天文观测、历法制定和观测仪器制造方面。在天文观测方面，早在夏朝就有关于日食、月食和行星的记载，到春秋，人们把天球黄道带附近的恒星群分为28组即28星宿，使当时的天文观测精度大为提高。据统计，从春秋到清初，关于日食的记录约有1 000次，月食记录约900次，记录行星和超行星60多颗，积累了大量系统、精确的观测资料，绘制的星图、量表在世界上也是处于领先的。在历法的制定和修订方面，早在夏朝就有了天干纪日法，按一年十二个月分别记载物候、气象、天象和重要的农事活动，到了商代发展成干支纪日法，用置闰法调整朔望月和回归年的长度；汉代后制定了"太初历""元嘉历""大明历"，形成了包括年月日、节气、日月五星位置、日月食预报等内容的阴阳历体系，元嘉历定一个朔望月为29.530 585日，现代测值为29.530 588日，误差极小。祖冲之在制定大明历时，推算出回归年长度为356.242 814 8日，与今天的推算值只差46秒，比欧洲人达到此精度早了近400年。在观测仪器制造方面，东汉张衡提出了浑天说，制作了浑天仪和预测地震的候风地动仪，唐代张遂等设计制造了可测量日月星辰轨道坐标的黄道铜仪，北宋苏颂等设计制造了世界闻名的水运仪象台，进行了恒星观测，元代郭守敬制造了圭表、简仪等，这些观测仪器既准确又精致，精度相当高。

数学　在商代已采用"十进位制"计数法，有了奇数、偶数和倍数等概念，采用"算筹"作计算。汉代有《算数书》（西汉初年）和《九章算术》（东汉）等传世的数学著作。《九章算术》是中国古代数学体系形成的标志，书中载有246道应用题及其解法，涉及算数、代数、几何等方面的内容。其中用勾股定理解决一些测量问题、三元一次方程的方法等都达到了当时世界最高水平。祖冲之计算圆周率精确到小数点后7位数，比欧洲人早了近千年。到宋元时期我国古代的数学成就达到高峰，在秦九韶的《数书九章》、李冶的《测圆海镜》和《益古演段》、杨辉的《详解九章算法》、朱世杰的《算学启蒙》等著作中，对解多元高次方程和进行高级等差级数的计算都有相当深入的研究，达到了较高的水平。"九九"乘法口诀，算盘和珠算口诀的发明，对东亚和南亚一些国家的计算技术的发展产生了积极的推动作用。

古代中国的科学技术在世界上一直处于领先水平，但古代中国的科学技术的基本特征是实用，即是一种科学和技术始终未能分离的状态，知识反映技术实践经验，有着明显的实用性。因此，实用科学虽在一个相当长的时间内对实际应用发挥了直接的指导作用，但在认识水平上主要还是侧重于对实践经验的收集、概括和描述，缺乏进一步的理论分析和对理论体系的构建，因此，难以深刻地揭示自然界的本质和规律。这反映在对自然界的看法上，古人对自然界的认识在内在、细节方面非常有限。所以，朴素直观地从整体看待自然界，是中国古代朴素自然观形成的深刻根源。

(2)古希腊、古罗马的科学技术

从古希腊到古罗马，人们对自然界的认识和改造取得了重大发展，达到古代人类社会科学技术成就的最高峰。希腊人在吸收西亚文化和埃及文化的基础上，在文学、艺术、哲学、科学、技术等许多方面创造了辉煌灿烂的成就，而反映当时科学技术最高水平和体现时代思维（思想）特征的主要成就是数学、天文学、力学。

数学　数学在古希腊时期成熟得最早、成就也最高，其主要成果在几何学方面的研究。希腊化时代的两位著名学者使几何学最早成为严密的演绎科学，对当时乃至后来自然科学的发展都产生了极为深远的影响。《几何原本》是古希腊数学最高成就的代表著作，它是欧几里得（约公元前330—前275）在吸收前人（柏拉图、欧多克索斯、毕达哥拉斯等）研究成果的基础上，把他们的成果及有关的知识，用公理化方法作了系统的整理和总结，给予严格的演绎论证后，构建成的包括13卷、467个定理的几何学的科学体系。阿波罗尼乌斯（约前262—前205）的《圆锥曲线》，是把前人积累下来的有关曲边图形的知识及相关研究资料加以综合整理，构成的包括8篇、487个命题的立体几何学的演绎体系（公理化体系）。这些成果为后来数学的发展奠定了一定的基础，对后世科学技术的发展产生了深远影响。

天文学 在古希腊有了球形天体的认识，并提出“日心说”和“地心说”，地心说是古希腊当时天文学的主要成果。阿里斯塔克最早提出“日心说”，后来欧多克索斯提出第一个包括27个同心球的宇宙模型，经过亚里士多德进一步发展为包括56个同心球的地球中心说，最后由罗马时代的天文学家托勒密（约90—168）集大成，他总结了历史上的天文学成果，并发展了前人的“本轮—均轮”宇宙结构几何模型，认为地球是宇宙的中心，并以较大的“均轮”表示太阳、月亮和其他行星围绕地球运行的轨道，以较小的“本轮”表示太阳、月亮和其他行星在各自轨道上的自转轨道（如图1.1所示），从而给人们提供了一个比较系统、精确的宇宙理论，成为当时天文观测、远洋航海等实践活动的依据，因而他的“地心说”成为当时乃至后来很长时期天文学领域内最权威的理论，直到16世纪才被哥白尼的“日心说”推翻。

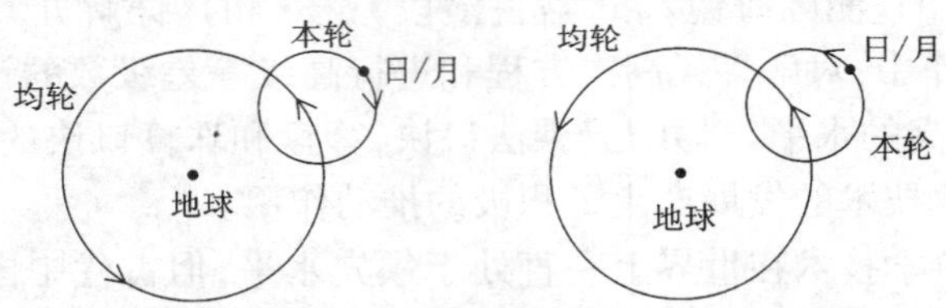

图1.1 本轮—均轮示意图①

力学 在力学方面的主要成果是机械静力学和液体静力学。古希腊杰出的数学家、发明家、力学家阿基米德（公元前287—前212）在静力学方面作出了奠基性贡献，他创作了《论平板的平衡》（两卷）、《论杠杆》《论重心》《论浮体》等静力学巨著。他以实验为依据，运用数学方法和逻辑推理进行定量的研究，在《论平板的平衡》中提出了杠杆原理和确定物体重心的方法，在《论浮体》中提出了浮力定律。同时他将力学知识应用于技术开发研究，发明了螺旋提水器、滑车、起重机、投石炮等。他的力学研究成果和技术发明既代表了当时科学技术的最高成就，也对后世科学技术的发展产生了重要的作用，特别是他开创了将观察、实验和数学计算、逻辑推理相结合的研究方法，在科学研究技术开发上具有重要的意义。

在医学、建筑和水利工程方面也都取得过辉煌的成就。医学方面，有希波克拉底

---

① 金尚年：《自然哲学的演化》，9页，上海，复旦大学出版社，2001。

的以四种体液为基础的医学,希波克拉底宣言至今为止仍然是世界医生所遵守的基本行为规范。建筑方面,古希腊的柱式建筑成为世界著名三大类建筑之一(另两类是中国古代建筑、伊斯兰建筑)。建于70—82年间的罗马大圆形竞技场,其雄伟豪华程度是当时欧洲古代建筑技术的高峰。水利工程方面,到罗马帝国时代,罗马的水道已修筑成包括贮水池、引水道、公共浴池、喷泉和排水道在内的一整套供水系统。

(二)中西方朴素唯物主义自然观

1. 中国古代朴素唯物主义自然观的演进与基本思想

中国古代自然观经历了直观猜测—思辨推断—理性思维的演变,演变的思想前提是阴阳说,演变的实践基础是古代科学技术,进而形成了具有朴素唯物主义和朴素辩证法思想的阴阳说、五行说、八卦说和元气说等几种具有代表性的自然观。

阴阳说 最初阴阳的含义很朴素,仅指日光的向背,向日为阳,背日为阴。后来其含义逐渐演变延伸为晴与雨、热与寒、天与地、日与月、动与静、男与女、气与形等。再后来就演化为泛指自然界里的各种事物及其性质的两个方面,即阴代表一面,阳代表一面,阴是有形的、黑暗的、禁止的、雌性的、下降的……阳是无形的、明亮的、运动的、雄性的、上升的……事物的阴阳两面既相互对立、相互制约,又相互依赖、相互包含、相互转化。自然界的万事万物就在阴阳的对立统一中产生、变化、发展,于是便形成了阴阳学说。阴阳说用以阐释自然界事物的运动变化及其规律。其核心思想是,宇宙中存在两种基本因素,即“阴”和“阳”;这两种因素之间的相互作用构成了万事万物的结构和相互关系。故阴阳说具有辩证的思想,也具有很强烈的非理性神秘主义色彩。这也正是古代科学技术粗浅不成熟的写照。

五行说 “五行”是指金、木、水、火、土五种元素。古代哲人认为这五种元素构成万物,以此来说明自然界万物的起源和多样性的统一。即这五种元素不仅具有相应的性质,划分为相应的类型,还存在着明确的依存和对立关系——相生相克。相生——木生火、火生土、土生金、金生水、水生木;相克——水克火、火克金、金克木、木克土、土克水。“相生”是指相互作用的双方其中一方对另一方具有正面的积极作用,如滋生、化生、促进等;“相克”是指相互作用的双方其中一方对另一方具有负面的消极作用,如克制、抑制、压制等。故自然界的万事万物就是在五行的相生相克的矛盾运动中产生、变化和发展的。五行说认为世界是具有多元性和对立性的,而对立性通过“过程”相互转化、相互贯通,达到统一。五行说用以说明天地万物的构成和它们之间的运动变化规律。其核心思想是相生相克与循环观。五行说从属于阴阳说。

八卦说 八卦说是从阴阳说和五行说演化而来的。在《周易》中说:“易有太极,是生两仪,两仪生四象,四象生八卦”。八卦是指乾、坤、震、巽、坎、离、艮、兑,分别代表天、地、雷、风、水、火、山、泽八种自然物。八卦在图形上是由阴阳二爻为基本单位组成的八种符号,如图1.2所示(八卦再互相排列就可产生64卦,每卦有6爻,共384爻)。八封说认为在这八种自然物中,天和地是总根,称为父母,产生雷、火、风、泽、水和山六个子女。由此来说明千变万化的自然现象和社会现象。八卦说的基本思想是由阴阳排列的变化，导致万物变化、发展的规律。

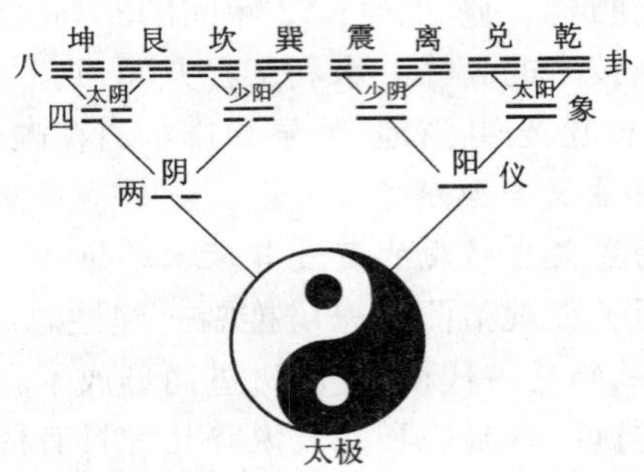

图 1.2 从太极到八卦的演化

元气说 元气说认为“元气”是产生和构成天地万物的本原。古代的先哲们认为：“天地成于元气，万物成于天地”，又说：“万物之生，皆禀元气”。

在春秋战国时期，宋尹学派提出“精气”观念，认为“气”是一种微小的摸不着的实体，“精”则更细小，精气结合起来就生成万物。在地下生五谷，在天上分布出许多星。精气说后来经荀况、王充、柳宗元等人的发展，形成了万物由阴阳二气组成的元气说。所以，元气是古人在长期实践和观察各种自然现象的基础上，经过抽象概括形成的一种理性思维认识。元气说认为元气是阴阳二气混沌未分的实体，是一种普遍存在的物质，它聚则成有形之物，散则为弥漫之气，是万物生成的始基。而五行是构成万物的五种元素，但不是最基本元素；五行从属于天地阴阳，而气则充满宇宙，不生不灭；气是物与物相互作用的重要形式，感应作用就是由无形的气而产生的。元气说是中国古代自然哲学中最著名的学说之一，它充分体现了古人已注意到了物质的连续性，摆脱了把世界的本原归结为物质的特殊形态的局限性，开始从一般的特性来认识世界的本来。

2. 西方古代朴素唯物主义自然观的演进与基本思想

随着西方古代科学技术的发展，形成了古希腊的理论化的科学和自然哲学，相应也形成了古希腊的自然观。古希腊的自然观为西方古代自然观的形成和发展提供了丰富的历史养分，促进了西方古代自然观的发展，具有重要的世界意义。故仅以古希腊的自然观为代表，来说明西方古代自然观的演进及其基本思想。

古希腊的自然观主要是探究自然界万物的本原及其运动变化的原因——诸多的哲学家表现出各异的观点来解释宇宙万物的本原及其运动变化的原因。

在古希腊自然哲学形成之前，古希腊的自然观同样是神话的、巫术的自然观，认为宇宙万事万物的存在与消亡都源于神。如在赫西俄德的《神谱》中，就认为第一个神是“开俄斯”（混沌），提出了由混沌到大地、星空、山脉、海洋再到万物的宇宙起源观点。古希腊自然哲学形成后，希腊人对以前的神话和巫术思想进行了彻底批判。

他们在当时的科学技术和科学精神的驱动下，抛开宇宙万物的神话起源，从本质的角度构造宇宙万物的始基及其运动变化的原因，给出了看似具体、实质抽象的多种回答，从而形成了人类历史上独具特色的各样的关于宇宙万物的本原及其运动变化的原因的理性自然观。

“水”是万物的本原 这是泰勒斯（约公元前624—前547）提出的观点。这一推断既源于原始的神话传说，也源于实践经验。他在实践中看到人们的生产和生活都离不开水，同时水又是无形的，富于变化的。他说水凝聚而成土，稀薄而成气。所以他认为万物产生于水，又复归于水，万物有生有灭，而水是常在的。其核心思想体现出自然界万物的多样性和统一性。

“无限者”是万物的本原 阿那克西曼德（约公元前610—前546）提出“无限者”是万物的本原，他把有固定形状和性质的物质性东西称为“无限者”。他认为“无限者”是无穷无尽的，永恒不灭的，它在运动中将其内部包含的冷和热、湿和干等对立面分离出来，从而产生了物，而且“万物由之产生的东西，万物又消失而复归于它”，这个生灭变化过程是按照必然发生的，充分体现出朴素唯物辩证法思想。

“气”是万物的本原 阿那克西米尼（约公元前610—前546）提出万物的本原是“气”。“气”因冷热而向凝聚和稀散两个方向变化，由此便产生了万物。气因热而稀薄成火，因冷而凝聚成风、云、水、土、石；“别的东西都是由这些东西产生出来的”。他还用“气”的运动解释闪电、降雨、下雪等自然现象，用自然的原因解释自然现象，并把自然界看作永恒运动、变化的，体现出唯物论和辩证法。

“火”是万物的本原 赫拉克利特（约公元前540—前470）认为：“万物都从火产生，也都消灭而复归于火”。源于“火”的“生”与“灭”变化是由火浓聚而成气、气浓聚成水、水浓聚成土与土可以稀散成水、水稀散成气、气稀散就回到火的逆向循环过程实现的。如下所示：

$$\text{火}\underset{\text{散}}{\overset{\text{聚}}{\rightleftharpoons}}\text{气}\underset{\text{散}}{\overset{\text{聚}}{\rightleftharpoons}}\text{水}\underset{\text{散}}{\overset{\text{聚}}{\rightleftharpoons}}\text{土}$$

揭示出自然界万物是源于火的有序循环运动过程。正如赫拉克利特自己所说：“世界是包括一切的整体，它不是由任何神或任何人所创造的，它过去、现在和将来都是按规律燃烧着，按规律熄灭着的永恒的活火，在一定的分寸上燃烧，在一定的分寸上熄灭”。① 他还提出了物质是运动变化的，运动变化是有其客观规律的。他认为“一切皆流，无物常驻”，说明万物都是在不断变化、不断更新的。故“人不能两次踏进同一条河流”，“太阳每天都是新的”。他最早提出对立面的统一和斗争的思想，事物在自身的“生”与“灭”中向其对立面转化，是辩证法的奠基人之一。

“种子”是事物的本原 阿那克萨哥拉（约公元前500—前428）认为万物的本原是性质不同的小片，称之为“种子”。“种子”的种类、性质和数目是无限多，体积无限

---

① 欧洲哲学史教程编写组：《欧洲哲学史教程》，191页，福州，福建人民出版社，1983。

小。世界万物都是由不同性质的种子构成的,并且每种事物都含有一切物体的种子,而一种事物与另一种事物之间的区别则是由同种性质的"种子"在事物中占优势所决定。他认为"种子"是可以无限分割的,"在小的东西里没有最小的,总是还有更小的","种子"永恒存在,不能产生,不能消灭。

"四根说" 恩培多克勒(约公元前490—前430)认为世界万物是由水、火、土、气这四种元素构成的。他把这四种元素称为"万物之根"(故有四根说之称),世界万物是由这四种元素按不同比例混合而成的。他指出:水、火、土、气本身是不能变动的,它们按不同的比例混合与分离的动因是"爱"与"恨"这两种外在力量,"爱"使四根结合,"恨"使四根分离,由此生成万物。

"数"是万物的本原 毕达哥拉斯学派用数来解释一切,认为与其将水、土、火、气等具体事物归结为世界本原,不如把"数"归结为本原,因为诸如正义、理性、灵魂等这些抽象的东西只能从"数"中得到说明。这样,"数"才理所当然是万物的本原。

原子论 德谟克利特(约公元前460—前370)继承和发展他人的原子思想而创立了原子论,认为原子是世界万物的本原。其核心思想是:原子在虚空中运动,原子的结合和分离构成各种各样的事物;原子是不可分割的最小的物质微粒,原子最根本的性质就是充实性,没有空隙,不可摧毁;原子在数目上是无限的;原子在性质上是相同的,只有形状、大小和排列次序及位置的不同,这是事物千差万别的原因所在;运动是原子的固有属性,虚空是原子运动的场所,原子在虚空中向各个方向做急剧而凌乱的直线运动,彼此碰撞形成旋涡,产生万物,原子的离散就是事物的消失;原子在虚空中永久地自己运动,是万物生灭变化的原因。原子论表现出唯物论思想,是西方古代自然观发展的重要成果。

"四因说" 亚里士多德(公元前384—前322)把构成万物的本原解释为:万物都由它构成,最初由它产生,最后又复归于它的那个东西。所以他认为宇宙产生和运行的"本原"是质料因、形式因、动力因、目的因这四种因,自然界的一切事物的运动、变化也是由这四种因决定的。所谓"质料"就是构成万物的原料;"形式"是指事物根据什么而形成的,也就是事物的形式结构;"动力"是指把质料和形式结合起来的制造者,它是事物"变动的来源";"目的"是指事物的归宿,即"一切制造与变动的终极","一件事之所以做的缘由"。并且他认为,在具体事物中,没有无质料的形式,也没有无形式的质料。质料与形式的结合过程,就是潜能转化为现实的运动。这表现出"四因说"自然观的自发的辩证法思想。

3. 中西方朴素唯物主义自然观的特点

古代中国和古希腊的自然观,作为人类对自然界的认识和反映,表现出以下几方面思想特征。

①在认识自然界的本原方面,都持有一元论或多元论的观点,但在本质上都认为自然界是自然而然的,且是有规律的、统一的。

②在认识人类与自然界的关系方面,都主张人类来源于自然界,是自然界的产

物，不是神创的，随着自然界的演化，随着人类生存发展的变化，逐步进化、文明。

③在认识宇宙方面，中国侧重于对宇宙的时间和空间等问题的研究，且基本上是着重于实用而进行的天文观测和历法制定。希腊侧重于对宇宙的结构和演化等问题的研究，提出了"日心说"和"地心说"两种宇宙体系，试图解释宇宙的产生和运行机制。

④东西方古代自然观的代表。"元气说"自然观是东方古代朴素唯物主义自然观的杰出代表，它反映了古代东方人对自然界的认识已超脱了把世界的本原仅归结为几种物质的特殊形态的局限性，认识到了物质的连续性，从一般的特点来把握世界的本原。"原子论"自然观是西方朴素唯物主义自然观的杰出代表，它不仅反映了人类认识自然的唯物论思想，还体现了早期人类认识事物的抽象思维能力，所以以原子论为代表的理性思维自然观是人类古代朴素唯物主义发展的高峰。

（三）朴素唯物主义自然观的观点和特征

1. 朴素唯物主义自然观的主要观点

古代自然观有着鲜明的朴素唯物主义和朴素辩证法思想，唯物论和辩证法在观点各异、形式多样的自然观中都侧重不同地表现了出来，作一概括性的总结，主要表现为以下几方面。

一是认为自然界是具有无限多样性的统一体，它体现在具体的物质形态中。古代中国和古希腊的自然观把自然界的本原归于物质性的东西，认为具有无限多样性的自然界统一于某些具体的物质，试图从某种具体的物质形态中去寻找自然界的本原。如"五行说"试图用五行的相互作用说明世界万物的构成，而且万物的运动、变化、发展又都统一于五行的相互作用，又如西方的"火"自然观，认为万物都从火产生，也都消灭而复归于"火"，既表现了自然界的无限多样性，也反映了自然界的统一性。

二是自然界处于永恒的运动、变化和发展中。古代朴素唯物主义自然观认识到构成世界的本原都是处于运动、变化和发展之中的，并且看到自然界矛盾的对立面的统一和斗争是事物运动、变化和发展的动力。如"五行说"认为五个元素既是相生的又是相克的，即相互依存、相互转化，不是固定不变的。赫拉克利特作为辩证法的奠基人之一，他的自然观不仅认为自然界是发展变化的，而且认为事物内部都存在矛盾，矛盾的统一和斗争是事物运动的原因。他说"一切皆流，无物常驻"。自然界"处于永恒的产生和消灭中，处于不断的流动中，处于无休止的运动和变化中"①。

三是人和其他动物都来源于自然界。人是自然的产物，是从自然界中分化出来的并从自然界获取生存与发展的资料。如果没有自然界，人的产生和存在是不可思议的。阿那克希曼德提出"人是由鱼变成的"，反映了"自然界是进化的"的思想，人和其他动物都是自然界进化的结果，绝不是神或上帝创造的。

---

① 恩格斯：《自然辩证法》，16 页，北京，人民出版社，1971。

2. 朴素唯物主义自然观的特征

由于科学技术不发达及人们生产、生活的范围和领域狭窄，人们既不可能运用实验的方法获得充分的科学事实，也没有足够强的生产能力扩大生存空间获得丰富的经验事实，只有依靠逻辑推断加深对自然界的理解，因此，无论是古代中国还是古希腊的自然观，皆有如下对自然界认识的一些主要共同特点。

直观性 在古代中国和古希腊，由于人们的认识水平和实践能力有限，对自然界的认识和理解，都是凭从生活和生产中直接观察到的各种有形体的东西开始的，依据直观得来的材料，对整个自然界加以解释和概括，描绘出自然界演化与发展的总画面，阐明自然界万物的产生、变化和发展。这种认识都是用直观的物质作为万物的本原，且也只是对自然现象的描述，故直观性是古代自然观的一个必然特性。

猜测性 由于古代的科学技术水平有限，不能为人们认识自然界提供有力的技术手段，人们对自然界只能从宏观上进行直接观察，且也只能靠简单的直观经验来认识自然界中的万物，在无法获得充足的科学事实根据的情况下，只能借助理性的力量进行推理和猜测，依据观察到的某种实际存在物或可观察到的一些自然现象，把自然界作为有机联系的整体予以解释。不仅是对整个自然界作猜测性的解释，对一些自然事物和现象的生成、转化、消亡的理解，当直观经验材料不足以解释时，就诉诸非理性的直觉、悟性、猜测加以解读。故猜测性是古代自然观的又一必然特性。

思辨性 古代的科学技术不发达，缺乏实验活动和实证材料，然而人们在面对诸多不能直观理解的事物或过程时，或用极为有限的直观理解去说明纷繁复杂的自然现象和自然过程时，只能求助于理性的思辨，借助逻辑思维力量去想象、推理、解释和说明复杂的、神秘的自然现象。故思辨性是古代朴素唯物主义自然观应有的特性。

（四）朴素唯物主义自然观的作用

古代朴素自然观的产生，标志着人类对自然界的认识和改造已经冲破原始神话和巫术的束缚，走上了唯物的和科学的发展道路，其中蕴涵的唯物主义和辩证法思想，一些宝贵的思想和天才预见，对人类社会未来的发展都产生了深刻的影响和重要的作用。主要体现在以下几方面。

1. 它是马克思主义自然观形成的思想渊源

朴素唯物主义自然观反映了古代人对自然界的认识，是从自然界本身去认识，一方面坚持从自然界本身寻求对自然界的解释，另一方面坚持在自然界的总体联系和运动、变化、发展中认识自然界。这标志着人类对自然界的认识已冲破原始神话和宗教的藩篱，开始运用唯物主义和辩证思维去探索自然的本质和规律。它蕴涵着的朴素唯物主义和自发的辩证法思想，在人类的自然观发展上，成为马克思主义（辩证唯物主义）自然观形成的思想渊源，为马克思主义（辩证唯物主义）自然观的创立奠定了坚实的思想基础，提供了雄厚的科学经验、事实根据。如阿那克西曼德提出“人是由鱼变成的”。他的这种进化思想把自然界看成一幅由种种联系和相互作用交织起来的画面，其中没有任何东西是不动的和不变的，一切都在运动、变化、产生和消亡。

赫拉克利特认为"一切皆流,无物常驻",即指出自然界的物质是运动、变化的,且他还认为自然界事物的运动是有其客观规律的,而运动的原因是事物的对立面的统一和斗争。赫拉克利特把唯物主义和辩证法结合起来,他的思想"是对辩证唯物主义原理的绝妙的说明",他本人也是"辩证法奠基人之一"。①

2. 它为自然科学特别是近代自然科学的发展奠定了理论基础

古代朴素辩证自然观的产生使人类在认识自然的道路上,一方面为自然科学提供了认识自然界的整体观念,自然科学在认识自然界的过程中不可能回避对自然界的总观点。在古代,人类对自然的认识以自然哲学的形式出现,意味着哲学与自然科学之间存在着天然的联系,科学研究不仅知其然,还要知其所以然,还要对事物进行总体把握,这就需要哲学的思维和方法,现代科学发展的综合,试图统一于哲学也证明了哲学与科学之间存在的必然联系。另一方面,朴素自然观中的许多天才的猜测和推断孕育了近代科学的许多重大发现。如阿利斯塔克的"日心说"、德谟克利特的原子论、恩培多克勒的进化论等,在近代科学诞生以后,先后被证实和发展成为哥白尼—开普勒的日心说、道尔顿的原子论、达尔文的进化论等科学理论,成为近代自然科学发展的历史渊源和理论基础。正如恩格斯指出的:"在希腊哲学的多种多样的形式中,差不多可以找到以后各种观点的胚胎、萌芽。因此,如果理论自然科学想要追溯自己今天的一般原理发生和发展的历史,它也不得不回到希腊人那里去"②。

再一方面,古代朴素自然观对自然科学发展的重要贡献还在于它确立了科学研究的研究对象、研究目标和研究传统。古代朴素自然观指明人类认识自然要从自然界本身去认识,自然界中的万物有一个独立于任何人、任何神的客观本原,万物的运动、变化和发展是有其自身的规律的。所以,人类要想认识和理解自然事物必须从自然界本身寻找原因,从而为科学研究确立研究对象,同时也确立建立自然现象之间的因果联系的科学研究目标。在追踪溯源探究万物存在和变化的原因中,古代朴素自然观又开创了科学研究的经验传统和理性传统,对科学发展产生了重要作用。

(五)朴素唯物主义自然观的缺陷

古代朴素自然观认为自然界是由种种联系和相互作用无穷无尽地交织起来的,看到了自然界的总画面,标志着人类对自然界的认识已经冲破原始神话和宗教的束缚,但是由于神话和宗教的长期存在,由于当时科学技术的不发达,所以原始宗教和神话还影响着人们的生活和工作。受到原始宗教和神话的影响,古代朴素自然观虽在总体上是朴素唯物主义自然观,但其中也存在着唯物主义和唯心主义的对立,如老子的"道"(与"绝对精神"类似的、先于自然界存在的东西)和毕达哥拉斯的"数",都被看作世界的本原,与"五行"和"火是万物的本原"是相对立的,"元气说""原子论"与"理念说"是相对立的,这种矛盾说明古代朴素自然观的唯物主义是自发、朴素的,

---

① 列宁:《列宁全集》,第55卷,296-299页,北京,人民出版社,1990。
② 马克思,恩格斯:《马克思恩格斯全集》,第20卷,386页,北京,人民出版社,1971。

而且是很不彻底的，所以当把具体的物质形态看作自然界的本原时，在说明万物形成的机制问题上就遇到了科学和直观相矛盾的难以克服的困难。

古代朴素辩证法自然观把自然界看作是一个物质的、相互联系的、不断变化的整体，这是很可贵的。但由于当时的科学技术不发达，缺乏实验活动和实证材料，人们对自然界的认识在事实材料方面掌握得很不充分，还没有能力和条件对自然界的各个部分进行到分析和解剖的深入程度，还没有可能进行分门别类的研究，因此，对构成自然界的各部分和细节的认识是不清晰的，这就使古代朴素辩证法自然观在认识上既带有整体性，又带有笼统性和模糊性。这样概括出来的自然界的统一的东西只能大体上说明世界，而不能科学地、具体地说明自然界的运动、变化和发展。如中国的“元气说”既不能解释具体的自然物如何从“元气”变化过来，更不可能说明在天体起源和生命现象中“元气”的作用，只能模糊地说：“独阴不生，独阳不生，独天不生，三合然后生”。赫拉克利特的“活火”说无法说明动、植物生长发育的规律，也不能用“活火”来解释无机物的变化，只能笼统地说：“由火变成万物，由万物回到火”，把自然界的运动看成是一个圆圈式的循环。

古代朴素唯物主义自然观的这些固有缺陷使得它随着科学技术的进一步发展，到了近代发展为机械唯物主义自然观。

案例

原子论思想①

古代的先哲们相继提出宇宙的本原是某种或几种物质（如水、火、气或土、水、火、空气或金、木、水、火、土等），进而解释自然现象，说明万事万物的由来。把自然现象或万事万物归于某一种或几种自然物质，实现了对自然界的统一解释。相比之下，原子论是其中最具有代表性的。

原子论的创始者为留基伯（活跃在公元前440年左右）和德谟克利特（约公元前460—前371），他们提出了科学思想史上极为重要的原子论思想。原子论主张世界是统一的，自然现象可以得到统一的解释，但统一不是在宏观的层次上进行的，不是将一些自然物归为另一些自然物，而是将宏观的东西归结为微观的东西，这些微观的东西就是原子。

把一个物体一分为二，它变得更小，但仍然是一个物体，它还可以被一分为二。这个过程是否可以无限地进行下去呢？原子论者说，不能。分割过程进行到最后，必然会有一个极限，这个极限就是原子。所谓原子，在希腊文中的意思就是不可分割的东西。原子太小，我们看不见，但世界上的万事万物都是由原子构成的，世界的共同基础是原子。

为什么世界上诸种事物会彼此不一样呢？原子论者回答说，这是因为组成它们

① 本段摘自吴国盛《科学的历程》，北京大学出版社，作者略有改动。

的原子在形状、大小、数量上不一样。这个回答看似平常,但非同一般。我们知道,世界上丰富多彩的事物之所以难于统一,原因在于,它们看起来彼此有质的区别,原子论把这些质的区别还原成一些量上的差异,就使统一的自然界可以用数的科学来描述。我们知道数学在今天对于自然科学是必不可少的,之所以会这样,是因为有原子论这样的思想基础。

原子论在希腊时代还只是思辨的产物,主要是一种哲学理论,不是科学理论,原子论者留基伯和德谟克利特本人并不是科学家,但是作为一种杰出的科学思想,原子论有其重要的历史地位。近代科学重新复兴了原子论,并在实验基础上构造了物质世界的原子结构。今天,"原子"不再是一种哲学的思辨,而是一个物理学概念。物质由分子构成,分子由原子构成,而原子则由原子核和核外电子组成。20 世纪,人们对原子核的内部组成又有了新的发现。这一切科学成就都源于 2 500 年前古希腊原子论者的天才构想。

案例解析:捕捉知识要点

①本案例通过对留基伯、德谟克利特的原子论哲学观点的叙述,在阐述了古希腊原子论自然观的基本观点的同时,说明在古代自然科学发展水平的基础上,人们对自然界的认识,一方面是用思辨将宏观的东西归结为微观的东西,完成对自然现象的统一解释,另一方面是用生活中最直接的、最普通的、最普遍的一种或几种自然物质对自然界进行统一的解释。即体现了古代人们对自然界的总的看法——古代朴素唯物主义自然观的朴素唯物论和自发辩证思想。

②古人从水、火、空气等具体的、特殊的、宏观的物质形态,抽象出"原子"这个一般的、普遍的、微观的客体,进而为人们揭示出认识事物的"元素思想"方法论,即世界万事万物都是由最基本的元素构成或一切物体都可以还原为最小的粒子。这种思维方法在牛顿的科学里表现为粒子,在波义耳的科学里表现为元素,在道尔顿的科学里表现为原子,在施莱登和施旺的科学里表现为细胞,即以"元素"为基点来认识世界。既体现了人类对自然物质本性认识的深化,也标志着人类理性思维能力或理论思维能力的重要。

③古希腊原子论把各种自然现象统一为原子,即把世界上形态丰富多彩、本质千差万别的事物还原成只有形状、大小、数量等一些量上的差异,从而使自然界的统一性可以用数量来科学地描述,这不仅为今天的自然科学研究提供了必不可少的方法论原则,也为一些社会科学进行某种程度的量化研究提供了理论依据和思想基础。

④古希腊原子论是古代朴素唯物主义自然观的集中体现,也是古代自然观的最高理论成果,它在整体上把自然界归结为物质,坚持了唯物主义的基本原则,既回答了自然界统一于物质这一重大的哲学基本问题,又解释了自然界各种不同形态物质产生的科学原因。它用原子在形状、大小、数量上的差异代替了物质彼此之间的区别,较之以前的自然观是很大的进步。但是,由于当时科学水平的限制,古代原子论还是一种哲学思辨的产物,必然带有古代朴素辩证法自然观的思辨性、猜测性和独断

性的缺陷(局限)。

讨论题

1. 为什么古人往往把某种具体的、特殊的物质状态当成世界万物的本原?
2. 古希腊原子论对近代自然科学发展的意义是什么?

二、机械唯物主义自然观

(一)机械唯物主义自然观的思想渊源

德谟克利特原子论的机械运动观是机械唯物主义自然观最早最重要的思想渊源。德谟克利特的原子论是古代朴素唯物主义发展的最重要成果。原子论的许多朴素观念对近代科学发展和自然观的形成产生了深远而重大的影响,德谟克利特的原子论认为原子和虚空是构成世界万物的始基。原子是最小的、不可分割的物质粒子,既不能创生,也不能毁灭,原子在数量上是无限的,在形式上是多样的。原子之间存在着虚空,原子在无限的虚空中运动着。在原子的下落运动中,较快和较大的撞击着较小的,产生侧向运动和旋转运动,从而形成万物并发生着变化。而一切物体的不同,都是由构成它们的原子在数量、形状和排列的次序、位置上的不同造成的。可见,原子论显示出非常强烈、明显的机械运动观。首先,原子作为万物构成的始基,仅具有形状、大小和重量的最简单的机械性;原子的运动和相互间的关系也只具有某些简单的机械性质。对此亚里士多德曾经概括地指出:“那些把根本实体看成一个的人,把一切事物的产生归于唯一实体的变化,其根源是疏散和密集。和这些人一样,留基伯和德谟克利特也把元素之间的区别看成其他事物的原因。这些区别有三种:形状、次序、位置。因为他们说,存在仅仅因为形态、相互关系和方向而不同。形态属于形状,相互关系属于次序,方向属于位置。比如 A 和 N 是形状不同,AN 和 NA 是次序不同,I 和 H 是位置不同”。其次,原子论力图把宏观世界(可感知的世界)的质的多样性还原为原子的机械运动,企图以此对世界做出统一的解释。对此,从牛顿机械论纲领的最初的原形中,易于看出其蕴涵着(德谟克利特)古代原子论的许多朴素的机械观念。德谟克利特的原子论机械运动观被经典力学直接继承了。如在惯性定律中,物体不受外力会保持原有的运动状态,这就把物体的运动完全看作它自己的事情,没有把运动放到与外界事物的联系中考察,运动不是“对立”。而当描述物体的运动时,以某一外在的物体为参照物,又把运动完全外化,认为运动只具有相对的意义。经典力学在绝对的“内”和“外”这两个端点之间摇摆,就像德谟克利特的原子与虚空是截然对立的一样。显然德谟克利特的原子论成了机械唯物主义自然观的最早最重要的思想渊源。

F. 培根经验论的归纳法 F. 培根对近代科学认识论和方法论做出了杰出的贡献,建立了唯物主义经验论的认识论和以归纳为核心的方法论。培根提出一切知识来源于人的感觉经验,但他也看到了感觉的局限性,主张用科学实验来弥补感觉认知的不足,认为“真正的科学是实验与理性密切结合”,把科学实验作为认识论的主要内容,从而发展了认识论。同时他在经验和科学实验的基础上建立了归纳法,把归纳法作为科学发现的主要方法。他说:"寻求和发现真理的道路只有两条,也只能有两条。一条是从感觉和特殊事物回到最普遍的公理,把这些原理看成固定和不变的真理,然后从这些原理出发,来进行判断和发现中间的公理。这条道路是现在流行的。另一条道路是从感觉与特殊事物把公理引申出来,然后不断地逐渐上升,最后达到最普遍的公理。这是真正的道路,但是还没有试过"①。这里所说的前一条道路是指亚里士多德的演绎法,故培根反对;后一条道路就是指归纳法,他把归纳法这条道路称为"新归纳法",从对一类对象的许多个别事物的观察实验中,按照严格的循序渐进的逻辑程序推断出这一类对象的一般结论,从而实现认识由个别到一般的过渡,以得到对事物的本质和规律的认识,是通过一个阶段一个阶段逐渐上升达到对事物的正确认识的方法。用科学的归纳法来形成观念和公理,无疑是避免和清除"四种假相"②的有效方法。他认为:科学知识是从经验事实开始的,在获得经验材料的方法上,主要靠观察和实验;整理经验材料,发现知识的方法,主要是归纳。用归纳法要用适当的拒绝和排斥的办法来分析自然,然后,在得到足够数目的消极例证之后,再根据积极例证做出结论。培根的唯物主义经验论的认识论和归纳法的科学方法论,不仅为近代自然科学认识论和方法论作出了重大贡献,其归纳法所呈现出的认识事物整体所采用的分析、解剖的分解观念,即通过认识个别达到认识一般的目的,对近代机械唯物主义自然观产生了重要影响作用,是其重要的思想渊源。

斯宾诺莎的唯物主义唯理论观点 斯宾诺莎是17世纪荷兰的唯物主义哲学家,他在反对神学和唯心论的斗争中,继承了笛卡儿的机械唯物论和霍布斯的唯物论和无神论思想,建立了唯物主义一元论世界观。在斯宾诺莎的哲学体系中有一个最高范畴——实体,他把实体定义为"在自身内并通过自身而被认识的东西"。③就是说,实体是不依赖于他物而独立自存的东西;实体也无须借助于他物而得到说明,而是通过自身而得到种种规定。由此,斯宾诺莎提出,实体是"自因",即实体本身就是自己存在的原因,无须借助于他物而获得自己的存在。他排除了外因论,反对用超自然的原因来解释自然,坚持从世界本身说明世界,认为世界万物都处于无穷无尽的联系之中,一切都可以通过因果规律得到说明,反对神学目的论。同时他还认为实体是唯一的、无限的、永恒的。实体的唯一性否定了笛卡儿的实体多元论,坚持了实体一元论的观点。实体的无限性说明了实体的存在是不受其他事物限制的,否则实体就必须依赖于别的事物,受到别的事物的限制,并通过别的事物而得到说明,这是与实体的

---

① 北京大学哲学系外国哲学史教研室:《西方哲学原著选读》上卷,358页,北京,商务印书馆,1951。

② 四种假相是培根在《新工具》中指出的在科学认识中存在着的扰乱人心的偏见:种族假相源于人类所固有的"人的天性之中",是人类种族所共有的成见、狭隘性等;洞穴假相是个人的假相,使人们对自然事物的认识发生偏差;市场假相是人们在相互交往中形成的一种假相;剧场假相是指从各种哲学教条,错误的证明法则移植到人心中的假相。

③ 斯宾诺莎:《伦理学》,3页,北京,商务印书馆,1963。

定义相矛盾的。实体的永恒性说明了实体是独立自存的,是自因,不是被产生的东西,所以实体的存在没有开端,没有终点,因而是永恒的。因此,作为"自因"、唯一、无限和永恒的实体,乃是万物的本质和存在的唯一原因。斯宾诺莎从其实体论出发形成唯理主义的认识论和方法论,在他的认识论中渗透着整体的系统观念,认为自然是一个有机的整体,世界上的任何具体事物都不能离开这个整体,都不能脱离同其他事物的因果联系而孤立存在着,或者被孤立地认识。斯宾诺莎的唯物主义唯理论观点对近代机械唯物主义自然观的形成产生了重要影响,是其重要的思想渊源。

(二)机械唯物主义自然观的科学基础

机械唯物主义自然观是在概括和总结近代前期的自然科学成果,尤其是在牛顿经典力学理论的基础上,形成的关于自然界及其与人类的关系的总体看法(总观点)。所以,机械唯物主义自然观的形成与这一时期自然科学的发展密切相关,也与这一时期的社会发展紧密联系。它是马克思主义自然观形成的重要思想渊源。

1. 近代自然科学产生和发展的社会背景——机械唯物主义自然观产生的社会基础

在14—16世纪,新兴资产阶级为了推翻封建统治,掀起了文艺复兴运动和宗教改革运动,这是新兴资产阶级反封建、反宗教的思想文化运动和政治斗争。文艺复兴运动发端于14世纪的意大利,后扩展到西欧各国,16世纪达到鼎盛。14世纪时,随着工场手工业和地理大发现引发的商品经济的发展,资本主义的生产方式在欧洲封建社会内部逐渐形成,人们对封建割据已开始普遍不满,民族意识开始觉醒,欧洲各国民众表现出要求民族统一的强烈愿望。新兴资产阶级站出来,认为中世纪文化是一种倒退,而希腊罗马古典文化则是光明发达的典范,故力图复兴古典文化。所以,文艺复兴运动打着"复兴古典文化"的旗帜,提出"人文主义"的口号,提倡人权和个性自由,反对神权和神性,要求用人类的眼光而不是神的眼光去考察一切。文艺复兴运动揭开了欧洲历史新序幕,马克思主义史学家认为文艺复兴是封建主义时代和资本主义时代的分界。

宗教改革运动是16世纪在德国爆发的规模最大、影响最广的教会改革。当时欧洲天主教会遍布各国,罗马是天主教会的中心,它按照封建的方式建立了自己的制度,成为有势力的封建领主,所以要满足文艺复兴运动的要求,达到新兴资产阶级的目的,就必须先摧毁这个神圣的中心组织。宗教改革运动的倡导者是神学教主马丁·路德,他的宗教改革核心是"信仰可以获救",建立"廉价教会"。他的主张代表了市民阶层的要求,得到新兴资产阶级和广大劳动者的支持。宗教改革对以教会为核心的封建统治和腐败进行了猛烈冲击。这场运动极大地动摇了宗教神学在思想和政治上的统治地位,起到了巨大的思想解放作用,从而为近代自然科学的兴起开辟了道路。

17世纪,英国首先发生了资产阶级革命,建立了资本主义国家。资本主义生产的发展又进一步成为推动近代自然科学产生和发展的火车头。恩格斯指出:"这是地球从来没有经历过的最伟大的一次革命,自然科学也就在这一场革命中诞生和形成起来”。①

2. 机械唯物主义自然观产生的科学基础

自然观是一定历史时期人们对自然界的根本看法，所以，自然观与那个时期的科学技术发展密切相关，甚至可以说，有什么样的科学技术发展就决定了什么样的自然观。在近代前期，天文学、力学、数学是达到最高水平的学科，其中力学是带头学科，以牛顿力学为代表，是最为成熟的和相对独立完善的体系，所以，人们用力学观点去看待自然界，解释一切就是自然的。

天文学领域的革命 近代自然科学的兴起始于天文学领域。1543 年，波兰天文学家哥白尼（1473—1543）发表了巨著《天体运行论》，揭开了近代自然科学革命的序幕，引发了人们以新的眼光观察世界，看待自然界。他指出，地球既不是一个静止不动的天体，也不是宇宙的中心，它只是一颗普通的行星，既有自转的周日运动，又有和其他行星一样的周年运动，太阳是宇宙的中心，天体的视运动实际上是地球和其他行星围绕太阳作复合运动的结果。这推翻了统治一千年的托勒密的“地心说”，使人类对太阳系的结构、各天体的位置与运动都有了比较正确的认识。因此，它不仅推翻了纳入经院哲学的地心说，更重要的是给整个欧洲思想界带来了新的火花，从根本上动摇了中世纪宗教学的上帝创世说，实现了自然观念上的根本改革，使自然科学开始从神学中解放出来。

在哥白尼学说的指导下，天文学领域进一步发生了更加革命性的变化。布鲁诺是哥白尼学说的捍卫和支持者，他于 1584 年出版了《论无限性、宇宙和世界》等著作，系统地论证了“日心说”的真实性。第谷·布拉赫和开普勒对天文学做了更为深入的研究，开普勒在 1619 年出版的《宇宙和谐论》中，论述了所发现的行星运动的三大定律。第一，轨道定律：所有行星以椭圆轨道绕太阳旋转，太阳位于椭圆的一个焦点上。第二，面积定律：单位时间内行星的向径所扫过的面积相等。第三，周期定律：任何两个行星公转周期的平方与此两行星轨道长半轴的立方的比值都是一个常数（$R^3/T^2=K$）。他又提出了行星运动的力学问题，在《火星的运动》中，进一步阐述了天体间的引力规律。三大定律突破了圆形轨道观念，使行星运动的不均匀性得到合理的说明，引力定律为牛顿发现万有引力定律奠定了基础。

力学（经典力学体系的建立） 以天文学革命为开端和标志的近代自然科学从宗教神学的禁锢中解放出来，自然科学就有了较快速的发展，从 16 世纪中叶到 18 世纪中叶，除天文学取得了很大的进步外，物理学、化学、生物学也开始有了一定的发展。在物理学领域，人们对亚里士多德物理学的一些观念产生了质疑，第一个明确指出错误的科学家是伽利略（1564—1642 年，后人称其为“近代物理学之父”），他发明了望远镜、温度计，用望远镜发现了月球表面的环形山和木星的卫星。伽利略最大的科学贡献是发现了自由落体定律，摆的等时性，研究了惯性定律和力学相对性原理；

① 恩格斯：《自然辩证法》，172 页，北京，人民出版社，1971。

建立了实验方法；认识到哥白尼学说的革命性意义，于1632年发表了被教会列为禁书的名著《关于托勒密和哥白尼两大世界体系的对话》，因此受到教会审判，在1633年被软禁。到1980年罗马教会才宣布1633年对伽利略的裁判是错误的，为伽利略平反，其时已有347年之久。

此外，吉尔伯特（1544—1603）的《论磁》（1600年）开创了磁学研究；托里拆利（1606—1647）、帕斯卡（1623—1662）等研究了真空问题，盖里克（1602—1686）的马德堡半球真空实验（1654年）演示了大气压；惠更斯（1629—1695）发明了摆钟，此发明不仅使计时变得更为精确，而且使宇宙运动的模式有了类比的模型，显示出它重要的社会和思想意义，他也提出了光的波动说。

在化学方面，玻义耳（1627—1691）定义了化学"元素"的概念，并确定了化学自己独立研究领域，化学开始脱离炼金术，其重要标志是玻义耳的《怀疑的化学家》（1661）出版。

在生物学方面，瑞典生物学家林耐（1707—1778）采用"人为分类法"对生物进行初步分类，在《自然系统》中，他对动植物做了系统的分类，把自然界分为动物、植物、矿物三个界，然后又把生物界按"界""纲""目""属""种"五个等级划分成系统。维萨留期（1514—1564）的《论人体的构造》（1543年）出版。塞尔维特（1511—1553）批判盖伦医学，发现了血液循环：人的血液经过肺部在两心室间形成了循环（即小循环），他认为血液是灵魂。但由于他的观点和教会的观念冲突，被教会烧死。哈维（1578—1657）的《心血运动论》（1628年）系统地论述了心血运动与循环过程，他指出：血液除了心肺循环，还在连接动脉与静脉的微细血管中循环，通过血管交织网完成血液的体循环，完成了血液在整个人体内不断循环（即大循环）理论。这个发现使得生理学不再需要什么灵气的帮助，摆脱了小宇宙与大宇宙的神秘类比，从而成为一门真正的科学。因此哈维被誉为"近代医学之父"。

在这个时期，虽然各门科学都有不同程度的发展，但是只有力学得到比较完善的发展，形成了相对独立、成熟的经典力学体系，其标志就是1687年出版的牛顿的巨著《自然哲学的数学原理》。牛顿给出了诸如质量、惯性、动量、力、质点、时间、空间等力学的基本概念，并在总结前人研究成果的基础上，提出了运动三大定律和万有引力定律，把天上的运动和地上的运动统一起来了，实现了天体力学和地面力学的大综合。

牛顿力学的主要内容和存在问题如下。

①惯性是物质的本质属性，即物质自身不能改变其状态，只有在外力作用下才能改变。据此人们就认为所有的运动变化的原因在物质外部，提出外因论。

②"哲学的全部困难在于：由运动现象去研究自然力，再由这些力去推演其他现象"。① 由于牛顿未给出力学的应用范围，这就导致人们只局限于机械运动形式，对

① 牛顿：《自然哲学的数学原理》，2页，王克迪，译，西安，陕西人民出版社，2001。

高级的运动形式则虚构出某种力来解释，这实际上就是把各种复杂的高级的运动形式还原为受力学定律支配的机械运动。

③物体的运动只能改变物体的速度和位置，而不能改变其质量。因而人们就用位置移动来说明一切变化，用量的差异来说明一切质的差异，认为自然界只有量变而没有质变。

④存在“绝对空间”和“绝对时间”，故时间和空间就成了脱离物质而存在的独立实体。

⑤可以用严格的数学方程式来表示机械因果性公式，人们根据它可以精确预言运动的结果，即牛顿所说的：“其他的自然现象也同样能由力学原理推导出来。”[①]由此人们就认为这种机械的决定论是因果关系的唯一方式。

⑥物质微粒“可以无限地分割，而且是可以无限地把它分离开来的”。[①]故而人们在认识自然界或宏观物质时采取分解法，且分解得尽可能小，尽可能简单；把自然界还原为物质实体的集合，把物质实体还原为基本粒子的集合，为一系列或多或少理想化的问题寻求解答。

牛顿力学正确地反映了宏观物体的机械运动规律，因此，它的原理、定律、概念、方法是当时人们看待自然、分析事物、解决问题的依据和判断的标准。正如爱因斯坦指出的，在牛顿以前和以后，“都还没有人能像他那样地决定着西方思想、研究和实践方向”。[①] 因此，用牛顿力学观点来解释一切，在那个时期是天经地义的事情，其自然也就成为机械论自然观的坚实科学基础。

（三）机械唯物主义自然观的观点和特征

1.机械唯物主义自然观的成因分析

反思近代的自然科学技术和生产力的发展水平以及自然科学研究方法的特征，会加深对近代机械唯物主义自然观的产生、观点及特征的认识和理解。

就自然科学整体而言，近代自然科学技术的发展起点低，水平有限。这一状况说明当时虽有实验科学开始对自然现象进行分门别类的研究，并向其内部和细节方面深入，但由于缺乏实验方法的广泛应用和实验技术水平的限制，人们的眼界极为有限，所获得的经验材料还不能有效地把自然现象联结成因果链，还不足以说明各种自然现象之间的联系及自然界的运动、变化和发展。而只有机械力学是一门较为成熟的学科，发展得比较充分和完善，对简单的机械运动形式研究得比较清楚。因而人们就用力学的尺度去衡量一切，用力学的原理去解释一切自然现象，于是，便出现了用机械运动的思想理论解释一切的自然事物和现象，甚至把人也说成是一架机器。由于自然科学技术发展的这一状况的特点，很自然地人们会形成机械运动论的自然观。

就自然科学研究方法而言，机械力学的研究方法主要是观察实验、解剖分析和归纳整理。这些方法在本质上就是分析法，也就是说无论是实验还是解剖和归纳其实

---

① 爱因斯坦：《爱因斯坦文集》，第1卷，222页，许良英，等，编译，北京，商务印书馆，1976。

就是分析法的应用。分析法对事物的认识是从结果回溯找原因,再从特殊原因上升到普遍原因,直至最普遍的原因这样的思维路径,为此就需要把复杂的事物和关系还原为简单的事物和关系,把整体分解为部分,然后对部分分别独立地进行研究,最后再把这些部分组合为整体。也就是说,把自然界中各种各样的事物和现象当作既成的东西,然后把它们分解为各个部分,分门别类、孤立静止地加以研究,暂时不考虑它们之间的联系。机械力学的这种机械运动思维方式,把自然界的一切事物和过程从总的联系中抽取出来,抛开事物的广泛联系和发展过程,而孤立、静止地考察事物;不把事物看作运动、变化、发展的,而是看成永恒不变的,没有联系的东西。这种分门别类、解剖分析、孤立静止的分析研究法,自然会培育出人们看待事物、解决问题的机械论观念。

在生产力发展水平方面,近代前期,资本主义生产虽比封建社会生产有了较大的发展,但还是处于资本主义初级阶段,生产方式还处于手工业和工场手工业阶段,生产力发展的整体规模较小,水平较低,但工具机和动力机技术研究已有较多的成果,那个时期用人力、畜力、水力等自然力作为动力驱动工具机和发动机的机械技术已有相当的发展。因此,人们在生活和工作中,在认识自然事物和现象中,常常用机械动作、机械元件进行类比,于是,就认为除人做出的工具等物品都是由机械元件组成的“机器”,还认为“植物是机器”“动物是机器”“人是机器”等,整个世界是一部巨大的机器,因而,整个世界就是不断进行机械运动的物体的总和。

自然科学技术发展的状况,自然科学技术研究的特点,社会生产力发展的水平,很自然地使那个时期的人们形成与之相适应的自然观——机械唯物主义自然观。

2. 机械唯物主义自然观的观点和特征

机械唯物主义自然观是以牛顿经典力学为主的用力学理论解释自然现象的观点,这种自然观对自然界的认识是:把物质的各种性质都归结为力学的性质,把各物质系统和运动形式都归结为力学的系统和运动形式,认为自然界中的一切事物都完全服从于机械因果律。

在人类自然观的发展进程中,机械唯物主义自然观对以往的自然观而言,是人类自然观的一次变革,它揭开了人们从以往对自然界的整体、直观考察转变为对自然界进行深入、细致的分析研究的序幕,而且是用牛顿经典力学的理论和方法来解释世界,把世界解释为一部巨大的机器,由惰性物体组成,与人无关,运动是在外力作用下的位置变化,遵循严格的机械决定的因果关系。机械唯物主义自然观对自然界的认识可解析为以下几个基本观点。

第一,唯物论。机械唯物主义自然观认为自然界是一个客观存在的物质世界,这个世界的构成本原是实证意义上的最小的物质微粒,一切物质都可以还原为最小的粒子。而客观存在的物质不仅在于人的肉体直观,更在于严密的科学观察和实践的证实。这种唯物性在客观上是因自然科学特别是力学的发展,人们对自然界可以在细节方面有较深入的认识,对自然现象能够做出比古代更具体的说明,因此,就便于坚持自然观的唯物主义立场。

第二,认为整个世界是机器的自然图景。近代前期这一历史时期被称为世界图景的机械化过程时期。16 世纪末,法国著名作家亨利 · 德芒纳蒂尔指出,世界是一部机器,它是最有意义的和最美妙的一部机械装置。17 世纪,开普勒说他不是要将天体的机械比喻为神圣的机体,而是把它比作一座时钟。笛卡尔提出"动物是机器"。英国哲学家霍布斯宣称,所谓生命,不外是肢体的一种运动,由其中的某些主要部分发动,犹如钟表中的发条和齿轮一样;心脏无非就是发条,神经无非就是游丝;而关节不过是一些齿轮,它把动作传递给整个躯体。18 世纪,伏尔泰认为牛顿的万有引力定律论证了宇宙是一架巨大的机器。拉美特利提出了"人是机器"的论断。至此,一幅包括一切层次和类别的机器的自然图景建立起来了。

第三,机械论。人们以力学原理作为认识自然的准则,就是围绕物体机械运动定律来解释各种自然现象,必然会将对自然世界事物的运动、变化的认识都归结为机械运动,其自然观就是机械论性质的。一方面是将事物运动变化归结为受外因作用的只有量变而没有质变的机械运动。认为自然界万事万物的运动变化都是由力学原因导致的,且是在外部力量的作用下产生的,"外力作用是使物体运动状态发生改变的原因",如果没有外部因素事物就不会发展变化,事物之间只存在外在力学联系,没有内在的必然联系,而且这种运动只表现为位置的移动,物体的运动变化只能改变物体的位置和快慢,而不能改变其质量。万事万物只有空间上的序列而无时间上的历史。另一方面是遵循严格的机械决定论。认为宇宙的过程可以在一个简单的数学方程式中表现出来,即根据力学定律和公式可以从事物目前的状态推算出它在过去或未来任一时刻的状态。机械运动是决定性因素,自然世界只有必然性的因果关系,没有偶然性,将机械运动视为唯一的因果关系,不懂得因果联系的多样性、复杂性,不懂得因果联系、必然性和偶然性的区别和联系,认为自然界的一切都是由必然的原因决定的。

第四,认为时间和空间是与物质及其运动无关的绝对孤立和静止的存在。"绝对的空间,就其本性而言,是与外界任何事物无关而永远是相同的和不动的"。"绝对的真正的数学的时间自身在流逝着,而且由于其本性而在均匀地与任何其他外界事物无关地流逝着"。①

第五,人与自然是分立的。机械唯物主义自然观以机械运动观来看待人与自然界,认为人与自然的关系是分立的。机械观用力学原理来考察和解释自然界的一切现象,认为自然界是一部机器,由惰性物体组成,与思维存在物——人无关,否认了有机界和无机界、人类社会与自然界之间的性质上的差别,否认了人类社会与自然界的固有的必然关系。人既有社会性又有自然性。人的自然性是指人是自然界的产物,人的社会性是指每个人都是生活在一个社会群体中的,都有一定的社会归属。人的

---

① H. S. 塞耶:《牛顿自然哲学著作选》,5 页、26 页,上海,上海译文出版社,2001。

生存与发展依赖于自然界,人类社会是基于自然而构建的,人或人类社会是与自然界紧密联系的。

机械唯物主义自然观的特征如下。

第一,机械性。由于人们将力学理论作为认识自然界各种事物的基本思想,必然导致以机械观念来认识和解释世界,从而也必然带来了自然观的机械性,主要表现为:①用纯粹的力学观点来考察和解释自然界的一切现象,认为自然界是一部机器,把自然界的各种运动形式都归结为机械运动形式;②否认了有机界和无机界、人类社会与自然界之间性质上的差别,抹杀了运动形式的多样性和各种运动形式之间性质上的差别;③不把自然界理解为一个过程,而把自然界看作按某种必然规定的机械的构成,认为自然界的运动只有数量的增减和位置的变更,其变化的原因在于物质的外部力量的推动。自然界中只有必然性的因果关系,没有偶然性。这种观点与古代朴素辩证法自然观的观点相比是一种倒退。

第二,形而上学性。机械唯物主义自然观在认识自然界上主要运用了牛顿力学的还原分析方法。这种方法就是把复杂的事物和复杂的关系分解为孤立而简单的部分,再分别研究各个部分的属性、特征、结构和功能,然后再把这些部分合为一体。这种方法,时间久了,使人们逐步形成一种思维模式,即孤立地考察自然界的事物和过程,抛开事物广泛的总的联系;不是把自然界看作运动的,而是看作静止的;不是看作本质上变化着的,而是看作永恒不变的;不是看作活的,而是看作死的。这种用孤立的、静止的、片面的、无矛盾的观点来看待自然界,就是把运动的事物静止化,把复杂的事物简单化,把整体分解为孤立的部分,这是机械唯物主义自然观最明显最突出的一个特征。

第三,不彻底性。不彻底性是指机械唯物主义自然观在割裂自然界与人类社会历史发展的关系,认为自然界是孤立于人的实践之外的自然存在物,以外因解释事物运动变化的原因,最终陷入唯心主义自然观和神学目的论的表现。例如,天体是怎么运动起来的? 人类是怎么产生的? 不同物质形态是如何转化的? 等等。这些具有根本性意义的问题,用力学的原理是解释不了的,于是机械唯物论者不得不用神力来解释,所以对牛顿借助于神的"第一推动力"来说明行星最初的运动就不难理解了。那人类的产生也就自然是上帝创造的了,地球上所有的动物和植物也都是上帝创造的,所以"猫被创造出来是为了吃老鼠,老鼠被创造出来是为了给猫吃,而整个自然界被创造出来是为了证明造物主的智慧"。①机械唯物主义自然观的这种不彻底性使科学又回到了神学的怀抱。

(四)机械唯物主义自然观的作用

机械唯物主义自然观认为自然界是一个客观存在的物质世界,其本原是实证意义的最小的物质微粒,一切物体都可以还原为最小的粒子,并认为世界的一切事物都

---

① 马克思,恩格斯:《马克思恩格斯选集》,第3卷,359-360页,北京,人民出版社,1995。

是遵循机械运动规律在空间位置上变动。因此,其在自然观上坚持了唯物主义立场,把各种自然现象都归结为物质的原因,冲破了中世纪宗教神学和唯心主义自然观的羁绊,传承了古代朴素唯物主义自然观的传统,为马克思主义自然观的形成奠定了唯物主义思想基础。

机械唯物主义自然观主张用还原分析方法去研究事物,反对抽象的思辨,强调经验和实证的方法,非常重视科学实验在认识中的作用,认为"真正的科学是实验与理性密切结合",注重观察、实验和数学推理,把实践作为判定认识的标准,培育了求实和崇尚理性的科学精神,并通过观察、实验、分析等科学方法对自然界事物进行分门别类、解剖分析的研究,这为马克思主义自然观的形成提供了方法论前提。

(五)机械唯物主义自然观的缺陷

机械唯物主义自然观的机械运动观点是人类对自然界总体认识的一种倒退。因为,它把自然界描绘成为一部巨大的机器的图景,这没能如实地反映自然界的本质,所以对自然界的认识,在运动观点上,把自然界中的各种运动形式都归为机械运动,抹杀了物质运动形式及其性质的多样,割裂了自然界和人类社会的固有联系;把事物运动、变化的原因都归结为力学原因和外部原因,"外力作用是使物体运动状态发生改变的原因"。如果没有外部因素,事物就不会发生变化,而且是必然性的,没有偶然性。在思维方式上,它用孤立、静止、片面的观点来看待自然界,把运动的事物静止化,把复杂的事物简单化,把整体分解为孤立的部分,这种思维方式否定了辩证思维方式。在本原问题上,它主张自然界是绝对不变的,物质的运动和自然界的合目的性创造都来自于上帝。人类是上帝创造的,地球上的一切动物和植物都是上帝安排的。所以,在遇到自然界的事物和现象是如何产生这一类问题时,常常会显得手足无措,只好将其归结为超自然的原因。因此,机械唯物主义自然观被恩格斯称为"陈腐的""僵化的""保守的""低于希腊古代"的自然观。① 因此,它必将被能够正确反映自然界本质和规律的辩证唯物主义自然观取代。

三、辩证唯物主义自然观

辩证唯物主义自然观是马克思和恩格斯继承了古希腊朴素唯物主义自然观,批判地吸收了法国唯物主义自然观和德国唯心主义自然观中的合理因素,克服了机械唯物主义自然观的固有缺陷,并以19世纪的自然科学成果为基础,形成的关于自然界及其人类的总的观点。

(一)辩证唯物主义自然观的思想渊源

辩证唯物主义自然观的创立有着深厚的思想理论来源。一方面是法国唯物主义自然观;一方面是德国古典自然哲学。

法国唯物主义自然观 18世纪法国唯物主义自然观是17世纪机械唯物主义的发展和完成。它坚持唯物主义一元论,纠正了17世纪唯物主义割裂物质和运动、物

---

① 马克思,恩格斯:《马克思恩格斯全集》,第20卷,365页、378-380页,北京,人民出版社,1971。

质和意识等的关系的缺点，消除了17世纪唯物主义者的神学不彻底性。法国著名的唯物主义者、无神论者的主要代表有狄德罗、拉美特利、爱尔维修和霍尔巴赫。

德尼·狄德罗(1713—1784)　著名的《百科全书》的主编，《百科全书》的出版标志着法国启蒙运动进入高潮，反封建反神学达到了高潮。所以《百科全书》的编辑和出版是在教会和政府当局的攻击、诽谤和迫害，加之内部意见分歧，有人动摇退出的极端困难条件下，由狄德罗坚持工作达20余年全部完成的。狄德罗是“百科全书派”的领袖，主要从事物质和运动、物质和意识的关系的研究，他提出了物质是唯一的实体论断。他说“在宇宙中，在人身上，在动物身上，只有一个实体”，①从而彻底否定了上帝存在论、上帝创世论以及灵魂不灭论等神学唯心主义观点。为了论证“只有一个实体”的唯物主义一元论的观点，他进一步提出物质具有感受性、运动能力和异质性。他说人脑是思维的器官，思维是人脑的机能，人脑能够产生思维是因为物质具有感受性。感受性是“物质的一种普遍的和基本的性质”，②从物质的感受性、运动性及运动形式是多样的等方面唯物地阐述了物质和意识、物质和运动以及物质世界的统一性和多样性的关系，极大地丰富和发展了唯物主义学说。

拉美特利(1709—1751)　主要继承和发展了笛卡儿物理学中的唯物主义和洛克的唯物主义经验论，认为物质是唯一的实体，具有运动能力。他说：“在整个宇宙里只存在着一个实体，只是它的形式有各种变化。”③为此，他把物质比喻为“面粉团子”来说明宇宙万物都是由“面粉团子”按照一定的方式构成的，且由于构成的方式不同形成了不同的物质。物质本身是永恒的、不灭的。同时还指出物质运动是“物质本身就包含着这种使它活动的推动力，这种推动力乃是一切运动的规律的直接原因”。④不难看出，拉美特利力图用唯物主义一元论的观点说明宇宙万物的多样性和世界的物质统一性，排除所谓独立自存的“精神实体”的存在。

爱尔维修(1715—1771)　主要继承和发展了洛克的唯物主义经验论，并把它运用于观察社会生活，提出了比较完整的以功利主义为核心的社会伦理学说。他的哲学的基本概念是“肉体感受性”，即人体具有接受客观对象作用的感觉能力，以“肉体感受性”为中心论述了功利主义的社会伦理学思想。他提出肉体感受性是全部精神活动的基础，认为人的认识是对客观对象及其相互关系的反映。他说：“虽然提供给我们各种对象；这些对象与我们之间有一些关系，它们彼此之间也有一些关系；对于这些关系的认识，构成了所谓精神。”⑤“我们的一切观念都是通过感官而来的。”⑥感觉能力“为一切个体共有”，但和动物不同，人的“肉体感受性”是和一定的外部组

---

① 狄德罗：《狄德罗哲学选集》，129页，上海，上海三联书店，1956。

② 狄德罗：《狄德罗哲学选集》，118页，上海，上海三联书店，1956。

③ 拉美特利：《18世纪法国哲学》，73页，北京，商务印书馆，1963。

④ 拉美特利：《18世纪法国哲学》，203页，北京，商务印书馆，1963。

⑤ 爱尔维修：《18世纪法国哲学》，435页，北京，商务印书馆，1963。

⑥ 爱尔维修：《18世纪法国哲学》，491页，北京，商务印书馆，1963。

织特别是双手相结合的(意识到劳动对人的认识的积极影响)。在此基础上,他又提出了"人是环境的产物"的论断。他说的环境主要是指社会环境,而且是指政治法律制度。他认为在人们的社会活动的各种因素中,具有决定意义的是政治制度和法律制度。历史表明,各个民族的性格和精神是随着他们的政治形势的变化而变化的,各个民族的兴盛并不依靠他们的宗教纯洁,而是依靠他们的法律的高明。

霍尔巴赫(1723—1789) 18 世纪法国杰出的唯物主义哲学家和无神论思想家。他充分利用当时自然科学和社会科学的最新成果,系统地概括和发挥了 18 世纪法国唯物主义世界观和无神论思想,把法国唯物主义世界观系统化,建立了一个严整的机械唯物主义哲学体系。他的哲学代表作《自然的体系》被称为 18 世纪的"唯物主义的圣经"。他的唯物主义思想主要表现如下。第一,物质是以任何一种方式刺激我们感官的东西,具有质的多样性。他指出,人们之所以陷入谬误和不幸,是因为对自然缺乏认识。人们要获得幸福,必须首先认识自然,确立正确的自然观。所谓"自然,从它最广泛的意义来讲,就是由不同的物质、不同的配合以及我们在宇宙中所看到的不同的运动集合而产生的一个大的整体。自然,狭义地讲,或是在每个存在物内部加以观察的自然,乃是由于本质,就是说,由于有别于其他存在物的一些特性、配合、运动或活动方式所产生的整体"。①这就是说,不论是宇宙还是个别事物都是自然,自然就是由物质和运动构成的一个整体。所以人作为自然的产物,就只能存在于自然之中,服从自然的法则,而不能超越自然,就是在思维中也不能走出自然。他在肯定世界的物质统一性时,也看到了物质的质的多样性,并强调运动是物质固有的属性。他说:"在宇宙间,一切都在运动。自然的本质就是活动。"②第二,人是自然界的产物,是肉体和灵魂的统一体;感觉是思维的基础。他说"像其他一切存在物一样,人乃是自然的一种产物。"③所以,人的产生和存在依赖于自然,人绝不是超自然的奇物,他和自然界的其他事物一样,也遵循自然界的一般法则,受自然必然性的制约。人的思维或认识起源于感觉,"在活着的人里面,我们看见的第一能力——其他一切能力都是由它产生出来的——就是感觉",④人"所有的概念,都是作用于我们感官的对象的反映"。⑤从霍尔巴赫的这些观点不难看出,他坚持了彻底的唯物主义一元论,从根本上否定了上帝这个超自然的神物的存在。

18 世纪法国唯物主义自然观虽然认为人在自然界面前只有受动性而没有能动性,但它主张自然界具有物体客观实在性,是能够被感知的,是能够以感觉经验为基础说明的,感觉和经验是外部世界作用于感觉的结果,丰富和发展了唯物主义和唯物主义反映论,成为辩证唯物主义自然观创立的重要思想渊源。

---

① 霍尔巴赫:《自然的体系》(上卷),17 页,北京,商务印书馆,1964。
② 霍尔巴赫:《自然的体系》(上卷),23 页,北京,商务印书馆,1964。
③ 霍尔巴赫:《自然的体系》(上卷),75 页,北京,商务印书馆,1964。
④ 霍尔巴赫:《自然的体系》(上卷),95 页,北京,商务印书馆,1964。
⑤ 霍尔巴赫:《健全的思想》,23 页,北京,商务印书馆,1964。

德国古典自然哲学是辩证唯物主义自然观的直接思想渊源。德国古典哲学的代表者有康德、黑格尔和费尔巴哈。比之于同时代的其他人的哲学,他们的哲学包含了更多的合理思想。

康德(1724—1804 年) 德国古典哲学的创始人,在他的《宇宙发展史概论》中,提出了一些重要的辩证唯物主义哲学思想。第一,物质是客观存在的,是万物的本原。他指出:"大自然的最初状态是一切天体的原始物质","物质能从它的完全分解和分散状态中自然而然地发展成为一个美好而有程序的整体"。① 第二,自然界物质的运动是有规律的。因为"组成万物的原始物质是和某些规律相联系的,而物质在这些规律的支配下必定会自然而然地产生出美好的结合来"。②他提出吸引和排斥相互作用是自然界物质运动的基本规律,吸引和排斥是对立统一的关系,宇宙万物就是由吸引和排斥的矛盾运动而产生和转化的,并用这一规律解释太阳系天体的起源。可见,康德的哲学思想有唯物主义和辩证法的内容,体现在了关于空间与时间、物质与运动、变化与发展的哲学认识上。

黑格尔(1770—1830 年) 德国古典自然哲学的集大成者。黑格尔以"绝对精神"(或"绝对观念")为自己哲学的出发点,对世界进行了哲学研究。他认为"绝对精神"是世界的本质和基础,是万物的核心,而世界上各种事物是"绝对精神"的体现。黑格尔的"绝对精神"的哲学体系是唯心主义的,但在这一哲学体系中包含有丰富的辩证法思想,事物发展的动力源泉是内部矛盾的思想;发展的规律是对立面相互渗透、质量互变和否定之否定的思想;思维规律与客观规律相一致的思想等。他的哲学包含有很多有价值的思想,如论证了空间、时间、运动和物质的统一,物质的连续性与间断性的统一,最简单的生命是从化学过程产生的等。

费尔巴哈(1804—1872 年) 唯物主义的人本哲学的创建人。他通过对黑格尔客观唯心主义的批判,最终建立起自己的唯物主义哲学。他的唯物主义的人本哲学中心思想是针对黑格尔的绝对理念论,提出人是自然界的产物,也是一切哲学活动的主体和中心。他说:"我的第一个思想是上帝,第二个思想是理性,第三个也是最后一个是人。神的主体是理性,而理性的主体是人。"

人的思维内容或人的知识、真理从何而来?费尔巴哈认为,它并不像黑格尔所说的那样是绝对精神的产物,而是来自于客观的物质世界,是人的大脑对客观存在的反映,黑格尔的错误就在于"把第二性的东西当作第一性的东西,而对真正第一性的东西或者不予理会,或者当作从属的东西抛在一边"。③费尔巴哈的这一观点否定了德国古典哲学的唯心主义观点,从而建立起他的唯物主义哲学。费尔巴哈哲学思想中的这个"基本内核"成为了辩证唯物主义自然观的重要思想来源。

---

① 康德:《宇宙发展史概论》,11、13 页,上海,上海人民出版社,1972。

② 康德:《宇宙发展史概论》,13-14 页,上海,上海人民出版社,1972。

③ 费尔巴哈:《费尔巴哈哲学著作选集》上卷,77 页、247 页,上海,上海三联书店,1959。

(二)辩证唯物主义自然观的科学基础

从 18 世纪下半叶开始,在欧洲发生了以蒸汽机动力应用为标志的第一次技术革命和产业革命,实现了从工场手工业到机器大工业的转变,促进了资本主义生产突飞猛进的发展。资本主义生产的发展有力地推动了自然科学的发展,是自然科学从收集材料的阶段进入对经验材料进行整理和理论研究的阶段。到 19 世纪中叶,自然科学在天文学、地质学、物理学、化学、生物学等多个领域都得到全面发展,19 世纪被称为科学发展的世纪。自然科学的发展揭示了自然科学事物普遍联系和发展变化的辩证性质,从而为辩证唯物主义自然观的创立奠定了坚实的基础。

这一时期自然科学的成就主要表现在以下五个学科领域。

1. 天文学——星云说

1755 年,康德出版了《宇宙发展史概论》,他在书中运用唯物辩证思想和观点,综合了当时天文学、力学的成就,并根据当时观测到云雾状天体存在的资料,提出了太阳系起源的"星云说"。康德认为:太阳系是从同一团尘埃微粒组成的弥漫星云中,通过吸引和排斥的相互作用,逐渐发展成为有序的天体系统,地球和整个太阳系表现为在某段时间的进程中逐渐生成的东西,从而关于第一次推动的问题被取消了。这给"天不变"的形而上学自然观打开了缺口。

1796 年,法国科学家拉普拉斯(1749—1827 年)发表了《宇宙体系论》,也提出了星云说,他认为太阳系天体是从"星云气"演化形成的,并进行了数学和力学方面的论证。后人把这两个假说称为"康德—拉普拉斯星云说"。

"康德—拉普拉斯星云说"从物质自身具有吸引和排斥的对立统一分析了天体的发生和发展、起源和演化,既是唯物主义的,又体现了辩证法,是对"宇宙神创论"的有力批判,动摇了神学自然观的基础,为辩证唯物主义自然观的形成提供了天文学方面的论据,对此恩格斯的高度评价是:它是在传统僵化的自然观上打开的"第一个缺口",它"包含着一切继续进行的起点"。①

2. 地质学——渐变论

第一次工业技术革命以后,由于地质勘探、采煤、采矿和开凿运河,人们发现了地壳是分层的,地层中埋藏着古代动植物的化石,且不同的地层埋藏着种类和结构各异的动植物化石,发现古代动植物的构造与现代动植物的构造有很大的差别。英国地质学家赖尔(1797—1875 年)根据这些发现,在 1830 年发表的《地质学原理》中提出了"地质渐变论"。他用"将今论古"的方法阐述了地壳分层和埋藏着的种类和构造各异的古代动植物化石的存在。他认为,地球表面的变迁是受各种自然力作用而缓慢进化的结果;地壳的运动是地球本身热力、电力、磁力、化学力等运动的结果;较古老的岩石和较新的岩石的构造差别是历史造成的。赖尔用地质渐变作用来说明整个地球、地球的表层以及地表的植物和动物的变化都是受自然力作用而演变的结果,它

---

① 恩格斯:《自然辩证法》,12 页,北京,人民出版社,1971。

们都有时间上的历史。赖尔的理论充分体现着唯物辩证观,否定了“神创论”,是对居维叶的“神学自然观”和“灾变论”的有力批判,将发展的观点引入了地质学,在科学思想上给形而上学自然观打开了第二个缺口,为辩证唯物主义自然观的创立提供了地质学方面的科学根据。

3. 物理学——能量守恒和转化定律,电磁场理论

早在1644年笛卡尔就在《哲学原理》中提出了著名的“运动不灭原理”:物质有一定量的运动,这个量从来不增加也从来不减少,虽然在物质的某些部分中有时候有所增减……每当一部分的运动减少时,另一部分的运动就相应地增加。到19世纪30—40年代,在物理学领域,好多科学家如迈尔、焦耳、格罗夫、赫姆霍兹等人,分别从不同的侧面认识到机械能、热能、电能、化学能等之间是可以相互转化的,而且在转化过程中总能量是守恒的,即发现了“能量守恒和转化定律”。这个定律指出:自然界的各种能量形式,在一定条件下,可以按一定的当量关系相互转化,在转化过程中,能量既不会增多,也不会消失。因此,能量守恒和转化定律不仅揭示了自然界各种能量之间既相互联系又相互转化,也说明了无机物之间相互联系,从而打破了形而上学关于无机物之间没有联系的旧观念,同时,也使哲学的“运动不灭”原理有了坚固的自然科学基础。因此,自然界的一切运动都可归结为由一种形式向另一种形式不断转化的过程。关于电与磁的研究,1820年丹麦物理学家奥斯特(1777—1851年)发现电流的磁效应;1831年,英国物理学家法拉第发现电磁感应现象;1865年,英国物理学家麦克斯韦在《电磁场的动力学理论》一书中对前人和他自己的工作进行了概括,建立了联系电荷、电流、电场、磁场的基本微分方程组,即描述电磁场运动变化规律的电磁场理论,揭示了电、磁和光的统一性,从电磁学方面证明了事物的联系,为辩证唯物主义自然观的建立提供了物理学的科学根据。

4. 化学——尿素的合成,元素周期律

从18世纪下半叶起,化学领域取得了一系列的重大成果。如拉瓦锡的“氧化燃烧理论”,道尔顿的“原子论”,阿伏伽德罗的“分子说”等,而更为有意义的成果是“人工合成有机物尿素”和“元素周期律”。1828年,德国化学家维勒(1800—1882年)在研究“氰作用于氨水”时,发现了有机物尿素的合成,后来他分别用其他无机物通过不同的途径合成了尿素,他在《论尿素的人工合成》中总结了人工由无机物合成有机物尿素的研究成果,从而彻底推翻了有机物只能通过有机体得到的观念,打破了在有机界和无机界之间的不可逾越的人为界限,使生命现象的“活动论”失去了存在的基础,证明了化学规律在有机界和无机界都是同样适用的,体现了辩证法普遍联系的观点。1869年,俄国化学家门捷列夫在继承前人研究成果的基础上,并对新的事实资料进行了分析比较后,发现了“元素周期律”,即化学元素的性质随着原子量的递增而呈现出周期性变化。这一发现不仅揭示了各种元素之间的内在联系,为推断元素的一般性质、新元素的寻找和物质结构理论的研究提供了可遵循的规律,而且揭示了元素由量变到质变、量与质相互联系的实质。这些重大的发现从化学方面为辩证唯物主义自然观的建立提供了科学根据。

5. 生物学——细胞说，生物进化论

细胞说 1838 年，德国生物学家施莱登在《关于论植物起源的资料》中提出植物是由细胞组成的。1839 年，德国生物学家施旺在《关于动植物的结构和生长一致性的显微研究》中指出动物和植物一样，也是由细胞组成的，从而创立了细胞学说。细胞学说揭示了植物和动物有机体有共同的基本结构单位，并且它们都是由细胞发育而成的，有同样的生长发育机制，从而揭示了整个有机界的内在统一性，阐明了有机体产生、成长及分化发展的规律。

生物进化论 达尔文在前人研究的基础上，通过自己多年的生物试验和科学考察，在 1859 年发表的《物种起源》中系统地阐述了以自然选择为基础的生物进化论。他用大量的事实论证了生物界的任何物种都有其产生、发展和灭亡的历史，都是自然界长期进化的结果，从而揭示出生物由简单到复杂，从低级到高级的发展规律，推翻了形而上学把动植物看作彼此毫无联系、神创的、不变的观点，为生物学的科学发展奠定了基础，为辩证唯物主义自然观的建立提供了生物学的科学根据。

由上可知，天文学、地质学、物理学、化学、生物学等自然科学领域都取得了一系列重大成就，特别是细胞学说、能量守恒与转化定律、生物进化论这三大发现，以科学事实说明自然界的一切都是有联系的，都有自己产生、发展和变化的历史，即揭示了自然界的辩证发展性质，形而上学关于自然界中一切“绝对不变”的自然观也就彻底破产了，从而为辩证唯物主义自然观的创立打下了坚实的科学基础。

(三)辩证唯物主义自然观的观点和特征

1. 辩证唯物主义自然观的创立

马克思和恩格斯科学地概括和总结了当时自然科学发展的最新成就，并继承了古希腊自然观中的辩证法观点，克服了机械唯物主义自然观的形而上学性质，又批判地汲取了法国唯物主义和德国古典哲学的理论成就，特别是黑格尔的辩证法思想和费尔巴哈的唯物主义，把唯物主义与辩证法有机地统一起来，从而确立了辩证唯物主义自然观。

从 19 世纪 40 年代起，马克思和恩格斯开始酝酿辩证唯物主义自然观的研究。为了阐明自然界、科学技术及社会的辩证法发展，他们对当时的自然科学技术成果给予了高度的关注和深入的研究。正如恩格斯自己所言：“要确立辩证法的同时又是唯物主义的自然观，需要具备数学和自然科学的知识。”①所以，马克思和恩格斯分别研究了数学和各门自然科学，其研究成果主要集中体现在《数学手稿》《自然辩证法》《反杜林论》《机器、自然力和科学的应用》《资本论》《1844 年经济学—哲学手稿》《英国工人阶级状况》等著作中。他们从哲学的高度总结和概括了各个领域自然科学在认识自然界方面已经取得的成果，进而揭示出自然界事物普遍联系和发展变化

---

① 马克思，恩格斯：《马克思恩格斯全集》，第 20 卷，13 页，北京，人民出版社，1971。

的辩证规律,并以劳动以及与劳动共同发展起来的科学技术为中介,把对自然界与社会的认识和改造联系起来,形成了完整的自然辩证法理论体系,即确定了唯物辩证主义自然观。

恩格斯在《自然辩证法》中指出:"在自然科学中,由于它本身的发展,形而上学的观点已经成为不可能的了。"①《自然辩证法》概括了19世纪自然科学的最新成果,包括天文学、地理学、物理学、化学和生物学等领域的新发现;论述了自然发展史,即自然界从天体、地球、生命到人类的辩证发展的图景。自然界是辩证发展的,人类对于自然界的认识以及自然科学也是辩证发展的,从而人们的思维方法、科学认识论和方法论也应该是辩证的,即需要辩证法、辩证思维。恩格斯在《劳动在从猿到人的转变中的作用》一文中,论证了劳动在人类起源中的基本性和决定性作用,阐明了劳动创造了人和整个人类社会的观点。劳动以及随同它一起形成与发展起来的科学技术,是人类社会发展的基本动力。

马克思的《资本论》以资本主义社会为对象,研究了资本主义生产方式、生产关系,揭示了资本主义产生、发展和灭亡的运动规律。马克思指出,资本主义利用科学技术,在它的不到一百年的阶级统治中,创造出空前巨大的生产力。但是,在资本主义条件下,科学技术在成为生产财富的手段的同时,也成为了资本家致富的手段。因此,科学技术对劳动者来说,表现为异己的、敌对的和统治的权力。这深刻地揭示了科学技术与资本主义社会发展的关系的矛盾,因而也揭示了只有社会主义才能解决科学技术造成的巨大生产力和资本主义社会关系之间的矛盾,才能最大化地解放科学技术的生产力。

马克思和恩格斯在创立自然辩证法理论体系时,不仅注意从哲学高度挖掘蕴涵在那个时代的自然科学成果中的全部思想内容,而且善于扬弃人类认识史上的成果。所以,马克思和恩格斯在肯定以往自然哲学的历史价值的同时指出:"旧的自然哲学,无论它包含有多少真正好的东西和多少可以结果实的萌芽,是不能满足我们的需要的。"②他们既继承了古希腊哲学中的辩证法思想,又批判地吸取了近代德国古典哲学中费尔巴哈哲学的唯物主义"基本内核"和黑格尔唯心主义哲学中辩证法的"合理内核",批判地消除神秘主义的形成,挽救其中有价值的合理思想,从而让自然界的辩证法从它们的全部的单纯性和普遍性上清楚地表述出来。即实现了哲学史上的伟大变革,建立了辩证唯物主义哲学体系。亦创立了自然辩证法,确立了辩证唯物主义自然观。对此,恩格斯明确指出:"马克思和我,可以说是把自觉的辩证法从德国唯心主义哲学中拯救出来并用于唯物主义的自然观和历史观的唯一的人。"③

2. 辩证唯物主义自然观的基本观点

辩证唯物主义自然观的基本观点主要包括以下几方面。

---

① 恩格斯:《自然辩证法》,357页,北京,人民出版社,1971。

② 马克思,恩格斯:《马克思恩格斯选集》,第3卷,350页,北京,人民出版社,1995。

③ 马克思,恩格斯:《马克思恩格斯选集》,第3卷,349页,北京,人民出版社,1995。

第一，物质观点。认为自然界是客观的物质存在，物质具有无限多样的形态和结构，物质是整个世界产生和存在的本原，也是自然界的产物本身赖以生存的基础，没有物质就没有世界，也就不可能有世界的万事万物，自然界除了运动着的物质及其表现形式之外什么也没有。

第二，运动观点。认为各种物质都是运动的、变化的，物质和运动是不可分离的，时间和空间是物质及其运动的固有属性和存在方式，物质的运动形式是多种多样的，运动形式是可以相互转化的，转化中在量上和质上都是不变的，由此推动着自然界的运动和发展。自然界在永恒的流动和循环中运动着。

第三，人与自然的关系观点。人是自然界的产物，自然界是人赖以生存和发展的根基，没有了自然界人类就失去了生存的基础，就不能永续地发展，人类与自然界是和谐、平等的关系。所以，明确反对把自然当作可以征服的对象来统治和控制。认为人可以发挥主观能动性，改造自然，改造世界；但是对自然的改造应该按照自然规律进行，强调在实践基础上人的劳动性和能动性的辩证统一。

第四，实践观点。在自然界的演化过程中，产生了人类和人类社会，随之产生了人类实践活动。实践是人类认识和改造自然界的主观见之于客观的、能动的活动，成为人类存在的本质和基本方式。随着人类的社会实践活动的深入展开，使原有的自然部分领域不断得到认识和改造，于是出现了一个与外在于人的活动的"纯自然"所不同的具有新质的"人化自然"，这种人化自然也就是进入人类文化或文明的自然界，是人的现实的自然界。物质运动是遵循规律的，认识和改造自然界的实践要遵循客观规律，按规律办事。

第五，辩证联系观点（联系和发展观点）。自然界的一切事物都不是孤立存在的，都处于普遍联系和相互作用中，不仅事物内部各部分之间存在着密切的联系和相互间的作用，而且在外部一事物与其他事物之间也存在着密切的联系和相互的作用；不仅非生命体之间、生命体之间、人体之间存在着联系，而且非生命体、生命体和人体之间也存在着联系（人与自然、人与人、人与社会、社会与自然都相互有着密切的联系）。对自然界的各种事物来说，也正是这种联系构成了它们产生、存在的条件，自然界的各种事物就是在与其他事物的各种各样的联系中产生、发展并最后走向灭亡的。没有联系就没有事物，亦没有事物的发展变化，事物发展变化的规律也就存在于事物的具体联系之中，其内部的矛盾运动及外在的相互作用是事物发展变化的根本原因，推动事物不断发展变化。

第六，存在（物质）与意识观点。人的意识和思维是人脑这种物质高度发展的产物，即意识和思维是人脑的属性和机能，物质规定着意识和思维的存在，所以，物质决定精神，精神对物质有反作用。物质是第一性的，精神是第二性的。

3. 辩证唯物主义自然观的主要特征

第一，唯物论与辩证法的统一。辩证唯物主义自然观是一种唯物辩证的自然观，体现了唯物论和辩证法的有机结合。一方面辩证唯物主义自然观与宗教神学和唯心主义相对立，把自然界的客观实在性和存在优先性看作人类研究自然界的认识前提。“所以，关于某种异己的存在物、关于凌驾于自然界和人之上的存在物的问题……在实践上已经成为不可能的了”①。另一方面辩证唯物主义自然观又克服了机械自然观中的机械性、形而上学性和不彻底性，从而使唯物论与辩证法得到统一。

第二，自然史与人类史的统一。辩证唯物主义自然观认为，历史是由不可分割的自然史和人类史两方面构成的，二者彼此相互制约，是一个统一的历史过程，遵循着统一的辩证法规律。这样，就突破了以往的自然观把人同自然界绝对对立起来，把人类社会与自然界绝对对立起来的观念。

第三，天然自然与人工自然的统一。以往的自然观都是对纯粹的、天然的自然界的看法。辩证唯物主义自然观所揭示的自然界还包括人参与其中的人化了的自然界。这种人化的自然界的思想，超越了以往狭义的自然观念，而且强调了人的参与，说明了人与自然的关系中最能体现人的本质力量对象化的地方，这是人类对自然界认识的重大飞跃。

第四，人的受动性和能动性的统一。与机械论自然观不同，辩证唯物主义自然观认为在人与自然的对象性关系上，人既有能动性又有受动性，而且在任何时候，人的能动性的发挥都不是不受制约的，不是无限的、绝对的，外部自然界的优先地位并不因为人的活动而消失；人类只能顺应自然界的规律性；人在自然界里能获得多大的自由，并不单纯取决于人的能动性的发挥程度，同时也取决于对人的受动性的认识程度和控制能力。即指明：要充分发挥人的主观能动性，有效地利用和改造自然，还必须深刻认识到人的主观能动性的发挥必然要受到客观条件的制约。因此，在处理人与自然的关系时，必须把主观能动性与受动性统一起来，协调人与自然的关系，使人类社会与自然环境和谐发展。

上述特征充分说明了辩证唯物主义自然观的确立是科学的、革命的，具有科学性和彻底的革命性。

（四）辩证唯物主义自然观的作用

辩证唯物主义自然观的创立，对人类自然观的发展、科学技术的发展、社会文明持续发展和人文关怀建设都具有重要的作用。

第一，推动了人类自然观革命性变革的发展。辩证唯物主义自然观的创立，对人类自然观的发展产生了重要的创新和推动作用，实现了人类自然观发展史的一次革命。从唯物和辩证的角度来看，人类自然观的发展经历了从古代朴素唯物的辩证法到近代机械唯物的形而上学，再到马克思主义唯物的辩证法的一个否定之否定历程。辩证唯物主义自然观克服了古代朴素辩证法自然观由于缺乏科学认识基础所造成的直观、思辨的局限性，吸取了古代自然哲学关于自然界运动、发展和整体联系的思想，批判了机械唯物主义自然观的机械论和形而上学，在近代自然科学对自然界认识的

① 马克思，恩格斯：《马克思恩格斯全集》，第42卷，131页，北京，人民出版社，1979。

最新成就的基础上，深刻地揭示了自然界本身发展的辩证法，实现了人类思维从古代朴素的辩证思维到近代的形而上学思维，再复归到辩证思维的否定之否定的发展，推进了人类自然观的发展。

第二，为科学技术的发展提供了理论基础和方法论指导。辩证唯物主义自然观的创立，为科学技术发展提供了世界观、认识论、方法论与价值论的理论基础和方法指导。科学的世界观和方法论是一切科学研究的基本出发点，因为任何人从事科学研究和技术开发，不管他对本体论采取何种态度，实际上总是以世界观和方法论为前提的。辩证唯物主义自然观以自然科学的新成果、新发现和自然界的新问题为依据，将唯物论和辩证法统一在更加牢固的科学基础上，带来科学的世界观和方法论，从而更客观、更正确地反映了自然界的本来面目，所以辩证唯物主义自然观的观念和思想更适应科学技术发展的需要，因而为科学技术的发展提供了唯物辩证的认识论和方法论，成为推动科学技术发展的有力的思想武器。

第三，为自然科学、社会科学和人文科学的融合奠定了理论基础。机械唯物主义自然观把自然界看成是外在于人类社会的独立存在，认为自然科学与人类社会实践活动没有联系，自然科学是对客观自然的纯粹反映。相反，辩证唯物主义自然观以主张自然史与人类史的统一为特征，强调自然与社会的相互联系，认为自然科学与人类社会、与人的科学是不能分离的，指出只有把自然科学的发展建立在人类社会发展的基础上，才能使自然科学真正成为人的科学，突破了人类社会和自然界的界限，突破了自然科学与社会科学和人文科学的割离，从而为自然科学、社会科学、人文科学的融合提供了理论基础和方法论指导。

进一步阅读书目

1. 吴国盛. 科学的历程(上、下)[M]. 长沙：湖南科学技术出版社，1997.

本书阐述了古代至20世纪科学发展的历程。它以西方文明和科学的发展为主线，同时讲述了东方文明和科学技术对人类进步的重大贡献，生动详细地叙述了科学家的生平、科学发现过程以及与之相伴随的人类宇宙观的不断深化，同时也介绍了历史技术革命的发生，评述了重大的科学技术进步对于人类文明发展的意义和价值，并且也反映了社会因素对科学技术发展的巨大影响。

2. 张志伟. 西方哲学史[M]. 北京：中国人民大学出版社，2002.

本书详细叙述了公元前6世纪以后至20世纪西方哲学产生、形成、发展和演化的历史进程。内容主要包括古代希腊哲学、教父哲学、经院哲学和文艺复兴时期的哲学；近代经验论和唯理论、法国启蒙哲学、德国古典哲学及之后的哲学思潮。(建议阅读20世纪以前的内容)

第二节　马克思主义自然观的发展

在20世纪以来的科学技术成就和社会进步的基础上,马克思主义自然观得到了丰富和发展,主要体现在系统自然观、人工自然观和生态自然观方面,它们是马克思主义自然观的当代形态,是中国马克思主义自然观的重要内容,是科学发展观和生态文明观的理论基础。

一、系统自然观

系统自然观是以系统科学为基础,对自然界的存在方式和演化规律的认识,是辩证唯物主义自然观在现代发展的一种形态,它揭示了自然界的演化与发展的机制和规律。

(一)系统自然观的思想渊源

把自然界看成是各种物体有机联系的系统整体的思想渊源可从以下几方面来认识。

在西方主要体现在以下几位哲学家的思想中。古希腊时代,赫拉克利特在《论自然》中提出:"世界是包括一切的整体"的系统思想。德谟克利特在《宇宙大系统》中明确把整个宇宙或自然界看成一个巨大的系统。

到近代18世纪,莱布尼茨认为,宇宙是"预定和谐"的,"被规范在一种完满的秩序中的统一体系"。狄德罗指出,自然界是由各种元素所构成的物质的总体。康德在《自然通史和天体理论》中明确提出了物质的宇宙是一个整体体系的观念。霍尔巴赫在《自然的体系》中指出:自然就是"由不同的物质、不同的配合以及我们在宇宙中所看到的不同的运动组合而产生的一个大的整体"。黑格尔在《自然哲学》中把整个自然的、历史的和精神的世界描写为一个过程,认为"自然界必须看作是一种由各种阶段组成的体系,其中一个阶段是从另一个阶段必然产生的",并提出"自然界自在地是一个活生生的整体"的论断。

19世纪,马克思和恩格斯明确指出系统是自然界物质的存在方式。"我们所面对着的整个自然界形成一个体系,即各种物质相互联系的总体,而我们在这里所说的物质,是指所有的物质存在……只要认识到宇宙是一个体系,是各种物体相互联系的总体,那就不能不得出这个结论来"①。

在东方,古代中国自然哲学家们也提出,世界是由阴阳和五行构成的一个统一的、运动着的整体。早在古史典籍《国语·郑语》中就有:"以土与金、木、水、火杂,以成百物。是以和五味以调口,刚四支以卫体,和六律以聪耳,正七体以役心,平八索以成人……"。② 其意为,任何具体的物质系统(百物)都是由土、金、木、水、火这几种

---

① 恩格斯:《自然辩证法》,54页,北京,人民出版社,1971。

② 《国语·郑语》,515页,上海,上海古籍出版社,1988。

基本要素构成的;有差异的物质要素是物质系统具有特定功能的基本条件,反映了事物是协调有机整体的思想。在《周易》中,把宇宙万物视为天、地、雷、风、水、火、山、泽八种要素构成的各种系统。这种注重研究整体、协调和协同的系统思想受到著名科学家普里戈金的高度评价,他说这是"在一个更高的基础上建立人与自然的新的联盟,形成一种新的科学观和自然观"。①

(二)系统科学的基本思想

1.系统概念

系统定义 系统的定义在不同的学科和不同的专业会有不同的表述。如系统科学家贝塔朗菲说:"系统可定义为相互关联的元素的集。"②我国著名科学家钱学森认为:"把极其复杂的研究对象称为'系统',即相互作用和相互依赖的若干组成部分合成的具有特定功能的有机整体,而且这个系统本身又是它所从属的一个更大系统的组成部分。"③

从哲学层次而言,系统是由若干要素以一定的联系方式构成的具有确定特性和功能的整体。此系统概念包含以下几点要义:①若干要素是指大于等于两个(要素个数≥2)的具有一定属性的事物;②要素间是通过相互联系、相互作用联结起来的,绝非随意的杂乱堆积或简单拼凑;③要素构成的整体是具有特定结构和功能的有机整体,整体性能是各要素永不具有的;④每个特定的系统是有明确的边界的。

系统的基本特征如下。

①可分性。系统是由若干要素构成的,故系统能够分解为若干基本的要素,不可分解为若干要素的系统是不存在的,可分性是系统的共同属性之一。系统只有能够分解为要素,才有各要素的联系,才能形成系统结构,才能形成系统整体的性能。同时,系统也只有能够分解为若干要素,才有系统分析与系统设计的可行性。

②整体性。整体性是指系统作为一个整体时所具有的特性,主要表现为,第一,系统存在、构成的整体性。系统虽是由要素构成的,但不是要素的堆积和拼凑,而是有机结合成的统一整体。要素只有在整体中才具有该系统要素的意义,一旦离开整体,就失去了作为该系统要素的意义。第二,系统特性、功能的整体性。各要素虽然反映和分担着系统整体的特性和功能,但系统整体的特性和功能不等于各要素的特性和功能的机械加和。系统整体的特性和功能是单个要素永远所不具有的。第三,系统行为、规律的整体性。系统的行为和规律是通过系统整体的运动、变化和发展表现出来的,是由系统的构成要素、内部结构和外部环境共同决定的,绝不是某一个要素的行为和规律,也不等于各个要素行为和规律的简单加和。

---

① 伊·普里戈金,伊·斯唐热:《从混沌到有序——人与自然的新对话》,曾庆宏,等,译,1页,上海,上海译文出版社,1987。

② 贝塔朗菲:《一般系统论》,46页,北京,社会科学文献出版社,1987。

③ 钱学森:《论系统工程》,10页,长沙,湖南科学技术出版社,1982。

③层次(级)性。层次性是反映系统与要素之间的相对性。一个系统作为要素相互结合可以形成更大的系统,这样,处在某一特定层次的系统相对于高一层次而言是要素,相对于低一层次而言则是系统。所以构成更大系统的要素是某一特定层次上的小系统,小系统是由若干子系统所构成的,子系统又是由若干更低层次的子系统所构成,如此等等,便体现出大系统、小系统、子系统等系统构成的层次性。事实上,整个世界就是一个大系统,是由很多小系统、子系统等构成的,形成了一个层次包含另一个层次,另一个层次又包含一个层次的不同层次和级别的系统阶梯;处在不同阶梯层次的任何具体系统不但在组成成分和内在结构上,而且在特性、功能和行为、规律上都具有相应的层次和级别性。系统的层次性是对自然界、人类社会和人类思维领域客观存在的层次和级别的正确反映,它在人们运用系统思维和系统观点研究和反映实际系统的过程中,具有一般的指导意义。

④开放性。开放性是反映系统与其所处的环境(系统)之间的相互联系,即与外部环境进行物质、能量、信息交换的关系。这种交换关系是由系统具有开放性所致,开放性是系统存在和发展的基础和条件。

2. 系统科学

系统科学是从整体上揭示事物的复杂性,并研究这种复杂性事物存在与运动发展规律的科学。

系统科学产生于20世纪40年代后期,它是由多个学科组成的一个综合性学科群。故系统科学的基本思想是其构成学科的思想的集成,即构成它的每个学科的理论和思想都是系统科学的理论与思想。构成系统科学的学科是产生于三个时期的三个层次的不同学科。第一时期,即最早构成系统科学的学科有系统论、控制论、信息论。系统论是奥地利科学家贝塔朗菲(1901—1972年)创立的,控制论是美国数学家维纳(1894—1964年)创立的,信息论是美国数学家申农(1916—2001年)创立的。其核心思想分别是:系统论在提出了系统、元素、结构、功能、系统环境等基本概念的基础上,指出了系统研究方法和原则,从系统的角度考察整体与部分、部分与部分、结构与功能等关系,以揭示其本质和规律;控制论研究了系统控制过程的方式、信息流向和自动控制等问题,从功能行为控制揭示其变化发展的内部机制和外部效应,通过信息变换解决了施控与被控之间的矛盾;信息论研究通信系统和其他系统内外信息的产生、演化、存储和传递及其作用。第二时期,即20世纪70年代前后产生的耗散结构理论、协同学、超循环论、突变论等。它们分别是由比利时科学家普里戈金、德国科学家哈肯、德国化学家及生物物理学家艾根、法国数学家托姆创立的。耗散结构理论研究了系统从无序到有序演化的条件和机制。协同学研究了系统组织化过程的动力及形成新的有序结构。超循环理论研究系统演化的超循环组织方式,即揭示了生物大分子形成的自组织形式,架设了从无生命向生命过渡的桥梁。突变论的渐进化思想使突变现象成为科学研究的对象,给系统科学提供了新的数学工具。第三时期,即20世纪80年代以后产生的混沌理论、分形理论、孤立子理论。混沌理论是由多位科学家创立的,该理论提出了混沌现象,初值敏感性等问题。分形理论是由曼德布罗特创立的,该理论提出了整体与局部的自相似性、事物复杂的空间形态、分数维数等等。孤立子理论提出了平衡结构中突然涌现结构问题。

总之,系统科学的思想见之于各组成学科,但其总体思想理论可概括为:着重于整体,侧重于事物中的联系和交互作用,注意系统内外的结构和功能关系;注重演化性、过程性和发展性,在强调发展的同时,区分不同的演化方向和趋势,以组织性和复杂性测度进化和发展。

知识链接:自组织理论

1969 年,以比利时著名物理学家普里戈金为首的布鲁塞尔学派创立了"耗散结构理论",他也因此荣获了 1977 年的诺贝尔化学奖。同年,联邦德国著名物理学家哈肯创立了"协同学",法国数学家托姆 1970 年创立了"突变论",德国化学家及生物物理学家艾根 1971 年创立了"超循环论"。上述这些理论虽然学科背景不同,概念和方法各异,但它们却共同揭示了组成一个宏观系统的大量子系统,如何有可能自己组织起来,实现从无序到有序(或从较低级有序到较高级有序)进化的一般条件、机制和规律性,因而被称为自组织理论。

耗散结构和协同学等理论都源于具体学科,但普里戈金和哈肯等人都敏锐地认识到它们的普适意义,经他们本人及其学派,再加上整个系统科学界的努力,早先的自组织理论已发展为"系统自组织理论"了。

自组织理论体现了科学的时代精神,它不仅改变了科学发展的图景,而且也极大地影响着和改变着人们的思维方式。

(三)系统自然观的科学基础

20 世纪初,被喻为物理学领域的"两朵小小乌云"引发了物理学革命。这场革命发端于以爱因斯坦、普朗克等科学家创立的相对论和量子力学为支柱的现代物理学理论体系。以物理学革命为先导,之后涌现出了分子生物学、控制论、系统论、信息论、耗散结构理论、协同学、超循环理论、分形理论、混沌理论等一系列在自然观上具有根本变革性质的新学科、新理论。这些科学成就成为系统自然观产生的坚实科学基础,所产生的作用分别是由相对论表征的关于宇观领域;由量子力学和分子生物学表征的关于微观领域;由分形理论、混沌理论等表征的关于宏观领域。即从宇观、宏观、微观三大层上揭示了自然界的本质和规律。而由系统论、控制论、信息论等构成的系统科学对系统自然观的形成起到了更为直接的重要的理论性作用。

1. 相对论、量子力学和分子生物学

相对论 相对论是爱因斯坦创立的,包括狭义相对论(1905 年)和广义相对论(1916 年)。狭义相对论从相对性原理、光速不变原理和空间与时间均匀性出发,揭示了空间与时间之间、空间和时间与物质运动之间、质量与能量之间的统一性。广义相对论把时空、物质与运动统一起来,指出没有物质就没有时空,没有时空就没有物质,时空就是物质的广延。所以,相对论揭示了宇观层次上的物质运动和发展的规律,否定了牛顿的绝对时空观念,建立了相对时空论,发展了辩证唯物主义自然观。

量子力学　量子力学是由多位科学家的研究成果构成的,但是以德国物理学家薛定谔提出的波动力学和海森堡提出的矩阵力学为准而命名为“量子力学”。量子力学揭示了微观客体规律,阐明了连续性与间断性、波动性与粒子性的对立统一,反映了人只有在同自然的相互作用中才能达到认识自然的目的,发展了辩证唯物主义的唯物理论。

分子生物学　分子生物学是以美国生物学家沃森(1928—现在)、英国生物学家克里克(1916—现在)和威尔金斯发现的DNA双螺旋结构为标志而创立的。它将生物学的研究深入到大分子层次,并在生物大分子层次上揭示了生物界结构和生命活动的高度一致性。它表明生命科学不仅能够改变自然界,而且还能够改变人自身,改变人的自然本性,验证了马克思关于“作用于他外身的自然并改变自然时,也就同时改变他自身的自然”的论断,丰富和发展了辩证唯物主义自然观①。

2. 系统科学

系统科学是以系统论、控制论、信息论为基础(包含多个学科),以抽象的系统及其内外的演化为对象的由多个新型学科组成的综合性学科群科学。系统科学的理论和思想见之于各构成分支学科,但系统科学对系统自然观形成的重要作用或意义可概括总结为以下几个主要方面。

①在物质观上,把具有复杂性特征的事物作为研究对象,不仅注意事物的复杂结构,而且还研究它们的相互关系及演化,使人类的认识开始进入复杂领域,开启了人类认识的新里程碑。

②在时空观上,进一步明确和承认时空与物质的关联,并通过分形维数划分和刻画事物占据时空的特性,以拓扑性质进行研究,表达了时空与物质的复杂关联。

③在演化观上,强调事物的生成、演化,强调瞬态变化,强调路径依赖,强调对初值和环境的极端敏感性,表达了演化思想。

④在生命观上,对生命起源和生命演化,认为在一定条件下,事物会自发自主地由非生命演化出生命,从而与“神创论”和随机起源论区别开,而且在非生命和生命界的自然演化上建立了联系。

⑤在环境和条件观上,强调环境和条件与事物的互动性,认为事物与环境和条件的共同互动作用促进了事物的共同演化,创造了世界的发展,坚持和发展了辩证唯物论和历史唯物论。

⑥在系统观上,把世界看作系统,认为“‘系统’是总的自然界的模型”②。这不仅体现了马克思主义辩证法的系统观,而且丰富和具体化了辩证法关于系统演化和发展的思想观点。一方面是注重整体性、关联性,在强调普遍联系的同时,区分各种

---

① 马克思:《资本论》,第1卷,201-202页,北京,人民出版社,1972。

② 贝塔朗菲:《一般系统论》,213页,北京,社会科学文献出版社,1987。

联系的强弱、大小，因而使得世界处于普遍联系中，又处于联系的演化的不同强弱之中；另一方面是注重演化性、过程性和发展性，在强调发展的同时，区分不同的演化方向和趋势，以组织性和复杂性测度进化和发展。

（四）系统自然观的观点和特征

系统自然观是在概括和总结现代自然科学成果的基础上形成的关于自然界的存在与演化的认识。它认为自然界不仅存在着，还演化着；不仅是确立的，而且具有随机性；不仅是简单的、线性的，而且是复杂的、非线性的。整个自然界是确定性与随机性、简单性与复杂性、线性与非线性的辩证统一体。具体而言，系统自然观主要有以下一些观点和特征。

第一，自然界是一个系统，系统是自然界存在与演化的基本方式。系统自然观认为"'系统'是总的自然界的模型"，它反映了自然界中的事物相互联系、相互制约和相互协同的整体性；反映了世界万事万物是以系统的方式存在与演化着。一切事物都是由若干要素通过非线性作用构成的整体，整体又通过每部要素的相互影响、相互作用以及与外部环境和条件的互动，表现出系统演化发展的必然结果。所以说，"世界万物皆系统"，而系统以要素、结构和外部环境的共同作用存在着，演化着。在系统的存在与演化进程中，表现出开放性、动态性、整体性和层次性等特点。

第二，自然界是多性质统一的物质系统。现代自然科学特别是自组织理论、分形理论和混沌理论等研究成果，开启了对自然界的新的认识，揭示了自然界存在与演化的本质和规律。经典科学研究的是线性的、可作严格逻辑分析的对象，认为世界是简单的，复杂性只存在于生命和社会领域；而现代科学认为世界是复杂性系统，揭示了自然界的复杂性，表明一个复杂的系统不能被看作许多要素的简单组合，而是存在着要素之间的反馈、自催化、自组织的相互联系和协同作用，使人们深刻意识到在认识自然界时，必须将追求简单性和探索复杂性结合起来。系统科学特别是混沌理论认为，那些原来看来完全确定的非线性系统，即使不受外界影响，初始条件是确定的，系统自身也会内在地产生不可预测的随机性。随机性是产生于系统自身的，影响系统演化的一种方式。自组织理论指出，随机涨落是系统进化的直接诱因，没有随机涨落就没有系统的进化（非线性和随机性决定了自然界是具有复杂性的），揭示了自然界的确定性与随机性的辩证统一。近代科学研究线性系统，把事物间的相互作用视为单向的，把线性系统视为自然界的正常状态，把非线性系统视为线性系统的例外情形和外在干扰。混沌理论等揭示了自然界是非线性的，而线性是非常少的，仅是在一定条件下的近似。自然界是线性与非线性的统一系统。总之，系统自然观阐述了自然界是简单性和复杂性、构成性和生成性、确定性和随机性辩证统一的物质系统。

第三，自然界是演化的不可逆系统。系统科学和复杂性理论指出，自然界或自然界的事物是通过瞬态变化、路径依赖、对初值和环境的敏感性而演化着的系统。演化的基本方式是分叉和突现，演化的自组织机制由开放、远离平衡态、非线性作用和涨落作用构成。而涨落是系统进化的直接诱因，它使系统进化以对称性破缺为路径和基础的有序化过程。自然界演化的不可逆归根结底表现为时间的不可逆性，即时间的进程是单向的；演化的不可逆性表明演化是单向的，但自然界的演化过程的不可逆，表现为既有从有序到无序的不可逆，又有从无序到有序的不可逆（如远离热力学平衡的演化就是从无序到有序的），故自然界经历着“混沌—有序”不断交替的过程，是无限循环和发展的。

（五）系统自然观的意义

1. 它丰富和发展了马克思主义自然观中的物质观、运动观和时空观

系统自然观是建立在一系列在自然观上具有根本性变革性质的新学科、新理论的基础上的，因而它对物质、运动、时空的认识都发生了革命性的变化。在物质观和运动观上，认为物体随着运动速度的提高，其质量发生着变化，使物体质量与运动速度关联起来，同时物体质量还与时空有更深刻的关联，物体质量越大，其占据的时空的拓扑性质表现得就越充分，越明显。而且把物质作为复杂性事物来认识，不仅注意事物的复杂结构，而且关注相互关系及其演化。在时空观上，认为时空不仅与物质关联，而且本身就是物质、运动的存在属性和方式。时间和空间都是相对的，是与物质相互联系的，离开物质谈时空和离开时空谈物质和运动，都是错误的。并且通过复杂性研究，将其引入和研究复杂的关联，即时空与物质，物质与运动的复杂关联性揭示了时空、物质与运动的统一性，从而丰富和发展了马克思主义自然观或辩证唯物主义自然观。

2. 促进了马克思主义自然观在认识论方面的发展

系统自然观认为自然界不仅存在着，而且自主演化着。“内部时间”指明了自然界不仅存在而且演化着，“时间之箭”又指明了演化是一个不可逆过程，自组织理论阐明了演化的根本原因是非平衡系统内部各组分之间的非线性作用及其与环境的相互作用的自主演化。在演化的进程中，表现出“内在随机性”，即非线性系统即使不受外界影响，初始条件是确定的，系统自身也会内在地产生不可预测的随机性，说明了确定性与随机性是密切联系在一起的。自然界的存在、演化不是简单的物理世界，不能简单地分析还原，现实世界不能被看作仅是许多要素的简单组合，而是存在着要素之间的反馈、自催化、自组织、协同的联系和作用的复杂性系统，使简单性与复杂性结合起来。非线性作用是系统演化的机制，对系统的存在与演化都有十分重要的作用，系统的非线性特性是基本特征和本质的存在，线性特性是特别条件的例外，是一部分简单非线性系统在一定条件下的近似，所以自然界是线性与非线性的统一。关于自然界或自然界中的事物的这些认识，丰富和促进了马克思主义自然观在认识论方面的发展。

3. 推动了马克思主义自然观在方法论方面的发展

现代自然科学在认识自然界上发生了根本性变革，它在揭示自然界的本质和规律时，提出了一系列新理论、新概念。如非稳定性（是指系统在从无序向有序演化的进程中的状态，是相对于稳定而言的，即系统要素间没有形成相对稳定的相互联系)、无序性(是指事物结构的不确定性和运动变化的无规则性)、多样性(是指物质的存在是千差万别的,表现为"空间多样性"和"时间多样性")、非平衡性(是指系统要素之间相对统一关系的消失,是系统演化过程中的不稳定性的内在根据,"非平衡是有序之源",只有非平衡才能导致有序,形成稳定的有序结构)、非线性作用(是指系统受到多种作用相互制约、耦合而成的全新的整体效应)等。每一个新概念(或理论)提出,就意味着一种新的思维方法形成,概念是思维的基点和始端。这些新概念的提出开启了人类新的认识视阈,提供了研究自然界系统的性质、结构和功能及其演化方式和机制的一种新的系统思维方式,进而推动了马克思主义自然观在方法论方面的发展,提高了人类对自然界的认识能力。

4. 促进了马克思主义自然观、认识论和方法论与历史观和价值观的联系

系统科学和自组织理论给人类对自然的看法(自然观)带来了从静止到演化的变革。自然界不仅以系统的方式存在着,而且还以演化的形式发展着。系统演化思想不仅在理论上引起了高度的重视,也引起了对系统演化中引发的实践作用的关注。在系统科学和复杂性研究中,如混沌的发现,使人们认识到在演化中,若初值稍有一点改变,终局就完全不同,即出现了"差之毫厘,谬以千里"的实践后果;混沌的出现还告诉人们,可以预测近期的未来实践活动。如关于某种股票市场的预测,在1至2年内是可以做到的,但是3年以上的预测就完全失效了。演化思想在现实中具有直接的实践意义,如演化的问题与可持续发展联系在一起,就必须考虑在地球这个宇宙的局部,整个人类和环境如何可持续发展?所以,关注系统的演化与演化的条件和路径的密切联系性,不仅是理论问题,也是重视系统演化中的实践的作用问题,从而丰富了实践观,实践观是马克思主义哲学的核心,进而促进了马克思主义自然观、认识论和方法论与历史观和价值观的有机联系。

案例

人类与自然环境①

自然环境是人类生存、繁衍的物质基础;保护和改善自然环境,是人类维护自身生存和发展的前提。这是人类与自然环境关系的两个方面,缺少一个就会给人类带来灾难。

我们生活的自然环境是地球的表层,由空气、水和岩石(包括土壤)构成大气圈、水圈、岩石圈,在这三个圈的交会处是生物生存的生物圈。这四个圈在太阳能的作用下,进行着物质循环和能量流动,使人类(生物)得以生存和发展。

据科学测定,人体血液中的60多种化学元素的含量比例同地壳中各种化学元素的含量比例十分相似。这表明人是环境的产物。人类与环境的关系还表现为人体的物质和环境中的物质进行着交换的关系。比如,人体通过新陈代谢吸入氧气,呼出二

---

① 摘编自中国少年儿童百科全书:《人类与自然》,125-128页,北京,中国少年儿童出版社,1998。

氧化碳;喝清洁的水,吃丰富的食物,来维持人体的发育、生长和遗传,这就使人体的物质和环境中的物质进行着交换。如果这种平衡关系被破坏了,将会危害人体健康。

人类为了生存、发展,要向环境索取资源。早期,由于人口稀少,人类对环境没有什么明显影响和损害。在相当长的一段时间里,自然条件主宰着人类的命运。到了“刀耕火种”时代,人类为了养活自己并生存、发展下去,开始毁林开荒,这就在一定程度上破坏了环境。于是,出现了人为因素造成的环境问题。但因当时生产力水平低,对环境的影响还不大。到了产业革命时期,人类学会使用机器以后,生产力大大提高,对环境的影响也就增大了。到20世纪,人类利用、改造环境的能力空前提高,规模逐渐扩大,创造了巨大的物质财富。据估算,现代农业获得的农产品可供养五十亿人口,而原始土地上光合作用产生的绿色植物及其供养的动物,只能供给一千万人的食物。由此可见,人类已在环境中逐渐处于主导地位。但是,严重的环境污染和生态破坏也随之出现在人类面前。大气严重污染,水资源空前短缺,森林惨遭毁灭,可耕地不断减少,大批物种濒临灭绝,人类赖以生存的自然环境正处在危机之中。日益恶化的环境向人类提出:保护大自然,维持生态平衡是当今最紧迫的问题。

四位一体的自然界

大自然中约有200万种生物。它们之间相互结合成生物群落,靠地球表层的空气、水、土壤中的营养物质生存和发展。这些生物群落在一定范围和区域内相互依存,在同一个生存环境中组成动态平衡系统,就叫作生态系统。生态系统包括动物、植物、微生物及其周围的非生物环境(又称无机环境、物理环境)四大部分,这就是四位一体的自然界。

自然界的生态系统有大有小。小的如一滴水、一片草地、一个池塘等;大的有湖泊、海洋、森林、草原等。池塘是一个典型的生态系统:池塘里有各种水生植物、水生动物和细菌、真菌以及这些生物生存所需的水、底泥、阳光、温度等非生物环境。水生植物利用太阳能进行光合作用,把水和底泥中的营养物质和大气中的二氧化碳转化为有机物,贮存在植物体内;小型浮游动物以浮游植物为食;浮游动物和有根植物又被鱼类作为食物;水生植物和水生动物的残体最终被水和底泥中的细菌、真菌及腐食性动物分解成无机物,释放到环境中,供植物重新利用。这就构成了一个完整的生态系统,成为自然界的基本活动单元,它的功能就是物质循环和能量流动。

生态系统的各个组成部分都是互相联系的。如果人类活动干预某一部分,整个系统可以自动调节,以保持原有状态不受破坏。比如,池塘里的鱼被捕捞后,水生植物和浮游动物的天敌减少,水生植物、浮游动物就会迅速繁殖起来,这又对鱼类繁殖大有好处。生态系统的组成成分越多样,能量流动和物质循环的途径就越复杂,调节能力就越强。但是,生态系统本身的调节能力是有限的,如果人类大规模地干扰,自动调节就变得无济于事,生态平衡会遭到破坏。在20世纪30年代,美国由于大规模开垦西部草原,植被遭到严重破坏,地面失去保护,终于导致“黑风暴”事件,刮走3亿多吨土壤,全国冬小麦一年减产50多亿千克。

随着人类利用、改造环境的能力日益加强，像原始森林和极地那样的原始生态系统已很少见，它们正被大量的养殖湖、薪炭林和乡村等半人工生态系统及城市、工厂等人工生态系统所取代。不过，人类已逐渐认识到自己和周围环境是一个整体，把自己的事和环境连成一个系统来考虑，产生了“人类生态系统”“社会生态系统”，以便更好地保持人类与环境之间的平衡。

生态系统的组成

生态系统由生产者、消费者、分解者和非生命物质(无机界)四部分组成。它们各自发挥着特定的作用并形成整体功能，使整个生态系统正常运行。

生产者是指绿色植物，也包括单细胞的藻类和能把无机物转化为有机物的一些细菌。绿色植物的叶片中含有叶绿素，能进行光合作用，把太阳能转化为化学能，把无机物转化为有机物，供给自身生长发育的需要，并且成为地球上一切生物与人类食物和能量的来源。因此，绿色植物是生态系统的生产者。

消费者主要是指动物。它们不能直接利用外界能量和无机物制造有机物，而以消耗生产者为生。草食动物以植物作为直接食物，称为一级消费者，如蝗虫、蚱蜢等；以草食动物为食物的肉食动物称为二级消费者，如青蛙、蟾蜍等；以肉食动物作为食物的动物则称为三级消费者，如蛇、猫头鹰等。这些消费者是生态系统中的一个极重要的环节，它们对整个生态系统的自动调节能力，尤其是对生产者的过度生长、繁殖起着控制作用。

分解者是指具有分解能力的各种微生物，也包括一些低等原生动物，如土壤线虫、鞭毛虫等。分解者是生态系统的“清洁工”，它们把动植物的尸体分解成简单的无机物，归还给非生物环境。如果没有分解者，死亡的有机体就会堆积起来，使营养物质不能在生物与非生物之间循环，最终使生态系统成为无水之源。生态系统的分解者数量十分惊人。有人估计，在一万平方米的农田土壤中，细菌的重量可达8千克。

非生命物质，即无机界，是指生态系统中的各种无生命的无机物和各种自然因素。

生态系统的各组成部分有分工，也有协作。生产者为消费者和分解者直接或间接地提供食物；消费者把生产者的数量控制在非生物环境所能承载的范围内；生产者和消费者的残体、排泄物最终被分解者分解成无机物，供植物重新利用。正是生产者、消费者、分解者和非生物环境之间的协调、统一，使生态系统能够不停地发挥作用。

案例解析：捕捉知识要点

①本案例通过人类与自然环境、四位一体的自然界和生态系统的组成阐明包括人类在内的自然界是一个有机的统一整体。其中，人类与自然环境主要概述了自然环境的基本构成，人是自然界的一部分；四位一体的自然界重点分析了动物、植物、微生物及非生物在自然界中的地位；生态系统的组成强调了生态系统的各组成部分有

分工,也有协作,构成和谐的自然界。因此,由动物、植物、微生物和无机环境四大部分构成自然界的一个完整的生态系统,成为自然界的基本活动单元,它的功能就是物质循环和能量流动。如果生态系统的各组成部分能分工协作,彼此协调配合,就会形成和谐完整的自然界和人类社会的生态系统。

②本案例叙述了从“刀耕火种”时代开始,人类为了生存与发展,出现了人为因素破坏环境。进入20世纪以来,由于人类利用、改造环境的能力空前提高,规模逐渐扩大,人为因素破坏环境的程度越来越大,出现了严重的环境污染和生态破坏的全球性问题,使人类赖以生存的自然环境处在危机之中。案例中大量的事例说明人对自然的能动性改造如果不重视自然本身的承受能力,忽视自然规律,就会遭到大自然的报复。因此,人类为了生存与发展下去,就必须保持人与自然环境的和谐,建立起自然环境与人类社会协调发展的、动态的生态系统。这是人类生存发展史的告诫!

③自然界是密切联系的生态系统,人是这个系统的一个组成部分,人依赖这个系统,但人又必须超越这个系统,否则,人类就不能发展,也不能进化。就是说,人与自然界的关系是辩证统一的,人类既要为了生活同自然作斗争,也要遵循自然规律,按照自然界的规律做事。人类实践活动干预自然界,要充分考虑生态系统本身的调节能力,使整个系统可以实现自动调节,以保持原有状态不受破坏。如果人类实践活动无视自然界的承载力,大规模地干扰,超过系统的调节能力,生态平衡就会遭到破坏,其结果必然是与人类实践活动愿望相反的大自然报复,即人类面临生存发展的危机。为此,我们要用马克思主义哲学的普遍联系的基本原理来认识人与自然的关系,要用自然辩证法的永恒发展的道理(思维)来解决人与自然的矛盾冲突。

进一步阅读书目

1. 普里戈金,等. 从混沌到有序[M]. 上海:上海译文出版社,1987.

本书是有代表性的对于复杂性系统、非线性过程等进行研究的著作,它无论在对耗散过程的现象描述上,还是在对这些过程的微观解释上,都有了一些重要的进展。

思考题

1. 自然界的物质以及人类社会以什么样的方式存在?

2. 自然环境与人类社会有何关系?

二、人工自然观

人工自然观反映了人类对自然界改造的总体看法,它是以现代科学技术成果为基础,对人工自然界的存在、创造与发展规律及其与天然自然界的关系进行概括和总结而形成的关于人类改造自然界的总的观点。

(一)人工自然的概要

1. 人工自然的概念

自然界分化出了人类,使自然界发生了根本性的变化,即开始了自然界被人工化和人工自然的生成进程。自然界被人工化的直接结果就是人工自然的产生。人工自然的产生使自然界出现了新的分化,即第二次分化(第一次分化是人从自然界分化出来,是天然为之),形成了人工自然界,促进了自然界的发展。

人工自然(人工自然界的简称)是人类为生存发展改造自然界创造出来的"属于自己的自然界"。也就是说,人工自然是人们出于一定的目的,为满足特定的需要而改造天然自然创造出来的"为我之物"。

天然自然是不依赖于人和人的力量而存在的物质世界①。应指明的是,天然自然的概念是因人、人工化和人工自然的出现而建立的,有了人工自然以后天然自然的提法才有意义,否则就不存在。天然自然与人工自然是因互相区别而存在的。

人工自然的概念,主要是突出地表明人在与自然界关系中的主体地位,是明显地标志人在创造"自己的自然界"中的主导作用。人工自然仍然是自然,只是不同于"自然而然"的自然。所以,人工自然也有其物质性、客观性,是立足于天然自然,依赖于人的存在、人的力量、人的创造和人的意识而创立的,当然也离不开社会条件、社会基础,尤其是社会内容、社会意义。

人工自然是人类为了满足自己的价值需要,遵循自然规律,在一定的物质和社会条件基础上,经过社会实践创造出天然自然界原来所没有的存在物。所以"人工自然主要地属于物质文明的范畴,它本身不是社会的经济基础或上层建筑,它也没有阶级性,人工自然与科学技术有较密切的联系"②。

2. 人工自然的基本内容

人工自然是通过采取、加工、控制和保障等活动创造出的相对独立的一种特殊自然,所以它的基本内容也就是这些活动创造的自然。①采取的自然。人类通过采集、狩猎和捕捉等手段所获得的地球表面的农、林、牧、渔等地上天然自然资源,通过采掘、开采、提炼等方法获取的煤炭、石油、天然气、矿物等地下天然自然资源。②加工的自然。通过加工创建的自然是人工自然的核心内容,体现了人类的创造性,是真正意义上的人工自然。其主要包括两个层次。一是改变天然自然的形态和方位,使其满足人的某种需要,成为具有人工意义的自然。如把牛、马、羊、猪、狗等野生动物驯化成家养动物,把荒野改造成耕地,把天然海湾改造成人工港湾等。二是利用发明的各种技术,特别是工程性技术,创造出天然自然界从未有过的自然。如万里长城、红旗渠、三峡水电站、金字塔、罗马竞技场等,又如飞机、汽车、火车、轮船、计算机、手机、人造卫星、机器人等,还有人类居住的村、镇、城市以及制度、体制、文化等更高层的人工自然。③控制的自然。是人类通过控制的手段和方法或控制的技术而生成的具有人工意义的自然。如,一方面实施的防震、防火、防风、防病等对天然自然的控制所形成的各种人工自然物;另一方面实施的人口控制、环境控制、资源控制等改变人与自

① 陈昌曙:《技术哲学引论》,54 页,北京,科学出版社,1999。

② 陈昌曙:《试谈对"人工自然"的研究》,载《哲学研究》,1985(10),40-46 页。

然的关系的控制中所创造的人工自然。这方面的控制还远为不足,有待完善,也说明控制的自然有更多的发展。随着控制由人工控制向自动化控制的发展,将会产生出更多的控制的自然。④保障的自然。是指人类为了人工自然创造的安全、顺畅、高效实施,而创造了许多具有人工意义的保障自然。如在运输中创造了车(畜力的)、舟、轮船、火车、汽车、飞机、航天飞船等;在通信中创造了烽火台、号(人吹的)、信号杆、有线电报、电话、手机、广播、电视、雷达、卫星、电缆、移动通信、数字通信、网络通信等;在医疗中创造的针灸、X 光透视、B 超、CT 等各种诊断、观测、治疗的仪器或技术手段;还有为提供满意服务而创造的服务性的自然,涉及邮电业、商业、金融业、保险业、饮食业、法律、教育、卫生、新闻、公共事业等整个第三产业领域所创造的自然。

人工自然的内容存在于人类生存与发展的每个领域。

3. 人工自然的特点

①在客观性上,人工自然与天然自然都具有客观物质性。天然自然是不依赖于人而存在的自然界。所谓不依赖于人类,说的是客观物质性,即指在人的感觉、精神等意识之外而存在的客观物质,包括日月星辰等自然实体、自然物和"自然而然"的客观规律性。人工自然是依赖于人而存在的自然界。所谓依赖于人是指因人和人的力量通过采取、加工、控制和保障而创造形成自然。这种创造是对天然自然界进行改造和创造而形成的客观物质,也就是说人工前的对象是客观存在,人工后的对象仍是客观存在。所以,人工自然与天然自然在客观物质性上是一致的,都是客观物质的存在。但这种客观性对于天然自然是永恒存在的,对于人工自然它是随人的存在而存在的,随人的发展而变化的,同时,人工自然是有明确的目的性、价值性、实践性和中介性的客观物质,是天然自然演化的产物,天然自然是其存在和发展的根基。相反,没有人工自然,说天然自然也就毫无意义。为了既认定它们有相同的客观性又承认在客观性上的区别,称天然自然为"第一自然",称人工自然为"第二自然"。

②在性质上,人工自然是有着自然属性和社会属性的双重性自然。而天然自然只有自然属性。自然属性是指天然自然界中的自然物质都有其各自的运动形式和规律。天然自然的演化只遵循自然规律。人工自然的创造与发展也遵循自然规律,同时还遵循社会规律。人工自然的创造始于自然属性,基于自然规律,这是前提和基础,尊重自然规律是为了满足社会属性,没有社会属性,在本质上也就不存在人工自然。社会属性是人工自然更本质、更重要的方面,也是与天然自然的重大的、本质的区别。人工化的程度越高,人工自然越发展,社会属性也越明显、越突出。社会的需要、社会的利益、社会的意识制约和规范着人工自然的创造。如城市的创建,它作为建筑都来自于天然自然,具有客观物质性等自然属性,在地理、气候和环境等方面遵循天然自然的规律。但它作为由人构成的社会群体,又具有社会属性,在经济建设、社会建设、政治建设、文化建设等诸方面要遵循生产关系、适应生产力,上层建筑适应经济基础和经济核算等社会规律。对自然规律的遵循,因人是靠自己的主观能动作用而积极主动地应用自然规律,故自然规律是"应用性作用"的规律,而不是"自发性

作用”的规律。如水往低处流是天然自然所遵循的规律，而人利用自然规律靠一定的技术手段使水翻山而过，等等，从而满足了人的需要，自然规律的作用性质改变了。另外，人工自然的建造还要受到各种社会因素的制约和影响，人工自然建造的规模、规范和评价标准等也都是社会性的，否则，人工自然就难以建造并完善起来。

③在关系上，天然自然是“第一客体”，人工自然是“第二客体”。这里所说的“关系”是指主体与客体的关系。关于主体与客体的关系，应从两方面来认识。从本原性来认识，天然自然（客体）与人（主体）之间有着物质第一性、意识第二性，即物质决定意识的关系（唯物主义的根本观点，以此区分何为唯物主义和唯心主义），即人作为主体反映天然自然的客体时，客体决定着主体，客体的内容和形式决定了主体的意识，即客体作为第一性而存在，主体作为第二性而存在。

从创生性来认识，人工自然是人为之物，依赖于人和人的意识，没有人就不存在所谓的人工化和人工自然了。也就是说人工自然的形成和创造是先有人头脑中的某种观念、设想、理性、计划、希望、幻想，然后才有意识的物化、对象化，才有天然自然的人工化，才创造出满足人类需要的人工自然。依照这样的认识和理解，人工自然与人之间的关系不是“意识第一性、物质第二性”，确切而言，是主体意识决定着客体的结构和功能，即主体先于客体（主体决定客体），主体作为第一性而存在，客体作为第二性而存在。

总之，关于主体和客体的关系的认识，在本原性上，客体是第一性的，主体是第二性的，有“客体$\xrightarrow{\text{先}}$主体”的关系；在创生性上，主体是第一性的，客体是第二性的，有“主体$\xrightarrow{\text{先}}$客体”的关系。为了进一步明确这种区分，将本原性的客体（天然自然）称为“第一性客体”，将创生性的客体（人工自然）称为“第二性客体”。这种划分是对辩证唯物主义的深化①。

④在演化上，天然自然中的基本粒子和化学元素等微观物质的演化速度较快，在宇宙大爆炸的早期以秒计时而形成，但宏观和宇观领域的物质演化速度一般都比较慢，如元素蜕变、物种的自然选择、地层积淀、恒星形成等以百年或更长的时间在演化着。在人工自然领域中，除农业育种、建筑物的变化、社会演进等少量的物质演化速度较慢外，绝大部分领域中物质的演化速度都比较快。如石器时代经历了200多万年，铁器时代经历了几千年，蒸汽时代经历了不到200年，电气时代经历了几十年，电子计算机每隔3~5年就更新换代一次，人类在不到100年的时间里，发明了电灯、电话、广播和电视、飞机和火箭、电子计算机和激光器、人造纤维和抗生素、核电站和人造卫星等数不胜数的人工自然。随着科学技术的发展和人们对物质与精神需要的快速增长，人工自然几乎是按加速度的形式发展着。总之，“相对来说，人工自然的演化速度要比天然自然更高，尤其是人工化程度较高的过程和创造物，更以快得多的速

① 陈昌曙：《技术哲学引论》，57页，北京，科学出版社，1999。

度在进化着”①。

在对人工自然与天然自然的这些特点的认识上应辩证地看，不应绝对化。如对人工自然是第二性客体的认识，在人工自然初生时，是由人的主体意识决定着它的结构功能及制出。但创生后，工具和许多的人造物都是人们再反映和认识的对象，否则人工自然不会越来越先进，这时，人工自然又是作为物质存在的“第一性客体”。

人类创造了人工自然，使其生存发展的空间变为天然自然和人工自然构成的二重结构环境，使人类的生活、生产等社会实践活动变得丰富多彩，也使整个地球变得丰富多彩，从而使人们对自然的概念不再只有一种，对自然的认识也不再是一面的，深化了人类对自然的认识，丰富和发展了人类自然观。

（二）人工自然观的思想渊源

人类为了生存和发展，在不断地改造自然界，不断地创造自然界里没有的客观物质，即人工自然。随之形成了关于人工自然的看法，这些看法从古至今皆有，是今天认识和研究人工自然界的存在、创造与发展规律的宝贵思想资源。

在古希腊时期，当时的哲学家们在他们的著作中对人类改造自然界，创造自己生存发展所需的物质进行了论述。柏拉图在他的《理想国》中，把人类创造的客观物质论述为“床”，“床”这个概念泛指理念上的床、工匠制造的床、画家画的床②。可见，柏拉图的“床”的概念的内涵就是关于人类改造自然创造的一般观点（看法）。亚里士多德在其《物理学》中，把“床”或人造物品称为“人工产物”或“人工客体”，并论述了它们与自然界已有或固有的客观物质的区别③。

在近代西方，培根和斯宾诺莎等提出了“人为事物”，反映了当时关于人类改造自然界，创造自然物的观点。培根在其《新工具》中，阐述了人类认识和改造自然，提出一切知识来源于人的经验和实验，即重视与实践的结合的重要意义，所以他提倡将学者传统和工匠传统相结合，以便理论有效指导实践，发挥知识的更大作用，使得实践者（即工匠）更为有效地创造“人为事物”，主张人类在改造自然界的过程中，既要“在物体上产生和添加一种或多种新的性质”，又要“在尽可能的范围内把具体的物体转化”④，从而达到创造“人为事物”的目的。康德在其哲学中提出“人向自然立法”“自然向人生成”的改造自然的思想，表现了自然界与人的统一。他说的“先验自我意识”无处不在，实际上反映着人类实践的“自我”是变革世界的物质力量，即指人类改造自然、创造自然的力量。黑格尔与以往的哲学家的最大不同，是他强调了实践对理性的决定性作用，他指出，“绝对观念，本来就是理论观念和实践观念的同一”“理念就是实践的理念，即行动”。他从实践理念出发，论述了人类改造自然，他在

① 陈昌曙：《技术哲学引论》，61页，北京，科学出版社，1999。

② 柏拉图：《理想国》，388页，北京，商务印书馆，2002。

③ 亚里士多德：《物理学》，44页，北京，商务印书馆，1997。

④ 培根：《新工具》，106页，北京，商务印书馆，1997。

"目的性"中论述了目的和手段之间的辩证关系。他认为,目的通过手段与客观性相结合,只有经过手段的中项,才有目的的实现,正是在这个意义上,手段比目的更高。即人类可以改造自然界,可以创造出自然界没有"比外在合目的性的有限目的更高的东西",即"手段"——人为之物。

在马克思和恩格斯的著作中有很多关于人类改造自然界的思想的表述。马克思在《资本论》中论及机器的发展时指出,技术不仅表现着人对自然界的能动的改造,并且制约着社会精神观念的生产,指明了技术作用的重要性。恩格斯在《自然辩证法》中指出,自然主义的历史观是片面的,忘记了人也反作用于自然界,改造自然界,为自己创造新的生存条件。马克思把"在人类历史中即在人类社会的产生过程中形成的自然界"称为"人的现实的自然界""人类学的自然界"①。马克思还提出了"人化的自然"或"人化自然"的概念。马克思和恩格斯对人类改造自然的论述及提出的一些概念,是我们研究人工自然观的宝贵而丰富的思想资源。

在古代中国,先人们对改造自然、创造自然都有自己的认识和论述,如在《考工记》、《天工开物》等著作中,记述和论证了当时人们改造自然、创造人工自然。当时人们把自然界称为"天"或"天地万物";把自然界本身的作用和存在物称为"天工",如"天工开物""巧夺天工"等;把人类创造自然的能力称为"人工""人力",如有诗曰:"天工戏剪百花房,夺尽人工更有香";把人类创造的物品(农业和手工业等产品)称为"百货";②把使用天然自然材料制作手工物品器具的工匠称为"百工",如《考工记》说,"审曲面势,以饬五材,以辨民器,谓之百工。"在这些称谓及概念中,蕴涵着"制天命而用之"等中国古代改造自然界的思想。

到20世纪60年代,我国的著名学者(哲学家)于光远对人类改造自然界的看法提出了新的认识。他提出了"人工的自然"和"社会的自然",认为"人工的自然"与"天然的自然"相对应,"社会的自然"和"纯粹的自然"相对应,"人工的自然"是"社会的自然"中的一部分③。之后,有的学者以马克思提出的"人化的自然界"为依据,使用了"人化自然"的概念;有的学者提出了"第二自然"的概念,把未被人工化的自然称为"第一自然";有的学者主张用"人工客体"和"自然客体"来表示人工自然和天然自然。

(三)人工自然观的科学技术基础

1.人工自然观的科学基础

人工自然观形成的科学基础主要是指系统科学、生态科学等自然科学。系统科学是从20世纪40年代至90年代迅猛发展起来的一门包含多学科的新兴科学。系统科学的研究领域和应用范围从自然界扩展到人类社会,从基础研究扩展到应用研

---

① 马克思,恩格斯:《马克思恩格斯全集》,第42卷,128页,北京,人民出版社,1979。

② 董英哲:《中国科学思想史》,564-569页,西安,陕西人民出版社,1990。

③ 于光远:《关于"我国的一个哲学学派"》,载《自然辩证法研究》,2004(2),1-3页。

究,它揭示了自然界是系统地存在着和演化着的。它对人类改造自然界的看法是普遍联系的系统自然观,联系思想是它的核心内容。系统科学认为,处于系统联系之中的事物和要素之间存在着相互关联,在处理系统问题时,必须注意这种联系,而且还应关注系统演化过程中的相互作用和普遍联系,因为系统的演化是系统内部各个子系统之间的强烈相互作用和耦合关系造就的,还强调了系统相互作用的非线性特性。

生态科学深入地研究了人类生态系统中人与自然的关系。人类出现就产生了人与自然界的关系,就形成了人类生态系统。人类生态系统的特点是:人类为了生存和发展,就必须改造自然界,进行物质生产,这是"一切人类生存的第一前提也就是一切历史的第一前提"。①物质生产就是改造自然界,创造人类生存和发展的必需物质资料即人工自然。当人类社会进到工业社会后,科学技术迅猛发展,人类的生产活动对自然界改造的巨大冲击带来了事关人类命运与前途的生态危机大问题,人与自然的矛盾突出地摆在人们的面前,一方面是人口数量与环境容量的矛盾;另一方面是人类生存与环境的矛盾。主要体现在:一是人类生存的自然环境(地球环境),包括人类从事物质生产活动的各种资源,有非生物的和生物的,即人类生活的物质基础;二是人工环境,这是人类为了自身的生活需要而创造出来的建筑、道路、工厂、各种设施等,这是人类生活的物质条件;三是人工自然,这是人类在物质生产活动中创造出来的各种生产资料。它们对人类的生活质量具有无法估量的影响。生态科学还研究了人类经济活动对自然界的影响,指出传统工具生产一方面以建造人工环境的方式加深了人与自然的矛盾;另一方面以创造人工自然的方式加深了人与自然的矛盾,从而破坏了人与自然的和谐发展。最后,生态科学研究了人与自然的关系在可持续发展中的决定性作用,指出人类在环境的开发和利用中必须尊重生态规律,亦要尽可能减少人工环境与人工自然对自然环境带来的冲击。生态危机的根源是人类的生产与生活活动对自然环境的巨大影响,是经济发展与环境保护之间的矛盾。为了解决这个矛盾,必须从根本上改变传统的工业化的生产方式,向生态化的生产方式转变。

系统科学的普遍联系思想或系统思维,生态科学的生态化的生产和生活思想,共同为正确认识和处理天然自然界与人工自然界的辩证关系,减少创造人工自然界的负面后果奠定了思想基础。

2. 人工自然观的技术基础

人工自然的创造是一个复杂的系统技术工程,即人工自然的创造取决于技术的手段和方法,有什么样的技术就创造什么样的人工自然,自然界的人工化就是技术化。对于人工自然创造的过程和内容或所采用的技术的研究,不同的学者有不同的看法。美国学者认为人工自然是通过手工制作、发明、设计、制造、加工、操作、维护等创造的;日本学者认为人工自然是通过采取、精制、加工组装、建设、能源、给水、信息

---

① 马克思,恩格斯:《马克思恩格斯全集》,第3卷,31页,北京,人民出版社,1960。

和运输等创造的；中国学者认为人工自然是通过采取、加工、控制、保障等创造的。① 这是按采取、加工、控制、保障的"四分法"，把人工自然观形成的技术基础归纳为采取技术、加工技术、控制技术、保障技术四大方面。

采取 采取是人类从天然自然中获取生产和生活所需的原材料的活动。在生产和生活中的采取，其运行的具体方式主要体现为采集、开采、采掘、索取等，所涉及的领域包括农、林、牧、渔等地表资源和煤、矿、油、气等地下资源。由于采取的对象不同，采取活动的实施和实现所使用的技术也不同，迄今人类先后发明了许多采取技术，如狩猎技术、捕猎技术、植物培植技术、动物驯养技术、农作物种植和收割技术、林业采伐技术、采掘技术、开采技术等，主要体现为弓箭、猎枪、播种机、插秧机、收割机、船、钻机、电铲、掘土机、汽车等机械设备。依靠这些技术，人类从天然自然中获取了资源，为后续的人工自然创造提供了物质基础。

采取是人类直接向天然自然索取材料或资源，而人工自然的创造始终来源于天然自然资源，因此，采取是天然自然与人工自然的直接通道和桥梁，是创造人工自然的前提，是人类生存和发展的基础。在当下，人们创造、利用和消耗的原粮、原煤、原矿、原油在不断地增加，即人类从天然自然中的采取不是减少，相反是在增多，除非人类自身的再生产趋于下降。所以，在关注加工制造和服务等第三产业时，切不可低估了采取的意义，不可不加分析地将其视为"夕阳产业"，采取仍是人类生存和发展的基础性的重要活动，要创造人工自然就不能没有采取，人工自然的创造始终不能脱离采取。

加工 加工是人类对采取所得到的天然自然资源进行持续变革（改造）和制作的过程及结果。它是继采取之后创造人工自然的第二阶段，是创造人工自然的主导作用过程。因为采取本身不能实现和完成对天然自然资源的变革而创造出人工自然。实现和完成创造人工自然的主体活动，是人们对采取获得的天然资源进行加工。加工依对天然自然资源的性质、功能、形态改变和变革的程度的不同，分为初加工、精加工、深加工和器物的制作。具体而言，在生产和生活中，主要分为以下几大类型：①农产品加工、林产品加工（把木材加工成木板等）、渔产品加工、煤和石油产品加工等；②机械加工、物理加工、化学加工、生物性加工等；③分离性加工（如从植物中提取染料、从矿物中冶炼提取有用物等）、合成性加工（包括物理合成、机械合成、化学合成、生物合成等）；④初加工、再加工、终加工（这是依加工的程度来分的）；⑤能量转换的加工（这类加工是通过改变原材料的性能和运动形式的转化而制作器物）；⑥信息的加工（或处理），如电报、电话、广播电视、计算机图像和数据处理中所进行的各种信息的加工，使之成为有明确目的性服务的有效信息。

各种加工的实施和实现都是由相应的技术来支撑和保证的，如机械加工、物理和化学加工、生物性加工分别是由机械技术、物理和化学技术、生物技术完成的。加工

---

① 陈昌曙：《技术哲学引论》，67页，北京，科学出版社，1999。

生产、加工产业、加工行业都是由相应的生产技术、产业技术、行业技术支撑着，没有技术无论什么生产、什么产业或行业都不能存在。加工就是技术化，加工业的发展是依靠技术的发明和创新完成的，技术是推动加工业发展的根本力量。

加工与生产密切相关，在工业生产中整体或大部分的生产活动都与加工相关，都伴有程度不同的加工作业。一般地，产业就是一种加工业，我们所说的第二产业也就是加工业。可知，加工在人类创造人工自然中占有重要的地位。中国被称作世界的加工厂，这使得我们对加工有着特别的认识和理解，加工或加工业对我国的经济社会发展和经济建设，对人类文明的发展都有着特别重要的意义和作用。无论是实施创新型国家建设战略，还是倡导企业技术创新和产业技术创新，还是转变经济增长方式，都是为了更好、更快地促进加工业的发展，使我国成为具有世界先进生产力水平的国际加工厂。

控制 控制不仅是控制理论体系中的核心概念，也是人类生产和生活中的一个核心概念。一般认为：控制是指一个系统为了使另一个系统按照给定的目标和状态运行而进行的一种活动。从人工自然创造而言，"控制是创造人工自然的相对独立的过程，与采取、加工相并行，又与采取和加工结合，特别是指挥和服务于加工"。①

控制是极为普遍、广泛的人类生存与发展行为，在创造人工自然过程中的每个阶段、各个方面都会有控制活动。将其归纳起来认识可分为以下几个方面。

第一，依对象可分为对天然自然力和对人类自身的控制。对天然自然力的控制主要包括：对水的控制（水利工程、人工降雨等）；对风的控制（防风林、避风港、风力发电等）；对雷电的控制；对各种疾病的控制等。自然界中虽然存在着大量不受人力影响的过程（如宏观的星系和微观的基本粒子结构），有许多不能控制的自然力（如地震、海啸、台风等），但人类对自然力的有限的控制，是创造人工自然和人类文明发展的重要条件及组成部分。对人类自身的控制主要包括：对人体自身的控制（主要指预防和控制各种疾病的侵入和扩散）、对人的个体行为的控制（主要指对人的生育行为和人口的增长速度的控制）、对群体行为乃至社会的控制（主要指群体事件的发生或暴乱的出现等）等。

第二，依内容可分为数量、质量、社会、资源等方面的控制。其中，数量控制主要通过采取活动并由手工控制来完成；质量控制主要是通过加工活动并由机械控制尤其是自动控制完成；环境控制主要是通过控制人的行为以及保护和治理环境的各种技术和法规等途径完成；社会控制主要运用消防、检测等技术，通过制定和实施各种社会规则、体制、制度、法律等控制个体和群体的社会行为，维持社会秩序，保障社会安全，促进社会的持续健康发展；资源控制主要使用各类采取技术实现对资源的变换，通过制定和实施各种规则、制度和法律，规范和控制人类使用资源的行为，制止对资源的过度采取和使用，通过发明和创新各种节能技术，实现对资源的节约性利用，

① 陈昌曙：《技术哲学引论》，82 页，北京，科学出版社，1999。

通过发明和创新其他新技术，开拓新的资源。上述几种控制相互之间是联系的，某一控制需要另一种控制支持或可用另一种控制来完成。如数量控制与质量控制往往是并存的，其控制方法或手段也可互用，数量控制也可由机械控制或自动控制完成，质量控制也可用手工控制完成；环境控制不能离开社会控制，它也和资源控制有重叠部分；社会控制是实施环境和资源控制的有力保障。

第三，依方法或手段可分为手工、机械、自动等控制。手工控制是用人力通过手动和脚动来掌控系统的运作过程。机械控制和自动控制是机械或仪器作用的运作掌控。手动控制是机械控制和自动控制的基础，机械控制和自动控制最终也离不开手工操作，并且，在遇到一些不确定性的情况时，手工控制会比机械控制和自动控制更有效；机械控制和自动控制有时是并存的；机械控制里有自动控制；自动控制以机械设备为支撑，是机械控制中的一个重要组成部分，也是机械控制中的最高控制。

第四，依过程及状况可分为定常性控制和随机性控制。定常性控制是指"通过调节措施保证某类确定性过程一步步地、准确地实现，或按照某种确定性程序去规范、约束对象的活动步骤和规模"。①定常性控制一般被应用于按照事先编制、确定的程序进行的活动领域。如数控机床的工作、交通信号的正常性变换、无人驾驶飞机等。定常性控制必须依靠定常化的机械（程序化运作的仪器）来完成，故而有手工操作很难完成的迅速、准确的操作效果。它既能够提高加工的效率，也能够提高加工的质量，所以定常性控制具有数量控制和质量控制的功能。因而定常性控制成为技术创新的重要领域和目标，成为经济发展方式转变的有效途径，也是建设创新型国家的重要战略。随机性控制是指"通过调节措施来适应被控对象和环境的偶然性变化，灵活地去规范、约束对象的活动，以达到某种目的"。②

第五，依方向或过程可分为正反馈控制和负反馈控制。反馈控制是指在控制运行过程中，施控系统根据被控系统运行状态的变化，将其输出结果（部分或全部）作为调整被控系统的输入指令，以改变被控系统的输出状态，这种控制方法即被称为反馈控制方法。其控制原理如图 1.3 所示。

可知，反馈控制方法的客观依据是被控系统运行的现实状态与给定状态之间的偏差，即状态偏差。反馈控制就是根据这种状态偏差或偏差信息，来调整和改变被控系统的输入，进而减小以至消除状态偏差，使被控系统的运行恢复到给定状态，朝着给定目标运行。因此，反馈控制表现为对状态偏差的不断产生和不断解决的过程。即根据被控系统过去和现在运行的结果，去调整其未来的行为；把被控系统输出的结果，变为下一步调整和改变其输入的原因；输入的改变又会引起新的输出……从而，使原因和结果真正地辩证统一起来。

依控制的效果，反馈控制可分为负反馈控制和正反馈控制。负反馈控制是指用

---

① 陈昌曙：《技术哲学引论》，84 页，北京，科学出版社，1999。

② 陈昌曙：《技术哲学引论》，85 页，北京，科学出版社，1999。

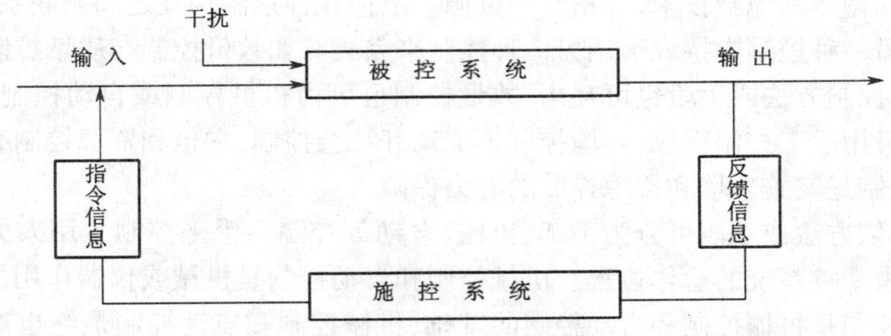

图 1.3　反馈控制方法的原理

施控的结果(指令)反抗和削弱被控系统现时的运行状态,以减小或消除状态偏差,完成有目的性的控制(任务)。由此可知负反馈控制的重要作用就是,它能反抗被控系统偏离预定(给定)状态的运行,进而减小或消除被控系统运行的现实状态与预定(给定)状态的偏差,使被控系统的运行保持在一个允许的偏差范围内,避免振荡,保持系统的稳定性,改善系统的控制性能,克服外界干扰的影响,达到预定的目标。正反馈控制是指用施控的结果(指令)来加剧(强化)和顺应被控系统现时的运行状态,以强化控制作用或产生所需的增益。故正反馈控制的作用有两个方面。一方面是人们所需要的积极的放大作用,如科学技术与教育之间的相互促进作用等。另一方面是人们所不需要的消极、破坏性的放大作用,即所实施的正反馈控制导致被控系统的振荡和解体。

反馈控制方法虽有重要的作用,但也有其特定的局限性和不足,特别是在人工控制系统中就显得更为突出和明显。表现为在反馈控制实施过程中,由于各种原因会出现反馈过时、过度、不及、滞后等现象以及控制过程中存在的偏差惯性或恢复延迟现象。为了有效实施反馈控制,避免上述局限性和不足,除技术上的改进和创新外,应提高控制操作的能动性,即应很好地遵循下列基本原则。第一,随机性原则。根据随机地产生和变化的干扰因素和状态偏差,随机地采取相应的反馈控制措施,随机地消除状态偏差。第二,及时性原则。要善于及时发现状态偏差,要善于在及时发现状态偏差的基础上及时地实施调节和控制。第三,适度性原则。要求准确地分析和判断状态偏差的性质、方向、大小和强弱,据此实施相应程度的反馈控制,既不"过度",也不"不及",并防止消极的、破坏性的正反馈效应的发生,如此等等。同时避免对正反馈控制和负反馈控制机械地贬斥一方面而褒扬另一方面,在实际运用中将二者有效结合使用,有效地规避反馈控制的局限性和不足,适当和合理地应用正、负反馈控制,充分发挥控制在创造人工自然过程中的重要作用。

保障　保障是人类生存和发展的一个不可或缺的重要领域,无论是社会发展建设还是物质财富和精神文明的创造,都必须有强有力的、高效到位的包括支持、保护、服务在内的保障体系做后盾,否则建设和创造乃至人类生存与发展的所有实践性活动都不能运行或很难存在。所以说，一个国家要有社会保障、劳动保障、军队要保障，军队有后勤保障，等等。其实人工自然创造就是国家建设和发展的重要组成部分，自然，人工自然创造也必须有保障。保障对创造人工自然而言，是指为采取、加工和控制活动提供支持、保护、服务的系统性运作。保障对人类创造人工自然的效果、质量、规模等都有很重要的作用，没有可靠、完善的保障，创造人工自然的采取、加工、控制活动既不能使其各自得以最终实现，也不能使其通过协调在整体上得以彻底完成。因此，保障是创造人工自然整体过程中的一个不能没有的重要环节。

保障主要包括运输、通信、医疗、环境保护等内容。它们各自既对创造人工自然的个体环节实施提供支持、保护和服务，又为创造人工自然的整体运作提供支持、保护和服务。

(1)运输

运输是指人类通过某种手段和方法来改变人或物所在的场所。因此，运输的实施并不获取、创造或消除实物及其结构和性质，只是把物体从一个地方运送到另一个地方的过程及结果。在现实中，运输可分为陆上运输、水上运输、空中运输、人力运输、畜力运输、机械运输、非自动控制运输、自动控制运输、固定轨道运输、非固定轨道运输、民用运输和军用运输等。

运输对物质生产、社会生活和文明的正常运行和发展起到重要的作用，有如人体中的血液循环系统一样，保证着生产、生活的畅通运行。因此，运输要解决快捷、经济、安全、舒适等问题，对人的运输还要有高度的宜人性。因此，运输是人工自然的创造尤其是采取和加工的保障，运输的便利程度是创造人工自然的决定性因素，规定着人工自然的创造运行的成效、快慢、规模。

(2)通信

通信是人们将所需的信息进行传递和交流。在广义上，通信不仅指人与人之间的通信，还有人与物之间的通信。如在采取和加工中，不仅需要主体之间通过通信进行交流与协作，还需要主体通过勘测、测量等掌握其对象的信息，以便调整其操作行为，提高效率；控制也一样，不仅依赖于面向“人”的通信，还依赖于面向“物”的信息，只有掌握了两方面的信息，才能实施和实现有效的控制。但这里谈的仅是人与人之间的通信，不论及人与物之间的通信。

通信活动是多方面多内容的，主要包括口语交谈、文字传递（如信函、报纸、杂志、图书等）、电话和电报、广播和电视、物质性传递（如烽火、令旗、锣鼓、信号灯等）、计算机网络等。这些通信活动方式，从形式、内容、途径来看，可分为有声传递和无声传递、有像传递和无像传递、文字传递和非文字传递、空间传递和时间传递等。

通信对创造人工自然有着十分重要的作用。人工自然的创造是系统联系运作，绝不是孤立的个体行为。通过通信把各种所需的信息从某处或某人（或整体）传递到另一处或另一人（或整体），促进了相互交流，促进了人工自然创造的协同运作。如果没有通信，协同作用和社会关系的结合就不可能存在。自从计算机被用于通信以来，特别是实施计算机通信的国际互联网以来，通信获得了空前的发展，它使不同岗位、不同行业、不同地区乃至不同国家的人们真正可能彼此间在协同中进行工作，从而极大地促进了人类的人工自然创造，提升了通信对人工自然创造特别是控制的保障作用。

(3)医疗

医疗是为了保护人自身生命存在和发展的向自然斗争、抗争的实践领域。一般认为，医疗是人类利用各种技术和手段对人体健康和生育进行保护的过程及结果。其中，对人体健康的保护主要是通过预防、治疗、保健等途径来阻止和消除疾病侵害人体，使人们增进健康，保持合理的生命质量，延年益寿。对生育的保护主要是指人自身的生产要做到计划生育、孕育科学、孕儿健康、婴儿健康、优生优育，提高生命质量。

创造人工自然必须以人的自我防护为前提。因为，保证人体健康是为了提高人体素质，延长人的存活时间，从而保证了人工自然的创造能够更充分地进行；保证生育是为了提高生命质量，促进人类持续繁衍，从而保证了人工自然的创造能够更持久地延续。所以，医疗保护就是对创造人工自然的一种支持和保障。医疗保护的是创造人工自然的主体——人，人的自身状况对其创造活动和结果具有决定性的作用。如果不能预防和治疗各种疾病，将给人类健康和生命带来严重损害，亦影响人类对人工自然的创造。因此医疗保护在人工自然创造中有着十分特别的重要作用。医疗发展是伴随着医疗技术的发明和创新而发展的，其主要指标是降低婴儿死亡率，提高人的生命质量，延长人的寿命。我国的婴儿死亡率从新中国成立前的20%降低到目前的3%，人均寿命从过去的约40岁延长到现在的约70岁，这标志着我国医疗技术水平的提高和医疗事业的发展。但还有好多疑难疾病未能得到有效的根治。再就是各个国家和地区、一个国家内部的各个地区和民族之间医疗水平还有很大区别。因此，医疗事业的发展还有待于继续努力。可以说，医疗将伴随人类创造自然的始终。

(4)环境保护

环境是人类生存发展的空间，它是由天然自然与人工自然共同构成的。在人类社会的演进中，其赖以生存发展的环境受到了巨大的冲击和破坏，严重影响了人类的生存发展，这种冲击和破坏，既有自然力的又有人力的，既有对天然自然的冲击和破坏又有对人工自然的冲击和破坏。即一方面是来自自然力的侵蚀；一方面是人为的破坏。人为的又分两种情况：一者是为了生存发展所实施的社会实践活动带来的意外的负效应，如工业带来的环境污染及生态破坏等；一者是发动的战争产生的有意破坏，这种破坏主要是对人工自然的破坏，因此自然力和人力都在冲击我们生存发展的环境。从20世纪40年代以来，全社会开始对环境产生关注，提出或倡导我们要保护环境，保护人类自己的家园。环境保护是指人类为解决现实和潜在的环境问题，协调人类与环境的关系，保障经济社会的持续发展而采取的各种行动的总和。简言之，就是治理环境污染、防止环境破坏、扭转生态退化等的各种实践活动。人工自然是改造天然自然资源而创造出来的，所以实施环境保护，既是保护天然自然，也是保护人工自然，是为创造人工自然提供保障。一方面是保护人工自然的创造结果。人类生存和发展的自然环境是由天然自然和人工自然共同构成的，因此在注重天然自然保护的同时，也要注重对人工自然的保护，在为人工自然的创造主体及创造过程提供支持和保护、保障的基础上，也要为人工自然的创造结果实施保护。所有的人工自然的创造结果都是以天然自然资源作为原材料进行改造而为之，若不能对创造的人工自然实施有效的保护，而是随意地肆无忌惮地挥霍浪费和破坏，不仅毁掉了人工自然也毁掉了天然自然，即破坏了环境。许多人工自然的创造结果是人类创造的辉煌成果，是人类文明史的记载和标志，如北京的颐和园、故宫，埃及的金字塔，古罗马的大圆形竞技场、凯旋门等，世界三大建筑史上创造了许多辉煌的成果，如果不能有效地保护，事实上因受到各种内外因素的破坏而受损甚至消失了许多文明成果。如受战争破坏而消失的秦代的阿房宫，虽仍存在但已是残垣断壁的北京圆明园、雅典神庙等，北京圆明园现在作为名胜古迹供人们观光旅游，游客们在残缺物上走来走去，造成了磨损，有的还拿小石块或坚硬的东西敲击，以感受如此坚硬的石块古人是如何精雕细刻的，感受和好奇之余不知不觉地在毁损着，长此以往，这些本已是残垣断壁的东西会面目全非，实现了彻底的破坏。

相反，颐和园和故宫仍然富丽堂皇，金字塔仍显宏伟壮观，都是依靠维修保护的结果。其实，还有已经或正在受到自然灾害侵害或人为损坏的许多人工自然物。如果我们不能实施有效的保护，保证人工自然完好无损地存在，就更不能保证其持续地得到发展。科学的态度是在为人工自然的创造主体及创造过程提供人工保护和支持的基础上，对人工自然的创造结果实施有效的保护。另一方面是保护天然自然。人工自然依存于天然自然，时刻受到天然自然的影响。如果天然自然环境污染了、破坏了、生态危机了，即使保护了人工自然也不能使之永久存在，事实上是不能或不能有效地保护。因为巨大无比的自然力人们往往是无法抗拒的，被污染和破坏了的环境所产生的自然力，如酸雨、沙漠，其破坏力人们是很难甚至是无法规避的，其后果也是可想而知的。现在，有些人工自然因未保护其周围的天然自然而正处于危机状态。如因过量开采地下水而正在沉降的城市，因受全球气候变暖影响而可能被海水淹没的城市等，都是因没有保护周围的天然自然所造成的。可见，保护人工自然与保护其所在的天然自然是一个过程的两个方面，二者相辅相成，缺一不可。我国为应对全球气候变暖和防止环境污染、生态危机，实施了科学发展观和可持续发展战略，积极倡导建设资源节约型和环境友好型城市，构建和谐社会等，这都是为此所做出的努力。如，我国在修建青藏铁路的过程中，曾投入 21 亿元，先后完成了 30 多项环境保护工程。它既保护了青藏铁路，也保护了其周围的生态环境，实现了人工自然与天然自然的和谐统一。

环境保护的对策 环境保护是一项系统工程，实施有效的环境保护有行政的、法律的、经济的、科学技术的、宣传教育的等多方面的对策和方法。概而言之，首先是采用系统工程的方法，把诸如废弃物的回收和处理技术、节能技术和减少排污技术等多种技术进行组合，建立综合性的环境保护技术网络；其次是通过行政、立法、经济、教育宣传等手段，改变人们对环境保护的传统观念，改造技术设备，提高物质能量利用率，广泛植树造林，合理地利用资源，防止环境的污染和破坏，扩大和提升有用和“无用”资源的再生产再利用，形成综合性的社会环境保护体系；再次，环境保护是一个持续长期的实践活动，要从宏观战略层，全局综合地考虑人口增长、经济发展、资源和环境的承载能力，适时调整生产力和科学技术的发展方向，改革经济增长方式和调整产业结构，处理好人与自然、人与社会的关系，促进环境保护，保证自然与社会的可持续发展。

创造人工自然的保障除了支持和保护，还需要有服务。从采取、加工、控制到保障，每个人工自然创造阶段都需要服务。服务与第三产业密切关联，故也把第三产业称为服务业，其主要包括运输、通信、医疗、邮电、商业、金融、保险、饮食、法律、教育、卫生、新闻等。没有这些行业即没有服务业，工业、农业等许多产业都不能正常运转和发展，人工自然的创造当然也不能正常运作和发展。服务既是创造人工自然的保障，也是人工自然创造的成果和内容。服务业主要是提供可靠的社会保障和满意的服务，全面提高社会生活质量和人的素质，保证社会经济生活的运行，保护人类创造自然的顺利实施。

采取、加工、控制、保障是创造人工自然的四个领域，从功能上看它们是相对独立的，而使它们的功能正常有效的发挥和运作却相互连接为一个有机整体，相互依存、制约、作用。人工自然创造起始和立足于采取，采取不仅为人类生活获得了生活资料，也为人类生产获得了原材料和能源。加工对采取得到的原材料或资源进行改造，创造生产出自然界没有的新的物质资料，故采取是加工的来源和基础，没有采取就没有加工。采取还以所获得的物的状况决定着加工的方向、可能性、难易度、方法和结果。而加工也制约着采取，制约着采取的种类、数量、质量、手段、规模、前途等。无论是采取、加工还是保障，都是有目的的实践行为，为了完成任务、达到目的，必须实施控制，采取各种控制手段和方式，保证实现预期的目的或目标。因此，创造人工自然需要控制，调节人工自然与天然自然的关系也需要控制。保障是采取、加工和控制的润滑剂，它为人工自然创造提供可靠的支持、保证和满意的服务，既提高了人工自然创造的质量也保护了它的正常运行，从而保障了人类创造自然的顺利实施。总之，采取是人工自然创造的基础，加工是人工自然创造的主导，控制是人工自然创造的关键，保障是人工自然创造的后盾，它们相互联系构成人类创造自然的人工自然系统。

(四)人工自然观的观点和特征

第一，人工自然界是人类通过采取、加工、控制和保障等活动创造出来的相对独立的自然界，即人工自然界与天然自然界有着本质性的区别，这种区别体现在人工自然界本身具有的目的性、物质性、实践性、价值性等特征，这些特征是天然自然界没有的。

目的性　目的性反映了人工自然的创造是人类有意识、有计划、有目的变革天然自然的过程和结果。创造人工自然的目的性最直接的体现是为满足人类生存发展的需要。人类依据自身的需要总是力图将天然自然物的改造合目的性地运行,以期创造出所需的有用之用。正是由于有明确的目的性,所以区分为天然自然是"自发性作用"的规律,人工自然则是"应用性作用"规律。在天然自然界,事物在客观规律的自发性作用下有其必然趋向,可以说是有其运动的目标,或说是有其目的性的。如物体从高位能趋向于低位能,水往低处流等。这种必然趋向于某种目标或目的,是自发性、盲目性,与人工自然的有意识、有计划的目的性有本质上的不同。在人工自然界,客观规律的自发作用仍存在,然而,由于人可以自觉地应用客观规律(自然规律和社会规律),情况发生了根本性变化。于是不仅有水往低处流,而且由于人的应用(需要)还会有水往高处流。因此,在人工自然领域的"应用性作用"规律,不再是自发趋势的方向,而是人的目的方向,是为满足人的需要所选择的方向,即人工自然是人类按照特定的需要有目的有计划地创造出来的为我所用之物。所以,它的属性、功能和运动方式又烙上了鲜明的人工特征,成为人的目的、计划、意志等内在尺度的表达。

物质性　物质性反映了人工自然是客观的物质存在,但不是天然自然,即不同于天然自然的客观物质存在。首先,人工自然是从天然自然提供的物质原料改造而来的"为我之物",既有自然属性又有社会属性,亦是人类意识的物化,人类智慧的结晶。人工自然创造的根据、手段、原料、过程和结果都是客观的,服从自然规律,同时也遵循社会规律,离开了社会规律,即离开了人的内在尺度、离开了人类,人工自然将丧失其本来的意义,将沦落为自在之物(天然物)。这正是人工自然的客观物质性的本质所在,也是它与天然自然的客观物质性相区别的根本所在。

实践性　实践性反映了人工自然不论作为意识的物化,还是改造自然的成果,都是人类实践的产物,是社会实践的凝结。在人工自然创造中有赖于科学和技术这两个根本因素。科学是解决对客观规律的正确认识,为人工自然的创造提供内在根据,技术是人类变革和改造自然的手段和方法,是人工自然得以创造的直接成因。但科学和技术的功能与作用都是在社会实践中得到发挥的,都离不开人类的社会实践。因为,科学和技术只有纳入现实的社会实践活动中,才能使科学知识形态的生产力转为现实的生产力,才能使技术创造的可能性转为现实性,才能实现人工自然的创造和发展。把科学知识变为生产力、把技术的可能性转为现实,必须进行变革自然的物质活动,即通过实践,在变革对象的过程中实现技术的物化、知识的对象化。反过来,科学和技术都是源于社会实践的,即通过实践在与对象的相互作用中,物质地和观念地把握自然,形成技术,获得知识。离开了社会实践,什么都谈不上。创造人工自然的实践在过去主要表现为生产劳动,即石器型、手工工具型人工自然是生产劳动的产物,是经验技能的物化。而进入现代社会,社会实践呈现"科学—技术—生产"一体化的格局,人工自然的创造直接依赖于科技实践,无论是计算机、信息网络、通信卫星等信息型人工自然,还是黎明水稻、发光烟草、超级细菌等生态型人工自然,或是航天飞机、火箭、宇宙飞船和空间站等航天站人工自然等，都是现代科学技术的直接产物。科技实践已成人工自然创造和发展的根本途径。这也是人工自然社会实践性的当代特征。

价值性　价值性反映了人工自然是人们出于一定目的、为满足特定的需要而创造的作为价值客体的存在。人工自然的价值性，体现在物质上的客观属性与人的客观需要的统一。人们创造人工自然就是变革天然物质，使之产生符合（满足）人需要的功能。符合人需要的功能是通过物质自身的客观属性来实现的，即将物质的客观属性对象化，将人的需要物质化。因此，人工自然的功能不是为满足人之需而主观随意的，它有赖于产生的客观物质基础，即物质所固有的客观属性。用马克思的话来说，就是"一物之所以有使用价值，因而对人来说是财富的要素，正是由于它本身的属性。如果去掉使葡萄成为葡萄的那些属性，那么它作为葡萄对人的使用价值就消失了"。[①]物质的客观属性才构成它满足主体（人）需要的价值性，成为其价值性的物质承担者。又，创造人工自然的本质是为满足人类需要。人的需要是创造人工自然的原出发点和内在驱动力，而不是物质的属性和功能。正是在需要的驱使下，人类才努力创造人工自然。离开人的需要，人类就无须实践，创造天然自然也就无人问津，依然故我。如此一来，就没有人与自然之间的主客关系，也就没有人工自然，当然就不存在人工自然的价值之谈。因此，判断某物对人是否有价值，不是以某物自身的属性为基准，而是以主体在历史发展中所形成的客观需要为基准。主体的现实需要是物是否具有价值及其价值大小的内在尺度。主体的客观需要是人工自然价值性形成的基本前提，同时人工自然作为满足主体需要的价值观念的物化，价值目标的实现，是人类创造出来的价值客体，其价值性在根本上所体现的是主体的创造性本质。

中介性　中介性反映了人工自然把人与自然界连接起来，使得人与自然界有了主客联系关系。人与自然的主客关系是通过劳动过程实现的。劳动是人利用一定的物质工具认识、改造和利用自然的过程。所谓的物质工具就是人工自然。因此，以劳动以及与它一同发展起来的人工自然为中介，把自然界和对自然界的社会认识与改造连接起来。人工自然的中介性，一方面是人工自然使人与自然的相互转化成为可能。首先，通过人工自然，人类改造自然界，创造对象世界，使自然界不断人化。人类创造人工自然、利用人工自然，不断地在人化自然，形成的自然界是真正的、人类学的自然界。其次，通过人工自然，不断地丰富主体，提高人类自身的认识水平和实践能力，使主体不断客观化。因此，人工自然作为中介，使人与自然之间的相互转化得以具体地历史地展开和完成，即人对人说来作为自然界的存在以及自然界对人说来作为人的存在，才变成实践的，可以通过感觉直观的事实。另一方面是人工自然使协调人与自然的关系成为可能。人类利用人工自然创造了巨大的物质文明和精神文明，同时也带来了很多的负效应。如环境的污染和破坏，生态危机等一些影响人类生存

---

① 马克思，恩格斯：《马克思恩格斯全集》，第26卷，139页，北京，人民出版社，1972。

发展的重大问题。这些问题的解决从根本上来说,要靠人工自然,人工自然作为中介,是协调人与自然关系的根本手段。首先,人工自然为治理、消除、防止各种负效应提供了物质手段。如长矛弓箭导致的生态危机,是靠铁器带来的农牧业的大发展解决的。现在的生态危机要靠完整利用自然生长全过程、正确处理社会生产与自然生产关系的生态型人工自然来解决,人不能只靠"非物质的增长"来解决。其次,人工自然是人与自然协调发展的关键环节。人类与自然之间既斗争又和谐的矛盾,是人工自然这个中介在一直具体地、历史地规定、引起和转移着,使二者的关系不断扩大、深化和发展,并以此实现二者之间从不适应到适应的相互协调与互动发展。目前的环境污染、环境破坏、生态危机表明,人与自然关系的矛盾达到前所未有的程度,这既是人工自然带来的又要靠人工自然来解决。社会生产正在向包括自然生产在内的"大生产"过渡,建设生态型人工自然,实现地球与太空两个方向人工自然建设的全面结合,是人类生存、发展、协调人与自然关系的必然趋势。因此,生态型、航天型人工自然正是协调当今时代人与自然关系的新的物质手段。

第二,人工自然界在总体上经历了从简单到复杂、由低级到高级的演化历程,它的发展既遵循天然自然界的规律又遵循其自身的特殊规律。人工自然是人创造的物质,而人是从愚昧无知、落后进到先进、文明的现代,在这个漫长的演进过程中,人工自然是与人的发展一同发展起来的。

人类从选用木棒和天然石块到打制石器、人工取火和语言的形成等,完成了自己与自然界的分化,也就开始了把自然界人工化的创造历程,即人类创造人工自然的历史开始了。总体上看,人工自然经历了一个由简单到复杂、由低级到高级的发展历程,这个演进历程主要是通过创造人工自然的采取、加工、控制和保障而完成的。

采取起源于蒙昧时代的采集和野蛮时代的种植和狩猎活动。在蒙昧时代采集现成的天然产物,制造品用作采集的辅助工具;野蛮时代学会经营牧业和农业,学会依靠人力的活动使天然物增产来维持生活。到了近代,采取活动用机械完成,如用机械播种和收割。到了现代,采取活动发展为自动化或半自动化,如采煤、采油等基本上实现了自动化和半自动化,采取用的是计算机技术。当然,在近现代,手工采取依然存在,形成了手工采取、机械化采取和自动化或半自动化采取并存的局面。

加工在蒙昧和野蛮时代是打制和磨制石器。古人发明了钻木取火,从植物中提取各种染料,从矿物中提炼铜、铁及其他有色金属,制造火药,等等。到了近现代,发明了蒸汽机、电动机、发电机,为加工提供了强大的动力。通过机械合成制作出机床和汽车,通过物理合成制作出各种合金和集成电路,通过化学合成制作出人工纤维、人造橡胶和塑料,通过生物合成实现了细胞融合和基因重组等。现代加工包括"矿物冶炼和石油分馏加工,对钢铁、有色金属和基本化工原料的加工和制备,再加工或制成最终产品"①等,表现出多样化、复杂化和高级化等特点,出现了初加工、再加工

① 陈昌曙:《技术哲学引论》,75-76 页,北京,科学出版社,1999。

和精加工等复杂的工艺流程。

控制源于古代人对水等自然力的控制。如修建了水井、水池、水渠、运河等供水和排水设施以及各种类型的灌溉和防洪工程。从古至今,经历了手工控制、机械控制、自动控制等发展阶段,表现出由简单到复杂、由低级到高级的特色。

保障中的运输经历了人扛舟载和牲畜驮载、车与船载、轮船、火车、飞机、航天飞机等;通信经历了由用人畜车船、锣鼓旗号、烽火台和信号杆等工具进行通信,到用有线电报、电话、无线电、广播、电视、雷达、卫星、光缆通信乃至移动通信和数字通信、网络通信等;医疗经历了由望、闻、问、切等手工医疗到用诊断技术、观测技术、手术等各种技术进行医疗。其他保障活动也经历了一个由简单到复杂,由低级到高级的发展历程。采取、加工、控制和保障作为人工自然创造的四个领域,它们相互联系、相互作用,相辅相成,共同完成了人工自然发展的由简单到复杂、由低级到高级的整体发展历程。

人工自然的创造与发展是有规律的,它既遵循天然自然的规律,又遵循其自身的规律。①在遵循天然自然的规律方面表现为:在人工自然的创造和发展中,人类的自然属性与生物学规律始终在自发地起作用。人类首先是为了满足自身的基本自然属性(生存需要)的要求来创造人工自然的,同时是按照生存竞争、自然选择等生物学规律进行。这种自然属性和规律一直在人类创造与发展人工自然的历程中存在并自发地发挥着作用;在人工自然的创造和发展中,天然自然物质运动规律在自发地起着作用。创造人工自然必须使用天然自然物质,而每种物质都有其相应的运动规律,如机械运动规律、物理运动规律、化学运动规律、生物运动规律等,这些规律在人工自然的创造中存在并发挥其作用,对其必须遵循。"任何迫切的社会要求和无比强大的社会力量,如果与自然规律不符,都不会成为现实。制造永动机的失败,大炼钢铁运动中的失败,根本上不是由于缺乏社会支持,而是因为没有'自然支持'",[①]即没有遵循天然自然的规律。②在遵循其自身的规律方面表现为:人工自然或人工自然界是由众多领域和分支组成的,每个领域和分支都有自身应遵循的特殊规律,而作为共同体又有其共同遵循的一般规律,所以遵循自身规律就表现为既要遵循特殊规律又要遵循一般规律。所谓遵循特殊规律,就是遵循人工自然界各个领域的特殊规律。如"在水坝的高度和宽度之间、内燃机的四冲程之间、电磁波接收机的灵敏度与选择性之间、转炉的吹氧气量与钢的质量数量之间、选矿的回收率和品位之间、特种合金的各种化学元素之间、人工育种的'三系'之间……都有人工自然的客观规律,在天然自然界里则找不到这样的规律性"。"水工学、热工学、电工学、冶金学、压力加工原理、机器制造工艺学、自动控制理论、育种学、作物栽培学、外科学等则反映了人工自然的规律"。[②]这些科学都是关于人工自然及其规律的知识体系,是人工自然界各

① 陈昌曙:《试谈对"人工自然"的研究》,载《哲学研究》,1985(10),40-46页。
② 陈昌曙:《试谈对"人工自然"的研究》,载《哲学研究》,1985(10),40-46页。

个领域自身规律被揭示的表征。所谓遵循人工自然的一般规律,作为构成人工自然界的不同领域和分支,它们构成了人工自然界这个共同体,说明它们有共同的质的规定性,将共有的质的规定性推广就形成了一般规律。如亚里士多德把宇宙这个共同体所具有的共同的质的规定性概括为质料因、动力因、形式因、目的因,由这四种因素出发,推广得到自然万物是由四因素构成的一般结论,即一般规律。我国著名学者陈昌曙研究了技术共同体的共有的质的规定性,他指出,在技术的发展演进中,技术发育的自我增长性、技术建构的折中兼容性、技术更新的渐进跃迁性、技术演化的周期兴衰和螺旋式回复性,这些技术发展的共有的质的规定性,表现为技术发展的规律性特点,可以将其推广到人工自然领域(其实自然界的人工化就是技术化),也就成为人工自然创造与发展的一般性规律。

人工自然的创造与发展还遵循社会规律。创造人工自然的劳动一开始就是包括目的、手段和结果等环节的社会实践活动,社会需要、社会利益、社会意识制约着人工自然,使得在创造人工自然的过程中一同创造出了社会关系,使得人工自然具有了社会属性;人工自然创造的规范和评价的标准也是社会性的。因此,人工自然始于自然属性和基于自然规律只是前提,它的社会属性乃是更本质、更重要的方面,人工化的程度越高,人工自然越发展,这个方面就更加明显和突出。[①]即"人工自然形成的过程,发展的速度和规模都与社会生产方式、社会制度密切相关,没有人类社会就无所谓人工自然"。[①]因此,创造和发展人工自然必须"利用社会规律(如生产关系要适合于生产力的规律、经济核算的规律、劳动心理的规律等),还必须有足够的社会支持,如适宜的社会经济体制、资金和法律保证"。[②]

(五)人工自然观的意义

1.拓展了天然自然观的研究领域,丰富了马克思主义自然观

人工自然创造是人类的社会实践活动,它从采取、加工、控制和保障等领域研究了人类改造自然的社会实践,深刻体现了人类主体的本质力量对象化的创造性。人工自然创造的原动力是满足人类的生存发展需要,仅靠自然存在物的直接的形态,不能满足人类所特有的社会性需要,自然事物丰富的潜在属性并不会因为对人有用就自动展示或显现出来。因为主客体之间的价值关系不是一种自然的或现成的关系,而是主体在实践基础上与客体之间逐步建立的一种创造性关系。无论是发现客体所潜在的价值,还是创造新的客体、实现价值目标,或是发明或掌握其使用方式,都始终贯穿着主体的创造性活动。主体的创造性活动,一方面是在满足人的已有的需要,一方面是在开创人的新的需要。人的需要是多种多样的并不断产生和发展的,人工自然因此也丰富多彩并不断创造和发展着。随着人的需要的多样化发展,人工自然的创造也在发展,这种发展就是凭借人的创造性在挖掘天然自然的潜在价值,探索新的

① 陈昌曙:《技术哲学引论》,59页,北京,科学出版社,1999。
② 陈昌曙:《技术哲学引论》,60页,北京,科学出版社,1999。

天然自然，创造新的客体和价值，从而既加深了对天然自然的认识，又扩展了天然自然的存在范围，开创了新的天然自然领域，使人类走出了已有的天然自然范围，超越了以往狭义的天然自然领域，从而拓展了天然自然观的研究领域，丰富和发展了马克思主义自然观。

2. 使马克思主义自然观成为既反映天然自然界又反思人工自然界的科学的自然观

人工自然的创造在改造天然自然的同时，也改变了人与自然界的关系。人工自然把人与自然界不断连接起来，人类在改造天然自然界，创造了对象世界，使自然界不断人化，同时还在不断丰富主体，提高人类自身的认识水平和实践能力，使人与自然的相互转化得以具体地历史地展开和完成，主体不断客体化。即人对人而言作为自然界的存在，自然界对人而言作为人的存在，变成实践的、可以感觉的直观事实。全部的人工自然，无论是低级形态的还是高级形态的，都是在实践中创造和发展起来的。当然，创造和发展都是在遵循自然规律的基础上最大程度地发挥主观能动性的结果。人类在改造自然界中能获得多大的自由，并不单纯取决于人的能动性的发挥程度，同时也取决于对人的受动性的认识程度和控制能力。再则，人工自然的创造使人与自然之间既斗争又和谐的矛盾在不断产生、协调和解决。“协调”不是折中，“解决”不是取消，而是使其关系呈现出一种全新的性质，从不适应到适应的相互和谐与互动发展。人类借助人工自然创造了巨大的物质文明和精神文明，同时也带来了出乎意料的多种负效应。负效应使人类在反思人工自然的价值以及产生的人与自然的关系，即如何正确处理社会生产与自然生产、社会生产力与自然生产力之间的辩证关系，既要突出人的主体性和创造性，还要强调人工自然界与天然自然界的和谐共存。当今人类改造自然界的观念有了新的发展，创造人工自然的技术从发展“小技术”进到发展“大技术”，科学技术的发展、人与自然的关系已进到了前所未有的新水平、大尺度，社会生产正在向包括自然生产在内的“大生产”过渡，从而地球也将不再是人类活动的唯一界限，向更大更广的自然界进军，开发更新更多的天然自然，创建资源和环境友好型社会与生态型的人工自然界。所以，人工自然观克服了近代唯物主义经验论自然观和唯心主义思辨论自然观的固有缺陷，实现了唯物论和辩证法、受动性和能动性、自然史和人类史的辩证统一，使得马克思主义自然观成为能动的、实践的自然观和既反映天然自然观又反思人工自然观的科学的自然观。

进一步阅读书目

1. 陈昌曙. 技术哲学引论[M]. 北京：科学出版社，1999.

本书从哲学视角讨论技术问题，较为全面深刻地论述了技术哲学的研究对象、历史和基本问题，技术的基本特点，技术与社会的相互关系等，是对认识和理解人工自然观的创造、人工自然的技术、人工自然观的产生十分有益的一部专著。

2. 远德玉. 过程论视野中的技术[M]. 沈阳：东北大学出版社，2008.

三、生态自然观

生态自然观是关于人与生态系统辩证关系的总的观点;是在全球生态危机的背景下,依据生态科学和系统科学的成果,对人类和自然界关系进行的概括和总结。

(一)生态自然观的思想渊源

1. 古希腊亚里士多德和古代中国人的生态思想

目的论学说是亚里士多德全部自然哲学的一个根本观点。他认为,事物的生灭变化可归纳为四种不同的原因(本原),即质料因、形式因、动力因、目的因,形式因既是质料追求的目的,又是使质料产生变化的动力,形式与目的经常是一致的,形式就包含着目的并受目的所支配。目的因是终极的因果关系,提供了对事物为何发生的更深层的认识,它是最重要的原因。

亚里士多德对生物学进行了广泛的研究,在《论灵魂》中探讨了所有的生命活动形式及其生理功能。通过对动物的构造与生殖等问题的分析,论证生命界一切事情总是先有目的,才起动变,各种动物的不同生理构造表现出这些动物的形式因或设计目的。一切自然事物都要导向某种目的,目的是自然运动变化的本质,在整个自然界趋向目的的运动过程中,并不存在什么超自然力的控制。他说的终极性,不是柏拉图所说的灵魂或造物主那种强加于自然过程之外的独立因素,也不表示一种有意识的活动。他通过生物界的许多事例论证了目的因存在于自然产生和自然存在的事物中。亚里士多德将其目的论与生物学结合起来研究,进一步阐明目的规定为自然事物本身的内在决定性,是自然过程的一部分,不是外在的也不是神的,进而也揭示了人与其他有机物共存于自然界的自然观思想。

“天人合一”是中国古典哲学的一个根本观念,表述了古代中国人的自然观思想。所谓“天”并非指神灵主宰,而是“自然”的代表。“天人合一”有两层意思,一是天人一致。宇宙自然是大天地,人则是一个小天地。二是天人相应或天人相通。是说人和自然在本质上是相通的,故一切人事均应顺乎自然规律,达到人与自然和谐。老子说:“人法地,地法天,天法道,道法自然”(马王堆出土《老子》乙本),即表明人与自然的一致与相通。先秦儒家也主张“天人合一”,《礼记·中庸》说:“诚者天之道也,诚之者,人之道也”,认为人只要发扬“诚”的德行,即可与天一致。汉儒董仲舒则明确提出:“天人之际,合而为一”(《春秋繁露· 深察名号》),这成为两千年来儒家思想的一个重要观点。“天人合一”的自然观思想指出了人与自然的辩证统一关系。

2. 马克思和恩格斯的生态思想

马克思和恩格斯的理论体系中包含了极其丰富而深刻的生态思想,主要的基本观点表现为以下几方面。

(1)人是自然界的一部分,人的生存发展依赖于自然界

马克思主义提出人产生于自然界,是自然界的一部分,人类的生存与发展依赖于自然界的思想,认为“人本身是自然界的产物,是在自己所处的环境中并且和这个环境一起发展起来的",①不能存在于自然之外或凌驾于自然之上。恩格斯指出:"我们统治自然界,决不像征服者统治异民族一样,决不像站在自然界以外的人一样,相反地,我们连同我们的肉、血和头脑都属于自然界存在于自然界,……"②人生存与发展"首先依赖于自然"③,"生活在自然界中"④,"植物、动物、石头、空气、光等,……人在肉体上只有靠这些自然产品才能生活,不管这些产品是以食物、燃料、衣着的形式还是以住房等的形式表现出来。在实践上,人的普遍性正表现把整个自然界——首先作为人的直接的生活资料,其次作为人的生命活动的材料、对象和工具——变成人的无机的身体"。⑤

(2)环境创造人,人也创造环境

马克思主义认为,自然界是人类的生存发展环境,人类在改造自然界的生产劳动中,"通过实践创造对象世界,即改造无机界,证明了人是有意识的类存在物"。⑥即通过改造环境使人的类本质得到确认。同时,人类能够认识、运用自然规律,改造和创造环境,"动物只是按照它所属的那个种的尺度的需要来建造,而人却懂得按照任何一种尺度来进行生产,并且懂得怎样处处都把内在的尺度运用到对象上去;因此,人类也按照美的规律来建造"。⑦"既然人的性格是由环境造成的,那就必须使环境成为合乎人性的环境"。⑧

(3)人要与自然和谐一致

马克思、恩格斯早在自然环境遭到破坏、生态危机出现的初端,人们还没有引起重视的时候,就提出了关于人与自然和谐相处的思想。马克思说:农民的"耕作如果自发地进行,而不是有意识地加以控制……接踵而来的就是土地荒芜",⑨指明人类改造和利用自然,要按照自然规律办事,才会朝着有利于人类生存发展的方向发展。否则,"不以伟大的自然规律为依据的人来计划,只会带来灾难"。⑩对这种灾难性的教训恩格斯作了精辟的总结:"我们不要过分陶醉于我们人类对自然界的控制。对于每一次这样的胜利,自然界都对我们进行报复。每一次的胜利,起初确实取得了我们预期的结果,但是往后和再往后却发生了完全不同的、出乎意料的影响,常常把最初的结果又消除了。"⑪

---

① 马克思,恩格斯:《马克思恩格斯选集》,第3卷,314-375页,北京,人民出版社,1995。
② 恩格斯:《自然辩证法》,195页,北京,人民出版社,1971。
③ 马克思,恩格斯:《马克思恩格斯全集》,第27卷,63页,北京,人民出版社,1971。
④ 马克思,恩格斯:《马克思恩格斯全集》,第21卷,322页,北京,人民出版社,1965。
⑤ 马克思,恩格斯:《马克思恩格斯全集》,第42卷,95页,北京,人民出版社,1979。
⑥ 马克思,恩格斯:《马克思恩格斯全集》,第42卷,96页,北京,人民出版社,1979。
⑦ 马克思,恩格斯:《马克思恩格斯全集》第42卷,97页,北京,人民出版社,1979。
⑧ 马克思,恩格斯:《马克思恩格斯全集》,第2卷,167页,北京,人民出版社,1957。
⑨ 马克思,恩格斯:《马克思恩格斯全集》,第32卷,53页,北京,人民出版社,1974。
⑩ 马克思,恩格斯:《马克思恩格斯全集》,第31卷,251页,北京,人民出版社,1976。
⑪ 马克思,恩格斯:《马克思恩格斯选集》,第4卷,384页,北京,人民出版社,1995。

(4)改革不合理的社会制度,是实现人与自然协调发展的重要途径

人与自然之间的不协调,是人与社会的问题。对解决人与自然之间的矛盾,马克思和恩格斯指出,要靠改革不合理的社会制度,而"共产主义,作为完成了的自然主义,等于人道主义,而作为完成了的人道主义,等于自然主义,它是人和自然之间、人和人之间的矛盾的真正解决,是存在和本质、对象化和自我确证、自由和必然、个性和类之间的斗争的真正解决"。①马克思主义关于"自然主义、人道主义、共产主义"相统一的思想揭示了生态自然观的本质。

(二)生态自然观的现实根源和科学基础

1. 生态自然观的现实根源

自20世纪中叶以来,随着经济增长、科学技术进步、工业化和城市化过程,人类的各种活动对自然界的影响由局部的生态系统被改变、被损害发展到对整个地球生物圈的严重破坏,出现了一系列的"全球性问题",其集中表现为"生态危机"。"生态危机"是生态自然观的现实根源。

所谓的"生态危机"是指由于人类不合理的活动,在全球规模或局部区域导致生态过程中生态系统的结构和功能被损害、生命维持系统瓦解,从而危害人的利益、威胁人类生存和发展的现象。据此,从人口、资源、环境、生态四个方面综合分析全球性"生态危机"的现状。

(1)人口问题

人类的发展首先表现为人类自身的生产,即种的繁衍。世界人口增长的趋势:在公元初年,人口只有2.5亿,到1650年增至5亿,1800年达到10亿,1930年增加到20亿,第二次世界大战之后,世界人口进入了高速增长,1960年为30亿,1975年达40亿,1987年达到50亿,1999年10月已突破60亿。第二、三、四、五、六个10亿分别用了100年、30年、15年、12年、12年。目前,世界人口正以每年8 000多万的速度增长,预计到21世纪中期将达到100亿。人口问题的另一方面是人口增长大部分集中在低收入国家、生态环境不利的地区和贫穷的家庭。这样,人口数量与资源之间存在的差距就变得愈加突出。人口问题反映了人口数量与环境容量之间的矛盾。人口增长,必须开发利用更多的资源,必然冲击更大的环境,从而加剧人类对生态系统的压力。人口过多,带来了资源短缺与环境恶化;人口增长过快,造成了粮食危机。而地球的生态资源是有限的,因此如果人口增长不能同社会生产和生态环境相适应,就会造成社会关系的失调和不良的生态后果。人口问题是造成全球性"生态危机"的最基本的问题。

(2)资源问题

自然资源是自然界中能为人类所利用的一切物质和能量的总称,它是人类生存与发展的必不可少的资料,是人类生活和生产的必不可少的物质基础。自然资源可

---

① 马克思,恩格斯:《马克思恩格斯全集》,第42卷,120页,北京,人民出版社,1979。

分为再生性资源(开发利用后在现阶段可恢复的自然资源)和非再生性资源(开发利用后在现阶段不可恢复的矿物资源)。"资源危机"主要表现为:非再生资源的枯竭和短缺与再生性资源的锐减、退化和濒危。造成资源危机的主要问题是人口激增和生产规模庞大。

目前,全球性的资源问题主要表现在以下几方面。①世界淡水资源严重不足,威胁人类的生存。现在全世界有28个国家缺水或严重缺水,大约20亿人口居住在缺水地区,占全球陆地面积的60%。②煤和石油等矿物性燃料消耗剧增。③水土流失严重,耕地减少。目前,全球大约30%的陆地发生沙漠化,平均每年有600万公顷耕地沦为沙漠。④生物资源破坏严重。生物资源包括动物资源和植物资源,是人类赖以生存的物质基础。人口急剧增加和不合理利用生物资源,导致生物种类和数量大量迅速减少。资料显示,石器时代,物种灭绝速度为每1 000年1种;19世纪工业革命时代,物种灭绝达到每年1种;20世纪中叶发展到每天一个物种灭绝;现在每6个小时就有一个物种灭绝。1850年以来,人类已使75种鸟类和哺乳动物绝种,使359种鸟类和297种兽类动物面临灭绝的危险。物种的消失,最终导致整个生态系统的崩溃,同时也严重破坏了生物遗传多样性,对人类的可持续发展有着不可估量的损失。

(3)环境问题

环境问题即指环境污染,它是因人类活动使环境产生了危害人类及其他生物生存及生态系统稳定的现象,主要表现为过度开发自然资源引起大范围的生态退化和生命维持系统的大气、水、土壤遭受到严重的污染。目前,最具全球规模的环境污染除水和大气外,就是酸雨蔓延、臭氧层破坏和温室效应。

水污染 水是动植物的生命之源。众所周知,受灾被困的人,在有水的情况下可以不吃饭存活一周以上,如没有水三天过后生命就很难或不能维持了。可是,全世界每年因大量工业废水和城市生活污水排入水体,污染了河流、湖泊和近海,加剧了水资源的短缺。被污染的水通过水生物和农作物进入人体,成为一个重要的致病因素。

酸雨蔓延 酸雨是大气被污染后产生的酸性沉降物。故酸雨是大气污染的一种表征。酸雨中有多种无机酸和有机酸,绝大部分是硫酸和硝酸,主要是工业、城市、交通运输排放的二氧化硫和氮氧化物使大气中有害气体的含量激增造成的。酸雨会腐蚀建筑物和文物古迹,加速金属、石料、涂层等的风化,降低林木抗病虫害的能力,而且还会造成湖泊、河流酸化,导致鱼类等水生生物数量减少甚至灭绝。酸雨引起环境污染会损害人的大脑。

臭氧层破坏 臭氧(O_3)是大气中的微量元素,主要密集在离地面20~25 km的平流层内,称为臭氧层。臭氧层好比地球的"保护伞",过滤了太阳99%的紫外线辐射,保护地球上的生灵万物。1979年科学家首次发现南极上空出现臭氧层空洞。臭氧层被破坏,就不能对太阳紫外线进行吸收和过滤,地球将不再适宜人和生命生存。

温室效应 所谓温室效应,简言之就是二氧化碳、甲烷等温室气体在大气中的含量增加造成了地球的大气变暖的效应。随着人口的激增,工业的迅速发展,排放到空气中的二氧化碳等温室气体迅速增加,现在每年全球排放的二氧化碳达2 000亿吨,同时森林植被的破坏使二氧化碳的吸收量大为减少。由于二氧化碳等温室气体逐渐增加,温室效应也不断增加,据统计,在过去的100年中,大气中二氧化碳的浓度增加了25%,全球平均气温上升0.3 ~0.7 ℃。按照目前二氧化碳等温室气体的排放量情况,估计到本世纪中叶,全球平均气温将上升1.5 ~4.5 ℃。地球增温,致使海平面上升30 ~50 cm,直接严重威胁海岸和河口地区,并造成全球气候反常。

(4)生态问题

世界资源报告对全球生态系统的考察和分析指出,当今全球生态系统的状况是:海洋被过分捕捞,荒漠化不断延伸,为满足农业需要而过度抽取地下水,珊瑚礁和森林遭到严重破坏等。造成的直接后果具体表现为:目前,全球大约30%的陆地发生沙漠化现象,平均每年有600万公顷的土地沦为沙漠;世界森林面积正以每年2 000万公顷的速度从地球上消失;全世界有2 500种植物和1 000多种脊椎动物濒临灭绝的危险;矿物的过分消耗致使其处于危急之中;等等。生态环境的危机严重影响和威胁着人类的生存与发展。

知识链接:罗马俱乐部

罗马俱乐部是西方一个非官方的国际学术协会,1968年4月由意大利的奥雷里欧·佩切伊和英国的亚历山大·金建议成立。它的要旨是"忠实和深刻地阐明人类面临的主要困难","为人类在与现实状况进行搏斗中采取和实施新的战略和措施提供帮助"。该俱乐部拥有40多个国家和近一百名成员。

罗马俱乐部主要从事人类处境研究,试图解决全球性时代人—社会—自然协调发展前景的问题。其自建立以来,先后发表十余篇研究报告。最著名、影响最大的研究报告《增长的极限》着重研究人口、工农业生产、自然资源和环境污染等问题,对西方经济增长的限度提出了每况愈下的预言。这个研究由D.米都斯教授领导,参加研究的有普林斯顿大学和斯坦福大学的17位教授,目的是促进公众对当今全球的各种相互依存的现象的了解,推测它们在未来的演变,供各国决策和参考。

1981年,罗马俱乐部的主席A.佩切伊出版了《未来问题一百页》一书,作者指出,只要人类合理地利用资源,特别是人力资源,就有可能走出危机,按照自己的愿望建设未来。

2.生态自然观的科学基础

生态学是生态自然观的直接的科学基础 生态学是研究动植物与其生活环境的相互关系的科学。20世纪中叶以来,生态学发展成为一门关于人类"生存之科学"。生态学一方面研究了人类生态系统中人与自然的关系;另一方面研究了人类经济活动对自然界的影响。生态学的生态理念和生态规律或基本原理,构成了生态自然观的坚实科学基础。

(1)多样性与整体性相统一原理

生态系统是由许多子系统或组分通过相互作用和协同形成的有序自组结构。生态系统发展的目标是整体功能的完善,而不仅是组分的增长,无益于系统整体功能完善的结构性增长是系统所不允许的。生态系统是整体性和多样性的统一。整体性是指生物与其环境构成一个不可分割的整体,任何生物均不能脱离环境而单独存在。多样性是指包括结构、类型、物种、遗传等的多样生态系统,生物物种的多样性直接保护着生态系统的稳定性。生态系统的整体性离不开多样性,多样性是整体性存在和发展的前提和条件;多样性离不开整体性,整体性对多样性有着在生态系统总体目标的指导下的主导和限制作用。在整体性和多样性的长期相互促进和制约的关系下,构成了生态系统的复杂关系网络:即一切生物都在争夺资源,以求得自身竞争发展;在竞争有限的资源中,生物间又形成共生,以节约资源求得持续稳定性。因此,人类在开发利用资源时,要关注整个生态系统的关系网,而不是局部。

(2)循环再生原理

生态系统要可持续地生存与发展,必须是对资源形成多重利用和循环再生。循环再生是指生态系统中的动植物和微生物相互耦合,形成由生产、消费和分解构成的无废弃物的物质循环再生机制,即循环中的每个环节之间是"源"与"汇"的关系,没有"因"和"果"及"废物"之分。人类作为生态系统的子系统,应建立和完善循环再生机制,使有限的资源在其中循环往复和充分利用。

(3)生态平衡原理

生态平衡是指一个生态系统在特定的时空内,系统内部与生物之间、生物与环境之间达到相互适应、协调的动态平衡。一个相对稳定的生态系统是靠输入与输出的动态平衡维持着系统整体的平衡。因此,对一个相对稳定的生态系统,无论是生物与环境,还是物质的输入与输出都是相对平衡的。如果输入不足或过多,都会影响或破坏原来的生态系统。人类在开发利用自然资源时,一定要注意保持生态系统的动态平衡。

(4)资源有限性原理

一切被生物和人类的生存与发展所利用的自然资源都被视为生物和人类的生态资源。生态平衡过程的实质就是对生态资源的摄取、分配、利用、加工、储存、再生和保护过程。自然界中任何生态资源都是有限的,都具有促进和抑制系统发展的双重作用。

生态学的这些原理及它所揭示的一般生态规律,有学者概括为"物物相关""相生相克""协调稳定""能流物复""负载定额""时空有宜"等规律。其中,"物物相关"和"相生相克"规律揭示了自然事物相互联系、相互制约、共存共生的生态关系。"能流物复"和"协调稳定"规律揭示了生态系统中各子系统及各部分都有其物质循环、能量流动的独特的运动形式,但遵循系统整体性原则,此规律是生态系统存在和发展的内在保证。"负载定额"规律揭示了任何生态系统的生产力和承载能力都是有限的。“时空有宜”规律揭示了生态系统动态变化的特征，使人类在构建区域社会生态系统，规划人的生产、消费理念和行为时，能既从实际出发，实事求是，又因时因地制宜，与时俱进。

案例

海洋生态系统①

什么是海洋生态系统？要了解这个问题，首先得知道什么是生态系统。生态系统是指在一定的空间内，所有的生物和非生物成分构成的一个互相作用的综合体，这是一个动态的系统。在这个动态系统中有物质的循环，有能量的流动，犹如一架不需要人操纵的自动机器，自然而然地运转。对于海洋生态系统来说，生物群落是相互联系的，动物、植物、微生物等是其中的生物成分，非生物成分即海洋环境，包括阳光、空气、海水、无机盐等。这个海洋环境又可划分为大小不一的范围，小至一个潮塘，一块岩礁，一丛海草；大到一个海湾，甚至整个海洋。

这些生态系统机器虽然大小不一，但都有相似的结构和功能，即有物质的循环，有能量的流动。举一个在海洋中最普通的例子：大鱼吃小鱼，小鱼吃虾，虾吞海瘙，瘙食海藻，海藻从海水中或海底吸收阳光及无机盐等进行光合作用，制造有机物质，维持这个弱肉强食的食物链。

但海洋环境中的无机物质又来自何方？这就要靠那令人生厌的“分解者”微生物将大鱼、小鱼、虾、瘙及藻的遗体分解掉，使其回归到周围环境中去。从哪里来到哪里去，这就是生态系统物质循环的一般规律。在这个生态系统中，包括四个成员：无生命的海洋环境（物质和能量）；生产者，就是海藻等植物；消费者，不管是大鱼、小鱼、虾还是海瘙，它们都不能自己制造有机物质，而只能靠捕食为生；再就是分解者了，主要是微生物，它们是辛勤的“清道夫”，如果没有它们，海洋恐怕用不了多长时间就会被动植物的排泄物或遗体填满了。在这个物质循环链中，缺少哪个环节都不行，机器就不会运转，它们相互依存，相互制约，相生相克。现在日益严重的海洋污染已严重威胁到海洋生态系统的平衡，赤潮的频繁发生，“死海”的不断出现就是铁证。

物质可以循环，而能量却不能循环。它只能从一个环节流向另一个环节，而且只能是单向的，没有回头路。在上一环节与下一环节之间，将有大量的能量以热能等形式散失掉，只有约10%的能量从上一级传到下一级。在海洋生态系统中，这个10%可以升高至22%～25%，但能量的递减是不可避免的，这可用“生态金字塔”来形容。塔基是广大的生产者海藻，它从海水中吸收太阳辐射能。将之转化为这个生态系统的能量基础，所以说海洋浮游植物是整个海洋生态系统的基础，事实上陆地生态系统也是如此，但最终驱动整个生物圈生态系统“活机器”运转的动力却来自太阳辐射能，塔基以上都是不劳而获的掠夺者，但它们之间却充满了弱肉强食的战争，位于塔

---

① 摘编自中华网（http://tech.china.com），2000-10-16。

尖的往往是数量极少、形单影只的最高统治者，例如鲨鱼。海洋生态系统的物质循环和能量流动都是动态的过程，在无外界干扰的情况下，就会达到一个动态平衡状态。因此，过度地开采与捕捞海洋生物，就会导致一个环节生物量的减少，这也必然导致下一个相连环节生物数量的减少。如此环环相扣的食物链上，一个环节被破坏，就会导致整个食物链乃至整个海洋生态系统平衡被破坏，反过来，就会影响捕捞产量。近年来由于鱼虾等水产品的过度捕捞，破坏力超过了生物的繁殖力，使鱼虾等难以大量生存繁殖。这就是2000年南海休渔的原因之一。海洋污染是海洋生态系统平衡失调的一大"罪魁"。海洋被污染时，首先受到危害的就是海洋动植物，而最终受损的还是人类自身利益。

案例解析

①通过对海洋生态系统的存在方式进行分析，进而认识整个自然界的系统存在方式——系统化。本案例阐述了海洋生态系统的存在与变化。海洋生态系统是自然界整体系统的一个主要部分，海洋系统的存在环境不论大小，都有物质的循环，有能量的流动，有有机物和无机物之间的转化，这是生态系统良性循环的一般规律。在海洋整体生态系统中，完成生态系统良性循环主要靠海洋环境、生产者、消费者、分解者四大成员。这四者构成了物质循环链，在物质循环链中，每个环节各有其职责，各个环节相互依存，相互制约，相生相克。不论哪个环节出错，系统(机器)都不会运转。海洋生态系统的物质循环性体现着自然界系统存在的普遍性，物质循环是生态系统存在的一般规律，自然界的系统存在方式一般来说都集中体现在物质循环。打破系统平衡不光危害自然界，也危害人类本身，这种危害对人类来说将是可怕的。

②人类要改造利用自然，要改善保护自然环境，人与自然界的关系是辩证统一的。本案例将海洋生态系统作为自然界系统存在方式的一个缩影，进一步阐明了自然界不是孤立分散的部分的总和，而是相互联系、相互作用的有机统一整体。人类作为自然界系统的一部分，依存于自然环境，人类的实践活动一定会干扰海洋系统，一定会程度不同地影响海洋系统的平衡状态。而海洋生态系统是物质循环和能量流动的动态平衡系统，在无外界干扰的情况下，会自我调节达到一个动态平衡状态。这种平衡一旦被打破，其危害对自然界、对人类都是不堪设想的。因此，人与自然界的关系是辩证统一的，一方面，人类生活在这个世界上就要同自然作斗争，另一方面，人类要遵循自然界自身运动发展的规律，如果人忽视或者无视自然界本身的规律性，那么，等待人的将是自然的报复。保护和改善自然环境，是人类维护自身生存和发展的前提。

思考题

1. 海洋生态系统的结构和功能是怎样的？

2. 比照海洋生态系统来理解打破整个自然界生态系统的平衡会出现什么后果？

(三)生态自然观的观点和特征

生态自然观是对前人和马克思、恩格斯的生态思想的继承和发展,是在反思全球性问题和总结生态科学的成果的基础上形成的。其主要观点或基本思想可概括为以下几个方面。

1. 构建和谐社会和建设生态文明,实现人类社会与生态系统的协调发展

人类作为生态系统中的一部分,在其生存发展的演进中,特别是进入工业文明建设后,人类虽然创造了以往无法比拟的财富,但同时因大量消耗自然资源和排放废弃物而严重地损害了人类赖以生存和发展的生态系统。为了维护人类的持续生存发展,实现人类社会与生态系统的协调发展,人类要自觉地调节和控制自己的行为,调节的原则是可持续性、共同性和公平性等原则。可持续性原则要求人类的生存发展不能超越资源与环境的承载能力。人类的生存发展要从长远利益出发,追求可持续性,即人类社会世世代代延续不绝的发展,不仅要实现当代人自身的发展,而且也要实现未来世代人的发展。共同性原则是指保持地球的整体性和相互依赖性、维护生态平衡,需要全球联合行动。人类是一个整体,实施人类的持续生存发展需要超越不同国家文化和意识形态差异,采取联合的共同行动。公平性原则要求寻求本代人的公平、代际间的公平及资源分配与利用的公平。人与自然的危机和人与人的矛盾,只有解决人与人之间的不公平性,才有可能达到人与自然间的协调和谐。在遵循这些原则的基础上,"对我们现有的生产方式以及和这种生产方式连在一起的我们今天的整个社会制度实行完全的变革"。①亦要调整产业结构,转变经济增长方式,加快构建资源节约、环境友好的生产方式和消费方式,实施节能减排和发展低碳经济,抑制高耗能、高排放产业过快增长,全面实行资源利用总量控制、供需双向调节、差别化管理,大幅度提高能源资源利用效率,提升各类资源保障程度。并不断完善社会制度,改善人的价值观和思维方式,促进经济、社会和环境协调发展,优化人与自然的关系和人与人的关系,建设人与自然和谐统一、协调进化的和谐社会和生态文明,最终实现人类社会与生态系统的协调发展。

2. 生态系统是自组织的开发系统

生态系统是由生物系统和环境系统共同组成的,以生命的维持、生长、发育和演替为主要内容的自组织开放系统。在系统内部与生物之间、生物与环境之间达到相互适应、协调的平衡状态的过程中,表现出整体性、动态性、自适应性和协调性等特征。整体性反映了系统发展目标是整体结构和功能的完善,任何对系统整体功能无益的结构性增长都是系统所不允许的。具体主要表现为:生物与非生物构成了一个有机制整体,生物不能脱离非生物构成的环境而单独存在;每一种生物物种都有它自己的生态位,各种生物之间构成了相互依赖的食物链,每个环节必须紧密联系不能脱节,否则就会影响生命系统的存在。动态性是生态系统保持演替平衡的系统内的物

---

① 恩格斯:《自然辩证法》,304 页,北京,人民出版社,1984。

质运动过程，它是通过植物的生产、动物的消费、微生物的分解之间相互耦合而形成的，即通过植物、动物和微生物之间的循环和转化构成了生态系统不断发展和演化的动态过程。当生态系统与环境在一定条件下进行物质、能量、信息交换时，系统表现出自我适应、自我协调的能力，即把外部物质环境的无机物和生物协调为一个自我协调的和谐整体，使系统以自组织方式向更有序的生态系统进化。

3. 人与生态系统的协调发展是以人为主体的天然自然与人工自然的统一

人是自然界的产物，是自然界的一部分，这是生态自然观的一个重要观点。说人是自然界的一部分，并非是说人与其他的自然物或动植物一样，是只有本能而没有意识的存在物，恰相反，人不仅"摄食、梳理、睡眠、争斗、交配及抚育后代等都与其他动物有相似之处"，①还能够有目的、有计划地活动，有治理、能思考，有语言和信息交换，能够改变外部世界，②即人能够认识和运用自然规律。由于人有主观能动性，所以人"在一个漫长的历史过程中，才逐渐从自然选择和生态竞争中脱颖而出，才逐渐摆脱了受自然力支配的被动地位，才逐渐学会了模仿自然，进而成为改造自然的主体"。③所以说人是自然界的一部分，且是主体部分。人是自然界的主体，而不是说把人看成是宇宙的中心，主张一切以人为中心，按人的价值观来考察宇宙中的所有事物，即人类中心主义。人是自然界的主体与人类中心主义有着本质上的不同。

人类生存发展于自然界，一方面直接依赖于固有的自然，另一方面要改造自然而生存发展。在改造自然界中，因出现了人类中心主义价值观，使自然界中的土壤贫瘠、森林荒芜、气候恶化等，造成环境被污染和破坏，产生生态危机。无论是对自然灾害的预防或防止，还是对污染和破坏了的环境的治理，还是对生态环境的保护，人应当负责，应当承担起"治、防、护"的重要使命，成为治理环境污染、生态危机，防止灾害，保护生态环境的主体。亦"人类成为主体的历史至今还在延续着，……，还将成为调适自然的主体、整合自然的主体"。"解决生态环境问题，实现可持续发展也只能是以人为主体"。③

人类生存发展于天然自然与人工自然共同构成的环境（生态自然界）。人类为了生存与发展在不断地改造天然自然，创造人工自然，人工自然对人类的生存发展越来越重要，成为生存发展的主要依存环境，但是，天然自然是人工自然创建和存在的根基，没有天然自然就无从谈人工自然，而人工自然是对自然界的丰富和拓展，为人类的生存发展开辟和创造了更广阔的领域。所以，我们必须协调好天然自然与人工自然的关系，要"做依赖自然的主体，做学习自然的主体，做顺应自然的主体，保护自然和调适自然的主体"。④

---

① 苔丝慕德·莫里斯：《裸猿》，1-3 页，余宁，周骏，周芸，译，上海，学林出版社，1988。
② 陈昌曙：《技术哲学引论》，45-46 页，北京，科学出版社，1999。
③ 陈昌曙：《哲学视野中的可持续发展》，107-113 页，北京，中国社会科学出版社，2000。
④ 陈昌曙：《哲学视野中的可持续发展》，107-113 页，北京，中国社会科学出版社，2000。

人与生态系统的协调发展以人为主体，是在突出人的主体作用，但这种主体作用是在一定准则下的，否则就演变成人类中心主义。这个准则“从人类的可持续发展看，既满足当代人的需要和发展，又顾及后代人的需要和利益，是我们衡量实践主体界限的尺度”，“为了保持人类活动的合理界限，我们需要一个基本的准则，那就是：人与自然的协调发展”。①天然自然界和人工自然界的统一，是人与自然和谐发展的标志，是人类文明发展的目标。

生态自然观的主要特征 生态自然观强调了科学技术与自然及社会之间的全面、协调、可持续发展，强调了人类社会和其他生命系统的和谐统一。

人类生存发展于自然界，不断创造着人类文明。在人类创造文明的进程中，出现了与自然界相和谐的对抗文明，即以人类中心主义为依据的工业文明。工业文明过多地关注人类自身的存在与价值，忽视甚至无视生态环境的存在和价值。即把自然界作为自己的对立物，把自己和自然界分割开来，并利用自己创造的科学技术，无限度地向自然界索取，以满足自己的需要，忽视了自己是自然界的一部分，忽视了自己周围对自己的生存与发展构成影响的生态环境，致使环境被污染和破坏，酿成严重危害人的利益、威胁人类生存发展的全球性“生态危机”。面临危机、威胁，人类反思和批判了传统自然观和工业文明，确立和坚持了生态自然观。生态自然观主张人是生态系统中的一员，人和生态系统中的其他成员都是平等的，人类不仅要尊重生命共同体中的其他成员，还要善待生命，保护生态环境。从而影响和改变了人们的思维方式和行为方式，从原来的对抗文明转变为科学技术与自然、社会的全面、协调、可持续发展，明确了人类是自然界的主体，但不是人类中心主义，人类社会和其他生命体和非生命体是和谐统一的。主要体现在以下方面。一是生产文明，它的生产过程是由自然界再生产过程（自然生产力）和经济再生产过程（社会生产力）交织在一起进行的。其中，在自然界生产过程中，物质循环、能量流动、信息交换遵循生态产业运行的自然规律；在经济再生产过程中，物质流、能量流与信息流首先要以自然界的物质、能量和信息流为基础，遵循自然规律；其次要以市场为导向，遵循社会经济规律。与此相联系，其消费方式受制于：自然界的承受能力，这是维持自然界再生产过程的前提，经济发展水平与消费水平必须保持平衡。二是制度文明，制度文明是指在生产文明的基础上建立起的科学文明的社会制度。从政治、经济、法律、伦理、教育等方面构建维护良好的自然生态环境的法规、机构，以规范和约束人们的行为，协调和解决在环境保护中的人与人的关系。三是思想观念文明，观念文明是指从思维方式和价值观念来树立生态化思想。在思维方式上，要打破工业文明的思维方式，即把注意力集中在工业的发展上，不考虑生态化问题。如，一些地区或城市把兴“工”作为首要发展政策，提出“无工不富”的方针，在走先工业化，后治理污染的老路，没有事先从生态化的观点对工业生产造成的环境污染或生态失调采取积极的防止措施。在价值观念上，要

① 陈昌曙：《哲学视野中的可持续发展》，107-113 页，北京，中国社会科学出版社，2000。

破除把经济价值凌驾于社会价值与生态价值之上的单纯追求经济增长的价值观。因此,在改造自然界的同时,要通过不断完善社会制度、改善人的价值观念和思维方式,促进经济、社会和环境的协调发展,优化人与自然的关系和人与人的关系,建设人与自然和谐统一、协同进化的文明社会。

(四)生态自然观的意义

1. 生态自然观倡导系统思维方式,发挥人的主体创造性,强化了人与自然界协同发展的生态意识,促进了马克思主义自然观在认识人类与生态系统关系方面的发展

生态自然观转变了人们的思维,使人们的思维"转向严谨精细而又是整体的理论。这就是说,要构成集成他们自己的性质和关系的集合体,按照同整体联系在一起的事实和事件来思考",①即系统思维方式。依照生态自然观的系统思维方式,把人与自然界看作一个大系统加以思考,根据生态系统的性质、关系、结构,把人与自然及改造的自然有机地联结组织起来,最大限度地发挥人的主体创造性,改造自然,创造自然,保护自然。如,人需要耕田,创造了犁和拖拉机;需要运输东西,发明了汽车、火车;需要通信,发明了电话、手机;需要消除海上浮油,创造了分解各种石油烃的超级细菌;需要清除垃圾,创造了清洁生产;需要防治沙漠化,创造了防护林带;等等。这些文明和创造,一是说明了人与自然的主客观价值关系,是主体在实践基础上与客体之间逐步建立的一种创造性关系。无论是发现客体所潜在的价值,还是创造新的客体、实现价值目标,或是发明,或是掌握其使用方式,都始终贯穿着主体的创造性活动,从而深刻体现了人的主体创造性本质。二是说明人与自然协调关系是通过发挥人的主体创造性,利用科学技术在开发、利用、改造自然的同时,也治理生态环境的污染和破坏、保护生态环境,并通过完善社会制度、改造人的价值观,优化人与自然、人与人的关系,促进人与自然环境、社会与自然环境的协调发展。总之,发挥人的主体创造性,是依照生态自然观,平等地对待所有生命,平等地对待生态环境,要遏制损毁或侵占生命或无视动植物生命存在价值的技术行为,发明和创新生态技术,建立生态技术体系,进而强化人与自然界协调发展的生态意识、生态价值观,促进马克思主义自然观在认识人类与生态系统关系方面的发展。

2. 生态自然观促使人们重新审视和辩证理解"人类中心主义",确认人的主体地位,推进可持续发展和建设生态文明

工业文明认为人是自然的中心,以人的价值尺度来认识和考虑自然界中的所有事物,即"人类中心主义"。因而,要解决生态环境问题,建设生态文明,走可持续发展道路,需要重新审视"人类中心主义",正确认识人类在实施和实现可持续发展中的地位和作用。

人类是自然界的主体,是强调和突出人类在解决生态环境问题,坚持走可持续发展道路中应有的主体性作用,绝不是主张人类是自然界的中心,与人类中心主义有着

① E. 拉兹洛:《用系统论的观点看世界》,14 页,北京,中国社会科学出版社,1985。

本质的不同。人是自然界的产物,是自然界的一部分,但并非从来就是自然界的主体,人类成为自然界的主体,“是在一个漫长的历史过程中,才逐渐从自然选择和生存竞争中脱颖而出的,才逐渐摆脱了受自然力支配的被动地位,才逐渐学会了模仿自然,进而成为改造自然的主体”。①人类是自然界的主体的这个角色,在当今显得更为突出和重要,因为,人类为了生存和发展,要治理环境污染,要防止环境被破坏,要保护生态环境,走人与自然协调的可持续发展道路。所以,“人类成为主体的历史至今还在延续着,……人类还将成为调适自然的主体、整合自然的主体”;“解决生态环境问题,实现可持续发展也只能是以人为主体”。② 人做保护自然和调适自然的主体,是生态自然观主张的。人是与自然相互联系和相互制约的,要与自然和谐相处,要从过去的征服自然转到尊重自然,从破坏自然转到保护自然,从掠夺自然转到善待自然。为此,不仅要了解“自我”更要了解自然,认识自然规律;要在自然协调能力允许的范围内,利用科学技术开发、利用、改造自然;要通过人的实践活动,使人与自然协调发展。要做到这些只有靠人,靠发挥人的主体地位和作用。人是自然界的认识主体和实践主体,因此发挥人的主体地位和作用,首先发挥人的认识主体作用。解决生态环境问题,使人与自然协调发展,首先是要科学地认识自然,认识万事万物,解决“是什么”和“为什么”,正确反映自然规律,用康德的话说就是“人给自然立法”。如开普勒发现的行星运动三定律(轨道定律,面积定律,周期定律),牛顿发现的万有引力定律等,都很好地说明了如果没有开普勒、牛顿或别的什么人作为主体来建构、创立或“立法”,自然界的规律就只能是“自然之物”,而不可能成为科学定律和科学理论,自然也就谈不上利用自然规律,认识自然、改造自然、协调人与自然的关系。其次,发挥人的实践主体作用。人作为实践主体,因无节制和无界限的行为,造成了对自然环境的严重破坏,生态处于危机,“但人类主体毕竟又在地球上建立了伟大的社会文明,不仅保持了自己的生存和发展,而且还培育和扩大种植了许多植物,饲养和繁殖了大量动物,并努力按照动物的尺度建立起野生动物保护区”。③设想如果没有人作为主体,而是以其他动物为中心,是不会有以人为主体和尺度创建的伟大的社会文明的。人作为实践的主体,把人工改造自然与美化自然有机地结合起来,以更好地合乎人性的行为。马克思说,“动物只是按照它所属的那个种的尺度的需要来建造,而人却懂得按照任何一个种的尺度来进行生产,并且懂得怎样处处都把内在的尺度运用到对象上去;因此,人类也按照美的规律来建造”。④只有人才能够认识、运用自然规律和美的规律,懂得按照任何一个种的尺度来活动。这就是人的主体性。当然,以人的尺度活动会造成生态环境被破坏,“但只有以人为尺度才能去保护生态和治

① 陈昌曙:《哲学视野中的可持续发展》,107 页,北京,中国社会科学出版社,2000。
② 陈昌曙:《哲学视野中的可持续发展》,107-116 页,中国社会科学出版社,2000。
③ 陈昌曙:《哲学视野中的可持续发展》,115 页,北京,中国社会科学出版社,2000。
④ 马克思,恩格斯:《马克思恩格斯文集》,第 42 卷,97 页,北京,人民出版社,1979。

理环境。只有以人为尺度的可持续发展,才能合理地保护其他生物的存在,才能做出有利于生态圈运行的决策,才会按照对保护其他生物和整个生态圈有利的尺度采取行动”。①当然按照人的尺度活动不是为所欲为而是有界限的,“从人类的可持续发展看,既满足当代人的需要和发展,又要顾及后代人的需要和利益,是我们衡量实践主体界限的尺度”,②为了保持人类实践活动的合理界限,要按照“人类生存的基本需要高于生物和自然界的利益;生物和自然界的生存高于人类的非基本需要(即过分享受和奢侈的需要)”③的准则来自觉地调节和控制人类的行为。因此,应历史地、具体地区别和确认人类的基本需要和非基本需要,而后依靠伦理观念、道德规范,依靠科学和技术的正确使用,依靠改革不合理的社会制度,建设生态文明,实现可持续发展。

案例

走可持续发展之路④

可持续发展是20世纪80年代提出的一个新概念。1987年世界环境与发展委员会在《我们共同的未来》报告中第一次阐述了可持续发展的概念,得到了国际社会的广泛共识。该报告针对当前人类在经济发展与环境保护方面存在的问题进行了系统的评价,一针见血地指出,过去我们关心的是发展给环境带来的影响,而现在我们则迫切地感到生态的压力,如土壤、水、大气、森林的退化给发展所带来的影响。不久以前我们感到国家之间在经济方面互相联系的重要性,而现在我们则感到国家之间在生态方面互相依赖的紧密性,生态同经济从来没有像现在这样互相紧密地联系在一个互为因果的网络之中。本报告采纳了“可持续发展”的概念并进行推广,对可持续发展提出了这样的定义:可持续发展是指既满足现代人的需求又不损害后代人满足需求的能力。换句话说,就是指经济、社会、资源和环境保护协调发展,它们是一个密不可分的系统,既要达到发展经济的目的,又要保护好人类赖以生存的大气、淡水、海水、土地和森林等自然资源和环境,使子孙后代能够永续发展和安居乐业。1989年5月,联合国环境署第15届理事会经过反复磋商,通过了《关于可持续发展的声明》(简称《声明》)。该《声明》着重指出:“可持续发展意味着应维护、合理使用并提高自然资源的基础;意味着在发展计划和政策中应纳入对环境的关注与考虑”。它表明,可持续发展与环境保护密不可分:人类要想实现可持续发展,就必须维护、改善人类赖以生存与发展的自然环境;同时,环境保护也离不开可持续发展,它们必须协调进行。尽管1987年的《我们共同的未来》提出了“可持续发展”的模式,但它被世界各国广泛接受并成为指导经济社会发展的总体战略,则是在5年之后的联合国环境与发展会议(UNCED,即第二次人类环境会议)前后。1992年,在巴西里约热内卢

---

① 陈昌曙:《哲学视野中的可持续发展》,116页,北京,中国社会科学出版社,2000。
② 陈昌曙:《哲学视野中的可持续发展》,119页,北京,中国社会科学出版社,2000。
③ 陈昌曙:《哲学视野中的可持续发展》,148页,北京,中国社会科学出版社,2000。
④ 秦大河,张刊民,牛之元:《中国人口资源环境与可持续发展》,122-127页,北京,新华出版社,2000。

召开的联合国环境与发展会议上，可持续发展的定义及其战略思想通过《里约宣言》、《21世纪议程》等重要文件，进一步被各国所接受。《我们共同的未来》的发表，表明了世界各国对可持续理论研究的不断深入，而1992年联合国环境与发展会议（里约热内卢会议）通过的《21世纪议程》，更是高度凝聚了当代人对可持续发展理论认识深化的结晶。自1992年联合国环境与发展大会后，我国政府率先组织制定了《中国21世纪议程——中国21世纪人口、环境与发展白皮书》，将其作为指导我国国民经济和社会发展的纲领性文件，开始了我国可持续发展的进程。为了全面推动可持续发展战略的实施，明确21世纪初我国可持续发展的目标、基本原则、重点领域及保障措施，保证我国国民经济和社会发展第三步战略目标的顺利实施，在总结以往成就和经验的基础上，根据新的形势和可持续发展的要求，特制定《中国21世纪初可持续发展行动纲要》（以下简称《纲要》）。《纲要》指出我国将在六个重点领域推进可持续发展。

1. 在经济发展上，按照“在发展中调整，在调整中发展”的动态调整原则，通过调整产业结构、区域结构和城乡结构，积极参与全球经济一体化，全方位逐步推进国民经济体系的战略性调整，初步形成资源消耗低、环境污染少的可持续发展国民经济体系。

2. 在社会发展上，建立完善的人口综合管理与优生优育体系，稳定低生育水平，控制人口质量，提高人口素质。建立与经济发展水平相适应的医疗卫生体系、劳动就业体系和社会保障体系。大幅度提高公共服务水平。建立健全灾害监测预报、应急救助体系，全面提高防灾减灾能力。

3. 在资源优化配置、合理利用与保护上，合理使用、节约和保护资源，提高资源利用率和综合利用水平。建立重要资源安全供应体系和战略资源储备制度，最大限度地保证国民经济建设对资源的需要。为此要优化配置、合理使用、有效保护和安全供给水资源，改善能源结构，提高能源利用率；可持续地利用森林资源、草原资源、海洋资源、气候资源。

4. 在生态保护和建设上，建设科学、完善的生态环境监测、管理体系，形成类型齐全、分布合理、面积适宜的自然保护区，建设沙漠化防治体系，强化重点水土流失区域的治理，改善农业生态环境，加强城市绿地的建设，逐步改善生态环境质量。

5. 在环境保护和污染防治上，实施污染物排放总量控制，开展流域水质污染防治，强化重点城市大气污染防治工作，加强重点海域的环境综合整治。加强环境保护法规建设和监督执法，修改完善环境保护技术标准，大力推进清洁生产和环保产业发展。积极参与区域和全球化合作，在改善我国环境质量的同时，为保护全球环境做出贡献。

6. 在能力建设上，建立完善人口、资源和环境的法律制度，加强执法力度，充分利用各种宣传教育媒体，全面提高全民可持续发展意识，建立可持续发展指标体系与检测评价系统，建立面向政府咨询、社会大众、科学研究的信息共享体系。

案例解析:捕捉知识要点

①本案例叙述了"可持续发展"理念的由来和中国可持续发展战略实施纲要的主要内容。"可持续发展"是世界各国对环境、资源、人口等严重威胁全人类未来的生存和发展的全球性重大问题高度重视而达成的共识。可持续发展是人与自然的协调发展,既要达到发展经济的目的,又要保护好人类赖以生存的生态环境。我国人均资源相对不足,生态环境基础薄弱,选择并实施可持续发展战略是中华民族彻底摆脱贫困、创建高度文明的明智选择。

②"可持续发展"得到世界各国的重视。可持续性之所以重要是由于地球正处于危机之中。如果人类仍以目前的方式和速度来利用资源,地球将无法长久维持下去,人类也将不复存在。"可持续发展"是全人类的长期系统工程,包括经济、社会和生态的可持续发展。经济的可持续发展主要是指满足人类需求能力的提高和物质财富的扩大;社会的可持续发展是指控制人口,实现人的发展以及解决贫富分化问题;生态的可持续发展是指保护生物和维持生态系统的健康发展。进一步明确可持续发展理念的内涵和我国实施可持续发展战略的重要意义。关心"可持续发展"是每个人的事,要树立经济、社会、资源和环境保护协调发展的意识,努力在现实中做保护生态环境的事。

进一步阅读书目

1. 罗尔斯顿. 环境伦理学[M]. 北京:中国社会科学出版社,2000.

本书作者从传统的价值伦理学出发,提出了他的"自然价值论",即自然生态系统拥有内在价值,这种内在价值是客观的,不能还原为人的主观偏好。价值是进化的生态系统内在具有的属性;大自然不仅创造了各种各样的价值,而且创造出了具有评价能力的人。因此,维护和促进具有内在价值的生态系统的完整和稳定,是人所负有的一种客观义务。

2. 陈昌曙. 哲学视野中的可持续发展[M]. 北京:中国社会科学出版社,2000.

本书作者从哲学视野解读了可持续发展理念,并提出了一些自己的看法。在从哲学上辨明是非的基础上,探索和提出解决可持续发展的一些矛盾和困难的设想和对策(哲理性的),认为可持续发展不应当仅是一种理念、提法或口号,应当成为可操作或运作的现实。

思考题

1. 你认为可持续发展的社会应该怎样?

2.《中国21世纪初可持续发展行动纲要》的主要内容是什么?

第二章　马克思主义科学技术观

马克思主义科学技术观是基于马克思、恩格斯的科学技术思想，对科学技术及其发展规律的概括和总结，是马克思主义关于科学技术的本体论和认识论。马克思主义认为科学是一般生产力，技术是现实生产力；科学是认识世界，技术是改造世界。

现代科学和技术形成了既有区别又有联系的体系结构。现代科学的体系结构由学科结构和知识结构组成，现代技术的体系结构由门类结构和形态结构组成。科学发展在纵向上表现为渐进与飞跃的统一，横向上表现为分化与综合的统一，总体趋势上表现为继承与创新的统一。技术发展是多种矛盾共同推动的结果，其中社会需求与技术发展水平之间的矛盾是技术发展的基本动力，技术目的和技术手段之间的矛盾是技术发展的直接动力，科学进步是技术发展的重要推动力。

第一节　马克思、恩格斯的科学技术思想

一、马克思、恩格斯科学技术思想的历史形成

马克思、恩格斯的科学技术思想是历史的产物，其形成与当时的社会条件、思想理论背景和科学技术发展密切相关。

（一）马克思、恩格斯科学技术思想形成的社会条件

马克思（Karl Heinrich Marx，1818 年 5 月 5 日—1883 年 3 月 14 日）所处的时代是西欧各国普遍确立资本主义制度、生产力和资本主义大工业迅速发展的时代，是以纺织机械发明和蒸汽机改进为核心的第一次技术革命向纵深推进、以电力应用和化工技术为核心的第二次技术革命正在孕育的时代。与此同时，以经典物理学为代表的自然科学的众多领域，也进入了全面、快速发展时期。在生产领域，机器大工业逐渐代替了以手工劳动为基础的工场手工业，而机器大工业的发展对科学技术应用于生产活动的要求也愈来愈迫切。对于自然科学的新发现、新学说，技术上的新发明以及生产上的新应用，马克思都十分重视并跟踪研究。“没有一个人能像马克思那样，对任何领域的每个科学成就，不管它是否已实际应用，都感到真正的喜悦。他把科学首先看成是历史的有力的杠杆，看成是最高意义上的革命力量。而且他正是把科学当作这种力量来加以利用，在他看来，他所掌握的渊博的知识特别是有关历史的一切领域的知识，用处就在这里。”①纵观马克思的一生，不难看出，火热的现实生活是他进行理论研究与创造的重要源泉。

---

①　马克思，恩格斯：《马克思恩格斯全集》，第 19 卷，372 页，北京，人民出版社，1972。

当年，科学技术的飞速发展及其对社会生产的巨大推动作用，引起了马克思的浓厚兴趣和密切关注。早在19世纪40年代，马克思就开始探究科学技术在社会生产中的地位和作用、科学技术发展与生产发展之间的关系、科学技术及其应用对工人阶级的影响等问题，这些研究为马克思主义学说的创立积累了思想素材。马克思尤其在探究资本主义社会发展规律与无产阶级革命道路、撰写《资本论》的过程中，花费了相当多的心血探究技术问题，留下了丰富的技术思想文献。恩格斯曾指出："马克思研究任何事物时都考察它的历史起源和它的前提。"①

（二）马克思、恩格斯科学技术思想形成的思想理论背景

首先，马克思、恩格斯的科学技术思想是在批判继承德国古典哲学的唯物主义和辩证法的基础上发展起来的。

马克思和恩格斯科学地总结了当时自然科学的最新成就，继承了古希腊自然观中的辩证法观点，克服了机械唯物主义自然观的形而上学性质，批判地吸取了德国古典自然哲学特别是黑格尔的辩证法思想，创立了辩证唯物主义的自然观。德国古典自然哲学最主要的价值，即在于把世界描绘成为一个过程的集合体，而不是单纯事物的集合体，并且明确地提出了矛盾是运动、发展的源泉的思想。马克思和恩格斯在肯定以往自然哲学的历史价值的同时又指出："旧的自然哲学，无论它包含有多少真正好的东西和多少可以结果实的萌芽，是不能满足我们的需要的。"②他们在对以往的自然哲学进行扬弃的过程中，批判地消除其神秘主义的形式，挽救其中有价值的合理思想，从而让自然界的辩证法从它们的全部的单纯性和普遍性上清楚地表述出来。所以恩格斯明确指出："马克思和我，可以说是把自觉的辩证法从德国唯心主义哲学中拯救出来并用于唯物主义的自然观和历史观的唯一的人。"③辩证唯物主义的自然观的创立是哲学史上最伟大的变革之一，为人们观察各种社会问题、社会现象提供了科学的历史观和方法论。

其次，技术史、工艺史和自然科学史的相关研究成果也是马克思、恩格斯科学技术思想产生的重要理论背景。

1850—1858年，马克思除了研究大量的政治经济学著作之外，还详尽地研读了贝克曼、波佩、李比希、约翰逊、莱特麦耶尔、尤尔、拜比吉等人有关科学技术、工艺学和自然科学方面的著作，④这极大地改善了他的知识结构，开阔了他的理论视野，为日后在经济学手稿中分析科学技术与生产力的关系等重要问题，做了思想上和材料上的准备。⑤

---

① 马克思，恩格斯：《马克思恩格斯全集》，第22卷，400页，北京，人民出版社，1965。

② 马克思，恩格斯：《马克思恩格斯选集》，第3卷，350页，北京，人民出版社，1995。

③ 马克思，恩格斯：《马克思恩格斯选集》，第3卷，349页，北京，人民出版社，1995。

④ A. A. 库津：《马克思与技术问题》，载《科学史译丛》，1980(1)。

⑤ 王伯鲁：《马克思技术思想纲要》，7-8页，北京，科学出版社，2009。

(三)马克思、恩格斯科学技术思想形成的科学技术基础

在18世纪和19世纪,天文学、地学、物理学、化学、解剖学、生物学等都有了长足的发展,特别是能量守恒与转化定律、细胞学说和生物进化论三个发现,揭示了自然界的物质统一性以及各种物质形态之间联系和发展的辩证性质,为哲学总结自然现象以及认识它们的一般规律提供了可靠的知识基础,使自然科学的发展进入一个新的时期。两次科技革命也促使人类进入工业文明时代。马克思、恩格斯在总结和概括19世纪科学技术成果的基础上,形成了以辩证唯物主义为理论基础的科学技术思想。

历史地看,马克思非常重视自然科学和技术,并做了长期、系统和深入的研究。

马克思在写作《资本论》的同时,从19世纪50年代中后期到他逝世前的20余年中,一直坚持研究数学。马克思深切地感受到离开必要的数学分析,就无法把经济规律揭示出来,也无法把经济规律表达清楚。他的长达一千多页的数学手稿,便是他多年潜心研究的结晶。他研究了初等数学及其发展史、微积分发展史。通过这些研究,马克思找到了揭示经济规律的数学分析方法,使其政治经济学著作从基本理论到表述方式上都有科学严密性。

马克思在写作《资本论》的过程中,还十分重视技术史的研究。他从1861年8月到1863年7月写的23本笔记中,有两本多是这方面的内容。这就是后来出版的《机器·自然力和科学的应用》一书,这部手稿精辟地论述了科学技术在社会发展史中的作用,深刻地分析了机器的资本主义应用引起资本主义生产方式矛盾尖锐化的问题。

马克思对科学技术进步的关注,对科学技术所具有的力量的认识,是前无古人的。即使在他生命的最后时日,他对电学方面的各种发现依然十分注意。特别是对马赛尔·德普勒(Marcel Deprez,1843—1918年)有关远距离输电技术的发明,表现出极其浓厚的兴趣。直到他去世前不久,还注意到电学方面第一条实验性输电线路的架设。所以,科学学的创始人之一——英国物理学家贝尔纳(J. D. Bernal,1901—1971年)说:马克思比当时的科学家更能理解科学的社会影响。

(四)马克思、恩格斯科学技术思想的历史形成过程,是随着辩证唯物主义和历史唯物主义的创立而逐步发展和完善的

马克思立足于历史唯物主义,从现实生产劳动出发考察社会历史,以实践概念为核心将科学技术与生产劳动、现代工业、资本生产、社会发展等的关系纳入对科学技术进行研究的视阈中,同时也关注了科学技术与资本主义现实社会之间的关系,科学技术在资本主义社会中的作用、发展以及人的解放问题。恩格斯在对自然科学进行研究的基础上,探讨了自然科学和哲学的关系、科学的分类、科学与技术的关系、科学与社会的关系以及自然科学方法论等问题。

二、马克思、恩格斯科学技术思想的基本内容

(一)对科学技术的理解

19世纪,马克思、恩格斯站在辩证唯物主义与历史唯物主义的立场上,对科学进行了宏观的、动态的哲学分析,他们认为,科学建立在实践基础上,是人们批判宗教和唯心主义的精神武器,是人类通过实践对自然的认识与解释,是人类对客观世界规律的理论概括,是社会发展的一般精神产品。①

正如马克思主义有一个孕育、成熟和发展的历程一样,马克思对技术问题的关注和思索,也经历了一个"抽象—具体—再抽象"的过程;与这一过程相对应,马克思的技术观念也经历了"传统技术观念—狭义技术观念—广义技术观念"的变迁。纵观马克思对技术问题的探究历程,其大致也可以划分为三个历史时期。1848年以前,马克思尚未对技术做全面深入的探究,直接采纳了前人对技术的抽象解释,大致停留在传统技术观念阶段。1848—1863年,为了揭示资本增值的秘密,马克思开始花费大量时间研究技术史、机器、劳动、分工等具体技术问题,阅读和研究了大量的工艺学资料,弄清楚了产业技术在生产活动中的地位和作用。这一时期他基本停留在对技术的狭义理解上。1863年以后,在探究资本运动、无产阶级革命等问题的过程中,马克思更注重从社会场景出发讨论技术问题,尤其是揭示社会活动的技术机制。这一时期,他探究技术问题的视野更为开阔,对技术的理解更趋本质,逐步形成了广义技术观念。

不容置疑,在马克思生活的19世纪,不仅技术现象广泛存在,而且技术发展突飞猛进,对社会生活各个层面的影响日趋深刻。马克思早就注意到了这些技术现象,并进行了多层面的具体探究,所不同的只是马克思使用了众多"技术"的下位概念来述说技术现象,即往往在特殊技术系统中言说技术的单元、结构、运行及效果等,而很少采用统一的"技术"范畴进行概括或述说。例如,1853年6月,马克思在《不列颠在印度的统治》一文中就指出:"不列颠侵略者打碎了印度的手纺机,毁掉了它的手纺车。英国起先是把印度的棉织品挤出了欧洲市场,然后是向印度斯坦输入棉花,最后就使这个棉织品的祖国充满了英国的棉织品……然而,曾经以制造业闻名于世的印度城市这样衰落绝不是英国统治的最坏结果。不列颠的蒸汽和不列颠的科学在印度斯坦全境把农业和手工业的结合彻底摧毁了。"这里虽然只字未提"技术"一词,但"棉织品"、"手纺机"、"手纺车"、"蒸汽"、"科学"、"农业和手工业的结合"等词语,都是对技术产品、技术设备或技术流程的直接表述。这就好比是从植物生理角度解剖不同树种,而很少从森林生态角度述说树木生长的一般过程一样。事实上,在马克思的著作中,诸如此类的表述方式不胜枚举。②

从整体上看,马克思认为技术在本质上体现了人对自然的实践关系,"工艺学揭

① 马克思,恩格斯:《马克思恩格斯文集》,第5卷,429页,北京,人民出版社,2009。

② 王伯鲁:《马克思技术思想纲要》,12-13页,北京,科学出版社,2009。

示出了人对自然的能动关系,人的生活的直接生产过程,从而人的社会生活关系和由此产生的精神观念的直接生产过程。”①

(二)科学的分类

科学知识的类型是在社会发展的推动下,科学知识自身内在逻辑结构演化的结果。

在近代自然科学诞生以前的漫长历史时期,自然科学知识、哲学知识以及社会科学知识都是分散零乱的,它们既不成体系,也没有区分的界限。

15 世纪末 16 世纪初,随着资本主义生产方式的兴起,在文艺复兴运动、地理大发现等重大历史事件的推动下,近代自然科学诞生。在这个科学空前繁荣的时代,科学知识大量涌现,一系列知识门类应运而生,先后建立了天文学、数学、力学以及物理学、生物学和化学的基础。由此激发了人们对科学知识进行分类的兴趣。例如,著名的英国思想家弗兰西斯·培根、法国的空想社会主义学者圣西门以及黑格尔等学者都对其进行过研究。

19 世纪以来,近代自然科学进入全面发展阶段,自然科学领域中的一系列重大突破进一步揭示了自然界的普遍联系和发展的图景。恩格斯正是以这样的现实为背景确立了科学的辩证唯物主义的分类原则,并以此为武器批判了形而上学的“形态分类”理论,建立了科学的“解剖分类”理论。客观性原则与发展性原则在恩格斯的分类思想中得到了统一。

恩格斯对自然科学进行了分类。每一门科学都是分析某一个别的运动形式或一系列相互转化的运动形式,因此,科学的分类就是这些运动形式本身依据其内部所固有的次序的分类和排列,而其重要性也正在此。恩格斯将自然科学的研究对象规定为运动着的物体,并将科学分为数学、天文学、物理学、化学、生物学等。恩格斯的分类理论迄今为止仍然是我们研究科学结构与分类的基本指导思想。

20 世纪以来,随着知识总量的急剧增长,自然科学作为知识体系也发生了巨大的变化,其体系结构也变得日益复杂,由原来仅有的基础自然科学,发展为包括基础科学、技术科学、工程科学三大层次的结构体系。②

(三)科学技术与哲学的关系

恩格斯强调科学技术对哲学的推动作用,认为推动哲学家前进的“主要是自然科学和工业的强大而日益迅猛的进步”。③ 科学的发展也受到哲学的制约和影响。科学与哲学在研究对象上具有本质上的共同点和内在的一致性。科学研究作为一种认识活动,必须通过理论思维才能揭示对象的本质和规律,这就自然地与哲学发生了

---

① 马克思,恩格斯:《马克思恩格斯文集》,第 5 卷,429 页,北京,人民出版社,2009。

② 全国工程硕士政治理论课教材编写组:《自然辩证法——在工程中的理论与应用》,18-19 页,北京,清华大学出版社,2008。

③ 马克思,恩格斯:《马克思恩格斯文集》,第 4 卷,280 页,北京,人民出版社,2009。

紧密的联系。

恩格斯在《自然辩证法》一书中详细分析了自然科学与哲学之间的相互依赖关系。他首先指出："自然科学家可以采取他们所愿意采取的那种态度，他们还是得受哲学的支配。问题只在于：他们是愿意受一种坏的时髦哲学的支配呢，还是愿意受一种建立在通晓思维的历史和成就的基础上的理论思维的形式的支配。"①19世纪出现了一股蔑视哲学和辩证法的错误的思想潮流，他们中有德国庸俗唯物主义的代表卡·福格特、路·毕希纳和实证论创始人奥·孔德，恩格斯批判了这种反哲学的思潮，并且通过对华莱士、克鲁克斯等人陷入唯灵论的批判指出："人们蔑视辩证法事实上是不能不受惩罚的。"根据一个古老的为大家所熟知的辩证法规律，错误的思维贯彻到底，就必然要走到和它的出发点恰恰相反的地方去。于是，对辩证法的经验主义的轻视便受到这样的惩罚：连某些最清醒的经验主义者也陷入最荒唐的迷信中，陷入现代唯灵论中去了。②

其次，恩格斯指出，自然科学家研究哲学会有助于扭转认识和实践之间的脱节，从而提高科学实践的实效。一方面，了解哲学有助于自然科学家认识到构成自然科学理论基础的那些基本原理。恩格斯引用了关于物质不灭和运动的定理在古希腊哲学中就已经存在的观点作为例子。恩格斯写道："在希腊哲学的多种多样的形式中，差不多可以找到以后各种观点的胚胎、萌芽。因此，如果理论自然科学想要追溯自己今天的一般原理发生和发展的历史，就同样不得不回到希腊人那里去。并且这种见解愈来愈为自己开拓道路。"③另一方面，对哲学的无知有时会使自然科学家处于这样的地位，他们只不过是重新发现很久以前业已发现过的真理，有的已经作为假真理而在哲学中被推翻。"在哲学中几百年前就已经提出的，早已在哲学上被废弃了的命题，常常在研究理论的自然科学家那里作为全新的智慧出现，而且在一个时候甚至成为时髦的东西。"科学史上关于"永动机"的研究就是其中一个典型的事例。

在哲学家与自然科学家结成联盟这一点上，恩格斯就是一个典范。他和许多自然科学家建立了深厚的友谊，经常与之通信来探讨哲学和自然科学中的问题。他在写《自然辩证法》时，邀请化学家肖莱马（Carl Schorlemmer，1834—1892年）看该书的构思计划。在恩格斯逝世以后，自然科学发展迎来了更大的变革时期，19世纪末三大发现使得那些没有掌握新的自然观和正确方法论的自然科学家们显得惊慌失措、感到无所适从，纷纷陷入实证主义的泥潭，哲学与自然科学联盟的迫切性摆到了人们面前。自然科学的许多重要成就涉及许多重要的哲学问题，事实上，许多著名的科学家同时又是哲学家，他们对哲学的兴趣不亚于对专业的兴趣。爱因斯坦打破牛顿的绝对时空观创立相对论；维纳、申农从系统全面的观点出发创立控制论、信息论；贝塔

① 恩格斯：《自然辩证法》，68页，北京，人民出版社，1970。
② 恩格斯：《自然辩证法》，62页，北京，人民出版社，1970。
③ 恩格斯：《自然辩证法》，49页，北京，人民出版社，1970。

朗菲创立系统论;普利高津创立"耗散结构"理论与其重视哲学的研究和运用分不开,这些科学理论的创立过程也可被视为一种哲学活动。

恩格斯关于自然科学家与哲学家的联盟的论断在当前对于推动哲学与自然科学的良性互动以及哲学与自然科学原创性成果的大量涌现方面有着深远的理论与实践意义。全部的科学史和哲学史表明,自然科学若没有哲学指导,只能是盲目的行动;哲学若不建立在自然科学基础之上,只能是空洞的哲学。自然科学与哲学结成联盟,水乳交融、携手并进,才能迎来自然科学与哲学的更大繁荣。当代自然科学与哲学的最新发展也出现了科学与哲学的更高层次的融合趋势:科学哲学化、哲学科学化,最终科学哲学一体化,即科学与哲学达到更高层次的融合。这一新的动向与恩格斯的论断是契合的。一方面,科学越发展,科学哲学化趋势越明显,科学将愈来愈渗透着哲学精神、哲学理念。一个科学家能否做出大的科学发现,不仅仅受自身科学知识积累多少的影响,而更主要地取决于他深层次哲学理念的方向和深浅。另一方面,哲学科学化趋势增强,哲学将变为科学的升华。哲学家将更关注科学的前沿,那些带有纯粹思辨色彩的哲学将一去不复返。科学上的重大突破往往会引起哲学观念上的深刻变革。当前我国哲学界与自然科学界很少出现带有原创性的、影响整个人类文明的成果,这与我国哲学与科学长期隔离,没有形成哲学与科学的良性互动机制不无关系。因此,恩格斯这一关于科学界与哲学界的联盟的论断在我国当前更应引起足够的重视!①

(四)科学技术是生产力

马克思提出了科学是生产力的思想。"资本是以生产力的一定的现有的历史发展为前提的,……在这些生产力中也包括科学"。② 马克思认为,社会生产力不仅以物质形态存在,而且以知识形态存在,自然科学就是以知识形态为特征的一般社会生产力。

概括而言,马克思、恩格斯关于科学技术是生产力的思想主要体现在以下几方面。

第一,他们正确揭示了科学的社会属性:科学是一种生产力。当科学以一般知识形态存在,尚未并入生产过程时,它是以知识形态存在的一般社会生产力;而当科学并入生产,即转化为劳动者的劳动技能,物化为具体的劳动工具和劳动对象,通过管理在生产结构中发挥作用时,它就直接进入生产过程,成为社会劳动生产力,即直接生产力。

第二,他们深刻分析了科学在生产力中的主要功能和作用。他们认为,科学作为生产力,是一种革命力量,它具有认识世界、变革自然界和改造社会的功能,对物质生

① 李刚:《恩格斯对科学技术哲学的重大贡献》,载《西南师范大学学报(人文社会科学版)》,2006,32(2),87页。

② 马克思,恩格斯:《马克思恩格斯文集》,第8卷,188页,北京,人民出版社,2009。

产创造、生产关系的变革、社会意识的发展有着巨大的推动作用。"人靠科学和创造天才征服了自然力"。① "现代自然科学和现代工业一起变革了整个自然界,结束了人们对自然界的幼稚态度和其他的幼稚行为"。② 这些论述告诉我们:科学为人类改造自然提供了知识条件、科学方法和重要手段,使人类真正成为自然界的主人。他们对科学是生产力的社会改造功能还作了高度的评价,"机器的发展则是使生产方式和生产关系革命化的因素之一"。"英国工业的这一类革命是现代英国各种关系的基础,是整个社会发展的动力"。③ 他们还认为火药、指南针、印刷术是预告资产阶级社会到来的三大发明,是为"精神发展创造必要前提的最强大的杠杆"。③

第三,他们全面论述了科学是生产力的社会条件。马克思认为,科学是生产力,但是科学"变成直接生产力"要受社会因素以及外部环境条件的制约和影响。"科学,特别是自然科学以及和它有关的其他一切科学的发展,又和物质生产的发展相适应"。④ "如果说,在中世纪的黑夜之后,科学以意想不到的力量一下子重新兴起,并且以神奇的速度发展起来,我们要再次把这个奇迹归功于生产"。⑤ 这说明科学的产生和发展一开始就是由生产决定的。同时,他们又指出:经济上的需要曾经是,而且愈来愈是对自然界的认识进展的主要动力。

第四,他们深刻指出了科学与生产的互动关系以及科学转化为直接生产力的基本途径。科学的产生和发展一开始是由生产决定的,现代科学更需要大工业生产提供强大的物质基础。反过来,科学运用于生产,又使整个生产结构、生产过程、生产经验发生了革命性变化。他们指出,实现科学技术转化为直接生产力主要有三条途径:物的途径、人的途径和科学管理的途径。物的途径就是将自然科学和技术转化为新的劳动工具和劳动对象的"物化"过程。人的途径就是用科学武装劳动者,提高劳动者的文化科学水平。科学管理的途径则是运用科学的管理理论和方法,建立合理的生产结构和生产过程,改善劳动者之间的关系,通过提高管理水平来提高生产力。总之,马克思、恩格斯的科学是生产力思想的确立,是人类对科学和生产力的认识的一次伟大飞跃,具有重大的理论和实践意义。⑥

(五)科学技术的生产动因

马克思认为自然科学本身的发展,"是在资本主义生产的基础上进行的,这种资本主义生产第一次在相当大的程度上为自然科学创造了进行研究、观察、实验的物质

---

① 马克思,恩格斯:《马克思恩格斯全集》,第18卷,342页,北京,人民出版社,1965。

② 马克思,恩格斯:《马克思恩格斯全集》,第7卷,241页,北京,人民出版社,1959。

③ 马克思,恩格斯:《马克思恩格斯全集》,第47卷,427页,北京,人民出版社,1979。

④ 马克思,恩格斯:《马克思恩格斯全集》,第46卷(下册),220页,北京,人民出版社,1980。

⑤ 马克思,恩格斯:《马克思恩格斯全集》,第3卷,523页,北京,人民出版社,1960。

⑥ 潘晔:《马克思主义科学技术是生产力思想的演变和发展》,载《华中农业大学学报(社会科学版)》,2006(2),2页。

手段”。[①] 恩格斯认为近代以来科学“以神奇的速度发展起来,那么,我们要再次把这个奇迹归功于生产”。[②] 生产关系对科学技术的影响主要有如下几点。

第一,生产关系制约着科学技术如何转化为生产力和在多大程度上转化为生产力。科学理论能不能由工艺流程变成直接的生产力,关键不取决于科学理论自身,而主要取决于生产、政治和军事的需要,因而也就受生产关系的制约;

第二,生产关系及社会制度决定着科学技术应用的目的和性质,科技成果被用来促进生产发展还是阻碍生产发展,是推动社会进步还是阻碍社会进步,对人类生存是福还是祸,是不能由科技成果本身决定的,而主要是由生产关系、社会制度决定的;

第三,生产关系及社会制度影响着科学本身的发展速度,这主要是通过科技政策和科技管理来制约科学的发展。[③]

(六)科学技术的社会功能

恩格斯指出:“在马克思看来,科学是一种在历史上起推动作用的、革命的力量。”[④]“他把科学首先看成是一个伟大的历史杠杆,看成是按最明显的字面意义而言的革命力量。”[⑤]科学革命的出现,打破了宗教神学关于自然的观点,自然科学从神学中解放出来,从此快速前进。科学与技术的结合推动了产业革命,产业革命促使市民社会在经济结构和社会生产关系上发生了全面变革。马克思认为,科学技术的发展,首先必然引起生产方式的变革,“随着新生产力的获得,人们改变自己的生产方式,随着生产方式即谋生的方式的改变,人们也就会改变自己的一切社会关系。手推磨产生的是封建主的社会,蒸汽磨产生的是工业资本家的社会”。[⑥]

科学技术的发展,必然引起生产关系本身的变革,因为“随着一旦已经发生的,表现为工艺革命的生产力革命,还实现着生产关系的革命”。[⑦]

要而言之,科学技术的社会功能主要有以下几点。

(1)认识功能

认识功能是科学技术最基本的一项功能,因为科学技术首先是人类用以考察和认识世界的一种方式和手段。其认识功能主要通过以下三方面得以体现。

第一,科学技术通过构建理论和学科体系使人类认识自然的本质和规律。科学技术通过占有大量观察、实验材料和科学抽象,概括整理出以理论形式表现出来的科学原理,揭示并反映了自然界的本质和规律,同时也就使人类对自然界的认识由感性

---

① 马克思,恩格斯:《马克思恩格斯文集》,第 8 卷,359 页,北京,人民出版社,2009。

② 马克思,恩格斯:《马克思恩格斯文集》,第 9 卷,427 页,北京,人民出版社,2009。

③ 陈振明:《评“西方马克思主义”关于科学技术与生产关系相互作用的理论》,载《学术论坛》,1995(5),20 页。

④ 马克思,恩格斯:《马克思恩格斯文集》,第 3 卷,602 页,北京,人民出版社,2009。

⑤ 马克思,恩格斯:《马克思恩格斯文集》,第 25 卷,592 页,北京,人民出版社,2009。

⑥ 马克思,恩格斯:《马克思恩格斯文集》,第 1 卷,602 页,北京,人民出版社,2009。

⑦ 马克思,恩格斯:《马克思恩格斯文集》,第 8 卷,341 页,北京,人民出版社,2009。

层次上升到了理性层次，并不断推动人类认识的快速发展。

第二，科学技术提高了人类的预见和预测能力。因为知识的累积、理论体系的形成使人类逐步把握了事物发展的基本规律，从而能够开阔视野并依据已有的知识通过分析、推理、判断对事物的发展趋向做出预测和预见，提高了人类探索未知世界的能力。

第三，科学技术的发展改进了人类的认识和思考方式。科学技术的发展及其作用的发挥不仅揭示了自然规律，而且揭示了思维规律，从而改变了人们认识和思考世界的基本方式，提高了认识和思考问题的效率。同时，科学技术的高度发展还创造出了新的思维工具和新的思维方式，例如机器思维等，改变了思维内容，大大延长了人类的思维器官，提高了人类的思维能力，推进了人类对世界的认识。

(2)生产力功能

人类对科学技术的生产力功能的认识经历了三个阶段：第一阶段是英国哲学家培根提出“知识就是力量”，其中“知识”主要是科学，反映了人类已经看到了科学技术的重要作用；第二阶段是马克思提出“科学技术是生产力”，是人类历史上“最高意义”的革命力量，反映了人类已经看到了科学技术在人类历史进程中所发挥的作用的根本性和深刻性；第三阶段是邓小平提出“科学技术是第一生产力”，反映了人类已经认识到科学技术在人类历史进程中由基础作用上升为主导作用，正在变成影响社会进步的核心领域。与这些科学论断相对应的是科学技术正在全方位地进入人类生活的各个领域，它对生产活动的介入越来越直接，作用越来越大，而且对原有的生产力要素及其结构都有了革命性的改造，创造出前所未有的极大丰富的物质财富。正是在这个意义上说，科学技术的实力成为一个国家综合国力的内在标志之一。

(3)社会变革功能

科学技术的社会变革功能主要通过下述途径得以实现。

第一，通过推进生产力的发展，为社会变革提供物质基础和手段，特别是生产效率的提高、物质财富的累积、技术手段的更新，为社会的全面变革提供源源不断的动力。

第二，通过提高劳动者素质、调整产业结构、变革生产关系实现社会变革功能。在人类历史上劳动力结构曾经发生过三次大的变革：第一次是从事农业劳动的人数超过从事畜牧业劳动的人数，第二次是工业劳动人数超过农业劳动人数，第三次是从事非物质生产的劳动人数超过直接从事物质生产的劳动人数。特别是第三次变革以劳动者素质提高为前提，通过产业调整和降低劳动强度，改革了旧的生产关系，并且随着社会主义制度的出现，努力建设人与人之间平等的新型社会关系。

第三，通过与先进社会意识的结合来变革上层建筑。科学技术是历史前进的大杠杆，是社会革命的催化剂，它与先进社会意识是天然的盟友，共同肩负着变革旧的上层建筑的使命。首先，它通过充当政治斗争的思想工具，加速旧的政治制度的灭亡和新的政治制度的诞生；其次，它通过改进军事手段、物化为武器装备来改变阶段力量对比,加速新的社会政治制度的建立与发展;再次,它通过自身的发展和感召力来增强信心、壮大国威、振奋民族精神、扩大政治影响。正因为如此,一些国家才极力通过夺取和占领科学技术的前沿阵地来巩固自己的上层建筑。

第四,通过改进生活基础来变革人类的进化方式。首先,科学技术通过丰富物质生活产品、巩固生活基础来转移和提高人类的生活目标;其次,科学技术通过扩展人类的生活范围来增加人类的深层交往,开阔人类的视野;再次,科学技术通过提供更多的闲暇时间和规范来推动一种新境界的文化生存和生活,从而培养全面发展的新人,推动社会的精神文明建设,不断使人类社会向更加文明健康的状态迈进。

总而言之,科学技术不仅能认识世界,而且能改造世界;不仅能改造自然界,而且能变革社会。①

(七)科学技术与社会制度

社会制度是指在一定的历史条件下形成的人们的社会关系和社会行为的相对稳定的规范体系。

首先,马克思、恩格斯揭示了新兴资产阶级与自然科学的关系。马克思指出:"只有资本主义生产才把物质生产过程变成科学在生产中的应用——被运用于实践的科学。"②其次,马克思、恩格斯揭示了资本主义制度下劳动者与科学技术的关系。"科学根本不费资本家'分文',但这丝毫不妨碍他们去利用科学。资本像吞并他人的劳动一样,吞并'他人的'科学。"③再次,马克思、恩格斯预见了只有在劳动共和国,科学才能起到它真正的作用。马克思、恩格斯认为,科学家需要依靠历史的产物和群众的智慧。马克思指出,正是17世纪机器的应用,"为当时的大数学家们创立现代力学提供了实际的支点和刺激"。④ "18世纪的任何发明,很少是属于某一个人的"。⑤

马克思、恩格斯也肯定了科学家个人在科学发展史上的重要作用。

(八)技术异化

技术异化是指人类创造的技术脱离人们的控制,这些技术在帮助人类获得其正面价值的同时也附带着形成了对人类不利的负面价值,导致技术变成一种异己的反作用力。亦即,对象是主体创造的,对象又反过来影响主体,危害主体。⑥

马克思的技术异化思想是技术自主论的一个重要思想来源。尽管不能把马克思简单地归为技术自主论者,但是无论是法兰克福学派,还是埃吕尔与温纳等学者,都从马克思那里获得了有益的启示。与以往的哲学家不同,马克思不是仅仅停留在思

---

① 彭劲松:《现代科学技术的社会功能剖析》,载《现代经济信息》,2011(4),3页。
② 马克思,恩格斯:《马克思恩格斯文集》,第8卷,363页,北京,人民出版社,2009。
③ 马克思,恩格斯:《马克思恩格斯文集》,第5卷,444页,北京,人民出版社,2009。
④ 马克思,恩格斯:《马克思恩格斯文集》,第5卷,404页,北京,人民出版社,2009。
⑤ 马克思,恩格斯:《马克思恩格斯文集》,第5卷,428-429页,北京,人民出版社,2009。
⑥ 武晓平:《技术异化的表现及其根源探析》,载《现代交际》,2012(7),99页。

维领域，抽象地谈论异化问题，而是"从现实个人的现实异化和这种异化的经验条件"出发，①运用辩证思维方法探讨具体的异化问题。②

虽然在马克思的技术思想中，并没有直接论及技术异化问题，有关技术异化的思想多是潜在地包含于其劳动异化理论之中。马克思深入考察了资本主义条件下由于产业技术的发展以及资本主义统治与剥削造成的技术异化现象。马克思着重分析了资本主义条件下，技术异化对自然、社会，特别是人类自身所造成的影响。他曾说道："在我们这个时代，每一种事物好像都包含有自己的反面。我们看到，机器具有减少人类劳动和使劳动更有成效的神奇力量，然而却引起了饥饿和过度的疲劳。财富的新源泉由于某种奇怪的、不可思议的魔力而变成贫困的源泉。技术的胜利，似乎是以道德的败坏为代价换来的。随着人类愈益控制自然，个人却似乎愈益成为别人的奴隶或自身的卑劣行为的奴隶。甚至科学的纯洁光辉仿佛也只能在愚昧无知的黑暗背景上闪耀。我们的一切发现和进步，似乎结果是使物质力量成为有智慧的生命，而人的生命则化为愚钝的物质力量。"马克思、恩格斯的科学技术思想，不仅是对马克思主义理论的丰富和发展，更有助于指导我们正确分析科学技术及其发展的理论和现实问题。

要控制技术异化，在技术的创造与应用过程中必须坚持以下原则。

第一，坚持以人为本的原则。在技术的创造与应用过程中，人才是技术活动自始至终的目的。"是人，而不是技术，必须成为价值的最终根源；是人的最优发展而不是生产的最大化，成为所有计划的标准。"③

第二，坚持趋利避害的原则。尽管技术的自然属性决定了技术异化不可避免，但由技术异化所造成的危害在程度上有大小之别。有的技术异化对自然的破坏在自然界自我调节的阈限内，而有的技术异化不仅对自然、社会及人类自身造成破坏，甚至可能给人类带来灾难。因此，在技术的创造与应用过程中，必须权衡利弊、趋利避害，尽一切可能发展有益于人的技术。

第三，坚持前瞻性原则。与动物消极被动地顺应自然不同，人类能够能动地、有目的地以技术为手段改造自然。但由于人的认识具有相对滞后性，因而无法准确地预知技术应用的后果。正如恩格斯所言："从历史的观点来看，这件事也许有某种意义：我们只能在我们时代的条件下去认识，而且这些条件达到什么程度，我们才能认识到什么程度。"④因此，技术主体在设计新技术前，必须秉着"着眼于未来"的前瞻性原则，对新技术应用可能带来的后果进行严格的评估，并从多层次、多视角出发制

---

① 马克思，恩格斯：《马克思恩格斯全集》，第3卷，317页，北京，人民出版社，1960。

② 王伯鲁：《马克思技术思想纲要》，288-292页，北京，科学出版社，2009。

③ Fromm Erich：《The Revolution of Hope：Toward a Humanized Technology》，96，New York，Harper & Row，1968。

④ 马克思，恩格斯：《马克思恩格斯选集》，第4卷，337页，北京，人民出版社，1995。

定多种措施来预防技术异化。①

第二节 科学技术的本质与结构

一、科学技术的本质特征

(一)科学的本质特征

1. 马克思、恩格斯关于科学本质特征的分析

马克思、恩格斯认为,科学在本质上体现了"人对自然界的理论关系",②是一般生产力。

第一,马克思提出科学"是真正实证的科学",是"真正的知识","科学就在于把理性方法运用于感性材料。归纳、分析、比较、观察和实验是理性方法的主要条件"。③

第二,感性是一切科学的基础。"科学只有从感性意识和感性需要这两种形式的感性出发,因而,科学只有从自然界出发,才是现实的科学"。④

第三,科学是"一种在历史上起推动作用的、革命的力量"。⑤ 科学是属于精神生产领域的活动,是一般生产力。

马克思指出,科学同技术一样,已经成为一种生产力。随着现代工业将自然力和自然科学并入生产过程,大大提高了劳动生产率。而随着现代工业的发展,"现实财富的创造较少地取决于劳动时间和已耗费的劳动量,较多地取决于在劳动时间内所运用的动因的力量,而这种动因自身——它们的巨大效率——又和生产它们所耗费的直接劳动时间不成比例,相反地取决于一般的科学水平和技术进步,或者说取决于科学在生产上的应用。"由此形成了"科学技术是生产力"的著名论断。

第四,科学是一种特殊的社会意识形式。科学是对客观世界的反映,但它和资本结合起来,就成为资本家统治的工具而"迫使反叛的工人就范"。⑥

2. 国外学者对科学本质特征的研究

一些西方马克思主义者认为科学技术成为意识形态,成为统治社会的决定力量。西方科学哲学对"科学是什么"的思考经过了从实证主义到逻辑实证主义再到证伪主义、精致证伪主义、历史主义、无政府主义等的演变历程,牛顿、爱因斯坦等科学家也在科学研究的过程中提出了对科学的理解。我们以牛顿和爱因斯坦对科学的理

---

① 高盼,张杰:《论技术的二重属性与技术异化》,载《重庆科技学院学报(社会科学版)》,2012(19),98页。

② 马克思,恩格斯:《马克思恩格斯文集》,第1卷,350页,北京,人民出版社,2009。

③ 马克思,恩格斯:《马克思恩格斯文集》,第1卷,331页,北京,人民出版社,2009。

④ 马克思,恩格斯:《马克思恩格斯文集》,第1卷,194页,北京,人民出版社,2009。

⑤ 马克思,恩格斯:《马克思恩格斯文集》,第3卷,602页,北京,人民出版社,2009。

⑥ 马克思,恩格斯:《马克思恩格斯文集》,第8卷,302页,北京,人民出版社,2009。

解为例。

牛顿(Sir Isaac Newton,1643 年 1 月 4 日—1727 年 3 月 31 日)针对笛卡尔的观点——科学是一种演绎命题的等级体系,并强调数学方法在科学认识中的作用,提出科学认识的归纳 - 演绎程序模式,并论述了他的两种科学程序理论,即分析和综合方法与公理方法。

牛顿在科学研究中坚持以经验为基础,他认为在没有从观察和实验中发现引力之原因时,决不杜撰假设。

牛顿所遵循的认识途径是从实验观察到的运动现象去探讨力的规律,然后用这些规律去解释自然现象。正如他在《自然哲学的数学原理》一书的前言中所写的那样:"我奉献这一作品,作为哲学的数学原理,因为哲学的全部责任似乎在于从运动的现象去研究自然界中的力,然后从这些力去说明其他自然现象。"爱因斯坦对牛顿的科学认识道路给予了高度的评价。他在《自述》一文中写道:"你(指牛顿)所发现的道路,在你那个时代,是一位具有最高思维能力和创造力的人所能发现的唯一的道路。"

在爱因斯坦(Albert Einstein,1879 年 3 月 14 日—1955 年 4 月 18 日)看来,要人们对什么是科学得出一致的理解,实际上并不困难。他认为:"科学就是一种历史悠久的努力,力图用系统的思维,把这个世界中可感知的现象尽可能彻底地联系起来。说得大胆一点,它是这样一种企图:要通过构思过程,后验(Posterior)地来重建存在。"①他还认为:"科学并不就是一些定律的汇集,也不是许多各不相关的事实的目录。它是人类头脑用其自由发明出来的观念和概念所作的创造。"②他甚至直截了当地把科学定义为"寻求我们感觉经验之间规律性关系的有条理的思想"。③ 显而易见,爱因斯坦关于科学的概念是指认识过程和认识结果的统一体,而没有偏执于一端。而且,他既反对把科学视为对事实材料进行归纳、整理的纯粹经验主义之科学观,也反对把数学知识视为一切知识的原型,从而使理性成为关于世界、至少是关于世界中基本事物的知识的源泉之唯理主义的科学观。他在对立的两极之间保持了必要的张力。

关于科学的本性,爱因斯坦有一段原则性的论述:"科学作为一种现存的和完成的东西,是人们所知道的最客观的,同人无关的东西。但是,科学作为一种尚在制定中的东西,作为一种被追求的目的,却同人类其他一切事业一样,是主观的,受心理状态制约的。"④因此,当一个人在讲科学问题时,"我"这个渺小的字眼在他的解释中应当没有地位。但是,当他讲科学的目的或目标时,他就应该允许讲到他自己。因为

---

① 爱因斯坦:《爱因斯坦文集》,第 3 卷,181 页,许良英,等,编译,北京,商务印书馆,1979。
② 爱因斯坦:《爱因斯坦文集》,第 1 卷,377 页,许良英,等,编译,北京,商务印书馆,1979。
③ 爱因斯坦:《爱因斯坦文集》,第 3 卷,253 页,许良英,等,编译,北京,商务印书馆,1979。
④ 爱因斯坦:《爱因斯坦文集》,第 1 卷,298 页,许良英,等,编译,北京,商务印书馆,1979。

一个人所经验到的没有比他自己的目标和愿望更直接的了。爱因斯坦承认科学的客观性。①

3. 对科学的本质特征的理解

(1)科学的含义

"科学",作为一个概念,最早产生于近代的欧洲,是从中世纪宗教神学中独立出来并从古代思辨哲学中分化出来的。其拉丁文表述是"scintia"。英文、德文、法文的"科学"也都从拉丁文衍生而来。中国古代《中庸》中用"格物致知"表述实践出真知的概念,日本转译为"致知学"。明治维新时期,日本著名科学启蒙大师、教育家福泽瑜吉鸿将"science"译成"科学",在日本广泛应用。1893 年,康有为引进并使用"科学"二字。1897 年严复在翻译《天演论》等科学著作时,也用"科学"二字。此后,"科学"二字渐渐在中国的书报杂志上流行开来。

马克思主义认为,科学(主要指狭义科学)是在人类探索自然实践活动基础上的理论化、系统化的知识体系,科学知识是人在与自然接触的过程中获得的对自然的认识。科学是以范畴、定理、定律形式反映现实世界多种现象的本质和运动规律的知识体系。因此,科学具有理性和可证实性的特征。

以贝尔纳为代表的西方科学家认为,科学在不同时期、不同场合有不同的意义,同时由于它本身是在不断发展的,人们对它的认识也是不断深化的,在这种情况下,给科学下一个永恒的定义,几乎是不可能的。总体来看,科学是产生知识体系的认识活动,科学的任务就是发现事实,揭示客观事物的规律性,科学是具有探索性、创造性的社会劳动。

科学是一种社会建制,是一项成为现代社会组成部分的社会化事业。早期的科学只是单纯地认识自然,是属于科学家个人的行为。随着近代科学的诞生和科学潜在应用价值的出现,科学开始出现组织化和社会化,企业、集团、国家乃至国际间合作的科学研究逐步增多,科学研究之外的社会因素直接或间接地介入科学研究中来。为了更好地管理和协调科学研究的进行,科学逐步成为一种社会建制,用社会的组织形式来协调科学活动,使科学研究带有明显的社会色彩。

科学是一种文化现象,是人类文化中最基本的组成部分。从人类文明史和科学的发展历史可以看出,科学作为一种特殊的知识生产方式和精神创造方式,是人类文化中最活跃、最重要的组成部分。科学既具有不同于其他文化的性质和价值,同时又扎根于文化之中。

科学在本质上体现了人对自然的理论关系和实践关系,具有客观性和实证性、探索性和创造性、通用性和共享性,现代科学通过技术体现其特征。科学是一般生产力,必须和直接的生产过程相结合才能转化为现实的生产力,现代科学通过技术来体现。

---

① 李醒民:《评爱因斯坦的科学观》,载《自然辩证法研究》,1986,2(4),16-17 页。

(2)科学的本质属性

科学作为一种认识活动,有其特殊的认识手段(科学仪器、实验室设备)和认识方法(观察方法、实验方法、假设-演绎方法);科学作为认识成果,有其特殊的表现形式,即由基本概念、基本定律以及通过演绎推理得出的结论这三部分构成。从认识论和方法论方面来看,科学具有如下的本质属性。①

1)客观真理性

科学知识的客观真理性,在于它本身具有不以人的意志为转移的客观内容。所有的科学知识都坚持用物质世界自身来解释物质世界,不承认任何超自然的、神秘的东西。科学事实、科学定律、科学假说、科学理论无一例外都是以科学实践为基础,要经受科学实践的反复检验。内容上的客观真理性,是科学知识最根本的属性。

2)可检验性

科学的结论不是笼统的、有歧义的一般性论述,而是确定的、具体的命题,它们在可控条件下可以重复接受实验的检验。可检验性要求对科学知识所涉及的内容给予明确的解释,并推导出特定的可以检验的论断,还应当预言今后可能得出的实验事实。在解释和预言中,一般都是将理论推导出的数据与实验得到的结果相比较,这就是所谓的实验检验,即科学的可检验性。如果理论经受不住实验检验,就将被修正或淘汰。

辩证唯物主义认为,科学实践既是检验科学知识的真理性标准,又是推动人类认识发展的动力。对科学来说,任何正确的思想,都必定有检验它的方法。如果一种"科学知识"不但无法在技术上接受实验的检验,而且在原则上也不可能被检验,那么它就没有资格跻身于科学的行列。科学的真理性,正是由它所具备的可检验性加以保证的。

3)系统性

科学的系统性,表现为科学知识是有结构的体系。其一,科学是组织起来的系统化的知识,它将客观知识采用概念、判断、推论等思维形式准确表达出来,构成了有机的严密的逻辑系统。特别是重大的科学理论,体现着历史和逻辑相统一的原则。其二,科学知识作为人类的认识成果,既有经验知识,又有理论知识。二者既有区别又有联系,相互依存、相互制约而成为统一的整体。科学力求做到全面地反映客观事物,把握事物的一切方面,这一点虽然不能完全做到,但必须有全面性、系统性的要求,以防止片面和僵化。零散的知识堆积在一起不能成为科学。

4)主体际性

科学知识作为社会意识形式,应当被不同认识主体所理解,接受不同认识主体用实验进行重复检验,并在他们之间畅通地进行讨论、交流,这就是主体际性。科学活动要求科学家将他们的理论向所有同行做出确切的说明,并用公认的方法与手段验

① 教育部社会科学研究与思想政治工作司:《自然辩证法概论》,94-95页,北京,高等教育出版社,2004。

证理论成果,也就是说科学活动应处于同行专家的严格监督之下,这是科学真理获得社会承认的必要条件。但是应该指出,有主体际性的不一定是科学的知识。

(二)技术的本质特征

在西文中,“技术”一词最早源于古希腊语 techne,原意是指技能、技巧和能力等。在我国古代,技术泛指“百工”。春秋末期齐人所著的《考工记》中讲道:“天有时,地有气,材有美,工有巧,合此四者然后可以为良”。“天有时”指天有季节、气候、时令的变化;“地有气”是指地理条件有不同,自然规律有差异;“材有美”是指材料有其自身材质的美;“工有巧”是指人有创造能力和工艺技巧。即顺应天时、适应地气、巧用材料、适宜工艺,四者有机地结合,可以产生好的设计物品。“天时”、“地气”是指自然界的客观条件,“材美”、“工巧”则是强调主体方面的主观因素。它指出了天时、地气、材美、工巧是设计优秀物品的四个要素,这是一种系统论的造物观,是一种“大”的设计思想、“和”的设计观念,一种“尚法天地,天人合一”的设计观。

到了近代,随着自然科学的显著进步,技术对自然科学论的应用导致了技术的理论化趋向,产生了技术科学,从而使得在技术的构成要素中,科学、知识开始占据越来越重要的地位。这时,“技术”一词也从最初的 techne 转变成 technology,其后缀 ology 有“学问”、“学说”之意。在这里,技术在一定的意义上指所谓的工艺学,甚至出现了后来的所谓的技术是科学的应用的说法。①

1. 马克思、恩格斯关于技术本质特征的分析

马克思主义首先从人类最基本的实践活动即物质生产劳动出发把握技术的本质,认为技术是在劳动过程中产生、发展起来的,劳动的进化史就是技术的进化史。而劳动,“首先是人和自然之间的过程,是人以自身的活动来引起、调整和控制人和自然之间的物质变换的过程”。② 人们进行物质生产劳动时并不是直接作用于自然界,而是通过劳动资料即技术手段的中介作用,把人的活动传导到劳动对象上去。因此,人的劳动过程,实际上是借助包括劳动手段、工具及技能、方法在内的技术,来引起、调整和控制人与自然的物质交换过程,其构成要素是有目的的活动或劳动本身、劳动对象和劳动资料,其中劳动资料包括机器、器具、工具、厂房、建筑物、交通运输线等,它们是物化的智力。

这样,可以把技术定义为人类为满足自身的需要,在实践活动中根据实践经验或科学原理所创造或发明的各种手段和方式方法的总和,它体现在两个方面:一是技术活动;二是技术成果,包括技术理论、技术工艺与技术产品(物质设备)。技术在本质上“揭示出人对自然的能动关系,人的生活的直接生产过程以及人的社会生活条件和由此产生的精神观念的直接生产过程”,③体现了人对自然的实践关系,是人的本

① 曾国屏,高亮华,刘立,等:《当代自然辩证法教程》,240 页,北京,清华大学出版社,2005。

② 马克思,恩格斯:《马克思恩格斯全集》,第 23 卷,201-202 页,北京,人民出版社,1972。

③ 马克思,恩格斯:《马克思恩格斯全集》,第 23 卷,410 页,北京,人民出版社,1972。

质力量的展现，属于直接生产力。① 这是因为：第一，劳动资料延长了人的“自然的肢体”；②第二，工艺学在本质上“揭示出人对自然的能动关系”；③第三，技术的发展引起生产关系的变革。

2. 马克思主义经典作家关于技术本质的基本论述

马克思主义认为，技术是人类为满足自身的需要，在实践活动中根据实践经验或科学原理所创造发明的各种手段和方式方法的总和。技术主要体现在以下两个方面。一是技术活动，狭义的技术是指人类在利用自然、改造自然的劳动过程中所掌握的方法和手段；广义的技术是指人类改造自然、改造社会和改造人类自身的方法和手段。二是技术成果，包括技术理论、技能技巧、技术工艺与技术产品（物质设备）。

马克思从人类最基本的实践活动即物质生产劳动出发来把握技术的本质。他认为技术起源于劳动，劳动的进化史就是技术的进化史。人们进行物质生产劳动时并不是直接作用于自然界，而是通过劳动资料即技术手段的中介作用，把人的活动传导到劳动对象上去。因此，人的劳动过程，实际上是借助包括劳动手段、工具及其技能、方法在内的技术，来引起、调整和控制人与自然的物质交换过程。因此，技术在本质上“揭示出人对自然的能动关系，人的生活的直接生产过程以及人的社会生活条件和由此产生的精神观念的直接生产过程”，④体现了人对自然的实践关系，是一个表现人对自然能动作用的关系范畴。

3. 国外学者对技术本质特征的其他研究

欧美技术哲学存在工程学的和人文主义的两种技术研究路径；日本的技术论在技术的本质问题上形成了“方法技能说”、“劳动手段说”、“知识应用说”等观点。这些观点各有特色，但大都表现出对技术理解的单一性。下文主要介绍一下劳动手段说。

在苏联时期，学者们主要从工程学的角度研究技术，技术被视为劳动手段。该观点在前苏联时期最具代表性，其主要代表人物有：兹沃雷金、舒哈尔金和德尔雅赫洛夫等人。1952 年，兹沃雷金最早提出了这种观点，并被梅列先科所证实，他指出：“在苏联文献（这里可以说也包括国外马克思主义研究者的著作）中，往往从发挥职能的角度把技术解释为社会生产劳动手段的总和。兹沃雷金写道：‘可以将技术定义为在社会生产体系中不断发展的劳动手段’。”德尔雅赫洛夫也表达了类似的观点，他认为“在劳动中有三个成分：人，劳动手段（技术）和劳动对象。可见，他把劳动手段同技术等同起来。其实，类似的技术定义被大量苏联技术史家和社会学家所坚持，它的拥护者还包括苏联科学院自然科学和技术史所的全体作者以及著名的社会学家奥

---

① 教育部社会科学研究与思想政治工作司：《自然辩证法概论》，184 页，北京，高等教育出版社，2004。

② 马克思，恩格斯：《马克思恩格斯文集》，第 5 卷，209 页，北京，人民出版社，2009。

③ 马克思，恩格斯：《马克思恩格斯文集》，第 5 卷，429 页，北京，人民出版社，2009。

④ 马克思：《资本论》，见《马克思恩格斯全集》，第 23 卷，410 页，北京，人民出版社，1972。

西波夫等人。其中,德尔雅赫洛夫对技术的本质作了较为详尽的阐释。他写道:"我们试图形成一系列最普遍的特征,这些特征在建立于技术的历史发展逻辑、技术在劳动过程中的基本作用以及技术在社会发展和人自身发展中的地位的基础上的同时,帮助我们进一步揭示技术概念。①技术是控制和改造自然的、有针对性的劳动活动的中间环节,是在决定着人类社会进步的人和自然的物质交换过程中,人的天然器官不够完善、存在着不足和局限性与对历史进步的范围和程度的不断增长的客观需求之间发展着的矛盾得以实现的形式。②技术是被'计算出来的''自然事物',是在人的'人造器官'中将人类在劳动活动过程中所应用的自然过程和自然规律(科学)物质化并以间接方式表现出来的一种形式。③技术充当人自身,人的精神观念、特征、习惯和经验形成的物质基础,而这些精神观念、特征、习惯和经验产生于建立在有意识地应用自然规律和科学的基础上的实践活动过程中,而且这些自然规律和科学会以间接方式在劳动手段、技术和生产工艺过程中表现出来……④技术是'被实体化的劳动',是'被物质化的知识力量',是'人性化的自然事物',并且这些自然事物充当了作为生产主体的人的活动手段与作为生产客体的自然之间相互联系的形式。"可见在德尔雅赫洛夫的技术定义中,技术是一种被实体化、物质化和人性化的并且具有中介性、人造性和物质性的劳动手段。上述观点被统称为"劳动手段说"。①

4. 对技术本质特征的理解

技术作为人类借以改造与控制自然以满足其生存与发展需要的包括物质装置、技艺与知识在内的操作体系。技术在本质上体现了人对自然的实践关系,是人的本质力量的展现,属于直接生产力,是自然性与社会性、工具性与价值负载性、有益性与有害性、物质性与精神性、主体性与客体性、自主性与社会建构性的统一。

(1)技术的自然性与社会性

技术的自然性首先是指人们在运用技术变革和利用自然的过程中,必须顺应自然规律,违背自然规律的技术是不存在的。其次技术的自然性还体现在任何技术都具有自然性。从石器、铜器到铁器,从简单的工具到用人手开动的复合工具再到现代电子计算机和自动控制的庞大技术体系,都具有自然的属性,都需要自然物质基础,归根结底是大自然所提供、所馈赠的物品。而且,技术活动很大程度上是一个自然过程,这种自然过程表现了自然的必然性。例如煤的燃烧产生热能,热能可以转变为机械能和电能,这其间虽有人参与,但它们都是自然过程。

技术的社会性是指技术作为变革自然、调控社会的手段,必然要受到社会各种因素的影响,受到社会规律的支配。首先,人类创造和利用技术具有鲜明的、现实的社会目的性。其次,技术的发展过程和技术的社会应用受到诸多社会因素的制约。

技术的自然性和社会性是技术本身所固有的、不可分割的属性。一方面,自然界无法自然而然地演化出各种技术。正如马克思所言:自然界没有制造出任何机器、机

---

① 白夜昕,陈凡:《论前苏联——俄罗斯技术观的历史演变》,载《理论探讨》,2006(2),57-58页。

车、铁路、电报、走锭精纺机等,它们是人类的手创造出来的人类头脑的器官,是物化的知识力量。① 另一方面,仅凭主观臆断,纯粹靠意识去发展技术,必将陷入形而上学的困境。因此,技术活动过程不仅体现着客观自然规律,而且体现着人的主观目的。换言之,任何技术活动都必须以合规律性与合目的性的统一为前提。②

(2)技术的工具性与价值负载性

技术的工具性是指技术作为一种工具体系,可以作为达到人类目的的手段。对技术的工具性的强调,导致一种技术中性论的观点,认为技术简单地不过是一种达到目的的手段或工具体系,每一种技术都被用来解决特殊的问题或服务于人类特定的目的,并进而认为技术是中性的,只是那些创造和使用技术的人使得技术成为一种善的或恶的力量。从技术中性论出发,技术不会产生什么特殊的伦理与政治问题,因为技术仅仅是实现价值的手段,而价值却另有其他的基础。

把技术视为达到某一目的的手段或工具体系,并进而认为技术与伦理、政治无涉的技术中性论虽然符合直观,并反映了一定的事实,但并不全面,技术更具有价值负载性的特性。技术是但不只是一种达到目的的手段或工具体系,它是负载价值的。首先,技术不只是解决问题的手段,而且也是伦理、政治与文化价值的体现。技术不仅体现了技术判断而且也体现了更广泛的社会价值和那些设计和使用它的人的利益。正如斯塔迪梅尔(J. Staudenmaier)所言:"……脱离了它的人类背景,技术就不可能得到完整意义上的理解。人类社会并不是一个装着文化上中性的人造物的包裹。那些设计、接收和维持技术的人的价值与世界观、聪明与愚蠢、倾向与既得利益必将体现在技术的身上。"③的确,技术的起源必须根据它的特定的社会背景来理解。例如,中世纪寺院中机械钟表的发明必须追溯到当时僧侣的有规则的祈祷生活。福特公司对简单便宜的汽车的大规模生产和 IBM 把个人电脑推向市场的背后,也都反映了美国人对个体自由、隐私权与便利的偏爱与选择。④ 其次,技术是一种影响社会价值的实质性力量,这种力量可以冲破以往传统的和现存的制度、体制、文化、人际交往关系和意识形态等体系。这主要表现在如下几个方面。

①技术发展极大地改变了人类的生存状况。人类创造了技术,但同时也为技术所创造。

②随着技术与科学、工业研究和工业利用结合成一个整体,技术与科学已作为第一位的生产力纳入经济与政治系统之中。技术已成为社会财富的源泉。

③技术执行着意识形态的功能。在现代工业社会,技术与科学已经取代传统的

---

① 马克思,恩格斯:《马克思恩格斯全集》,第 46 卷,219 页,北京,人民出版社,1979。

② 高盼,张杰:《论技术的二重属性与技术异化》,载《重庆科技学院学报(社会科学版)》,2012(19),97 页。

③ John M. Staudenmaier:《Technology's Storytellers: Reweaving the Human Fabric》, Cambridge, Mass., MIT Press,1985.

④ 曾国屏,高亮华,刘立,等:《当代自然辩证法教程》,248 页,北京,清华大学出版社,2005。

神话和宗教而成为一种新的意识形态形式，一种使得社会活动赖以合法化的基础。

④技术的发展造成了传统文化与价值的崩溃与断裂。

⑤技术的发展造成了知识与生活世界的分裂。

综上所述，可以通过把技术分解成技术知识、技术方法、技术活动（或技术过程）、技术产品、技术产品的运用这样一些要素来讨论这个问题。作为知识形态的技术，正如纯科学那样，可以被认为是价值中立的。但技术方法、技术活动、技术产品、技术产品的运用却明显渗透着社会的、文化的和伦理的等因素，是价值负荷的。例如，我们可以说原子能技术知识是中性的，它能用于原子弹制造，也能用于核发电，但在制造原子弹的技术方法里，就已经融进了人的价值选择（即他为什么把原子能技术知识用来制造原子弹而不是用来发电），而制造原子弹的活动过程、作为技术产品的原子弹和将原子弹用于杀人的技术产品运用，则显然是负荷价值的，而非中性的。有人认为，技术本身（或者说本质上的技术）是价值中性的，而技术的运用（或称技术后果、技术现象）却是价值负荷的。这似乎是避免争论的一种"中庸"的办法。但是，难道可以将技术与其活动过程以及运用截然分开吗？如果能，那么，离开了其活动过程和运用的技术又能是什么东西？难道它是类似于波普尔"世界3"的观念实在吗？如果技术真的仅是一种知识，那它和科学的界限不就完全消失了吗？事实上，我们必须明确，技术作为整体，正是由知识、方法、活动、产品等不同层面的环节构成。因此，整体地看，技术是一种负荷社会的、文化的、历史的价值因素的一种东西。原子弹即使是束之高阁不用，我们也不能说它在政治上、道德上就是清白的，因为从设想制造它的那一刻起，就将"杀人"这种恶的价值赋予了它。当然，说原子弹是一种"恶"的技术，似乎和说原子弹是一种"恶"的政治一样，只反映了问题的部分实质，但这至少也不足以说明技术就可以对人类由于技术运用而造成的恶果逃避责任。①

(3)技术的有益性与有害性

技术的有益性是指技术给人类带来了利益。如果考察一下现有的技术史和技术发展的未来趋势，那么，技术至少给人类带来了如下几个方面的利益：

①提供了更高的生活标准；

②增加了个体的选择自由；

③通过生产率的提高为人类提供了更多的闲暇时间；

④扩大了人与人之间的交往与联系。

正是这种技术的有益性，带来了一种技术乐观主义的思想。那就是技术是克服自然强加在人类身上的限制的关键，并引领人类走向更美好的未来。技术可能会带来一些问题，但技术的未来发展可以解决这些问题。

然而，技术发展也使人付出了极大的代价。技术具有有害性：首先，技术造成了生态环境的严重破坏；其次，技术发展也阻碍了人的全面发展。技术社会的目标是效

---

① 刘文海：《论技术的本质特征》，载《自然辩证法研究》，1994，10（6），34-35页。

率、秩序与理性。在技术社会这种科层制结构之中，人失去了自主性、个体性与自由。甚至人与人的关系也客观化与物化了。

技术的有害性带来了一种技术悲观主义的思想。那就是技术破坏自然环境、摧毁人类自由、腐蚀社会秩序。技术已经成为一个恶魔。技术发展似乎并不是自动地把人类导向一个幸福的天堂，相反却可能把人类推入一个阴霾的地狱。① 技术悲观主义，不仅仅只有消极、虚无的一面，它还有建设、超越以及奋进的另一面。它对在科技化社会中人性被扭曲、自由丧失的揭示以及对唯理主义盛行而导致人与自然的矛盾加剧的揭示，对当代世界危机状态和人类困境的揭示等，体现出了对文明社会的反思和对人类命运的关注。这种反思与关注体现了忧患意识的精神本质——责任意识。②

(4)技术的物质性与精神性

技术作为"人对自然的活动方式"，在物质生产过程中不仅是改造自然的资料和手段，包含着物质因素，而且还是"运用于实践的科学"，是"怎样生产"的"特殊的方式和方法"或"操作方法的知识"，即实践的知识体系。马克思明确提出，作为活动方式的技术手段，除了物质因素外，还有精神因素，是二者在生产劳动过程中的统一。

正是由于技术同时具有物质因素和精神因素，它才成为物质和精神之间的中介，起到了由物质变精神、由精神变物质的桥梁作用。现代技术的发展越来越显示出，技术不仅延长了人的劳动器官，而且延长了人的感觉器官和思维器官，成为人用以认识客观物质、人自身及其精神活动乃至部分代替人的大脑的智力活动的物质手段。③

(5)技术的主体性与客体性

技术是人对自然的能动过程，人们的知识、技能和经验这些主体要素有重要的作用，即使在现代技术活动中，经验性的技能、诀窍和规则仍然是必要的。然而，仅仅依靠主体的能力和知识还不能实现技术功能，技术还是精神向物质转化、知识向物质手段和实体转化的过程。技术是主体的知识、经验、技能与客体要素(工具、机器设备等)的统一。技术既包括方法、程序、规则等软件，也包括物质手段等硬件，缺少任何一方都不可能产生现实的技术。软件与硬件相互作用和不断更新，使技术不断发展。

(6)技术的自主性与社会建构性

马克思早就论述过技术自主性问题，其思想是现代技术自主论思想的一个重要来源。温纳曾指出："马克思形成了第一个有条理的技术自主的理论。他在《德意志意识形态》中有效地总结了我们认为有问题的那些东西。'社会活动的这种固定化，我们本身的产物聚合为一种统治我们、不受我们控制、使我们的愿望不能实现并使我

① 曾国屏，高亮华，刘立，等：《当代自然辩证法教程》，249-250页，北京，清华大学出版社，2005。

② 谭小琴：《"悲"字源于"忧患"》，载《科学对社会的影响》，2008(2)，64页。

③ 教育部社会科学研究与思想政治工作司：《自然辩证法概论》，187页，北京，高等教育出版社，2004。

们的打算落空的物质力量,这是迄今为止历史发展的主要因素’之一。”①埃吕尔也有过类似的评论,他在论及技术选择的自主性时指出:“如此,我们回到了马克思的旧图式:资本主义的危害预示着它的最终消亡,并伴随着它的解释需要,每一样事情都用它加以条理化,这是技术自主论的观点。这是一种标准的批判主义,它揭示了两点。首先,在论及技术自主论时我们是正确的。如果资本主义的情况确实如描述的那样,那么它必将灭亡,因为技术进步会自动发生作用。方法之间的选择不再按照人们的意图起作用,而是按照没有什么可以阻止的机械程序运作。尽管资本主义各方面都很强大,但它终将被自主的技术所毁灭。其次,对于我们所处时代的人来说,技术自主论是公平和友善的。如果共产主义能成功地使对资本主义的批判成为一块宣传的跳板,这仅仅是因为批判主义是有效的。它之所以是有效的,是因为除技术进步外,任何事情都能够被质疑(首先是上帝)。”②可见,无论是温纳还是埃吕尔,都从广义技术视角解读马克思的技术自主论思想。

马克思的技术自主论思想,是在19世纪资本主义发展的历史场景中展开的,蕴涵于对机器、社会体制等技术形态的具体分析之中。马克思在论述物化劳动的独立性时指出:“在劳动生产力发展的过程中,劳动的物的条件及物化劳动,同活劳动相比必然增长,这其实是一个同义反复的命题,因为,劳动生产力的增长无非是使用较少的直接劳动创造较多的产品,从而社会财富越来越表现为劳动本身创造的劳动条件,这一事实,从资本的观点看来,不是社会活动的一个要素(物化劳动)成为另一个要素(主体的、活的劳动)的越来越庞大的躯体,而是(这对雇佣劳动是重要的)劳动的客观条件对活劳动具有越来越巨大的独立性(这种独立性就通过这些客观条件的规模而表现出来),而社会财富的越来越巨大的部分作为异己的和统治的权力同劳动相对立。”③这就是说,相对于工人的活劳动而言,产业技术体系的自主性趋于增强。

在马克思看来,机器、工艺流程等技术形态是人类智能的物化,是科学的产物,它具有存在的客观性与运作的相对独立性。“在这里,过去劳动(在自动机和由自动机推动的机器上)似乎是独立的、不依赖于(活)劳动的;它不受活劳动支配,而是使(活)劳动受它支配;铁人起来反对有血有肉的人。”④同时,机器被赋予了资本家的意识和意志:“在机器上,劳动资料的运动和活动离开工人而独立了。劳动资料本身成为一种工业上的永动机,如果它不是在自己的助手——人的身上遇到一定的自然界限,即人的身体的虚弱和人的意志,它就会不停顿地进行生产。因此,劳动资料作

---

① Langdon Winner:《Autonomous Technology: Technics-out-of control as a Theme in Political》[M]. Cambridge, mass: MIT Press, 1977, 39. 马克思,恩格斯:《马克思恩格斯选集》,第1卷,85页,第2版,北京,人民出版社,1995。

② Jacques Ellul:《The Technological Society》,82页,New York, Random House Inc.,1964。

③ 马克思,恩格斯:《马克思恩格斯全集》,第46卷(下),360页,北京,人民出版社,1980。

④ 马克思,恩格斯:《马克思恩格斯全集》,第47卷,567页,北京,人民出版社,1979。

为资本(而且作为资本,自动机在资本家身上获得了意识和意志)就具有一种欲望,力图把有反抗性但又有伸缩性的人的自然界限的反抗压到最低限度。"①

其实,马克思对技术自主性的认同并不是绝对不变的,而是相对可变的。技术是自主性与非自主性的统一,既有自主的一面,又有不自主的一面;人可以支配和控制技术,但这种支配和控制又是相对的、有条件的和有限度的。因而它有别于埃吕尔和温纳的技术自主论。应当指出,马克思并没有一般地论述技术自主性问题,更没有明确地提出过技术自主论,这是马克思技术自主论思想的历史局限性。因此,我们既要看到马克思原始质朴的技术自主论思想,但又不能不适当地提升这一思想的理论高度。正如温纳所指出的那样:"我们不应该在把技术自主理论归因于马克思的方向上走得太远。② 尽管马克思提出了发育充分的技术时空概念,但在作为整体的马克思理论体系中论述的内容,技术自主性仅仅是一个更大讨论中的一个插曲而已。"③

技术的社会建构性是指技术是一种由社会建构的产物。的确,社会对技术及其发展有着重要的影响,技术总是居于一定的社会环境和人文环境之中的,会受到社会的影响。这个过程是技术的社会化过程,是技术的社会制约过程,也是技术的社会建构过程。因此,技术的起源也需要从其特定的社会背景来理解。

对技术的这种社会建构性的夸大是各种形式的社会决定论思潮的根源。社会决定论主张技术及其发展完全是由社会决定的。在社会决定论中最引人关注的就是"社会建构论",它主张技术的产生与发展在很大程度上取决于相关社会团体的解释框架,取决于社会对它的选择作用,技术的发展在整体上处于社会的控制之下,技术是社会建构的产物。社会建构论又根据社会对科学技术的建构程度或力度的强弱,分别被划分为强社会建构论和弱社会建构论。④

知识链:有关技术的三个神话⑤

从童年时代开始,我们便一定不曾离开过神话,那从人的心底里、从人的灵魂中自然地涌现出来的故事和诗。那些故事和诗,追寻着爱,揭示着我们的希望与恐惧,充盈着我们对世界的认识和我们所感悟到的真理,体现着我们对于生活应该是怎样以及为什么生活总是不能按照它应该的样子去展开的理解。

那么,当一个光怪陆离的技术世界扰乱着我们的心灵时,那些曾一直陪伴我们的神话所昭示的东西,也许正是我们所竭力寻求的东西。

一、萨姆斯的评判

这是一个转述在柏拉图的《斐德罗篇》中的埃及神话。⑥

---

① 马克思,恩格斯:《马克思恩格斯全集》,第 23 卷,442 页,北京,人民出版社,1972。

② 王伯鲁:《马克思技术思想纲要》,280-283 页,北京,科学出版社,2009。

③ Langdon Winner:《Autonomous Technology: Technics-out-of control as a Theme in Political》,39,Cambridge,mass,MIT Press,1977。

④ 曾国屏,高亮华,刘立,等:《当代自然辩证法教程》,251 页,北京,清华大学出版社,2005。

⑤ 本段摘自高亮华《有关技术的三个神话》,清华大学出版社,作者略有删改。

⑥ 柏拉图:《斐德罗篇》,见《柏拉图全集》,第二集,北京,人民出版社,2003。

据说埃及有个叫瑙克拉提的地方住着一位这个国家的古神，他的徽帜鸟叫作白鹭(古埃及的圣鸟)，他自己的名字是塞乌斯(Theuth)。他首先发明了数字和算术，还有几何与天文，跳棋和骰子也是他首创的，尤其重要的是他发明了文字。

当时统治整个国家的国王是萨姆斯(Thamus)，住在上埃及的一个大城市，希腊人称之为埃及的底比斯，而把萨姆斯称作阿蒙。塞乌斯来到萨姆斯这里，把各种技艺传给他，要他再传给所有埃及人。萨姆斯问这些技艺有什么用，当塞乌斯一样样做解释时，那国王就依据自己的好恶做出评判。

萨姆斯对每一种技艺都有褒有贬，一样样都说出来太冗长，就不说了。不过说到文字的时候，塞乌斯说：大王，这种学问可以使埃及人更加聪明，能改善他们的记忆力。我的这个发明可以作为一种治疗，使他们博闻强识。

但是那位国王回答说：多才多艺的塞乌斯，能发明技艺的是一个人，能权衡使用这种技艺有什么利弊的是另一个人。现在你是文字的父亲，由于溺爱儿子的缘故，你把它的功用完全弄反了！如果有人学了这种技艺，就会在他们的灵魂中播下遗忘，因为他们这样一来就会依赖写下来的东西，不再去努力记忆。他们不再用心回忆，而是借助外在的符号来回想。所以你所发明的这贴药，只能起提醒的作用，不能医治健忘。你给学生们提供的东西不是真正的智慧，因为这样一来，他们借助于文字的帮助，可以无师自通地知道许多事情，但在大部分情况下，他们实际上一无所知。他们的心是装满了，但装的不是智慧，而是智慧的赝品。这些人会给他们的同胞带来麻烦。

(评论：技术批判的两条准则)

在《斐德罗篇》中，这个神话是通过苏格拉底的口讲出来的。这个伟大的哲学家希望通过塞乌斯的隐喻，提供他对文字或书写技术的社会影响的批判。苏格拉底评说道，文字与讲话相比显得没有那么有力，因为文字如果受到曲解和虐待，它总是要它的作者来救援，自己却无力为自己辩护，也无力保卫自己。

显然，苏格拉底可能是第一个技术批判者。更重要的是，他所援引的塞乌斯的隐喻在今天的技术批判的文献中已成为一种象征，似乎可以说，今天的技术批判者都是塞乌斯的追随者。

的确，塞乌斯的隐喻至少提供了技术批判的两条准则：

(1)技术有负面的效用(Technology comes with a hidden cost/or burden)；

(2)那些技术的创造者并不是其价值的最好批判者(Those who create tech are the not best judges of its value)。

在今天的技术时代，无疑有大量的塞乌斯们，他们看到了新技术的可能性与所提供的机会，对未来不怀丝毫的隐忧。而另一方面，也有大量的塞乌斯们，他们议论技术的负面作用。

有人谈到了塞乌斯的错误，但其实问题并不那么简单。那种认为技术只会产生片面效应的观点当然是错误的观点。像埃吕尔(Ellul)等人曾经指出，技术一旦被人接受,就会要求人类适应它的规则。也就是说,每一种技术都是利弊同在的产物,而不可能有非此即彼的结果。因此,塞乌斯们那种简单地认为我们可以在技术上做到趋利避害的想法也是天真的。

二、代达罗斯与伊卡洛斯

这是一个众所周知的古希腊神话故事。

雅典的代达罗斯(Daedulus)是一位伟大的艺术家、建筑师和雕刻家。世界各地的人都十分赞赏他的艺术品,说他的雕像是具有灵魂的创造物。

代达罗斯有个外甥,名叫塔罗斯(Talos)。塔罗斯向代达罗斯学习,他的天分比代达罗斯高,并立志取得更大的成就。还在儿童时代,塔罗斯就以其天才和创造性赢得了很大的声誉。代达罗斯担心他的外甥会超过他,竟阴险地将他从雅典城墙上推了下去,残忍地杀害了他。代达罗斯埋葬尸体的时候被人发现了,他受到了希腊雅典最高法院的传唤和审讯,被判有罪。

但他逃脱了,最后来到克里特岛。他找到国王米诺斯(Minos),并在那里住下来。他成为国王的朋友,被当作有名望的艺术家受到极大的尊重。国王委派代达罗斯建造了一个著名的迷宫,它有错综复杂的过道,会让进去的人都感到晕头转向,迷失方向。米诺斯将王后所生的儿子——可怕的牛头人身的巨怪米诺陶(Minotaur)囚禁在迷宫。

代达罗斯虽然受到赞誉,但因离家日久,总是怀着对家乡的眷恋之情,而且他感觉到国王其实并不信任他,对他缺乏真诚,因此早想设法逃走。久经考虑后,他突然惊悟到:米诺斯虽然可以从陆上和水上封住我的去路,但在空中我是畅通无阻的。他开始收集整理大大小小的羽毛,用蜡与麻绳固定羽毛做成了两副翅膀。

代达罗斯把翅膀缚在身上试了试,他像鸟一样飞了起来,轻轻地升上云天,然后重新降落下来。他又教儿子伊卡洛斯如何操纵它。他叮嘱儿子道,我们就要从克里特逃走,你要当心,必须在半空中飞行。你如果飞得太低,翅膀会碰到海水,沾湿了会变得沉重,你就会掉进大海里;要是飞得太高,太阳的热气会熔化翅膀上的蜡而使羽毛脱落。

两个人鼓起翅膀渐渐地升上了天空。开始时一切都很顺利。不久他们就到达萨马岛上空,随后又飞过了提洛斯和塔罗斯。伊卡洛斯兴高采烈,他感到飞行很轻快,不由得骄傲起来。于是,他操纵着翅膀朝高空飞去,可是惩罚也终于飞来了!太阳强烈的热量使封蜡熔化,用蜡封在一起的羽毛开始松动。伊卡洛斯还没有发现,翅膀已经完全散开,从他的双肩上滚落下去。不幸的孩子只得用两手在空中绝望地划动,一头栽落下去,最后掉在汪洋大海中。

这一切发生得很突然,代达罗斯根本没有觉察到。当他回过头来时,再也看不见他的儿子了……

(评论:危险的知识)

17世纪,曾因《新大西洋岛》而对新技术充满无限希望并为之摇旗呐喊的培根,以这个人所共知的神话表达了他对那种从未有过的新力量的深深疑虑。当培根重温这个古代神话故事时,把它转换成了一个关于技术的双重性质或技术与命运的隐喻性寓言。在他看来,技术在有助于人类社会的物质与文化进步的同时,其所带来的如剧毒、枪支、战争、机械等摧毁性的行业已经远远超过了米诺陶所具有的残酷和野蛮。然而,这种担忧却在工业革命近乎凯旋般的进军面前消弭于无形,以至于长期以来人们视技术为启蒙与进步的同义语。

生活在技术时代的人类显然是代达罗斯的子孙,他们仰赖于历史上"代达罗斯"们所发明的技术系统而生存,甚至飞上蓝天。然而,随着各种技术所带来的问题的丛生与技术的负面效应的日益昭彰,一种培根式的担忧开始扰动大部分代达罗斯子孙们的心灵:我们是否将重蹈伊卡洛斯的命运?

这种担忧实质上表征了我们文化中的一个重要主题,就是"知识的风险"(Knowledge Carries Risks)。知识意味着风险,人类如果滥用他们不能控制的知识与力量,则有可能带来灾难性的后果。无论是古希腊的代达罗斯与伊卡洛斯(甚至包括下面要提到的普罗米修斯或潘多拉的神话),还是圣经的智慧果,或者近代的弗兰克斯坦(Frankenstein)的传说,都表达了"知识的风险"这个文化主题。

然而,如果我们的思维更深刻些,我们似乎更要询问的是,人类现在所面临的困境,只是像神话中伊卡洛斯的命运那样是一个不听从劝告的特殊错误,即一个"知识的风险",还是一个将自己全部交付于追求技术进步的整个文明的结果,即人类作为一种"技术性动物"的命定?

如果是前者,问题的解决要简单得多。我们可以选择不打开潘多拉的盒子,或者就算打开了,我们可以再盖上。选择不打开,就是所谓的预防原则(Precautionary Principle)。而就算打开了,我们可以再盖上,则是卡斯西欧(Jamais Cascio)提出的一种对预防原则的更聪明的替代,其关键是概念的可逆性(Reversibility)。在这里,技术之所以陷人于绝境,只是因为我们滥用了技术。技术是人类的福祉,也是人类建立思想的乌托邦的凭借。技术虽然造成了很多问题,但这些问题并非单纯放弃技术所能解决的,而仍有赖于技术的发展。

而如果是后者,问题就要严重得多。这也正是工业革命以来很多伟大的心灵如卢梭(Rousseau)、埃吕尔、芒福德(Mumford)和海德格尔(Heidegger)所一再告诫的。在他们的观念里,将人类的命运交托于技术无异于自取灭亡。在《美丽新世界》和《1984》等反乌托邦小说中,一些思想家甚至向我们描绘了这种人类自取灭亡的悲惨景象。在这里,技术是一种命定,我们唯有在技术的道路上前行,而不管它所带来的是好还是坏……

三、普罗米修斯

关于普罗米修斯(Prometheus)的传说版本不一,这里仅提供相关传说的三个核心事实。

一是窃取技术与天火。普罗米修斯从神祇那里窃取各种技术,再加上火——因为有火才能使用技术,把它们传给人类。这段传说众所周知,不细说了。

二是对人类的惩罚。人类学会了使用火,宙斯(Zeus)十分恼火,决定要让灾难降临人间。他命令赫淮斯托斯(Hephaestus)制作一个女人,名叫潘多拉(Pandora),意为“被授予一切优点的人”。每个神都对她有所赋予以使她完美。阿佛洛狄德(Aphrodite)送给她美貌,赫尔默斯(Hermes)送给她利嘴灵舌,阿波罗(Apollo)送给她音乐的天赋。宙斯给潘多拉一个密封的盒子,里面装满了祸害、灾难和瘟疫,让她不要打开。宙斯将这位丽人送给普罗米修斯的兄弟爱比米修斯。普罗米修斯深信宙斯对人类不怀好意,告诫他的弟弟不要接受宙斯的赠礼。可他不听劝告,娶了美丽的潘多拉。潘多拉的好奇心让她最终打开了那只密封的盒子,里面的灾害像股黑烟般地飞了出来,但盒子底上深藏着的唯一美好的东西——希望却没有飞出来。从此,各种各样的灾难充满了大地、天空和海洋。

三是对普罗米修斯的惩罚。这是《被缚的普罗米修斯》的主题。宙斯接着向普罗米修斯本人报复了。他将这名仇敌交到赫淮斯托斯所在的高加索山的悬岩上,下临可怕的深渊。宙斯每天派一只恶鹰去啄食被缚的普罗米修斯的肝脏。肝脏被吃掉多少,很快又恢复原状。这位囚徒被判受折磨是永久的,至少也得三万年。尽管他大声悲叫,并且呼唤风儿、河川、大海、万物之母大地以及注视万物的太阳来为他的痛苦作证,但是他的精神却是坚不可摧的。他说,就必须承受命中注定的痛苦。

(评论:隐喻技术的起源与技术的外在性)

现代自然主义、进化论的人类概念是人是制造工具的动物。人首先直立,然后变得有智能。直立状态解放了用于操纵物体的手,从而导致工具的制造,因而是人脑的扩大。因此,现代人在解释人性时,更多地援引普罗米修斯隐喻。但如芒福德(Munford)所说,这种人性的概念对于柏拉图(Plato)来说是陌生的,柏拉图会更愿意去选择俄尔浦斯(Orpheus)隐喻的。俄尔浦斯是传说中的色雷斯诗人和音乐家,曾用美妙的音乐打动冥王,从而救回了自己的妻子。①

芒福德认为,人的本质不是制造,而是发现或解释。人之所以提升为人,是因为他拥有一个比任何后来的装备更重要的,能够服务于所有目的的工具——他自己的心灵激活的身体。他说,“如果过去5 000年的所有机械发明一下子被除去的话,对生活来说将是一个灾难性的损失;但人仍将是人。可是如果有人拿走了解释功能……那么世间的一切将比英国普罗斯帕号卫星的遥测验景象更快地消失,人将陷入比任何动物更加孤立无助和野蛮的状态:接近于瘫痪”。

斯蒂格勒(Stiegler)在引用《普罗泰戈拉篇》版本的普罗米修斯神话后,认为这个神话表征了人是双重过失——遗忘与盗窃的产物。这对于了解技术的起源与技术的

① Lewis Mumford:《Technics an the Nature of Man》,《In Philosophy and Technology》,ed C. by C. Mitcham,17-18,New York,The Free Press,1983.

外在性具有特殊的意义。①

从人的基本生物学特性来说，人是一种“尚未完成的”动物。在人类的进化中，人是未经特化的。人类缺少特定的器官，使他们适应于他们的特定的生活环境。他们缺乏战斗性的器官与保护性的器官。他们的器官配备不能使他们本能地反应他们的生存环境。与人不同的是，动物能够利用它们的器官配备本能地反映它们的生存环境，具有与生俱来的生存能力。因此，作为一个极为脆弱、赤手空拳的物种，人类需要凭借他的智力与思想的力量，创造一个他能够在其中生活的生存环境，改变他原来的境遇来适应他。

盖伦(Gehlen)认为，从人类身体潜力的限度，可以推导出技术的必要性，这是盖伦技术理论的核心。事实上，有很多学者都持有这种观点。如德国技术哲学家卡普早在1887年就提出，工具是人的体外器官，它们是人的自然器官的模仿与延伸。但盖伦进一步发展了这样的观点，提出了技术的三种形式：

(1)增加与延伸人类已有技能与能力的强化技术；

(2)使人类能够完成一些以前靠天然的器官配备所不能完成的操作的代替技术；

(3)减少能量与解放器官的省力技术。

既然技术是人类缺陷的补偿，自然是外在的。技术，意味着人在自身之外。

二、科学技术的体系结构

(一)马克思、恩格斯关于科学技术体系结构的分析

1. 自然科学分类及其原则

恩格斯从运动形式入手，分析了基础的自然科学，即力学、物理学(热学、电学和光学)、化学和生物学，研究了它们之间的相互联系与相互转化，并提出了科学分类的客观性原则和发展性原则。

(1)客观性原则

恩格斯认为，客观世界中各种物质运动形式之间的区别，是划分各门科学的客观依据。恩格斯在他的《自然辩证法》一书中说：“每一门科学都是分析某一个别的运动形式或一系列互相关联和互相转化的运动形式的，因此，科学分类就是这些运动形式本身依据其内部所固有的次序的分类和排列。”这就是说，在进行科学分类时，必须把客观物质世界的各种特殊运动形式加以区别，而这也正是科学分类的最基本的根据。

(2)发展性原则

恩格斯在《自然辩证法》(英文版)中曾举例说，如果把火柴拿到火柴盒的粗糙面上轻轻摩擦，火柴头就会发热，这就是发生了机械运动到物理运动的转化；如果再摩擦得厉害些，火柴就开始着火，即发生了物理运动到化学运动的转化，就是燃烧。关

① 斯蒂格勒：《技术与时间：爱比米修斯的过失》，226页，裴程，译，南京，译林出版社，1999。

于各门科学间的联系，恩格斯说："正如一个运动形式是从另一个运动形式发展出来一样，这些形式的反映，即各种不同的科学也必然是一个从另一个产生出来。"①这就是说，物质世界中各种运动形式是相互关联的，而不是彼此孤立的，是不断地从一种运动形式向着另一种运动形式发展和转化的。

恩格斯所阐明的关于科学分类的这两个基本原则，把各门科学在空间上的排列分布和在时间上的发展变化统一起来了，这样就从科学的整体上把握住了它的本质及其相互关联，坚持了辩证唯物主义，反对了机械唯物论。"恩格斯根据客观性原则和发展性原则，建立了基本运动形式概念，并以此为中心把整个科学连成一体，认为自然界分为机械运动、物理运动、化学运动、生命运动、社会运动五种基本运动形式，其科学类型相应为力学、物理学、化学、生物学、社会科学。"②

2. 自然科学与人文科学的关系

马克思提出了"自然科学往后将包括关于人的科学，正像关于人的科学包括自然科学一样：这将是一门科学"③的命题。自然和社会具有共同的基础即人的感性实践。同时，作为社会生产力现实因素的科学，既包括自然科学，又包括其他的科学。

人文科学有广义和狭义之分，《辞海》中的解释是：人文科学源出拉丁文 Humanitas，意即人性、教养。欧洲在 15 世纪和 16 世纪时开始使用这一名词。原指同人类利益有关的学问，以别于在中世纪占统治地位的神学。后含义几经改变。狭义是指对拉丁文、希腊文、古典文学的研究；广义一般指对社会现象和文化艺术的研究，包括哲学、经济学、政治学、史学、法学、文艺学、伦理学、语言学等。很显然，按照《辞海》的解释，广义的人文科学实际上是人文科学和社会科学的总和。

从研究对象上说，自然科学的对象当然是自然客体。自然客体是一种物态性的实体存在，客观实在性、可重复显现性和历史发展性是它的根本属性。人文科学的对象即人类精神文化现象，它从根本上说是"拟人主义和人类本位主义"的。④ 与自然客体的物态实在性不同，它可以近似地被视为一种心态性的精神存在，价值本位、主客一体、虚实结合是它最为突出的三大特征。

由于研究对象及研究对象本身性质的不同，自然科学和人文科学作为人类的知识体系，在学科性质、学科内容、学科特点和学科功能等方面都存在重大差异。这些差异主要表现在：自然科学具有显著的客观性、逻辑性和应用的普遍性；而人文科学则具有显著的主观性、文化特色和育人性质。⑤

虽然自然科学与人文科学存在差异，但是两者在发展方面又具有一致性。人文科学的发展主要是指人与人类自身精神活动的发展。人类发展的历史表明，人类从

---

① 赵宝余：《论科学的分类》，载《苏州医学院学报》，1986(4)，68 页。

② 张俊心：《软科学手册，500 页，天津，天津科技翻译出版公司，1989。

③ 马克思，恩格斯：《马克思恩格斯文集》，第 5 卷，429 页，北京，人民出版社，2009。

④ 恩斯特·卡西尔：《人文科学的逻辑》，261 页，沉晖，海平，叶舟，译，北京，中国人民大学出版社，1991。

⑤ 马红霞：《浅析自然科学、社会科学和人文科学的本质差异》，载《广东社会科学》，2006(6)，72-75 页。

诞生迄今,体质、智能和思维水平有了明显的发展。人类在这一发展过程中不断认识自然、改造自然,从而推动自然科学向前发展。同时,自然科学的发展创造了巨大的物质财富,改善和提高了人的衣、食、住、行等生活条件,不仅为人们提供了舒适优美的工作、生活环境,而且在预防和治愈人类所患疾病,使人类朝着健康、适应自然环境的能力更强的方向发展方面做出了积极贡献。自然科学的发展无疑也促进了人和人类向前发展。①

与人文科学和自然科学相适应的分别是人文文化和科学文化。20 世纪 50 年代,英国学者斯诺(C. P. Snow,1905—1980 年)在《两种文化》的演讲中指出,科技与人文正被割裂为两种文化,科技和人文知识分子正在分化为两个言语不通、社会关怀和价值判断迥异的群体,这必然会妨碍社会和个人的进步和发展。当前,两种文化的分裂非但没有缓解,反而有愈演愈烈之势,主要表现为"科学主义"的盛行。要促成科学与人文两种文化汇流与整合的最佳途径或许是走向科学的人文主义和人文的科学主义。

科学的人文主义是在保持和光大人文主义优良传统的基础上,给其注入旧人文主义所匮乏的科学要素和科学精神。它的新颖之处在于:树立科学的宇宙观或世界图像,明白人在自然界中的地位,以此作为安身立命的根基之一;尊重自然规律和科学法则,对激进的唯意志论和极端的浪漫主义适当加以节制;科学是文明的重要标志,它不仅为人文主义的发展提供了广阔的空间,而且自身也能够提供新的价值和意义,依靠科学自身的精神力量和科学衍生的物质力量,有助于社会进步和人的自我完善;科学的实证、理性、臻美精神以及基于其上的启蒙自由、怀疑批判、继承创新、平权公正、自主公有、兼容宽容、谦逊进取精神,也是人文精神的重要组成部分;科学思想、科学知识和科学思维方式是我们思考和处理社会和认识问题的背景和帮手,科学人的求实作风和严谨风格值得人文人学习和效仿;社会科学和人文学科也要尽可能学习和借鉴科学方法,以拓宽视野,更新工具……要而言之,科学的本性包含着人性,科学的价值即是人的价值,科学的人文主义就是人文主义的科学化。

同样,人文的科学主义是在发掘和弘扬科学主义的宝贵遗产的前提下,给其增添旧科学主义所不足的仁爱情怀和人文精神。它的鲜明特色是:人为的科学理应是、而且必须是为人的,为的是人的最高的和长远的福祉,因此它必须听命道德的律令,这是一切科学工作的出发点和立足点;科学家用数学公式描绘的世界只是多元世界之一或一元世界的一个侧面,诗人用文字、画家用色彩、音乐家用音符、哲学家用思辨概念描绘的世界同样是真实的和有意义的;科学只提供手段,而不创造目的,对价值判断先天乏力,它应该尊重并辅佐人文主义的导向作用;科学的误用或恶用会产生极大的负面影响,因此科学人应该念念不忘科学良心,时时想到自己的社会责任,以制止科学的异化和技术的滥用;纯粹的智力难以弥补道德和审美价值的缺失,科学人切勿

---

① 马元方,王泽兵:《论自然科学与人文科学的和谐发展》,载《四川师范大学学报(社会科学版)》,2009,36(5),30-32 页。

以救世主自居，要虚心向富有人文精神的贤人和哲人学习，从人文学科中吸取各种营养；适度冲淡科学的"冷峻"面孔（例如把客观性冲淡为主体间性，把实验证实冲淡为确认，用直觉补充逻辑之不足，把内在的完美引入理论评价标准），扶助科学中本来就有的为善、审美功能，让情感成为科学活动和科学发明的积极因素；历史中的科学理论总是可错的、暂定的、不完备的，科学人像常人一样往往会犯错误……要而言之，人性应该寓居于科学之中，人的智慧亦是科学的智慧，人文的科学主义就是科学主义的人性化。爱因斯坦就是一位伟大的人文的科学主义者和科学的人文主义者。①

3. 科学知识的类型

马克思把科学分为"作为社会发展的一般精神成果"②的科学，"应用于生产的科学"③（工艺学）和"被资本用作致富手段"④的科学。

科学，作为社会发展的一般精神成果，是历史发展总过程的产物，它抽象地表现了这一发展总过程的精华。⑤ 换句话说，在马克思这里，科学技术属于天然的社会财富，谁也不应把它据为己有。这意味着：一方面，科学技术是一种决定社会生产力水平的稳定而又客观的因素；另一方面，它的形成并不取决于任何具体的劳动行为，从而也不应使它的作用同任何劳动者的利益联系起来。

马克思曾指出，科学是"人类理论的进步"，是"社会发展的一般精神成果"，是"被应用于生产的科学"，"被资本用作致富手段"等。这些"科学"概念成立的本体论根源，就隐藏在马克思的"自然界的人的本质"与"人的自然的本质"的辩证统一的思想中。因为，如果像马克思那样将工业看作人在实践和物质上对"自然界的人的本质"与"人的自然的本质"的占有和公开展示，那么，科学就是社会性的人在理论上、精神上对"自然界的人的本质"与"人的自然的本质"的占有。⑥

（二）国外学者关于科学技术体系结构的研究

科学技术体系结构，或者说科学结构，是构成科学技术知识体系的知识元素（知识单元）的一种相对稳定的结合方式，它决定着科学技术的整体功能。其体系构成的基本条件有：

①有一定数量的知识元素；

②这些知识元素之间存在着客观的相互联系和相互作用；

③一定数量的知识元素的结合形式是特定的，具有相对稳定性。

这三个条件缺一不可。

亚里士多德、达·芬奇、培根、圣西门、黑格尔、芒福德、星野芳郎、钱学森等学者都对科学技术的体系结构进行了研究。

---

① 李醒民：《爱因斯坦：伟大的人文的科学主义者和科学的人文主义者》，载《江苏社会科学》，2005（2），9-10页。

② 马克思，恩格斯：《马克思恩格斯文集》，第8卷，536页，北京，人民出版社，2009。

③ 马克思，恩格斯：《马克思恩格斯文集》，第8卷，357页，北京，人民出版社，2009。

④ 马克思，恩格斯：《马克思恩格斯文集》，第8卷，359页，北京，人民出版社，2009。

⑤ 马克思，恩格斯：《马克思恩格斯全集》，第49卷，115-117页，北京，人民出版社，1965。

⑥ 曹志平：《马克思理解科学的理论视阈与逻辑线索》，载《厦门大学学报（哲学社会科学版）》，2006（1）。

(1)亚里士多德(Aristotélēs,公元前384年—公元前322年)

从总体上看,古代的科学知识还不具备科学形态,各门知识之间也缺乏必然联系,当然就不可能形成严密的科学的体系结构。亚里士多德曾对知识进行如图2.1所示的分类。

知识科学
- 理论性哲学——数学、物理学、形而上学
- 实践性哲学——伦理学、政治学、战略学、修辞学
- 创造性哲学——诗学、艺术创作、演讲

以上三者 } 分析学(逻辑学)

图2.1 亚里士多德的知识分类体系

(2)达·芬奇(Leonardo di ser Piero da Vinci,1452年4月15日—1519年5月2日)

文艺复兴时期,以达·芬奇为代表在统计学、地理学、航海天文学、动植物学、解剖学、建筑学等方面,分门别类地对自然界进行收集和整理的研究工作。

(3)弗兰西斯·培根(Francis Bacon,1561年1月22日—1626年4月9日)

培根认为:人类的理性能力包括记忆、想象和判断三种能力。相应地科学也被分为以下三大类,如表2.1所示。

表2.1 培根的科学分类系统(1623年)

<table>
<tr><td>人类的能力</td><td>知识门类</td><td colspan="3">学科</td><td rowspan="3"></td></tr>
<tr><td>记忆能力</td><td>记忆的科学</td><td colspan="3">历史学</td></tr>
<tr><td>想象能力</td><td>想象的科学</td><td colspan="3">艺术与诗歌</td></tr>
<tr><td rowspan="12">判断能力</td><td rowspan="12">判断的科学</td><td rowspan="12">哲学</td><td rowspan="6">自然学</td><td rowspan="2">理论部分</td><td>形而上学(终极原因)</td></tr>
<tr><td>物理学(物质运动)</td></tr>
<tr><td rowspan="2">实用部分</td><td>机械学</td></tr>
<tr><td>化学技术</td></tr>
<tr><td rowspan="2">数学部分</td><td>算术</td></tr>
<tr><td>实用数学</td></tr>
<tr><td rowspan="5">人类学</td><td>人的身体</td><td>医学</td></tr>
<tr><td rowspan="2">人的精神</td><td>逻辑学</td></tr>
<tr><td>语言学</td></tr>
<tr><td rowspan="2">人的社会</td><td>伦理学</td></tr>
<tr><td>法学</td></tr>
<tr><td>神学</td><td></td><td></td></tr>
</table>

(4)圣西门(Claude-Henri de Rouvroy,Comte de Saint-Simon,1760—1825年)

圣西门认为由简单到复杂排列的分类系统是:数学、无机体物理学、天文学、物理学、化学、有机体物理学、生理学,其科学结构体系如表2.2所示。

表 2.2　圣西门的科学结构体系

自然现象				(自然)科学			
天文现象	物理现象	化学现象	生理现象	天文学	物理学	化学	生理学

(5)黑格尔(Georg Wilhelm Friedrich Hegel,1770 年 8 月 27 日—1831 年 11 月 14 日)

黑格尔从客观唯心论出发,把发展的思想贯穿于科技体系结构观之中。他具体把科技体系结构的形成分为以下几个阶段。

①力学、数学阶段。对绝对精神作超时空概念推演,形成辩证思维的科学;随后外化为自然界。开始是机械性阶段,这时处于机械过程的混状态,只有纯粹的量的关系,没有质的规定的时间、空间,与此相应的科学是力学和数学。

②物理学、化学阶段。然后进入物理性阶段,出现了具有质的规定的物体,产生了整个无机自然界,因而有了研究热、电、光、磁的物理学和研究化学过程的化学。

③地质学等。最后是有机性阶段,产生于有机生命,与之相应地有地质学、植物学和动物学。在动物有机体的最高阶段产生了人,绝对精神由主观精神(个人意识)发展到客观精神(社会意识),最后达到绝对精神自身。

④逻辑学等。与主观精神相应地,有研究人体精神的人类学、精神现象学、心理学。

客观精神阶段包括家庭、公民、社会和国家的学说。而绝对精神阶段是关于社会意识的研究,如艺术、宗教、哲学等。与黑格尔绝对精神发展的逻辑阶段、自然界、人类社会相应的就是逻辑学、自然哲学和精神哲学。

黑格尔在《自然哲学》中,依据自然界的发展过程对自然科学进行了如表 2.3 所示的分类。

表 2.3　黑格尔的自然科学分类

绝对观念的发展	存在—本质—概念		
自然界的运动	质量的运动—分子(原子)的运动—生物的运动		
自然科学的分类	机械论—化学论—有机论		
	天体力学	物理学	植物学
	地球上的力学	化学	动物学

(6)孔德(August Comte,1798 年 1 月 19 日—1857 年 9 月 5 日)

孔德按照由简单到复杂的原则把物理学分为关于重力的学说、热力学、声学、光学、电学;把化学分为无机化学和有机化学;把生理学分为关于生物体的结构、组成及分类的学说,植物生理学和动物生理学。

数学因为撇开了物质的具体内容,因而最简单,排列在最前面;社会现象最复杂,因而社会学排在后面。

(7)刘易斯·芒福德(Lewis Mumford,1895—1990 年)

在《技术与文明》一书中,芒福德认为,对于历史地形成的巨大的“技术复合体”的划分是历史发展分期的标准,而这种技术复合体的基础是社会所利用的能源和原材料。因此,他将技术的发展历史划分为三个“互相重叠和渗透的阶段”,即:始技术时代(The Eotechnic Phase,1000—1750 年)、古技术时代(The Paleotechnic Phase,1750—1900 年)和新技术时代(The Neotechnic,1900 年至今)。他认为使用某种类型的能源和材料,也就确定了某个历史分期的特点,也就渗透和决定了整个社会文化的全部结构,显示了人的可能性和社会的目标。他提出始技术时代是水和木材的复合体,古技术时代是煤和铁的复合体,新技术时代是电与合金的复合体。

(8)星野芳郎(ほしのよしろう,1922—2007 年)

星野芳郎“把研究现代技术史和技术论作为自己毕生的研究题目”,以便“弄清这更深层的政治上和经济上的原因”,并取得了一系列研究成果。

(9)钱学森(1911 年 12 月 11 日—2009 年 10 月 31 日)

钱学森把科学技术的认识过程,按照从实践到理论的发展过程,划分为三个层次,即:工程技术—技术科学—基础科学。工程技术是改造世界,技术科学是转化的中间环节,基础科学是认识世界。

钱学森先生在 1982 年《哲学研究》第三期发表的《现代科学的结构——再论科学技术体系》一文中认为科学应分为自然科学、社会科学、数学科学、系统科学、思维科学和人体科学六大部门。

(三)现代科学技术的体系结构

马克思主义认识论认为,认识过程是在实践的基础上产生感性认识,然后上升为理性认识,科学技术属于理性认识。

1. 现代科学技术的体系结构由学科结构和知识结构组成

科学技术的体系结构有两个含义:一个是指科学技术作为人类认识自然、改造自然和保护自然的知识体系内部的专业化构成(科学技术知识自身的结构);另一个是指科学技术理论相对于被认识对象而言的解释结构,或称“逻辑说明结构”(科学技术说明自然界的解释结构)。现代科学技术的体系结构由学科结构和知识结构组成。现代科学的体系结构表现出现代科学的发展过程,其中学科结构形成立体的架构,知识结构的各要素渗透在学科结构相对应的要素之中。

现代科学技术体系结构的研究表明,科学技术在各自的发展中,不但日益多样化和系统化,而且越来越呈现出科学技术一体化的特征。

(1)学科结构

学科结构由基础科学、技术科学、工程科学构成。

基础科学是研究自然界一切基本运动形式的规律。基础科学有以下特点:首先,它是物质运动基本规律的理性反映形式,一般由概念、定理、定律等组成逻辑体系;其次，它与生产的关系比较间接，很难直接收到效益，必须通过一系列中介才能转化为生产力，但它可以成为劳动者的一种内在素质发挥持久的作用；最后，其研究领域十分广阔，工作具有长期性、艰苦性和持续性，其水平是民族整体思维能力的一种标志。传统的基础自然科学分为数学、物理学、化学、生物学、天文学、地学六大门类，是一切科学技术知识的理论基础。目前，基础科学向着更复杂、更高级的运动形式方面衍生，逐渐形成了新的基础科学门类。如以最复杂的生命体运动形式为研究对象的人体科学、思维科学，以一切物质运动形式的系统形式为研究对象的系统科学。这些新兴学科正在迅速向着基础科学、技术科学、工程科学三个层次扩展。

技术科学以基础科学为指导，着重研究有关应用学科的共同问题，并形成应用的基础理论，具有承上启下的作用。它包括应用数学、计算机科学、材料科学、能源科学、信息科学、空间科学以及应用化学、电子学、应用光学等。它与生产联系比较密切，是联系基础科学和工程技术的桥梁和中间环节。

工程科学则是综合运用基础科学、技术科学、经济科学、管理科学等理论成果，直接为改造自然服务的科学门类。在这一层次中已经体现出科学和技术，乃至工程的高度结合。例如，农业工程学、矿山工程学、工程力学、电力工程学、生物工程学、宇航工程学等。它的目的十分明确，就是要为生产绘制和制定出合适的工艺流程。

基础科学、技术科学、工程科学都是系统化的知识，都会经过一个由科学事实到科学理论的形成过程。在现代科学技术体系结构中，基础科学、技术科学、工程科学是有机联系的整体，它们相互联系、相互促进、协调发展。

与此同时，各类科学之间、各分支学科之间的边缘（交叉）学科、综合学科、横断学科也在蓬勃发展。①

（2）知识结构

科学认识过程的成果是科学事实、科学定律、科学假说以及由逻辑推理和实验检验建立起来的科学理论。科学知识主要就由上述这些要素构成。

①科学事实。科学事实是科学认识主体关于客观存在的、个别的事物（事件、现象、过程、关系等）的真实描述或判断，其逻辑形式是单称命题。科学事实是科学认识的最初结果，属于认识论的范畴，其内容是客观的，形式是主观的，是客观与主观的统一。例如，“这块铀矿石具有放射性”就是科学事实，而“所有微观客体都具有波粒二象性”这样的普遍陈述，则是对科学事实进行概括或猜想后得出的定律性论断，其逻辑形式是全称命题。强调科学事实的个别性，是为了突出它主要来自感性物质活动，它反映的是被认识客体的外部联系和片断的、具体的属性。

科学事实一般分为两类。事实Ⅰ，指对客体与仪器之间相互作用结果的描述。例如，观测仪器上所记录和显示的数字、图像等。事实Ⅱ，是对观察实验所得到的结

① 全国工程硕士政治理论课教材编写组：《自然辩证法——在工程中的理论与应用》，19-20 页，北京，清华大学出版社，2008。

果的陈述和判断。被观察与实验证明了的理论结论被称为理论事实,有时也被人们称为事实Ⅲ。可见,科学事实不仅具有经验的性质,而且还有理论的性质,其内容可以通过判断和推理等逻辑证明用抽象的方法获得。例如,光速、万有引力等科学事实,起初都不是经过观察、实验等经验方法获得的。

客观事实除科学事实之外,还包括日常生活事实和生产事实等经验事实。客观事实、经验事实与科学事实既有区别,又有联系。唯心主义的先验论否认客观事实的存在,把科学事实和经验事实都看成主观自身、没有客观依据的东西。机械唯物论将科学事实与客观事实等同看待,抹杀了两者的区别,否定了人的主观能动性的作用,不懂得客观事实转化为科学事实不仅与客观事实本身有关,而且还受到人的认识能力和社会实践水平的制约。只有坚持辩证唯物主义的观点,才能正确理解客观事实、经验事实和科学事实之间的关系。

科学事实作为科学对个别事物的认识,有其自身的规定性和特点:其一,科学事实具有可重复性;其二,科学事实渗透理论;其三,科学事实应该是比较系统的。

科学事实有极其重要的作用。首先,科学事实是形成科学概念、科学定律、科学假说,建立科学理论的基础。其次,科学事实是确证或反驳科学假说和科学理论的基本依据,是推进科学进步的动力之一。

②科学定律。科学定律是反映自然界事物、现象之间的必然性关系的科学命题。科学定律以观察和实验为基础,具有不以人的意志为转移的客观性。多数严格的、普遍适用的科学定律都以全称命题的形式表示出来。

从科学事实到科学定律,是科学认识过程中的飞跃,一般有两条途径。一条是借助归纳法从科学事实概括出经验定律。它拥有直接可判定或测量的经验内容,这些内容原则上可由观察或实验程序所获得的现象证据加以确认,如开普勒行星三定律。另一条是借助于想象、直觉与灵感得出理论定律,不是直接源于经验概括;理论定律中的抽象概念也不能从经验中推导出来,理论定律反映着客体更深刻的本质,具有更大的普遍性。

科学定律的特征主要表现在以下几个方面。其一,科学定律是绝对真理和相对真理的统一。一方面,科学定律作为自然规律的反映经过了一定的观察和实验的检验,包含有绝对真理的成分。另一方面,科学定律对自然规律的反映只是近似的,而不是绝对无误的反映。所以,科学定律的深刻性和普遍性受时代和认识之水平和条件的限制,具有历史性、相对真理性。其二,科学定律具有简明性特征。科学认识的成果用数学语言和符号语言来表述。

科学定律在科学知识构成中发挥着重要作用。其一,科学定律揭示了事物的本质或规律。其二,科学定律有助于科学概念和科学理论的形成。首先,科学概念的形成要经过逻辑上的抽象和概括,它可以通过经验定律的提出或发现来完成;同时,许多科学概念的内涵是通过有关科学定律表现出来的,科学定律是明确科学概念的一种有效手段。其次,科学概念和科学定律是科学理论构成的基础。其三,科学定律是科学解释和预测的有效工具。首先,经验定律可以用来解释已知的科学事实和预见未知的科学事实。其次,理论定律是从经验定律中抽象出来的,它把若干经验定律包含于自身之中,由理论定律可以解释已知的经验定律和预见未知的经验定律,这在科学认识过程中的作用是非常巨大的。

③科学假说。科学假说是根据已有的科学知识和新的科学事实,对所研究的问题做出的猜测性说明和尝试性解答。构成假说的基本要素通常包括:事实基础,背景理论,对现象、规律的猜测,推导出的预言和预见。科学假说有以下基本特点:其一,科学性与猜测性的统一;其二,抽象性与形象性的统一;其三,多样性与易变性的统一。

假说的作用主要表现在以下几个方面。

其一,科学假说是形成和发展科学理论的必经途径。自然科学就是沿着问题—假说—理论—新问题—新假说—新理论……的途径不断地向前发展的。正如恩格斯所说:“只要自然科学在思维着,它的发展形式就是假说。”①

其二,假说是发挥思维能动性的有效方式。首先,由于假说是对蕴涵在科学事实背后的本质和规律性的猜测、假设,它本身就是人类创造性的高度表现。所以,提出假说的能力,往往被认为是科学创造性的重要标志。其次,科学假说引导人们自觉地进行新的观察、新的实验,发现新的事实,成为发挥思维能动性的有效手段。

其三,不同假说的争论有利于科学的发展。假说只有经受实践的检验,具备解释性和预见性,才可以转化为科学理论。当然,这种理论仍然是相对真理,作为检验标准的实践是一个不断深化的过程,理论随着实践的发展又将接受新假说的挑战,假说和理论之间的转化是不会终结的。任何已被实践检验所确认的理论仍然不可避免地包含有假定性的因素,这正是假说和理论得以不断深化和发展的内在根据。

④科学理论。科学理论是系统化的科学知识,是关于客观事物的本质及其规律性的相对正确的认识,是经过逻辑论证和实践并由一系列概念、判断和推理表达出来的知识体系。

科学理论由三个基本的知识元素组成:基本概念;联系这些概念的判断,即基本原理或定律;由这些概念与原理、定律推演出来的逻辑结论,即各种具体的规律和预见。正如爱因斯坦所说:“理论物理学的完整体系由概念、被认为对这些概念是有效的基本定律以及用逻辑推理得到的结论这三者所构成的。”②它们依一定关系形成一个有层次、有结构的系统。科学理论遵循理论、符合现实是理论的唯一标准的原则。

科学理论的基本特征主要有以下几个方面。

其一,客观真理性。科学理论是经过严密的逻辑论证和反复的实践检验的,因此是具有客观真理性的知识体系,这是使它与假说相区别的最根本的特征。

---

① 恩格斯:《自然辩证法》,218页,北京,人民出版社,1971。

② 爱因斯坦:《爱因斯坦文集》,第1卷,313页,许良英,等,编审,北京,商务印书馆,1976。

其二,全面系统性。科学理论是从事物的全部现象及其所有的联系出发概括出来的普遍本质与规律,因此它能对与它有关的一切现象与事实做出统一的、比较精确的解释与说明;它反映的内容是按客观事物的本来面貌构成的一个完整系统;它的概念、定律、逻辑结论是依其在客观事物中的地位和作用而分为不同层次的;它反映的是客观事物的横向联系与纵向进化。因此科学理论具有全面系统性。

其三,逻辑完备性。

其四,科学预见性。这是指科学理论不但能解释已知,而且还能预见未知。首先,科学理论通过揭示某一领域(或某一类事物)的本质和规律而普遍适用于这个领域(或这类事物);其次,科学理论把握了事物发展的一般规律和趋势,又因其具有逻辑上的完备性,所以能提供新的知识,并在一定程度上对未知的事物状况做出符合逻辑的预言。

科学事实、科学定律、科学假说、科学理论是构成一个完整的科学知识体系不可缺少的组成部分,是不可分割地联系在一起的。它们之间的辩证关系表现在以下几个方面。

其一,科学事实是科学知识体系的出发点和归宿。

其二,科学定律是构成科学理论的基础。

其三,科学假说是科学理论的过渡形式。

其四,科学理论是科学成果的系统体现。①

2. 现代技术的体系结构由门类结构和形态结构组成

(1)门类结构

门类结构反映了自然科学知识从产生到应用的全过程。比如,激光打孔机的问世就是这样。首先是爱因斯坦的受激辐射理论和第一台红宝石激光器的实验技术阶段,然后是激光理论和各种激光器研制的专业技术阶段,最后是激光应用和激光打孔机及其他激光通信设备的生产技术阶段。门类结构由实验技术、基本技术和产业技术构成。

实验技术是根据现有的科学理论和一定的目的,通过实验设计,利用科学仪器和设备,在人为的条件下控制或模拟自然现象的技术或方法的集合。一般来说,实验技术是为了获得、加工、改变自然信息,检验假说和理论,这一活动的直接产物是数据,即使产出少量实物,主要也是作为样品进一步研究。实验技术按照领域不同,可划分为天文观测实验技术、地学实验技术、生物实验技术、化学实验技术、力学实验技术、物理实验技术等。②

按照技术能使对象改变为不同的基本运动形式,可分为六种基本技术体系:

---

① 全国工程硕士政治理论课教材编写组:《自然辩证法——在工程中的理论与应用》,97-103 页,北京,清华大学出版社,2008。

② 教育部社会科学研究与思想政治工作司:《自然辩证法概论》,192 页,北京,高等教育出版社,2004。

①机械技术体系，被用来改变自然界物质的机械运动状态及形状；

②物理技术体系，被用来改变自然物的物理性质；

③化学技术体系，被用来改变自然物的化学组成与性质；

④生物技术体系，被用来改变生命物质的性质与状态；

⑤社会技术体系，被用来改变社会运动的状态、结构和性质；

⑥思维技术体系，被用来改变思维运动的状态和方式，提高思维能力。

现实的各种技术体系都是这六种基本技术体系的不同组合或体现。不仅每个生产过程中都存在一种或几种基本技术体系，而且每一种基本技术体系大体上都有各自的由简单到复杂、由低级到高级的发展过程。

从产业结构来考察，技术体系可以分为四类：第一产业技术体系，主要指农业、畜牧业、狩猎业、渔业、游牧业和林业等方面的技术体系；第二产业技术体系，主要指制造业、采掘业、建筑业和运输业等方面的技术体系；第三产业技术体系，主要指通信、商业、金融业、医疗保健、饮食业、公共服务、行政管理等方面的技术体系；第四产业技术体系，主要指科学、文化和教育以及咨询等方面的技术体系。①

(2)形态结构

形态结构由经验形态的技术、实体形态的技术和知识形态的技术构成。

经验形态的技术要素主要是指经验、技能这些主观性的技术要素。经验技能是最基本的技术表现形态。经验技能在不同历史时期所表现的形式也不尽相同，如古代以手工操作为基础的经验技能，近代以机器操作为基础的经验技能，现代以技术知识为基础的经验技能。这三种形式的经验技能代表了人类在利用自然和改造自然的过程中主体活动能力或方式的不同发展阶段。

实体形态的技术要素主要指以工具、机器等生产工具为标志的客观性技术要素，它按被操作和不被操作分为"活技术"和"死技术"，前者指的是在劳动过程中的技术手段，后者指的是在不同过程中的技术成果或技术对象。"死技术"和"活技术"的区分是相对的，正如马克思所言："一个使用价值究竟表现为原料、劳动资料还是产品，完全取决于它在劳动过程中所起的特定作用，取决于它在劳动过程中所处的地位，随着地位的变化，这些规定也就改变。"但由于"机器不在劳动过程中服务就没有用"，"活劳动必须抓住这些东西，使它们由死复生"，②从而表现出"活技术"的重要性。实体技术也可以按照历史时期不同分为手工工具、机械装置和自控机床等三种表现形式，它们表现出人类利用自然、改造自然的物质手段的不同发展阶段。

知识形态的技术要素主要是指以科学为基础的技术知识，它是现代技术构成中的主导要素。人们往往把技术看作科学的应用，但这只是一个方面，远在科学原理产生之前，人类就已经凭借技能和经验使用技术了。技术知识就是人类在劳动过程中

---

① 曾国屏，高亮华，刘立，等：《当代自然辩证法教程》，258页，北京，清华大学出版社，2005。

② 马克思：《资本论》，第1卷，207-208页，北京，人民出版社，1975。

所掌握的技术经验和理论。它有两种表现形式,一种是经验知识,一种是理论知识。前者是关于生产过程和操作方法规范化的描述或记载,后者则是关于生产过程和操作方法的机制或规律性的阐述。①

第三节 科学技术的发展模式及动力

一、科学的发展模式及动力

(一)马克思、恩格斯关于科学发展模式及动力的分析

1. 科学发展呈现出从分化到综合的整体化趋势

恩格斯指出自然科学发展的两种形式:一种是自然科学由搜集材料与分析材料转向整理材料与综合材料,另一种是自然科学从研究较简单的运动形式转向研究较复杂的运动形式。

2. 科学的发展是渐进性和飞跃性的统一

马克思在分析技术体系的演进时指出:"正像各种不同的地质层系相继更迭一样,在各种不同的经济社会形态的形成上,不应该相信各个时期是突然出现的,相互截然分开的。在手工业内部,孕育着工场手工业的萌芽。"同时他指出:"在这里,起作用的普遍规律在于:后一个[生产]形式的物质可能性——不论是工艺技术条件,还是与其相适应的企业经济结构——都是在前一个形式的范围内创造出来的。"②

3. 科学发展是内、外动力共同作用的结果

科学发展的内部动力是指科学家追求真理、探索自然奥妙的乐趣、欲望以及为科学而献身的可歌可泣的精神。表 2.4 列出了有史以来由于这种动力而导致的重大科学发现以及科学家们为坚持真理而做出的牺牲和所付出的代价。内部动力表现在科学实验水平的提高引发了科学内部科学理论本身的争论以及与科学实验发展的不平衡,从而迫切需要进一步完善科学理论。

科学的内在因素主要包括:实验中发现的新现象、新事实、新材料与原有理论之间的矛盾,各种学派、理论和观点之间的协作和竞争,各门学科之间的相互渗透、相互促进等。

随着生产活动的发展,实验活动逐渐从生产活动中分离出来,独立成为一项基本的科学实践活动。科学实验是推动科学理论向前发展的强大动力,起着巨大的杠杆作用。随着科学理论相对独立性的增强,科学实验的作用也愈来愈大。以理论性较强的物理科学为例,从 1901 年到 1979 年间共颁发了 73 次奖,其中 50 项奖给实验项目,约占总数的 68.5%。若按个人计算,因实验而获奖的人数共 74 人,约占获奖总人数 115 名的 64.3%。譬如,量子力学的诞生,就是黑体辐射实验事实和古典物理

---

① 教育部社会科学研究与思想政治工作司:《自然辩证法概论》,189 页,北京,高等教育出版社,2004。

② 马克思,恩格斯:《马克思恩格斯文集》,第 8 卷,340 页,北京,人民出版社,2009。

学之间的矛盾的结果。原子物理学和核子物理学,在一定意义上可以说是实验的科学,因为它们的产生和发展都是通过科学实验而实现的。

关于各种学派、理论和观点之间的协同和竞争,这里既指不同学科的不同学派、理论和观点之间的协同和竞争,也指同一学科内部不同学派、理论和观点之间的协同和竞争。前者如相对论的建立就是牛顿力学和麦克斯韦电磁学这两门不同学科的不同理论之间对立统一的结果。后者如光学中关于光的本质的两种不同观点间——牛顿的微粒说和惠更斯的波动说——长期争论的结果,使得人们对光的本质的认识达到了一个新的高度,光具有二重性,即光既是波又是粒子。

关于各门学科之间的相互渗透和相互促进,这里既指各门学科的内容间的相互渗透和相互促进,也指各门学科的方法间的相互渗透和相互促进。由于各门学科的内容间相互渗透和相互促进而促使科学发展的,科学史上不乏其例。如把热力学第二定律关于熵的概念应用到研究信息问题上,得出信息是负熵的概念,因而推动了信息科学向前发展。由于各门学科的方法间相互渗透和相互促进而推动科学发展的事实,在科学史上举不胜举。用物理学的光谱分析法去研究天体,为宇宙理论从近代宇宙学进入现代宇宙学做了必要的准备。①

表 2.4 由于内在动力而导致科学技术进步的例子

时间	科学发现内容	科学家姓名	所做的牺牲和所花的代价
公元前6世纪	发现无理数	希帕索斯	发现无理数,为毕达哥拉斯学派的同僚们所不解,被认为是毕达哥拉斯学派的叛逆,最终被这些同僚们抛进大海,葬身鱼腹
1548—1600年	坚持并到处演说哥白尼的“日心说”	布鲁诺	被教会认为是对上帝的“冒犯”,而活活被烧死
1514—1564年	通过解剖尸体,首次弄清人体结构	维萨留斯	由于否定了盖伦的人体结构学说,最终被教会判处死刑,从此终生逃身在外,至老不知所终
1564—1642年	发明了望远镜,证明了哥白尼的“日心说”,出版了力学、天文学巨著《对话》	伽利略	教会认为他背叛了“上帝”,因而将其监禁
1571—1630年	发现行星运动三大定律	开普勒	由于终身献身科学事业,使家中揭不开锅,最后在饥寒交迫中死在一间小旅馆中

资料来源:陈德棉,毛家杰.科学发展的动力和科学政策[J].科研管理,1996(4):1.

科学发展的外部动力一方面表现在社会生产的需要推动了科学研究成果的应用,另一方面表现在“资本主义生产第一次在相当大的程度上为自然科学创造了进

① 谭玉林:《关于科学发展动力之我见》,载《上海师范大学学报》,1987(1),11页。

行研究、观察、实验的物质手段”。①

(二)国外关于科学发展模式及动力的研究

1. 欧美科学哲学关于科学发展模式及动力的研究

(1)科学发展的线性积累模式

逻辑实证主义按照证实原则建立了科学发展的线性积累模式,认为知识的增长是不断归纳的结果,科学的发展就是通过归纳获得的科学知识的不断增加。

从累积的观点看,科学理论在其发展过程中,有两种情况导致科学的进步。第一种情况是,某个理论在原来的范围内继续得到确证以后,适用范围得到扩展。第二种情况是,若干个得到确证的理论,被新的理论所包容。这两种情况的一个共同特点就是旧理论没有被抛弃,而是被归化入更全面的理论之中。②

惠威尔则把科学进化类比为支流汇集成江河。他认为科学是通过将过去的成果逐渐归并到现在的理论中而进化的。例如,牛顿万有引力理论就是汇集了开普勒定律、伽利略的自由落体定律等支流以及潮汐运动和其他各种事实的江河。玻尔也认为,一个新理论比起旧理论来,不仅要包含多余的经验内容,而且在旧理论的适用范围内,新理论完全可以过渡到旧理论的形式。新理论较旧理论更为广泛,覆盖面更大。逻辑经验主义者继承了这种归纳主义的传统。卡尔纳普把科学发展形象地比喻为“中国套箱”——随着科学的发展,新的理论总像一个大的套箱一样把原有的理论包含在其中。例如,哥白尼的日心说被套入开普勒的行星运动三大定律中,而开普勒的行星运动三大定律又被套入牛顿力学中,相对论则是一个更大的箱子,把牛顿力学也套入在内。内格尔更提出了归化或吸收的科学发展模式。他在《科学的结构》一书中指出:“一个相对自足理论为另一个更广包的理论所吸收,或归化为后者,这种现象是现代科学史上一个无可辩驳的、不断重复的特征。”③他认为这种模式就是科学发展的机制。在他看来,先后产生的两个科学理论 T 和 T′,T′优于 T。这种进步在于 T 可以归化为 T′,而这种归化是指 T′可以演绎地推导出 T 来。

科学发展的线性积累模式有其合理性,揭示了科学知识的增长是一个不断积累的过程,有着前后一致的继承性。但这种模式有极大的局限性,它只能容纳极其有限的科学史事实。按照这一观点,哥白尼的日心说就可能被排除在外,因为就刻画行星运动和确定天体坐标而言,哥白尼的理论甚至还不如托勒密的理论;而像牛顿力学这样经典的经过无数事实证明的理论,竟然也会出错,也会被相对论、量子力学替代,这也是它无法说明的。同时更为重要的是,在这一理论模式中构成科学史重要部分的科学革命也不见了。逻辑实证主义科学史观的缺陷,尤其是它无视科学革命的存在

① 马克思,恩格斯:《马克思恩格斯文集》,第 8 卷,359 页,北京,人民出版社,2009。
② 教育部社会科学研究与思想政治工作司:《自然辩证法概论》,167 页,北京,高等教育出版社,2004。
③ 沈铭贤,王淼洋:《科学哲学导论》,上海,上海教育出版社,1991。

这一点成为当代科学哲学研究的生长点。①

(2)科学发展的否证式发展观

以波普尔(Karl Popper,1902 年 7 月 28 日—1994 年 9 月 17 日)为代表的证伪主义者认为,科学的发展就是否定旧的、创造新的。可以把理论不断经受否证检验而发展的过程简略地表示为:$P_1 \rightarrow TT \rightarrow EE \rightarrow P_2$。其中,$P_1$ 代表问题,TT 代表试探性理论,EE 代表排除错误,P_2 代表新的问题。科学发展的否证式发展观反映了科学研究活动中理论与经验的相互作用:理论在经验的检验中不断改变自己的形态;同时它又反映了科学认识的不断进步。换言之,科学认识是在不断改正自己的谬误中向前发展的。

否证原则不仅是科学与非科学的分界标准,而且还是推进知识增长的重要手段。科学的进步不仅有不断归纳、证实、积累的过程,而且还有不断否证、不断批判旧理论,大胆猜测新理论的过程。没有否证就没有科学革命,就没有科学知识的增长。②

(3)科学发展的社会历史观

历史主义者托马斯·库恩(Thomas Samuel Kuhn,1922 年 7 月 18 日—1996 年 6 月 17 日)提出了一个具有综合性质的科学发展模式,认为科学发展是以"范式"转化为枢纽、知识积累与创新相互更迭、具有动态结构的历史过程。

20 世纪 50 年代末出现了新的情况:一方面,形成了一股自然科学奔向社会科学的洪流,科学社会学、科学学、科学史学、科学心理学等一系列新型学科相继涌现,标志着自然科学与社会科学的相互联系与相互渗透;另一方面,科学成为社会的一项重要的事业,它广泛地深入社会的各个领域,对生产方式、生活方式、思维方式以至价值观念都产生了极其深刻的影响。在新的形势下,对科学理论发展的研究不能孤立地、离开它所处的社会历史环境来进行,因此在科学哲学中出现了社会历史学派。

库恩正是从科学认识的社会历史背景的角度提出了他的科学发展观。从社会学的角度出发,库恩认为,科学研究虽然离不开个人,但科学理论本质上是集体研究的产物;科学理论不是单纯的知识积累,而是一种"范式"(Paradigm),是集体用以不断生产科学知识的工具。从历史学的角度出发,库恩认为,科学发展的线性积累模式是渐变的观点,它看不到科学发展中的质变(科学革命);否证式发展观强调不断革命,但它忽略了常规科学发展的长期积累。为了克服这两种科学发展观的片面性,库恩主张应当尊重历史,从动态的角度来考察科学理论发展的机制和规律,据此,他提出了如下的科学发展模式:前科学→常规科学→危机→革命→新的常规科学→新的危机→。在前科学时期,各种理论、观点、假说相互竞争,但没有一种在科学共同体中得到确认。常规科学时期是科学共同体在范式指导下不断积累知识的时期,常规研究

① 龚静源:《科学发展模式理论简评》,载《武汉交通管理干部学院学报》,2003,5(1),34-36 页。

② 教育部社会科学研究与思想政治工作司:《自然辩证法概论》,169-175 页,北京,高等教育出版社,2004。

不断开拓与加深范式的内涵，为新观念、新理论的突破奠定基础。库恩认为，身处常规科学时期的科学家所从事的科学实践活动主要有三类：确定重要事实、协调事实与理论、详细检验理论。① 在科学革命时期，出现了与范式所预期的不相符合的反常现象，当调整范式不能解决反常问题时便出现科学危机，此时原有的范式受到质疑，科学革命时期由此开始。因此，科学的发展就是前科学→常规科学→科学革命→如此循环往复的过程。②

(4)拉卡托斯的"科学研究纲领"之科学发展模式

伊姆雷·拉卡托斯(Imre Lakatos，1922 年 11 月 9 日—1974 年 2 月 2 日)的哲学思想既受到波普尔的影响，又得到库恩的启发。他作为波普尔的学生，原属否证主义学派，后来由于受到库恩哲学的影响，汲取库恩哲学中的合理因素，并从根本上修改了波普尔的否证主义，即朴素的否证主义，建立了精致否证主义，并针对库恩范式理论的相对主义特征和范式选择的非理性问题，提出了科学研究纲领方法论，目的在于克服范式的相对性，并力求提出相应的理性评价标准。拉卡托斯的"科学研究纲领"包括硬核、保护带两个部分和正、反启发法两条规则。

①硬核、保护带理论。硬核就是构成科学研究纲领的基础理论部分或核心部分，它是坚韧的、不许改变的和不容反驳的。如果硬核遭到反驳，整个研究纲领也将受到反驳。拉卡托斯认为他的"硬核"与库恩的"范式"十分相似，两者有明显的共同点，即两者都是科学理论系统的基础和核心，都对整个理论系统起决定性作用。科学革命在库恩那里是新旧"范式"的更替；而在拉卡托斯这里则是一个研究纲领取代(在进步中超过)另一个研究纲领。然而范式与硬核两者也有重大区别，这不仅在于库恩的范式比拉卡托斯的硬核在内容上要庞杂，前者除基本理论外，还包括基本观点、基本方法以至规则、仪器等；而且还在于库恩的范式是一种心理的信念，而拉卡托斯则坚决反对这种心理主义信念。他认为自己的"硬核"概念绝不是心理上的东西，而是一种理性的产物，他反对"范式"评价的非理性倾向。

"保护带"是指在科学理论系统中，纲领硬核的保护带。它由许多辅助性假说构成，因而又被称为"辅助假说保护带"。保护带的任务和功能是保卫硬核，尽可能地不让硬核遭受经验事实的反驳，从而使其成为名副其实的不可反驳的硬核。一个科学研究纲领系统，其硬核不与经验事实直接接触，具有不可否证性。保护带则与经验事实直接接触，由于理论基本公设与具体假说之间分离，保证了硬核的不可否证的特征。保护带通过把经验反驳的矛头主动地从硬核引向自身来保护硬核。它不是让硬核，而是让构成这个保护带的辅助性假设来承担错误的责任，并通过修改和调整这些

① T. S. Kuhn：《The Structure of Scientific Revolutions》，2 ed，34，London，The University of Chicago Press，1970。

② 教育部社会科学研究与思想政治工作司：《自然辩证法概论》，175-176 页，北京，高等教育出版社，2004。

辅助性假设来保护硬核,以使它不受经验的反驳。一个研究纲领由一系列具有共同硬核的理论组成,因此一个纲领的进步也就是一个理论体系不断修正辅助假设,不断发展模型的过程。①

以普特劳(W. Prout)的原子论思想为例。19 世纪英国化学家普特劳的原子论思想的硬核是:所有元素的原子量都由氢原子复合而成。其辅助性假设(一)为:化学元素的原子量具有整数倍的特点。其化学事实为:氯的原子量和镉的原子量分别为 35.457 和 112.41;对于给定的化学元素,在电子束电磁场偏转实验的荧光屏上可以发现两条甚至多条粒子偏转留下的抛物线。其辅助性假设(二)为:非整数倍元素的原子量可用同位数概念解释。

②正、反启发法。拉卡托斯认为“重大科学成就的典型描述单位不是一个孤立的假说,而是一个研究纲领……是一系列的假说和反驳”。它由一定的方法论规则组成:有的规则告诉我们“不应当怎样做”,拉卡托斯称其为“反面启发”(“反面助发现法”),有的规则告诉我们“应当怎样做”,他称其为“正面启发”(“正面助发现法”)。这样,我们就可以知道拉卡托斯的“研究纲领”是一个既可以从正面又可以从反面指导未来研究的理论结构。

反面启发:纲领的“硬核”。拉卡托斯认为一切科学研究纲领都有一个“硬核”,它除了其他方面之外,就是确定一个纲领特征,构成纲领发展基础的理论假说。如哥白尼纲领的硬核是地球和其他行星沿一定轨道绕太阳运行以及地球绕自己的轴每日旋转一次。牛顿纲领的硬核是运动三大定律和万有引力定律。一个研究纲领的硬核是不可改变的,它是研究纲领今后发展的基础。改变硬核就是放弃研究纲领,如第谷·布拉赫(Tych Brahe,1564—1601 年)、威廉·吉尔伯特(William Gilbert,1504—1605 年)提出除地球外所有行星均绕太阳运行,而太阳本身绕静止的地球旋转,这一地球中心说就是放弃哥白尼纲领。拉卡托斯认为,牛顿的引力论是有史以来最成功的一个纲领。在这个纲领中,反面启发禁止把否定式用于牛顿力学三大定律和万有引力定律。

拉卡托斯设计了一个“假想事例”。有位前爱因斯坦时代的物理学家,采用牛顿力学和引力定律、公认初始条件,据以计算出新发现的小行星 P 的路径。但这颗星偏离了计算路径。拉卡托斯问道:“我们这位牛顿派物理学家会不会认为这种偏离是牛顿理论所不容许的,因而一旦确证就驳倒了牛顿理论呢?”“不会”。他可以提出,一定有一颗迄今未知的行星干扰了 P 的路径。他计算了这颗假想的行星的质量、轨道等,并要求实验天文学家检验其假说。但是行星 P 太小了,即使效能最高的望远镜也觉察不到,实验天文学家只好申请拨款建造更大的望远镜。三年后新望远镜造好了。如果观察到这颗行星 P,人们就要欢呼牛顿物理学的新胜利。但可惜没有。我们这位物理学家会放弃牛顿理论和关于引起摄动的行星的想法吗?不会。他

① 芦宝亮:《科学研究纲领方法论探析》,4-5 页,吉林大学硕士学位论文,2006。

又会提出,宇宙尘埃云遮掩了这颗行星。他计算了这种尘埃云的位置和性质,并要求研究拨款发射一颗人造卫星检验他的计算,卫星的仪器如果记录了假想尘埃云的存在,结果又要欢呼牛顿物理学的出色成就。但仍然没有找到这种云。这位科学家会抛弃牛顿理论以及关于引起摄动的行星、遮掩行星的尘埃云的想法吗?不会。他又会提出,在那一宇宙区域中有某种磁场干扰了人造卫星的仪器。于是再发射一颗人造卫星。如发现磁场,牛顿派又要庆祝一次惊人的胜利。但仍然什么也没有发现。这次总可以说驳倒了牛顿物理学了吧?还是没有!这位科学家又会提出另一个创造性的辅助假说……这类全部经过都将埋葬在尘封的期刊之中,再也无人提起。

拉卡托斯用上面这个"假想事例"说明对"硬核"不可用否定式,而只能发挥创造性,说明或发明一些"辅助假说",围绕硬核形成一个保护层,只能把否定式用于辅助假说,辅助假说保护层必须先经受检验,必须经过一再调整,甚至于全部被取代,以便捍卫由此而愈来愈硬的硬核。

正面启发:纲领的"保护层"。拉卡托斯认为,"研究纲领除反面启发,还有正面启发的特点"。它"由一组没有完全明说出来的提示或暗示组成",其任务是解决怎样补充才能够使"硬核"具有更多、更有力的说明和预见实在现象的能力。一个"研究纲领的实际硬核,不可能像雅典娜那样从宙斯的脑壳里一下子就全副武装地跳出来。它是逐渐发展的,经过了'试探和错误'的漫长过程"。"即使是进步最迅速而一贯的纲领,也只能一点一点地消化'反证',决不能把反常一扫而光"。这种经过修正、丰富而改变、发展了的纲领的各种"可反驳"的变形,就构成了硬核的"保护层"。即科学研究的纲领由不可反驳的硬核与可反驳的保护层组成,硬核具有稳定性,保护层具有灵活性,这种稳定性的硬核和灵活性的保护层,使得研究纲领成为具有结构的科学研究方法论。拉卡托斯为了说明"正面启发"的概念,引用了牛顿引力理论早期发展的故事。牛顿最早的行星系纲领,有一个固定的点状太阳,一个唯一的点状行星。他用这个模型从开普勒的椭圆推导出反比例平方定律。但这一定律为牛顿自己的力学第三定律所不容,必须代之以太阳和行星都围绕一个公共引力中心而旋转的模型。这样的改变并不是因为观察发现"反常",因为"科学家(或哲学家)有了正面启发,就会拒绝观察。他会'躺到睡椅上,闭上眼睛忘掉这些材料(即反常——引者)……不会因自然界的'否'而感到沮丧"。不是由于观察到"反常""材料",而只是由于理论本身的矛盾,牛顿就改变了自己的模型。这是"正面启发"所指示的"应当怎样做",这种改变了的模型能够解释一些事实,但仍有许多事实无法解释,于是牛顿又着手去研究体积更大的行星,而不是圆的行星。拉卡托斯认为"理论科学家的真正困难,与其说是来自反常,不如说来自数学困难",而这种不顾"反常"材料而仅从理论本身的需要所作的改变,表明了"理论科学的相对自主性"。纲领的正面启发法,允许把反常现象"列出来摆到一边,到一定时候就有希望为纲领所认可",就是说和纲领的硬核相统一。从拉卡托斯的论述中可以看出,他所说的"正面启发"也就是科学家为了完善自己的理论而对出现的不协调现象所做出的说明和解释,即"自圆其说”。难怪拉卡托斯说:“保护层也都是折中而成的,没有一定的顺序。顺序一般都是理论家在书斋里定的,不管已知有些什么反常。”①

科学研究纲领的“硬核”、“保护带”以及正、反面启发法构成了一个完整的动态理论系统,通过不断地调整和完善辅助性假说,研究纲领能够得到长久的发展。同时需要注意的是拉卡托斯认为:“科学家列举出反常,但只要他的研究纲领不减势头,他大可不理睬它们。决定他的问题选择的主要是纲领的正面启发法,而不是反常。只有当正面启发法的动力减弱时,才予以反常较多注意。”②这里显然点出了正、反面启发法的主次问题,通过正面启发法预见即将到来的反驳,完善理论的建设是主要和关键的,这也是理论科学高度自主性的体现。

2. 日本科学论关于科学发展模式及动力的研究

武谷三男是当代日本著名的理论物理学家,也是一位技术论学者。他结合物理学史和自然辩证法的研究实际,受《资本论》的巨大启发,提出了科学发展的“三阶段”理论。所谓“三阶段”理论,是把人对于自然的认识分为三个阶段:第一阶段是描述现象和描述实验结果,称为现象论阶段;第二阶段是了解产生现象的实体结构,并根据这种结构的认识,整理关于对现象的描述,以获得规律性,称为实体论阶段,实体论直接来源于马克思的劳动价值论;第三阶段是以实体论阶段为媒介深入本质的认识,称为本质论阶段。

武谷以“三阶段论”的方法生动而形象地描述了人类在认识自然规律方面从相对真理走向绝对真理的无限过程。武谷指出:“物理学的认识不像‘一条道走到天黑’那样直线地发展,而是沿着这三个阶段循环往复向前发展的。即第一个循环的本质论,从第二个循环来看则是现象论,从而推动第二次循环向前发展。”③例如,人类对电与磁的认识过程就恰恰反映了从认识的第一个循环能动地发展到第二个循环,以至于无穷。

人类最初是分别认识摩擦起电和磁石吸铁的现象的,经过分别研究电现象和磁现象的实体论阶段,在长期的实验探索基础上,法拉第总结出电磁感应定律,认识了电与磁之间的内在规律,对电与磁的认识达到了初级的本质论阶段,建立了电磁学。然而,对于更深入的认识,电磁学又成了第二个循环认识的起点,相当于第二个认识循环的现象论阶段。在电磁学的基础上麦克斯韦把库仑定律、电磁感应定律、安培定律等归纳总结以及引入位移电流等实体,这就是“实体论”阶段,然后用抽象的数学形式建立了麦克斯韦方程组。麦克斯韦方程组揭示了电磁场的内在矛盾和运动规律。不仅电荷和电流可以激发电磁场,而且变化的电场和磁场可以互相激发。麦克斯韦方程组在理论上预言了电磁波的存在,并指出光波就是一种电磁波,实践证明这

---

① 李宪如:《拉卡托斯“科学研究纲领方法论”述评》,载《河北大学学报》,1984(1),35-36页。
② 伊姆雷·拉卡托斯:《科学研究纲领方法论》,141页,兰征,译,上海,上海译文出版社,2005。
③ 武谷三男:《物理学方法论论文集》,47页,北京,商务印书馆,1975。

种预言是正确的。这就对电与磁的关系达到了第二级本质论阶段的认识，建立了电动力学。认识再继续发展，电动力学又成了第三个循环认识的起点，运用量子化的麦克斯韦方程和狄拉克方程，研究电子与光子、电子与电子之间的相互作用，原来电子与电磁场的作用就是电子与光子相互作用，电子与电子相互作用交换“虚光子”，这样对电与磁相互作用的认识就达到了更深入的本质论阶段。也就是说，把量子力学、电动力学、相对论统一起来研究带电粒子之间相互作用规律的量子电动力学，对电与磁达到了第三级本质论阶段的认识。建立量子电动力学，认识并没有结束，人们正在为建立电磁作用、弱相互作用、强相互作用的大统一理论而探索着。对于电与磁的本质认识不断深入发展的例子，具体而生动地说明了人的认识怎样由所谓初级的本质到二级的本质、三级的本质，以至于无穷。列宁曾把科学发展的认识过程形象地描述为“是圆圈的圆圈”。① 而武谷指出，物理学的认识不像“一条道走到天黑”那样直线地发展，而是沿着现象、实体、本质三个阶段循环往复向前发展的，这就把列宁所说的“圆圈”具体化了。武谷不仅指出了认识的无限发展过程，而且还具体地指出了这种发展的途径——经过现象、实体、本质阶段——完成一个循环再过渡到第二个循环，以至无穷。因此说，武谷丰富了马克思主义关于人的认识是从相对真理走向绝对真理的无限发展过程的理论。②

“三阶段论”试图把科学发展的过程与科学认识的活动统一起来，体现和丰富了马克思主义认识论，是日本早期自然辩证法研究最重要的理论成果之一。当然，“三阶段论”毕竟是一种传统的认识方法，有其局限性，需要不断完善。

（三）对科学发展模式及动力的理解

科学的任务是不断探求和系统总结关于客观世界的知识。在纵向上，科学发展表现为渐进与飞跃的统一。科学发展的渐进形式是科学进化，主要指在原有科学规范、框架之内科学理论的推广以及局部新规律的发现，原有理论的局部修正和深化等。如某些新规律的发现，原有理论的局部修正或者拓宽和深化。科学发展的飞跃形式就是科学革命，主要指科学基础规律的新发现、科学新的大综合、原有理论框架的突破、核心理论体系的建立等。

科学革命这一概念是由剑桥大学教授巴菲尔德在《近代科学的起源》一书中第一次在一般性意义上加以使用的。③ 他把“科学革命”看作比文艺复兴和宗教改革更为重要的决定近代特征的划时代事件。从这以后，无论是科学家还是哲学家，都很重视从理论上来研究科学革命及其在历史上的作用。

对于自然科学，人们可以理解为关于自然的系统知识，也可以理解为探索自然的

---

① 列宁：《哲学笔记》，222 页，北京，人民出版社，1956。

② 徐玉华：《武谷三男“三阶段论”方法论的哲学意义》，载《社会科学辑刊》，1983(3)，11 页。

③ H. 巴特菲尔德(H. Butterfield)：《近代科学的起源》，157-159 页，张丽萍，等，译，北京，华夏出版社，1988。

方法，还可以理解为人类社会活动的一个特定领域。就科学作为系统知识来说，任何一门学科的概念、结构、范式的变化都可以视为该学科的一场革命；就科学作为人类活动来说，任何研究活动组织方式的变革也都可以看作科学革命。因此，由于角度的不同，人们对于自然科学史上所发生的科学革命有二次说、三次说、四次说和多次说等不同的认识，以主张三次说的较为普遍。实际上，科学革命是指由科学事实、科学理论、科学观念三个基本要素组成的科学知识结构体系的根本变革，其中作为体系硬核的科学观念居于最高层次，它代表着一个时代科学思想的精华，为科学理论活动和实践活动提供基本准则和框架。因此，只有相对稳定的科学观念发生根本变革，并在科学共同体中得到确认，才能构成科学革命。贝尔纳认为："许多科学观念的改变就总合成为一场科学革命。"①

从科学发展史来看，科学革命的发生往往从个别科学首先突破，产生新的、能更全面更正确地说明自然界规律性的、反传统的科学观念。它一旦成立，便迅速向其他科学知识体系全面渗透，使旧的知识体系被逐步改造而向新的知识体系过渡，最后在科学共同体中得到确认。

在横向上，科学发展表现为分化与综合的统一。分化是指事物向不同的方向发展、变化，或统一的事物变成分裂的事物；综合是指不同种类、不同性质的事物组合在一起。

现代科学技术已经发展成为一个庞大的网络体系。自然科学发展的突出特点就是在高速分化的基础上高度综合。新的科学技术不断出现，学科分化越来越细，许多学科相互渗透、相互影响后往往在各门学科相互联系的关节点上生长出更新的、更具有优势的交叉、边缘、横向、综合科学技术学科群。它们都兼有分化和综合的双重功能。现代科学技术体系的形成标志着现代科学技术高度分化与高度综合的辩证统一。现代科学技术就是在这两种矛盾过程中不断进化发展的。分化就是研究，综合就是创造。

在总体趋势上，科学发展表现为继承与创新的统一。

继承是科学发展中的量变，它可使科学知识延续、扩大和加深。科学是个开放系统，它在时间上有继承性，在空间上有积累性。只有继承已发现的科学事实和已有理论中的正确东西，科学才能发展，不断完善，继续前进。只有在继承的基础上进一步创新，才能使人类对自然的认识出现新的飞跃，引起科学发展中的质变。创新是继承的必然趋势和目的。

科学技术继承的形式，主要表现为理论和方法的移植嫁接，技术成果的融化综合。前者如量子力学建立后，产生了量子化学、量子生物学。后者如从库仑的电荷作用定律，到麦克斯韦电磁方程的建立。两者都使原来的理论体系更加充实和完善，并为进一步的创新突破准备了条件。

---

① 贝尔纳(J. D. Bernal)：《历史上的科学》，210页，北京，科学出版社，1981。

创新是科学技术发展中的质变,是整个科学理论体系的重大改革。继承可使科学知识延续、扩大和加深,但它是科学技术发展中的量变。只有在继承的基础上进一步创新,才能使人类对自然界的认识出现新的飞跃,引起科学技术发展中的质变。创新是继承的必然趋势和目的。

科学技术的创新主要表现在比较正确的理论代替错误的理论,错误的理论被扬弃。例如,哥白尼的日心说代替托勒密的地心说,即更普遍的理论代替了特殊理论。相对论和量子力学对于牛顿力学而言,就是把它作为一种特殊情况,包含在理论体系之中,从而大大扩展了理论覆盖的领域。

科学技术的发展是在继承基础上的创新,在创新指导下的继承。继承和创新的反复交替、无限发展,推动了科学技术不断前进。科技史表明,前人留下来的东西越丰富,力量越雄厚,后人创新的条件越充分,科学技术的发展速度也就越快。继承表明了科技发展中前后相继的关系。创新则表明了科技依次更替的关系。两者既互相区别,又相互联系,是连续性与间断性、渐进性与突变性的对立统一在科学技术发展中的具体体现。①

二、技术的发展模式及动力

(一)马克思、恩格斯关于技术发展模式及动力的分析

1. 社会需要是技术发展的重要推动力

恩格斯指出,“科学的产生和发展一开始就是由生产决定的”,②“社会一旦有技术上的需要,这种需要就会比十所大学更能把科学推向前进”。③

2. 技术体系内部发展的不平衡

从各生产部门的分工来看,近代技术体系包括纺织部门、蒸汽机械的制造部门等。单从棉纺业来看,就有纺纱机、织布机、印花机、漂白机、染色机等。相应地,棉纺业的革命又引起分离棉花纤维和棉籽的轧棉机的发明,进而社会生产过程的一般条件即交通运输工具的革命成为必要。

3. 科学对技术的先导作用

“机器生产的原则是把生产过程分解为各个组成阶段,并且应用力学、化学等,总之应用自然科学来解决由此产生的问题”。④ 这样,整个生产过程不再是“从属于工人的直接技巧,而是表现为科学在工艺上的应用的时候,只有到这个时候,资本才获得了充分的发展”。⑤

---

① 李西双,王广生:《论科学技术的继承和创新》,载《沈阳农业大学学报(社会科学版)》,2002,4(4),343页。

② 马克思,恩格斯:《马克思恩格斯文集》,第9卷,427页,北京,人民出版社,2009。

③ 马克思,恩格斯:《马克思恩格斯文集》,第10卷,668页,北京,人民出版社,2009。

④ 马克思,恩格斯:《马克思恩格斯文集》,第5卷,531页,北京,人民出版社,2009。

⑤ 马克思,恩格斯:《马克思恩格斯文集》,第8卷,188页,北京,人民出版社,2009。

马克思认为技术的“进步只是由于世世代代的经验的大量积累”，①从本质上揭示出了人对自然的能动关系，人的生活的直接生产过程以及人的社会条件和由此产生的精神观念的直接生产过程。没有科学这个基础，技术只是“死的生产力上的技巧”。马克思在《剩余价值论》中已经认识到“技艺之母是科学，而不是实行者的劳动”。② 贝尔纳指出，“马克思比当代科学家更清楚地看清了科学与技术的密切联系③”。科学的发展需要技术的应用，技术的发展离不开科学的支持，科学与技术的关系已密不可分。科学中有技术，如物理学中有实验技术，技术中也有科学，如杠杆、滑车等其中也有力学；技术产生科学，如射电望远镜的发明，产生了射电天文学；科学也产生技术，由电磁感应理论生产出电动机、由核裂变原理制造出原子弹等。科学和技术相互促进、互为因果，它们在认识自然和改造自然的过程中统一，又在相互统一中发展。

历史地看，早在史前时期，人类就在制造工具的过程中产生了技术，但是长期以来，科学和技术并没有什么联系，各自按照自己的逻辑分道扬镳。真正以科学作为基础的现代技术，直到19世纪后期才崭露头角，化学合成技术和电气技术是其典型的代表。1858年和1866年铺设大西洋海底电缆，1868年德国科学家利伯曼（K. Liebermann）和格雷贝（K. Graebe）合成茜素红，1876年贝尔发明电话，1878年拜耳（J. F. A. Baeyer）合成靛蓝，1879年爱迪生发明真空碳丝灯泡，都是现代技术史上光彩夺目的事件。现代化学工业和电气工业伴随这些技术发明横空出世。当代技术以微电子技术、计算机技术、信息技术、原子技术、空间技术、生物基因技术、新材料技术等为主干，这一切技术领域都是20世纪初的物理学革命和20世纪中期生物学和遗传学的进步直接导致的结果。就其本质而言，现代技术可以说是科学的副产品或衍生物。尤其引人注目的是，现代技术由于建立在坚实的科学基础上，加之科学向技术转化的周期缩短，其进步如虎添翼、突飞猛进。它在规模上相当庞大，在门类上相当齐全，在分工上相当专门，在水准上相当精密，在力量上相当强劲。它给时代的政治、经济和文化打上了深刻的烙印，推动社会快步向前发展，同时也引发了诸如环境污染等问题。④

（二）国外关于技术发展模式及动力的研究

1. 技术自主论

该理论认为技术是独立的，自我决定、自我创生、自我推进、自在的或自我扩展理论，埃吕尔和温纳被公认为技术自主论的主要代表。其中，法国社会学家埃吕尔的影响最大，概括起来，他的技术自主论表现在以下几个方面：第一，技术是自我决定的，

---

① 马克思：《机器、自然力和科学的应用》，59页，北京，人民出版社，1978。

② 马克思，恩格斯：《马克思恩格斯全集》，第26卷，377页，北京，人民出版社，1974。

③ 贝尔纳（J. D. Bernal）：《科学的社会功能》，317页，陈体芳，等，译，桂林，广西师范大学出版社，2003。

④ 李醒民：《科学和技术关系的历史演变》，载《科学》，2007，59（6），28-31页。

技术能自我发展、自我扩张、自我完善,技术的自身内在需要是决定性的;第二,复杂的、独立的技术系统是由技术本身形成的,而不是由社会形成的;第三,自主性是技术的根本特性。①

对技术的这种相对自主性的夸大是技术决定论等思潮的根源,技术决定论认为,技术是一种独立的或自主的力量,是依照自身的逻辑规律发展并以此塑造社会、影响社会发展的。持这种观点者很多,如法国学者埃吕尔、美国学者奥格本、德国学者海德格尔以及法兰克福学派学者马尔库塞等。技术决定论可以依照技术对自然以及人类社会发展的决定程度划分为硬技术决定论和软技术决定论。硬技术决定论认为,技术是绝对自主独立的,是自然及人类社会发展的最终决定力量。而软技术决定论认为,技术是相对自主独立并受到社会影响的,它不是决定社会发展的唯一因素。从一开始,技术决定论就受到了来自各方面的批评。的确,人并不是完全泯灭在技术之中的。②

2. 社会建构论

社会建构论是20世纪70年代英国爱丁堡学派用以研究科学知识社会学所采用的一种建构主义的研究方式,主张站在社会学的角度分析科学知识的产生,强调社会因素对科学的建构,并且认为在技术的发展过程中,社会因素起到了决定性作用。其基本观点是主张知识是被社会建构起来的,而不是反映自然的结果。社会建构论的主要代表有比克、平齐等人。

1982年,荷兰科学知识社会学家比克(W. E. Bijker)和美国科学知识社会学家平齐(T. J. Pinch)把科学知识社会学的理论渗透和扩张到技术领域,提出了技术的社会建构方法。他们认为,对科学的研究和对技术的研究应该也确实能够相互受益,而"在科学社会学中盛行的、在技术社会学中正在兴起的社会建构主义观点提供了一个有用的起点",③并要求在分析、经验意义上提出一种统一的社会建构主义方法。

综上所述,技术自主论和社会建构论都看到了技术发展的某一方面的动力,忽视或低估了其他方面动力的作用,存在片面性。

(三)对技术发展模式及动力的理解

马克思主义认为,技术的发展由社会需要、技术目的以及科学进步等多种因素共同推动。

1. 社会需求与技术发展水平之间的矛盾是技术发展的基本动力

任何技术最早都源于人类的需要。正是为了生存发展的需要,人类起初模仿自然,进而进行创造,发明了各种技术。同时,文化对技术发展具有明显的张力作用。

---

① 孙延臣,秦书生:《关于技术自主论的综述》,载《东北大学学报(社会科学版)》,2003,5(3),160页。

② 梅其君,文罡:《技术自主论思想溯源》,载《东北大学学报(社会科学版)》,2007,9(2),103-104页。

③ 李三虎,赵万里:《技术的社会建构——新技术社会学评介》,载《自然辩证法研究》,1994,(10),30-35页。

先进的思想文化会推动技术的发展，而落后的思想文化则会制约和阻碍技术的发展，包括影响技术决策、技术研发以及技术成果的产业化各方面。

2. 技术目的和技术手段之间的矛盾是技术发展的直接动力

技术目的就是在技术实践过程中在观念上预先建立的技术结果的主观形象，是技术实践的内在要求，影响并贯穿技术实践的全过程。技术手段即实现技术目的的中介因素，包括实现技术目的的工具和所使用工具的形式。技术目的的提出和实现，必须依赖于与之相匹配的技术手段。技术手段是实现技术目的的中介和保证，它包括为达到技术功能要求所使用的工具以及应用工具的方式。

在技术目的和技术手段之间，常出现技术目的的超前性和技术手段的滞后性之间的矛盾。人类的物质文化需求在不断增长，要满足这种需求，需要借助于技术向自然界索取，于是就不断对技术提出要求，使技术目的处在不断更新中。但技术目的的实现需要技术手段来完成，而技术手段一旦定性，必然在一定时间内保持稳定不变性。这样，原有的技术手段往往难以满足技术目的的需求，因而就需要发展新的技术手段去实现技术目的。可见，正是技术目的的确立为发展技术手段指出了方向。但在另一方面，技术目的的确立也会受到技术手段的制约。技术目的不是盲目确立的，如果只从良好的主观愿望出发，忽视客观条件，技术目的再好也不可能实现。确立技术目的时首先要考虑的条件就是技术手段的发展程度和水平。如果技术手段在可预见的将来达不到实现技术目的所需要的程度，则技术目的就不能实现。

在技术目的和技术手段这对矛盾中，虽然技术目的的确立在一定程度上要受制于技术手段，但一般而言，技术目的是这对矛盾中主动和积极的因素，起着主导性作用。技术目的的确定，促使人们改造旧的技术手段，创造新的技术手段。在创造出新的技术手段的基础上，社会又有了进一步的物质文化需求，于是人们又根据这一新的需求提出新的技术目的……如此循环往复。可见，正是技术目的和技术手段互为条件，互相推动，共同发展，构成了人类的技术发展史。①

3. 科学进步是技术发展的重要推动力

19 世纪中期以后，科学走到了技术的前面，成为技术发展的理论向导。科学革命导致技术革命，技术发展对科学进步的依赖程度越来越高，技术已成为科学的应用。尤其是当今社会的发展，日益形成了科学技术一体化的双向互动过程。

思考题

1. 如何理解 18 世纪和 19 世纪科学技术的发展与马克思、恩格斯科学技术思想的产生之间的关系？

2. 怎样认识马克思、恩格斯的科学技术思想在马克思主义理论体系中的重要地位？

---

① 肖德武，姜正东，孙波：《简明自然辩证法教程》，171-172 页，济南，山东大学出版社，2006。

3. 马克思、恩格斯和国外学者关于技术本质的分析有何主要差异？
4. 如何理解科学技术一体化的特征？
5. 为什么说科学发展是继承与创新的统一？
6. 怎样认识技术发展的动力？

案例

什么是科学①

自从古希腊时欧洲理性文化诞生以来，各个时代的科学便在某种程度上囊括与代表了这个时代的知识与学问。除了满足理论思辨上的好奇心之外，这些知识逐步在实践中得到了具体应用。发展到了今天，科学，还有技术，已经以空前未有的程度与速度控制与决定着我们的生活，渗透与贯穿于人类生活的各个方面。

第一，科学不仅为我们的生活创造了舒适的条件，而且为我们提供了可以随时使用的技术。长久以来，科学已经不再满足于为人类服务的角色。科学研究早已开始为自己寻找目的，而已经达到的目的均是现实无法预料的。也就是说，在我们的日常生活中，科学已不再是单纯供我们使用的工具，起着单纯地使我们为了达到某个目的而创造条件的作用。科学已开始不断地为自己寻找目的，探讨自身的可能，并正在朝着这些方向阔步前进。

第二，在许多场合，科学已经代替了宗教的功能。人们今天对科学的崇拜并不亚于昔日对上帝的信仰。铁面无私的法庭上，起决定作用的不再是《圣经》中的上帝提出的律条，亦不是传统力量的约束，而是“专家们”的一纸鉴定，世俗权力，譬如国家领导人制定国策时，也不再征求神职人员的看法，不再通过占星问卜的方式探求“天意”是否站在自己一边。经过科班训练的各科“精英状元”成了更符合时代潮流的“风水先生”。

第三，科学彻底改变了我们对世界与自然的看法。对我们来说，宇宙已不是古希腊人所想象的那样，茫茫大海上漂浮着一块扁圆形的地球，头顶上的星空如同一块穿了几个洞的瑞士奶酪，再往上便是永不熄灭的天火。枯燥的科学认识代替了诗人的丰富想象。不仅如此，科学将《圣经》中的上帝创始论变成了自然进化论。科学改变了我们对肉体与灵魂两者之间关系的看法。

第四，科学摆脱了神学与宗教的束缚。18 世纪时，欧洲启蒙运动曾寄人类进步于科学的发展。科学也确实没有使我们失望。可惜事情却并非如此简单。福兮祸所伏，有一利必有其弊。科学的发展亦会给人类带来灾难。这些灾难有的已经发生，有的可能发生。更有甚之，我们担心对人类生存条件的破坏，最终将导致人类的自我毁灭。

---

① 本段摘自汉斯·波塞尔《科学：什么是科学》，上海三联书店，作者有删改。

鉴于以上几点，我们要提出的问题就有点燃眉之急了。这个问题是，科学，到底什么是科学？带着这个问题，如果我们去问某一位具体的科学家，那我们碰到的情景也许会和古希腊时苏格拉底先生的遭遇差不多：在公元前5世纪的雅典中心广场上，哲学家苏格拉底为了弄清楚“能干”的含义是什么，曾去问一位很“能干”的著名鞋匠。他得到的回答是，一个能干的人好比一个聪明的鞋匠，他为别人制作的鞋正合适，既不太大又不挤脚。对这类答案，哲学家并不满足，苏格拉底解释说：我要知道的并不是什么样的鞋匠称得上能干，而是“能干”本身是什么。

但是，什么是科学呢？康德的《自然科学的形而上学起源》第一页上有这么一个定义：“每一种学问，只要其任务是按照一定的原则建立一个完整的知识系统，皆可被称为科学。”这一定义对我们很有启发，因为它含有我们对科学的理解中的几个主要成分。第一点，也是最重要的一点，是科学与知识有关，而“知识”这一概念已经要求，作为知识系统，科学中的所有的表达与陈述必须是有根有据、有头有脚的，因为所谓的知识就是被证明为是真的陈述。康德定义的第二点是，科学并不是单一陈述的堆积，尽管堆积中的每个陈述都是正确的。在科学中，这些陈述必须共同构成一个系统。也就是说，科学可以被理解为通过采用一定的方法或程序而达到的某种结果。程序决定了陈述与陈述之间必须互相联系，此联系构成一个整体。第三，这一系统必须具有说理性与论证性，也就是康德所指出的，是按照一定的原则而建立起来的完整的知识系统。按照这一理解，科学上所有东西都被证明一下，起码得自圆其说。在土地测量的实践中，人们都很熟悉毕达哥拉斯的勾股定理，但古希腊的思想家们却别出心裁，要“证明”一下这一原理的正确性进而使其成为公理，这便是科学的开始。不管在什么地方，人们以何种方式从事科学研究，其目的总是试图建立一套得到证明的陈述系统。这样的陈述系统亦可被称为理论。

给概念下定义是必要的，同时也很危险。从定义出发也许会把某些本来属于此概念的领域排除在概念之外，而另一方面，通过人为地划分与界定，又可以把某些按照常理并不属于此概念的成分划入概念之内。为了避免这一点，卡尔纳普发明了一种方法，我们叫它“概念置换法”。

这一方法的主要意旨是，通过一定的程序将日常用语中的某些不太清楚的模糊概念准确化。借用这一方法，维尔格南特（R. Wohlgenant）曾给“科学”下了一个定义。在对科学进行了几乎两百页的研究之后，维尔格南特说：“我们的理解是，科学是由句子作用（即陈述形式）或者完整的句子形式（即陈述）组成的一个在所有陈述句型构成的句子之间没有矛盾的联系体。这些陈述是描写、归类以及（或者）证明、引申，部分是普遍的全称陈述，部分是单一性（单称）陈述，但最起码是间接地可以得到检验的对事实的陈述。同时，这些陈述符合一系列固定的句子构成规则以及句子转换规则，即引申规则。”为了方便与康德的定义相区别，我们将维尔格南特的“定义”称为“解释”。人们当然会说，维尔格南特故弄玄虚，把本来简单的事情复杂化了。我们也可以说,他讲的这么一大堆,康德本来就看到了。只是这些都不是问题的关键所在。定义即解释的内容亦不重要,我们完全可以另辟蹊径。对于下面将要展开的讨论非常重要的只是这一解释所采用的方法或者方法方面的设想:定义意味着预先决定,定义一经做出,便不容置疑。在循环论证的意义上,这样的预先决定实际上已经决定了所要论证的结果。一个典型的例子便是我们上面讲到的渔网:网眼大小决定了捕到的鱼的大小。与这种意义上的定义不一样,维尔格南特式的"解释"避免了定义带来的教条主义。这是其一。其二,解释虽然也是某种规定或决定,只是与定义相比,这一规定可以随时得到修改,也就是说,"解释"可能会过时。我们下面将会看到,这样的修改本身并不是毫无预设条件的,只是其具有的可批判性即可修改性是一大优点。

尽管如此,维尔格南特的解释恰恰表明了在开始时康德的定义给我们提供了一个非常有用的对科学的共同理解,以便我们能够进入科学,尽管康德的定义需要得到补充与扩展。

进一步阅读书目

1. [英]查尔默斯. 科学究竟是什么[M]. 查汝强,等,译. 北京:商务印书馆,1982.

人们一般认为,科学及其方法是有些特殊东西的。称某一论点、推理或研究为"科学的",它们包含某种优点或特殊的可靠性。但是,科学中什么东西是如此特殊呢?"科学方法"是什么呢?本书就试图说明和回答这类问题。

2. [英]伊·拉卡托斯. 科学研究纲领方法论[M]. 兰征,译. 上海:上海译文出版社,1986.

本书作者集中论述了科学哲学观和历史方法论。书中批判了波普尔的证伪主义方法论与库恩的非理性主义的科学心理学,提出了一个理论演替的合理的动态的科学发展模式,主张以科学史检验科学方法论,并倡导以典型历史实例进行"案例研究"的方法。

3. [美]托马斯·库恩. 科学革命的结构[M]. 金吾伦,胡新和,译. 北京:北京大学出版社,2003.

全书的章节:绪论,历史的作用,通向常规科学之路,常规科学的本质,常规科学即是解谜,范式的优先性,反常与科学发现的实现,危机与科学理论的实现,对危机的反应,科学革命的本质和必然性,革命是世界观的改变,革命是无形的,革命的解决,通过革命而进步。

4. 徐葆耕. 古希腊神话的现代性[M]. 北京:新世纪出版社,2005.

5. 高亮华. 人文主义视野中的技术[M]. 北京:中国社会科学出版社,1995.

思考题

1. 苏格拉底说:我要知道的并不是什么样的鞋匠称得上能干,而是“能干”本身是什么。对于苏格拉底的这一说法你是怎样理解的?你认为“能干”本身指的是什么?

2. 康德说过:“每一种学问,只要其任务是按照一定的原则建立一个完整的知识系统,皆可被称为科学。”对此谈谈你的理解和认识。

3. 如何理解维尔格南特对“科学”下的解释定义?你认为这种定义方法能够解释科学的本质吗?

第三章　马克思主义科学技术方法论

在马克思主义哲学的基本框架中，科学技术方法论充分体现了其辩证唯物主义的基本哲学立场。马克思主义科学技术方法论的核心就是辩证思维。恩格斯指出："对于现今的自然科学来说，辩证法恰好是最重要的思维形式。"①马克思主义科学技术方法论的基本原则就是把辩证法贯彻到科学技术研究中，使对立统一、质量互变和否定之否定的辩证思想渗透到具体的科学技术研究中，把握具体科学技术研究的过程。马克思主义科学技术方法论的理论要素就是：分析与综合相互映照，归纳与演绎相互结合，从抽象到具体的辩证过程，历史与逻辑相互统一。

第一节　科学技术研究的辩证思维方法

辩证思维方法是科学技术研究中的基本方法，主要表现为分析与综合、归纳与演绎、从抽象到具体、历史与逻辑的统一。科学家与工程师在科学技术实践中运用这些思维方法进行科学研究与技术开发。自觉地认识和提升这些辩证思维的形式，对于树立马克思主义科学技术观，深入研究科学技术，建设创新型国家具有重要的意义。

一、分析与综合

分析与综合应该是科学技术研究中最基本的方法之一，是辩证思维的代表性体现。其中，分析是指在思维中把对象分解为各个部分、侧面、属性以及阶段，分别加以研究考察的方法；而综合则是指在思维中把对象的各个部分、侧面、属性以及阶段按照内在联系有机地统一为整体，以掌握事物的全貌、本质和规律的方法。

从上述的概念中不难发现，分析与综合表现的是两种不同的思维方式，其思考问题的方向刚好相反，而二者的有机结合将会贯穿于科学技术研究中的思维全过程。分析与综合有机结合，形成分析与综合的辩证思维，并构成认识事物部分与整体辩证关系的完整过程，是科学家、工程师等思考事物、对象的必要思维方法与阶段。

在科学研究中，分析方法帮助科学家将对自然现象的认识从整体深化到局部，而综合方法又帮助科学家将局部的认识重新上升到整体。这两种思维方法互为前提、相互依存，在一定的条件下相互转化。比如经典物理学中关于电磁现象的研究以及关于光的本性的研究，都体现出分析与综合的有机结合。而且，这些经典科学研究实例也告诉我们在进行科学分析时，要有一种系统的整体观念，不能将原有的系统简单

---

① 马克思，恩格斯：《马克思恩格斯文集》，第9卷，436页，北京，人民出版社，2009。

地机械分割并进行孤立的考察,这样做就会在研究中错失研究对象各部分之间的有机联系。随着现代系统科学的兴起,系统自然观的确立,为人们提供了探索组织性、复杂性问题的崭新的系统思维方法,使现代科学研究进行系统思维分析,把研究对象看作一个不可割裂的有机整体,从而实现从部分与整体以及系统与环境的相互联系、相互制约、相互作用的关系中进行动态的分析。

总而言之,在科学技术研究过程中,分析方法使得科学认识的层次更加深入与细致,而综合方法则使得科学认识更具有大局观、整体性与创新性。两者的有机结合是辩证思维的表现,实现的是从科学事实向科学理论的演进。

案例

麦克斯韦方程组与经典电磁学理论

麦克斯韦是近代物理学史上堪与牛顿齐名的伟大物理学家,他提出麦克斯韦方程组,用数学方式从宏观上描述了电磁现象,将电、磁、光统一到了一个理论之中,并成功预言了电磁波的存在,从而建立起了经典电磁学理论,为整个经典物理学理论框架奠定了坚实的基础。

从奥斯特发现电流的磁效应,到法拉第提出电磁感应定律,科学家对于电磁现象做了深入的分析研究,使大家意识到电与磁之间的联系,并在此基础上产生了电磁场的概念。而麦克斯韦方程组的提出,使大家终于认识到电磁现象作为一个整体的基本规律,简单地说,也就是变化的电场能产生磁场,而变化的磁场也能产生电场。

案例解析

奥斯特、法拉第,还有库仑、安培、高斯等人各自从不同的角度总结出了电与磁的一些基本性质,直觉地抓住了事物间的联系,但还没能给出从整体上、全面性地认识事物共有的质的规定性。麦克斯韦在总结前人研究成果的基础上,再加上自己的研究成果,将电磁场的基本性质综合为几个微分方程,揭示了事物的整体性,掌握了事物的全貌、本质和规律,使电、磁、光得到统一,故称麦克斯韦是继牛顿之后的经典物理学的又一集大成者。

总之,经典电磁学理论的建立以及麦克斯韦方程组的提出,都表现出了科学研究过程中分析与综合有机结合的方法。而麦克斯韦方程组(如下所示)还因其在内容和形式上给人一种清新、简洁、完整、明快的美的感觉,成为科学史上的一个美学经典。

$$\begin{cases} \nabla \cdot D = \rho_f \\ \nabla \cdot B = 0 \\ \nabla \times E = -\dfrac{\partial B}{\partial t} \\ \nabla \times H = J_f + \dfrac{\partial D}{\partial t} \end{cases}$$

二、归纳与演绎

归纳与演绎是科学技术研究中最常见的两种方法,在具体的科学技术研究过程中,归纳与演绎的综合使用是科学家与工程师提出科学理论、做出科学说明与科学预测、寻找技术原理、进行技术发明的必备方法。

归纳与演绎代表的是科学技术研究中思维方法的两大基本路径。在传统的归纳逻辑理论中,归纳法代表的是从特殊到一般的思维过程,它实现的是对一般规律的认识;而演绎法代表的是从一般到特殊的思维过程,它实现的是对某个具体的现象的说明与预测。

(一)演绎

从上述分析可以看出,演绎法具有所有其他科学思维方法都不具备的必然性推理特征。在演绎推理过程中,前提真将蕴涵结论真,这种推理必然性的逻辑有效性只取决于前提与结论所包含的各个概念之间的关系,而与其具体内容无关。演绎方法最简明的例子就是亚里士多德的三段论以及近现代科学中的公理方法。由于其证明式的逻辑有效性,演绎方法成为了科学技术研究中的重要基础方法,它可以帮助我们对科学假说进行检验;还可以结合科学理论对已知实验现象进行说明,对未知实验现象进行预测。科学史上的很多重大发现都离不开演绎方法的巧妙运用,比如海王星的发现、电磁波的发现、中微子的发现等。

案例

“德布罗意波”的提出与检验①

德布罗意是法国著名物理学家,也是物质波理论的创立者。后世为了纪念他在物理学中的伟大成就,就以他的名字命名了他的发现。从德布罗意提出“德布罗意波”的过程以及该假说得到检验的过程,我们都可以看出演绎方法在科学研究中的突出作用。

德布罗意对于量子力学的关注使得他一直在思考一个问题,即如何在玻尔的原子模型中自然地引入一个周期的概念,使之符合观测事实。在这其间,德布罗意读到过布里渊关于电子运动激发周围的以太形成波动的论文,这种从波动的角度说明电子运动的思想给了他启发,但以太已经被论证是不存在的了。于是,德布罗意想到了爱因斯坦和相对论,并开始了他的演绎推理。如果电子的质量为 m,那它一定有一个内禀的能量 $E=mc^2$,而量子力学的理论告诉我们电子的能量可以表示为 $E=h\nu$,换言之,对于具有一定能量的电子,它应该有一个内禀的频率,通过上述两个式子,很容易算出这个频率为 mc^2/h。在此基础上,德布罗意进一步运用相对论进行理论推演,结果发现当电子以速度 v 前进时,必定伴随有一个速度为 c^2/v 的波,由于这种波并不能携带实际的能量和信息,因此这个速度值并不违背相对论关于速度上限的要求。于是,德布罗意就把这种波称为“相波”,也就是我们常说的“德布罗意波”。

电子居然是一种波?这个结论对于当时的物理学界来说确实非常不可思议。德

---

① 曹天元:《上帝掷骰子吗?量子物理史话》,88-94 页,沈阳,辽宁教育出版社,2011。

布罗意在他的博士论文中给出了上文中提到的理论假说，但所有的答辩委员都要求他给出证据，他们都要求看到电子的干涉以及衍射图样。不过，德布罗意还是很幸运的，因为很快就有两位美国的实验物理学家戴维逊与革末给出了上述图样。而且不久之后汤姆逊在剑桥进一步证明了电子的波动性，实验中得到的电子衍射图样几乎与 X 射线衍射图样一模一样。所有的实验数据都与德布罗意的理论所演绎出的结果吻合得非常好，于是这一假说就得到了验证。

案例解析

从这个例子中不难发现，演绎方法对于科学研究而言是非常基础和重要的方法之一。科学家从已有的得到公认的理论出发，运用演绎推理的方法得到一些有待验证的结论，然后结合具体的实验证据对这些推论进行检验，从而扩大已有理论的说明范围，同时也可以找到科学发现的线索。

（二）归纳

归纳法与演绎法相比，其推理的有效性就不是证明式的了，也就是说前提的真并不一定逻辑地蕴涵结论的真，但是前提的真可以以一定的概率保证结论的真。归纳推理并不要求其前提必然地支持其结论，前提只能为结论提供某种程度的支持。比如，当我们连续看过《哈利波特》系列电影的前六部并感觉很满意时，我们可以从中归纳出一个结论，即《哈利波特》系列电影都非常精彩，但事实上，在我们看过第七部之前，上述结论并不一定是真的，但这个结论的真在一定程度上得到了前提的保证。

在科学技术研究中，归纳推理随处可见，而且也是提出科学理论的必需手段。归纳法的提炼式的特性使得科学家可以一次又一次地将科学理论变得更加普适化。如果我们认为科学的重要功能之一就是帮助人类认识自然界最普遍的规律，那么归纳法毫无疑问是实现科学这一功能的基本保障。科学认识从科学事实的获取开始，在大量的科学事实面前，科学家需要运用归纳法得到带有普遍性的科学假说和科学定律，并通过进一步的检验将它们上升到科学理论的高度。一般说来，归纳法分为完全归纳法与不完全归纳法，而后者又分为简单枚举归纳法和科学归纳法。归纳法也经常在科学研究中被用来分析事件之间的因果联系，其中比较常见的方法有所谓的“穆勒五法”。不过，归纳推理的或然性在哲学史上是引发了颇多争论的，休谟对于归纳推理的合理性所提出的质疑，是科学哲学界一直都在讨论的问题。当然，这种哲学层面的争论并不会影响我们在科学技术研究过程中对于归纳法的使用。

知识链：穆勒五法与休谟的归纳悖论

穆勒五法① 穆勒（John Stuart Mill）在 1843 年讨论并表述了发现原因的“实验研究方法”。尽管这些方法不是他首创的，而是由培根和赫舍尔首先表述的，但是这些方法是因穆勒而流行的，所以通常称之为“穆勒方法”。

穆勒方法是发现和证明关于因果联系结论的方法，穆勒把它们概括为五种方法，

---

① 任晓明：《新编归纳逻辑导论——机遇、决策与博弈的逻辑》，59-65 页，郑州，河南人民出版社，2009。

即求同法、求异法、求同求异并用法、共变法和剩余法，亦称“穆勒五法”。因果联系是客观事物间普遍存在的一种联系。科学发现的重要特性是揭示事物之间内在的因果联系，因此穆勒五法是科学发现中不可缺少的方法。以下是穆勒关于这五种方法的表述。

1. 求同法。如果被研究现象的两个或更多事例只有一个共同事态，那么，这个事态——所有事态在该事态上相契合——是给定现象的原因(或结果)。

2. 求异法。如果在一个事例中被研究现象发生，在另外一个事例中该现象不发生，两个事例中的事态除了这一种事态不同外(该事态仅在现象发生的过程中)，其他均相同，该事态(它使得两个事例产生区别)便是该现象的结果或原因，或者为原因中的一个不可缺少的部分。

3. 求同求异并用法。如果在被研究现象出现的若干场合(正事例组)中只有一个共同事态，而在被研究现象不出现的若干场合(负事例组)中不出现该共同事态，那么这一共同事态就是被研究现象出现的原因(或结果)。

4. 共变法。一个现象随着另外一个现象以某种方式变化而变化，此时另外一个现象或者是该现象的一个原因，或者是一个结果，或者它通过某个作为原因的事实与之相连接。

5. 剩余法。从一个现象中减去这样一个部分，在以前的归纳中该部分被认为是某个先行事件的结果，那么该现象的剩余的部分为剩余的先行事件的结果。

下面再用比较通俗的语言重新表述上面的五种方法。

1. 求同法。某个因素或事态在被考察的现象的所有场合中是共同的，它可能是该现象的原因(或结果)。

2. 求异法。某个因素或事态的出现与不出现，产生了被考察的现象发生的情形与该现象不发生的情形的差异，该因素或事态可能是该现象的原因或部分原因。

3. 求同求异并用法。在同样的研究中同时使用求同法和求异法为归纳出的结论提供高的概率。

4. 共变法。若一个现象的变化与另一个现象的变化高度相关，其中一个现象可能是另外一个的原因，或者它们可能与第三个因素相关——第三个因素是造成它们的原因。

5. 剩余法。一直被考察的现象的某个部分是已知先行事态的结果，我们能够推论，该现象的剩余部分是剩余先行事态的结果。

休谟的归纳悖论① 18世纪英国著名哲学家休谟对归纳推理的合理性提出了经典的质疑，他的质疑是我们能为归纳推理的合理性提供证明吗？休谟对这个问题的回答是否定的。

休谟的观点分为两个论点，第一，归纳推理在逻辑上是不能成立的。因为没有任

① 孙思：《理性之魂——当代科学哲学中心问题》，172-174页，北京，人民出版社，2005。

何正确的逻辑论证能确认我们不曾经验过的事例类似我们经验过的事例，因此即使观察到对象经常地连接之后，我们也没有理由对未曾经验过的对象做出任何推论。第二，归纳推理也不能在经验上得到辩护。如果我们企图诉诸经验为归纳推理找证据，比如我们曾经常常使用归纳推理，并获得了良好的成果，所以我们有权利继续使用归纳推理。但是这样来证明归纳推理正确性的推论本身就是一个归纳推理，即假定归纳推理的可靠性，用它来证明归纳推理是可靠的，这是循环论证，是无效的证明。

那么归纳的实质究竟是什么？休谟认为归纳推理来自于人的心理习惯。然而作为经验论者，休谟并不否认归纳推理对推动人类思维的作用，他认为如果没有归纳法，我们的大部分思维都会停止。

（三）归纳与演绎的关系

从上述例子中不难发现，在科学技术研究过程中不可能只是单纯使用归纳方法，或者演绎方法，而应该是将两种方法结合起来运用。归纳是从特殊到一般的推理方法，由于归纳不是必然推理，单纯运用归纳就会遇到"归纳问题"。演绎是从一般到特殊的必然推理方法，但是单纯运用演绎，无法推进科学实践的新发现、新发明。把归纳和演绎结合起来，就形成了归纳与演绎相互结合的辩证思维。归纳是演绎的基础，演绎则为归纳确定合理性和方向。归纳与演绎相互渗透、相互转化。在科学史上将归纳与演绎结合起来运用的事例很多，如欧式几何的创立。

知识链：欧式几何与公理化方法

欧几里得是古希腊伟大的数学家，因为其在几何学方面开创性的杰出贡献，被人们称为"几何之父"。欧几里得关于几何学的代表著作就是他的《几何原本》，在这本书中，他提出了几何学中的五大公设，并以此为逻辑基础推演出一个完整的几何学公理化体系，也就是后来人们常说的"欧式几何"。

欧几里得从亚里士多德的逻辑思想中得到启发，将形式逻辑中的公理化方法运用到了几何学中，他通过对古代土地丈量技术以及对于几何图形的原始直观，总结出几何学中无须证明的基本概念和公设，然后从这些公设出发，通过演绎推理的方法得出欧式几何学中的众多定理，从而建构起整个欧式几何的理论体系。在科学史上，欧式几何是公理化方法的一个经典模板，而公理化方法也成为了后世科学理论研究中的基本方法。所谓的公理化方法是指从尽可能少的原始概念和无须证明的原始命题，比如公设、公理等出发，按照演绎推理的规则建立起理论体系。当然，这些逻辑前提必须是相互独立，并且无矛盾的。

在近现代实验自然科学的发展中，公理化方法被科学家们广泛使用，比如牛顿建立经典力学体系，爱因斯坦建立相对论体系等。在科学界，一个理论是否得到公理化也是评判这个理论是否成熟和完善的标准之一。

三、从抽象到具体

从抽象到具体的辩证思维过程，也是科学技术研究的重要思维方法之一。抽象是指从许多事物中，舍弃个别的、非本质的属性；抽出共同的、本质的属性的过程，是形成概念的必要手段；而具体则包括两个层面的含义，其一是指感性具体，也就是人们面对客观事物本身所获得的感性表象，其二是指理性具体，即反映事物本质规定的、与科学实践结合的理论内容。

那么，在科学技术研究中，从抽象到具体的辩证思维过程要实现认识的两次飞跃：第一次是从感性的现实具体上升到思维抽象的过程，是一种建立在实践基础上的经验总结提升的过程；第二次是从科学的思维抽象出发，逐步使抽象的理论上升到与具体实践相结合的理性的思维具体的过程，是把抽象的概念和理论再返回科学实践，赋予理论具体内容的过程。

我们可以从科学发现与技术发明这两个角度去理解上述的思维过程。首先，对于科学发现而言，科学家最初的工作是对自然现象进行观察，而观察的结果就是得到大量的经验事实，也就是所谓的感性的现实具体。在此基础上，科学家通过抽象思维的方法将这些感性具体中带有共性和普遍性的重要科学属性提炼出来，从而实现从感性的现实具体向思维抽象的上升；但是科学发现不能仅仅停留在提出假说的阶段，科学家需要将得到的假说重新运用到对于经验事实的说明和预测当中，从而实现科学假说向科学理论的发展，这个过程也就是所谓的从科学的思维抽象向理性的思维具体上升。同样，在技术发明的过程中，工程师也会经历相似的思维过程。工程师通过对自然界与社会生活的细致观察，找到技术发明的背景知识和问题来源，然后通过抽象的方式寻找技术实践的目标以及技术产品的功能。而当具体的产品功能得到实现之后，工程师还必须思考如何将这种功能与实际的操作联系起来，于是又需要在新的高度上将技术发明具体化。总而言之，从抽象到具体的科学技术研究方法，体现的是辩证思维中相互联系、不断提升的特征，在科学技术实践中意义重大。

四、历史与逻辑的统一

从研究方法的类型上说，历史研究与逻辑研究对于科学技术研究而言都应该属于一种过程研究方法。但是，前者关注的是时间维度的发展过程，而后者关注的是抽象意义上的推理过程。科学技术研究需要掌握具体的研究过程、概念演变史、学科史和前人的研究方法，从而形成创新性科学技术研究的背景。同样，对于科学家和工程师而言，在进行科技实践的过程中需要了解当下使用的理论与之前的相关理论之间的逻辑联系，也需要了解本学科理论与相关学科理论之间的逻辑联系，从而能够建立一种相对清晰的科学技术研究的大局观。

相应地，历史与逻辑相统一的方法就是研究事物发展规律的唯物辩证思维方法之一。这一方法要求在认识事物时，要把对事物历史过程的考察与对事物内部逻辑的分析有机地结合起来。逻辑的分析应以历史的考察为基础，历史的考察应以逻辑的分析为依据，以达到客观、全面地揭示事物的本质及规律的目的。历史和逻辑的统一，不仅仅是历史方法和逻辑方法的关系，更重要的是，它是构建科学技术理论体系和实践活动的规定性或原则。科学技术历史实践是逻辑思维形成和发展的基础，能够确定逻辑思维的任务和方向。科学技术历史实践的发展对于感性经验的增加使逻辑思维逐步深化和发展。

在思维中坚持历史与逻辑的统一,有两个方面的要求。第一,思维的逻辑进程与客观的历史进程相统一。事物的历史从哪里开始,思维的逻辑进程也应当从哪里开始;以历史的起点为逻辑的起点,以历史的进程为逻辑的进程,按照历史发展的必然性来具体地、历史地揭示事物的发展规律。第二,思维的逻辑进程与思维的历史进程相统一。思维的逻辑进程是对思维的历史进程的概括,而思维的历史进程是思维的逻辑进程的基础。思维的逻辑进程是以概括的形式再现思维的历史发展的。

因此,在科学技术研究中,注意历史与逻辑的统一,可以使科学家与工程师站得更高,看得更远,既可以从横向也可以从纵向把握科学技术研究的脉络和前景;既具有理性的、缜密的思维与科学修养,也具有宏观开阔的全局视野和战略思维。

案例

中微子的发现①

中微子是一种微小的中性粒子。中微子的行为十分特别,就像光子那样一边旋转一边前进,它不会被其他物质所吸收,可以穿过几万亿千米厚的铅板而不受多大影响,可以毫不费力地穿透地球,就像光线穿过极透明的玻璃一样。那么,这样一种奇怪的粒子是怎样被发现的呢?

中微子的发现与物理学上的一个有名的难题——“β衰变疑难”有关。β衰变是原子核放射出电子而变成新原子核的过程。一般地讲,放射性原子核发射出来的粒子都要带走大量的能量,这些能量是从哪里来的呢?它是从原子核中的一小部分质量转变过来的。换句话说,在原子核发射粒子的过程中,它总是要损失掉一部分质量,以便转化成放射粒子的能量,而且损失的质量和放射出去的能量正好是相对应的。

可是在20世纪20年代,物理学家发现:在原子核放出电子的β衰变中,放射出来的电子所携带的能量,并不和原子核所损失的质量相对应。经测定,放出电子所带走的总能量要小一些,也就是说,在β衰变过程中有能量“亏损”的现象。那么,这一小部分亏损的能量到哪里去了呢?

能量是不能被创造和消灭的,只能由一种形式转化为另一种形式。所以,解决这个难题,实际上就是回答能量守恒原理在β衰变中是否继续成立的问题。1930年,著名的丹麦物理学家玻尔准备放弃能量守恒原理。他认为能量守恒在微观粒子作用过程中不一定成立,这样就可以解释β衰变中的能量亏损现象了。但是,奥地利物理学家泡利却坚持认为能量守恒原理是自然界中普遍适用的基本原则,微观粒子同样遵守这个原理。

为了“挽救”能量守恒原理,找到能量亏损的真实原因,泡利大胆提出了中微子

---

① 大连理工大学:《自然辩证法教学案例》,156-158页,北京,中国人民大学出版社,2006。

的假说。他假定另外有一种粒子带着这些损失了的能量伴随着电子一起从原子核发射出去了。这种粒子具有一些特殊的性质,它没有电荷,也没有静止质量,但是当它以光速飞出来时,却具有一定的能量。

意大利物理学家费米把这种尚未发现的粒子命名为“中微子”,意思就是“微小的中性小家伙”。所以,“中微子”假说的提出是与能量守恒原理之间存在着上述的逻辑关系的。这个假说提出之后,令人满意地说明了β衰变中失踪能量的去向,圆满地解决了之前物理学界所面对的疑难问题。然而在人们没有捕获到中微子之前,它仅仅只能作为一种假说出现,于是人们又在这个假说的指导下进行探测中微子的实验研究。

1934 年,费米采纳了泡利的中微子假说,他以基本粒子可以相互转化为基础,建立了β衰变理论,认为β衰变是中子转变为质子、电子和反中微子的过程。“反中微子”也就是中微子的反粒子,反中微子的最重要的来源是天然放射性现象和铀的裂变反应。费米的β衰变理论实际上也是一个假说,有待实验的验证。

在费米假说的指导下,1953 年美国的一个物理学家小组着手探测裂变反应堆的反中微子。因为裂变反应能够提供很强的中子流,人们希望这些中子在衰变时能够释放出大量的反中微子。为了捕捉到反中微子,实验工作者设计了一个很大的水箱,把它放在 46 米深的竖井里,想让反中微子轰击水中的质子,然后根据反应的结果来证明反中微子的存在。实验物理学家们在探测器的旁边耐心等待了好几年,直到 1956 年,也就是泡利提出中微子假说过了 26 年,美国的莱因斯等人终于找到了反中微子存在的确凿证据,间接证明了中微子的存在。

为了寻找真正的中微子,就需要有一个能放射出中微子的核反应堆。很明显,太阳就是这样一个天然中微子源。但是由于中微子除了参与β衰变以外,不与其他物质发生作用,所以很难确切地探测到它的存在。那么用什么方法可以探测到这种神秘的中微子呢?这时,科研工作者仍然以费米的β衰变假说为指导,进行了各种各样的探测太阳中微子的实验。根据费米假说,中微子只参与β衰变过程,所以只有在太阳的热核反应中才能被探测到。美国的实验物理学家们设计了一个装有 38 万升四氯乙烯的巨大容器,把它安装在一个深达一公里半的矿井中,矿井上厚厚的泥土层吸收了来自太阳的所有其他粒子,只剩下中微子能穿过。容器放置了几个月,太阳中微子参与的反应积累起了足够的产物,最后,终于在 1968 年探测到了来自太阳的中微子。

案例解析

从这个例子中我们可以得到一些关于如何进行科学研究的启发。科学家在研究任何一个科学问题时,都会从两方面着手展开思考。一方面,他们需要从历史的角度对该问题的产生及发展进行细致的梳理,从而掌握解决该问题的知识背景;另一方面,他们同时也需要从逻辑的角度出发,寻找该问题与相关理论之间的逻辑关系,从而发现解决问题的思路。

第二节　科学技术研究的创新与批评思维方法

科学技术研究需要创新,创新是科学技术研究的不竭动力和灵魂。要创新,就必须有创新思维和方法。科学研究和技术发明的创新思维,就是思维要素的辩证组合与重新配置。科学技术研究的创新除了表现为运用规范性的辩证思维形式之外,还体现为收敛性与发散性、逻辑性与非逻辑性、抽象性和形象性的对立统一等辩证思维特征。在这些具有对立方向的特性之间保持张力是创造性思维的典型特征,也是创新思维方法的典型特征。

因此,从上述分析中不难看出,创新思维的方法并不神秘,也不只属于天才的禀赋之列。从理论上说,任何人都可以做出创新,都可以在自己的科研实践中灵活掌握和运用各种创新思维方法。创新思维没有固定、单一的模式,而且也不可能是一种全新的、特殊的思维。应该说,创新思维与一般思维的基本手段是一致的,只是方法倚重不同,形式表现各异。创新思维是一般思维形式与方法的综合性、创造性使用。当一般思维形式和方法对科学认识的形成做出贡献时,它就成为了创新思维形式和方法的有机组成部分。不过,通过对创新过程的研究可以看出:其主要思维形式是意象思维与发散思维以及直觉与灵感;其主要思维方法是类比与联想以及思想模型的方法。①

一、思维的收敛性与发散性

顾名思义,收敛思维的特性是使思维始终集中于同一方向,使思维条理化、简明化、逻辑化、规律化,收敛思维的特性又称"聚合思维"、"求同思维"或"集中思维"特性;而发散思维的特性则是指从一个目标出发,沿着各种不同的途径去思考,探求多种答案的思维特性,与收敛思维特性相对,故其又被称为"放射思维"、"求异思维"或"扩散思维",发散思维特性是创造性思维最重要的特点之一。而且,收敛思维与发散思维的区别在某种程度上还可以看作思维的渐进方式与非渐进方式的差异。当我们按照严格的程序、朝着某个具体的研究目标展开自己的抽象思维与形象思维时,思维表现就是一种渐进式的收敛思维;但是随着思维过程的不断延伸和拓展,我们会选择采取一些跳跃式、发散式的思维方法,于是此时的思维表现就是一种非渐进式的发散思维。②

但是,在具体的科学技术研究实践中,往往不可能只使用上述思维方式中的某一种,而且单独使用其中的一种也很难帮助我们实现科研目标。如果只是注重思维的发散性,而不考虑在适当的时候对思维进行收敛处理,那么结果很有可能就是劳而无功;而如果只是注重思维的收敛性,而不考虑在适当的时候发散思路、开阔视野,那么

---

① 教育部社会科学研究思想政治工作司:《自然辩证法概论》,146 页,北京,高等教育出版社,2004。

② 教育部社会科学研究思想政治工作司:《自然辩证法概括》,143 页,北京,高等教育出版社,2004。

结果就是整个思维过程没有了创造力。因此,在科学技术研究过程中,我们需要在收敛思维与发散思维的使用上保持一种必要的张力,使二者能够相辅相成,共同实现思维的创新性。

一般说来,在科学家提出科学假说以及工程师实现技术发明的过程中,首先往往采取的是一种收敛思维模式,这与科学认识以及技术认识的规律是相符的。因为一般引起科学发现以及技术发明的因素之中,科学问题与技术问题的出现占了相当大的比重。于是,在科学发现与技术发明过程的早期,科学家与工程师都有比较明确的问题意识,他们一般都会选择针对具体的问题进行合理的思考和推理。由于这一阶段的思维活动目标性很强,因此大多数时候都会是一种收敛式的思考。但是,随着思维进程的不断深入以及获取处理的相关信息越来越多,科学家和工程师会相应地调整自己的思维模式,从而不断地优化自己的思维过程,使之更加适合解决问题。那么,在这样的认知背景和科研实践的要求下,一般思维模式就应该相应地逐步调整为一种收敛思维与发散思维相结合的模式。

以科学发现为例,科学家在提出假说之初,一般会根据自己的知识背景和前期研究建立一个初步的研究框架和研究思路。然后,在此研究思路的指导下,采用收敛思维的方式对科学问题展开思考。但是,随着思考和研究的不断深入,往往会出现很多在预先思维框架之外的问题,这些随着研究过程而不断涌现的问题很有可能会给之前的收敛思维带来很多超出预期的困难,而这些困难往往就是实现科学发现的契机。因此,针对这些研究中遇到的困难,科学家一般会选择放开思路,用一种发散思维的方式去寻找新的线索,从而解决这些困难,并以此为基础提出新的科学假说。由此可见,在科学技术研究的创新思维过程中,科学家和工程师在研究的不同阶段对于思维的收敛性或者发散性可以有所侧重。但是,从科学技术创新的全过程来说,我们需要将收敛思维和发散思维进行有机结合并辩证使用,例如海王星的发现。

知识链:海王星的发现

海王星的发现历程在科学史上颇具传奇色彩,也正是因为它的发现历程,使得海王星常被人们称作“笔尖上计算出的行星”。在这个例子中不仅体现了演绎推理方法在做出科学预测方面的巨大作用,同时也反映出了科学家在进行科学发现时,辩证使用收敛思维与发散思维的创新意识。

其实,海王星在正式被人们确定为行星之前,已经被伽利略观测到。但是,很遗憾的是伽利略一直误以为自己观测到的是一颗恒星,所以海王星在那个时代并没有得到天文学家的认定。1771 年英国的天文学家赫歇尔通过观察发现了天王星,于是很多天文学的研究者开始着手观测和计算天王星的运行轨道,很明显这一阶段的研究工作大多是在一种收敛思维的模式下进行的。然而,让大家很意外的是,天王星的实际观测轨道与理论计算轨道存在明显的误差,而且此误差表现出越来越大的趋势。于是,在一种发散思维的指引下,部分研究者开始考虑天王星轨道的观测值与计算值之间的误差有可能是某个未知星体对其的引力作用导致的。按照这个思路,研究者们继续进行演算,结合万有引力定律以及其他物理学理论最终计算出在天王星的旁边肯定还存在着一个当时没有观测到的星体。1846 年 7 月,法国学者勒维烈公布了这颗未知行星可能出现的位置,9 月 18 号他用快信通知德国天文台台长伽勒,伽勒接信的当天即进行搜寻,结果发现了这颗未知的行星,其计算误差不到 1 度,这颗新发现的行星就是我们今天熟知的海王星。①

二、思维的逻辑性与非逻辑性

创造性思维并不是一种独特的思维形式,也没有专属于其的思维方法。创造性思维最显著的特点就是针对不同的科学技术实践要求,灵活组合与调用各种思维方法,充分发挥各种思维形式的特征,并将其有机地整合到一起,共同帮助我们实现思维上的突破。总而言之,创造性思维的主要特点包括以下几个方面:思维方向的求异性、思维结构的灵活性、思维进程的飞跃性、思维效果的整体性、思维表达的新颖性。而且,创造性思维尤其注重逻辑思维与非逻辑思维的辩证统一。

(一)创造性思维的逻辑性

创造性思维的逻辑性是指其过程中包括演绎、归纳、回溯、类比等推理方法。其中,除了之前提及的演绎与归纳之外,回溯推理与类比推理在科学技术研究中的作用是相当明显的。

回溯推理主要运用在提出原理定律型假说的过程中。在科学发现的过程中,科学家首先获得的是科学事实,但是科学事实不足以满足科学研究的理论要求,科学家需要从大量的科学事实中提炼和归纳出带有一般性的经验定律型假说,比如理想气体三定律。但是,这类假说只是对于经验的总结,科学家需要进一步在更深层次上对这些经验定律型假说做出说明,也就是需要以经验定律型假说为基础,通过回溯推理的方法,提出更具有抽象性、深刻性的原理定律型假说。在热力学中,与理想气体三定律相对应的原理定律型假说就是“气体分子运动论”。相比之下,原理定律型假说所揭示的现象本质要深刻得多,涵盖的领域普遍得多,适用的范围广泛得多。不过,我们不难发现,原理定律型假说所表达的对象是超出经验范围之外的,是一种“内部的现实的运动”。因此,这类假说是观察不到的,也不可能通过任何经验认识的方式来获得。它们只能被设想、被猜测出来,是一种似然的、合乎情理的可能机制。于是,回溯推理的推理过程可以表述为以下形式:①相关的经验定律 L;②如果 H(设定的原理定律型假说)为真,则 L 可被说明;③所以,有理由认为 H 为真。②在科学史上,这类推理方法经常出现在提出新的科学假说的过程中,而且一般会结合使用思想模型的方法,比如卢瑟福提出的原子结构的行星模型、沃森与克里克提出的 DNA 的双螺旋结构模型等。

类比是另外一种较为特殊的逻辑推理方法。类比既不同于演绎方法的从一般到

① 教育部社会科学研究思想政治工作司:《自然辩证法概论》,143 页,北京,高等教育出版社,2004。

② 教育部社会科学研究思想政治工作司:《自然辩证法概论》,123-127 页,北京,高等教育出版社,2004。

特殊,也不同于归纳方法的从特殊到一般。类比推理是一种从特殊到特殊的推理过程,也就是从某个对象推知另一个对象的过程。类比推理的前提与结论是有关联性的,但是相关程度较演绎与归纳要小,因此结论的给出所受到的前提的约束也较小。于是,类比推理的方法在进行科学发现和技术发明时也十分常见,它体现的是科学家和工程师的想象力与创造力。①

案例

原子结构的"行星模型"

在卢瑟福提出他关于原子结构的"行星模型"之前,人们对于原子内部结构的认识主要来自于汤姆逊的模型。汤姆逊在研究阴极射线的时候发现了电子的存在,那么这也就意味着原子并不是不可分的,而应该有其内在的结构。但是,当时的科学家无法直接获得关于原子内部的经验材料,因此汤姆逊通过猜想的方式提出了他关于原子结构的"葡萄干布丁"模型。这个模型十分形象,电子就如同镶嵌在布丁中的葡萄干一样分布在原子上。

但是,汤姆逊的学生卢瑟福却通过实验否定了这一模型。1910年卢瑟福与他的学生们在实验室里完成了物理学史上非常经典的一次实验。他们用α粒子(带正电的氦核)轰击一张极薄的金箔,想通过α粒子的散射情况来推断"葡萄干布丁"的大小和性质。这时候,非常不可思议的情况出现了:少数α粒子的散射角度超过了九十度。于是,卢瑟福决定修改汤姆逊的"葡萄干布丁"模型。因为他意识到,既然有一小部分α粒子被差不多反弹回来,那肯定是因为它们与金箔的原子中极为坚硬密实的核心发生了碰撞。这个核心应该是带正电的,而且集中了原子的大部分质量。但是,由于发生反弹的α粒子只是所有α粒子中很小的一部分,因此那个核心所占据的地方是很小的,不到原子半径的万分之一。于是,卢瑟福在次年发表了他的这个新模型。在他的描述中,原子内部有一个占据了绝大部分质量的"原子核",处于原子的中心。在这个原子核的周围,带负电的电子沿着特定的轨道绕着它飞行。不难发现,这个模型与一个行星系统十分类似,所以这个模型就被称为原子结构的"行星模型"。如果用太阳系来做类比,在原子内部,原子核处在太阳的位置,而电子就是围绕太阳运转的行星。

案例解析

从这个例子中我们可以发现创造性思维的逻辑性,同时也可以发现回溯推理和模型类比在科学研究中的重要作用。创造性思维确实强调了思维的发散性,但是科学研究是有其研究目标的,而且还要注意到实验证据的支撑,因此创造性思维中的逻辑性还是很明显的。而对于提出一个科学理论而言,由于原理型的科学假说所阐述的内容已经超出了科学观察的范围,因此适时地选择回溯推理和模型类比的方法是

---

① 教育部社会科学研究思想政治工作司:《自然辩证法概论》,138-139页,北京,高等教育出版社,2004。

非常必要的。

(二)创造性思维的非逻辑性

创造性思维的非逻辑思维形式主要有联想、想象、隐喻、灵感、直觉与顿悟等。在非逻辑思维方面,想象对于科学发现和技术发明的作用很大。直觉和顿悟在创造成果突现方面尤其突出。

想象是指对过去存储在大脑中的知识、经验、方法进行重新组合的思维活动,它可以把这种大脑中的知识、方法的暂时思维组合与现存研究对象通过某种形式关联起来,形成新的联想。爱因斯坦认为,想象力比知识更重要。想象常常触发"灵感",做出科学发现和技术发明。纵观科学技术的发展历程,很多大胆的发现都源自科学家和工程师丰富的想象力和联想力。尤其是对于那些善于观察的科学家和工程师而言,很多时候哪怕只是一个微小的细节都有可能给他们带来极大的启发,就如同阿基米德发现浮力定律、瓦特发明蒸汽机那样。

但是,我们必须认识到一点,那就是非逻辑思考所带来的突破是需要建立在之前大量的逻辑思考的基础上的。也就是说,科学家和工程师或许时常会有机会获得灵感,但是这些灵感的获取都是建立在长期的科学技术研究和思考之上的。爱迪生就曾经指出"幸运偏爱有准备的头脑",发明家们都是通过收集信息、进行实验、绘制草图、精心思考来为之后的突破做准备的。① 因此,虽然我们强调在科学技术研究中想象力和灵感的重要性,但是此时的想象与日常生活中的想象是不一样的,它带有明显的目标性,而且有着大量的经验基础作为想象的起点,而不可能是随意的遐想。

总之,对于科学技术研究的创新过程而言,非逻辑思维开拓思路,逻辑思维整理思路并完成创新的理性建构。在非逻辑思维之前是有逻辑思维为其做好铺垫和准备的。

案例

笛卡尔与解析几何的诞生②

法国哲学家笛卡尔是近代欧洲唯理论哲学的代表,被誉为"现代哲学之父"。其"我思故我在"的知识论立场及关于身心关系的哲学探讨对现代西方哲学后续的发展意义重大、影响深远。笛卡尔在数学史上也是一位划时代的杰出数学家,他在数学领域最大的贡献就是创建了解析几何。

长期以来,在数学理论中几何学和代数学是平行发展的,两者之间并无联系。笛卡尔精心分析了几何学与代数学各自的优缺点,认为几何学虽然直观形象、推理严谨,但证明过程过于繁复,往往需要很高的技巧;而代数学虽然有较大的灵活性和普遍性,但演算过程缺乏条理性,影响思维的发挥。于是,笛卡尔在 1673 年出版了《几何学》一书,在这本书中他首次提出了将代数学与几何学结合起来的方法,也就是后

---

① 约翰·齐曼:《技术创新进化论》,151 页,孙喜杰,曾国屏,译,上海,上海科技教育出版社,2002。

② 大连理工大学:《自然辩证法教学案例》,181-182 页,北京,中国人民大学出版社,2006。

世人们熟知的解析几何方法。其基本思想可以表述为在平面上建立直角坐标系，将平面上的点与实数一一对应起来了。通过这种对应，平面上的直线与曲线就与代数中的各类方程对应起来。这样一来，几何学的问题就可以用代数学的方法来解决了。当然，当我们熟悉这套理论之后，代数学的问题也可以转化为几何学的问题进行展示和解决。

然而，按照科学史上的流传，笛卡尔创立解析几何的灵感还与一只不起眼的小蜘蛛有着密切的联系。

有一次，笛卡尔生病了，遵照医生的嘱咐，他躺在床上休息。这时笛卡尔仍然在思考着用代数方法解决几何问题，但是遇到了一个困难，那就是几何中的点与代数中的数如何才能联系起来。正当他苦苦思索之际，一只在天花板上爬来爬去的蜘蛛引发了他的注意，蜘蛛正忙着在天花板的靠近墙角的地方结网。这只悬在半空的蜘蛛令笛卡尔突然间豁然开朗，他想到能不能用两面墙的交线及天花板与墙面的交线来确定蜘蛛在空间中的位置呢？想到这里，笛卡尔一骨碌从床上爬起来，在纸上画了三条互相垂直的直线，分别表示两墙的交线和天花板与墙面的交线，用一点来表示蜘蛛在空间中的位置。很自然地，通过测定该点到三条线的距离，蜘蛛的位置就被唯一确定了。于是，在此基础上，空间中的一点就与一个数组联系起来了。后来，这个由三条互相垂直的直线组成的坐标系，就被称为笛卡尔坐标。这种将几何学与代数学对应起来的理论就是解析几何。

笛卡尔的《几何学》的问世，标志着解析几何学的诞生，它使得数学在思想方法上发生了一次根本性的变革。解析几何的产生，把图形性质的研究变化为方程的讨论和求解，把图形看成是由点和线通过运动而产生的，这就为几何学的发展注入了新的活力，增添了崭新而丰富的内容。同时，解析几何的创立也为代数学研究提供了新的工具，将几何学的概念和术语引入代数学，不仅为抽象的代数学提供了形象而直观的模型，而且开拓了代数学新的研究领域。

案例解析

从这个例子中我们应该看到，科学研究中的创造性思维除了逻辑性的一面之外，其创造性的特性在很大程度上取决于科学家的直觉和灵感。但是，我们必须认识到科学研究中的直觉和灵感往往都属于那些长时间思考和研究某个问题的科学家，凭空想象是很难取得科学研究的突破的。

三、思维的直觉与顿悟特征

直觉与顿悟是两种创造性很强的非逻辑思维特性。其中，直觉是指不受人类意志控制的特殊思维特性，它是基于人类的职业、阅历、知识和本能存在的一种思维特性，具有直接性、迅捷性、或然性等特点；而顿悟是指创造性思维的一种特性和状态，指当思考某个问题长期得不到解决时，在某个时刻问题突然获得解决的豁然开朗的状态，具有突发性、诱发性、偶然性等特点。

在科学史上，相当一部分科学家都认为自己有过类似于直觉或者顿悟的心理体验，而这些心理体验往往体现的就是科学家们的思维中创造性的一面，同时也往往导致了一些重大的科学发现。

日本著名科学家白川英树因为发现导电塑料而获得2001年诺贝尔化学奖，当他被问到是什么使他意识到偶然机遇中发现的价值并将它作为研究的起点时，他回答说，当看到反应容器中生成的银色薄膜时，他就意识到了它可能会有的重要性。当时他们正在研究半导体聚合物，而当时这项工作不只是他们在做，国际上也有同行在做，所以他一发现那个现象，就意识到那会与他们的研究有着重要的联系，只是没有想到后来的研究导致了对导电聚合物的开发。显然，白川英树之所以能意识到那层白色薄膜的重要性，很大程度上要归结于他对于这项研究的直觉。①

爱因斯坦在回忆他1905年6月写作《论动体的电动力学》的情景时曾经说过，他为了解决光速不变原理与经典力学中关于速度的合成法则之间的矛盾，白白用了近一年的时间试图修改洛伦兹理论。他从与贝索的讨论中受到了启发，不过问题尚未解决。有一天晚上，他躺在床上，又在思考那个折磨他的难题，一下子答案出现了，办法是分析时间这个概念。时间不能绝对定义，时间与信号速度之间有不可分割的联系。他马上进行工作，使用新的概念，第一次满意地解决了整个困难。五个星期之后，他的论文写成了。爱因斯坦在解决上述问题的过程中明显使用到了思维中顿悟式的灵感。②

当然，不仅仅科学家在做出科学发现时时常会借助直觉和顿悟的思维方式，这种非逻辑式的创新思维模式对于工程师而言同样重要，很多技术设计和技术实践过程中的创新都与直觉和顿悟有关。但是，仍然需要强调的是上述非逻辑思维的突破是需要大量的前期逻辑思维作为基础的。

知识链：魏格纳与“大陆漂移假说”

德国地质学家魏格纳因为他所提出的“大陆漂移假说”而闻名于世，然而这个地质学的重大发现在很大程度上来自于魏格纳一次神奇的顿悟。

魏格纳作为一名地质学家，同时也对天文学和气象学造诣颇深，他常年在恶劣的自然条件下从事科学考察和科学研究，积累了大量的科研资料。1910年的一天，卧病在床的魏格纳凝视着床头墙上的一幅世界地图。他的目光从地图的一个地方移向另一个地方，从北冰洋移到欧亚大陆，又从欧亚大陆移向中国的珠穆朗玛峰，移向神秘的百慕大三角……最后，在南美洲的东海岸停了下来。他的脑海里突然产生了一个奇妙的想法。为什么地图上南美洲巴西亚马逊河口突出的一块大陆，同非洲喀麦隆海岸凹陷进去的部分，形状竟如此相似？为什么沿北美洲的东海岸到特立尼达和多巴哥的凹形地带，与欧洲西海岸到非洲西海岸的凸大陆竟如此吻合？难道是这几块大陆原来曾连在一起，后来才分离开来的吗？于是，在这种顿悟式的灵感启发下，

① 教育部社会科学研究思想政治工作司：《自然辩证法概论》，144页，北京，高等教育出版社，2004。

② 教育部社会科学研究思想政治工作司：《自然辩证法概论》，145页，北京，高等教育出版社，2004。

魏格纳结合自己之前所收集到的大量地质学与生物学考察资料提出了一个大胆的设想,他认为在距今三亿年前,地球上的大陆和岛屿都是连在一起的,构成一个原始大陆,这个原始大陆被一个更加辽阔的原始海洋所包围。到了距今两亿年前的时候,原始大陆出现了多处裂缝,断裂处的陆地分别向相反的方向分离,海洋流到这些裂缝之中,于是就形成了今天我们看到的海洋与陆地的分布状况。①

不过,很不幸的是魏格纳在1930年的一次科学考察中遇难,而他提出的假说又过于超前,因此在他的有生之年,学界并没有认可他的发现。直到他去世30多年以后,地质学界才认可了建立在"大陆漂移假说"基础上的板块学说,并认为这两大理论联合构成了现代地质学的一次伟大革命。

四、思维的批判性

思维的批判性,即以批判性思考的方式质疑和评估思考过程与结果。在科学技术研究的思维过程中,思维的批判性是很重要的特征之一,而批判性思维也是科学技术思维方法中非常重要的组成部分。无论是科学发现,还是技术发明,都可以运用批判性思维的方法获得思想上的启发。纵观整个人类科学技术发展的历程,批判性思维在这个过程中扮演着非常重要的角色。思维的批判性意味着研究者不是纯粹地接受知识与相信权威,而是大胆地、合理地去反思和质疑已有的科学理论和技术原理,从而取得科学技术研究的突破与创新。

科学技术研究过程中思维的批判性的最主要体现就是提出合适的科学技术研究问题。提问是批判性思维中最核心的部分,也是其最重要的思考技巧之一。通过提出合理的科学技术问题,对现有的科学技术研究展开更加深入和细致的反思,是思维的批判性在科学技术研究中的集中体现。合理的科学问题主要可以来自于寻求科学事实之间的普遍联系、解决科学事实与科学理论之间的矛盾、解决理论内部以及不同理论之间的逻辑冲突等。而技术研究的问题则可以来自于社会需求与现有技术之间的差距、现有技术与科学理论之间的差距等方面。

在科学技术研究中使用批判性思维,需要研究者注意提出正确合理的问题、确定进行论证的论题、找出相应的理由支持自己的论证、指明可能出现歧义和含混的地方、保证论证的推理过程合理有效、检查是否存在遗漏的相关信息等。因此,进行批判性的思考需要研究者首先了解如何建立论证,怎样的论证是合理有效的论证,如何运用归纳、演绎等逻辑推理的方法去获得结论等相关的逻辑学背景知识。

总体而言,在科学技术研究过程中运用批判性的思考可以为研究者的思维带来以下几个方面的促进。第一,批判性思维可以让科学技术研究的思维过程更加具有辩证性。批判性思维中所强调的提问式思考,实际上可以追溯到古希腊时期苏格拉底的辩证法思想,苏格拉底正是运用提问的方法去帮助人们进行反思,从而获得更多、更明确的知识。因此,批判性思维的运用可以让科学技术研究的辩证思维方法得

① 大连理工大学:《自然辩证法教学案例》,182-183页,北京,中国人民大学出版社,2006。

到更好的体现。第二，批判性思维可以让科学技术研究的思维过程更加具有主动性。非批判性思考往往只是被动地去接受他人的理论和信息，并没有经过思考者自身的反思和处理。而批判性思考则非常注重思考者自身思维的主动性，在接收到新的知识和信息之后并不是选择盲目地一味接受，而是通过合理的逻辑方法从中寻找问题，并通过对这些问题的思考和解决来实现更深入的学习和思考。第三，批判性思维可以让科学技术研究的思维过程更加具有准确性。在科学技术实践过程中，研究者会首先获得大量的经验材料，但是这些经验往往会出错，批判性思维的介入使得研究者能够始终保持一种严肃和负责的研究态度，从而保证了整个研究过程中思维的准确性。同时，这种批判性的思考也会保证研究者进行逻辑推理的严密性。第四，批判性思维可以让科学技术研究的思维过程更加具有开创性。批判性思维意味着大胆、合理的质疑，它要求研究者不盲从已有的理论，敢于提出带有开创性的新见解和新思路。当然，科学技术研究本身的严谨性要求研究者在进行质疑的时候要做到有理有据，而不是随意怀疑。

五、移植、学科交叉与跨学科研究方法

移植、学科交叉与跨学科的研究方法，是创造性思维的两种非常有效的研究方法。当代科学研究和技术发明变得越来越复杂，进行移植与交叉，通过多学科或跨学科的研究，常常能够获得单一学科研究无法获得的创新成果。多学科融合或跨学科研究问题也是当代科学技术研究解决问题的创造性方法，体现了广泛联系和发展的辩证法。

（一）移植方法

所谓移植方法，就是指把在其他学科中已经运用的方法或研究方式移到要研究的新领域或新学科中加以运用或加以改造后的研究方法。移植方法的创造性很高，一般包括概念移植、对象移植和方法或技术移植等。

在现代科学技术研究中，移植方法是非常普遍的一种创造性思维方法。而且，这种移植方法可以使用在传统意义上的自然科学领域、社会科学领域、人文科学领域以及技术研发过程中。随着科学技术研究的专业化程度越来越高，移植方法的优越性也随之得到了很多科学家和工程师的重视，这种视角的转换常常会给他们带去很多新的线索和启发。同时，在移植方法的使用过程中，也使得一些相对经典的理论又重新焕发出新的光彩，得到了很多理论上的突破。

在科学研究中使用移植方法时，比较常见的是概念移植和方法移植，尤其是不同的研究方法在不同的研究领域中被科学家们创造性地使用。比如，在20世纪七八十年代，一种名为“演化博弈论”的研究在学界引起了广泛的关注，并迅速地在生物学与经济学等领域中得到了大家的认可和发展。一直到今天，演化经济学依然是西方经济学中非常前沿的研究领域之一。实际上，博弈论这个研究领域在诞生之初是作为现代数学的一个分支出现的，提供的是一套研究和解决博弈问题的概念和方法。但是，随着人们对于这个领域研究的不断深入，发现这种数学工具可以用来回答很多

与人类行为相关的问题，甚至是很多与生物行为相关的问题。于是，博弈论很快地就成为了现代经济学的基础理论工具之一。而所谓的演化博弈论，则是将博弈论的方法引入生物学中关于动植物行为的研究之中，通过"演化稳定策略"等一系列新的概念的加入，博弈论的框架和方法可以很好地帮助生物学家去说明自然界中的很多现象。同时，这种"演化"的思想也启发了经济学家和博弈论者对原先的静态博弈模型进行各种调整和扩充，使之更加现实化，更加接近真实世界中的人类行为。这样一来，也就随之出现了以演化博弈模型为基本研究工具的经济学和金融学研究领域。移植方法的使用在很多时候往往会给移植的双方都带来新的启发和改变。因此，在现代科学技术强调交融与综合的背景下，移植方法更加值得大家广泛关注。

知识链：技术变化的进化模型①

进化论思想的提出，是人类文明史上的一次伟大的突破。达尔文的进化论思想不仅改变了生物学的发展，同时也深深地影响了社会科学研究中的很多领域。一种隐喻意义上的"文化进化"模型可以帮助我们说明很多的社会现象，技术的变化与创新也是其中之一。

约翰·齐曼在其主编的《技术创新进化论》一书的第一章"技术变化的进化模型"中就指出了关于技术创新的进化论隐喻，书中写道："如今，大多数人都相当了解达尔文如何解释'物种的起源'的，并将同样的推理用于解释'发明的起源'。他们习惯性地用准生物学的术语，如'适合度'、'存活'、'生态位'、'杂种'、'系谱学'等来指称技术概念。"

在此基础上，约翰·齐曼进一步对上述关于进化论的概念与理论在技术创新研究中的移植使用进行了更加仔细的说明，"物质人工制品以及诸如科学理论、社会风俗、法律、商业公司等不大有形的文化实体，它们由特有的性状的突变或重组而引起变异的机制，能够立刻被人们想到。大量不同的变种被投入市场(或被出版、被实践、被裁定、被投资等，各依情形而定)。在那里，它们受到了顾客和其他使用者(或竞争团体、上诉法庭、银行，等等)的严格选择。幸存的实体通过种群而被复制、扩散，并逐渐成为特优种类型。进一步的思考使我们意识到：互利共生关系是非常普遍的，如钢笔和墨水，或轰炸机与雷达系统。的确，产业的技术创新，譬如轿车制造业的各种创新是相互关联着的，因而我们可将之描述为一个协同进化的人工制品的完整的生态系统。选择环境发生变化，这些系统也将随之进化，并去适应环境的变化。另一方面，被隔离的亚群——繁殖群，在进行重组以前，可以长期在不同的方向上独立地进行分离和进化。如此等等"。

从上述论述不难发现，进化论的方法被移植到了对于技术创新的研究之中，并给我们带来了很多的启发。当然，与生物进化比较起来，技术进化只是一种隐喻式的说明，肯定各自有着自己独特的地方，但是移植方法在这里的使用还是非常带有创造性

① 约翰·齐曼：《技术创新进化论》，3-5页，孙喜杰，曾国屏，译，上海，上海科技教育出版社，2002。

的，是科研工作者们创造性思维的体现。

（二）学科交叉方法或跨学科方法

当代各门学科之间的交叉性越来越大，通过学科之间的交叉往往可以获得新的认识，带来创意。学科交叉成为一种新的思考方式和研究方法。所谓学科交叉方法，就是两门以上的学科在面对同一研究对象时，从不同的学科的角度进行对比研究的方法。借鉴其他学科的研究，思考本学科的问题和对象，融合其他学科的研究方法，以达到对研究对象的新认识。所谓的跨学科研究方法就是通过多学科的协作共同解决同一问题的方法，跨学科也是一种多学科融合的方法，也可以称为多维融贯的方法。

上面提到的两种研究方法在现代科学技术研究中是十分常见的，同时也越来越成为学界关注的热点。随着人类对于自然界、社会以及人类自身的了解的不断深入，科学家们更加意识到对于同一个研究对象，在很多时候仅仅依靠单一的学科和领域来进行研究是远远不够的，或者是有失偏颇的。因此，各个学科的交融在当今的科学技术界已经成为了一种共识，这种交融不仅仅是传统意义上的相关学科之间的交融，现在已经有越来越多的“跨界式”的学科融合出现，一批非常新颖的研究领域也随之应运而生。

传统意义上的学科交叉或者跨学科研究，更多的时候是出现在相近学科之间。比如科学家可以同时从化学和物理的角度去研究材料科学，也可以同时从化学和生物的角度去研究药学。相关的基础学科与应用学科之间的融合更是普遍，比如化学与化工、物理与电子技术、生物与食品工程之间都可以进行很好的跨学科研究。但是，随着科学技术研究的不断进展，科学家们进行交叉学科研究的跨度越来越大，这种学科的交融出现在了自然科学、社会科学以及人文科学的各个领域。比如，博弈论在经济学中的融合；进化论与社会学之间的融合；心理学与经济学之间的互动；计算机技术与语言学之间的交叉研究等。一批新的研究领域出现在了大家的视野之中，比如行为经济学、行为金融学、计算语言学、认知心理学等，甚至最近几年才兴起的实验哲学。

其中，在学科融合与跨学科研究方面非常具有代表性的一个新兴科学领域就是现在大家逐渐熟悉的认知科学。虽然目前对于认知科学还没有一个完全公认的定义，但是其研究对象还是比较确定的，那就是人类的认知机制，这其中涉及关于人类的大脑和心智的研究。很显然，认知科学的研究不可能只是由某个单一学科承载，按照目前比较流行的界定，认知科学至少涉及计算机科学、哲学、人类学、心理学、神经科学与语言学这六个学科门类的交叉研究。认知科学依然是一个较为年轻的学科，未来的研究空间非常广阔，毫无疑问是今后人类科学研究中的前沿领域之一。

知识链：行为经济学的兴起

2002年的诺贝尔经济学奖颁发给了美国普林斯顿大学的丹尼尔·卡恩曼与美国乔治·梅森大学的弗农·斯密斯。他们的获奖意味着主流经济学界对于行为经济学以及实验经济学的认可，行为经济学也成为了最近这些年来最为热门的经济学研究领域之一。

熟悉经济学理论的人们都知道经济学在很长时间中都是以一些基本假设出发，通过回溯式的推理方法得到理论以及模型的，是一种非实证的科学门类。但是，经济学作为社会科学中较为标准的模板之一，它关注的对象是社会经济现象与人类经济行为。因此，经济学研究也是可以与其他带有实证色彩的学科门类的研究进行有效互动的。于是，以行为理论、认知心理学为代表的一系列心理学研究进入了经济学家的视野之中，通过这些心理学的实证研究，大量的实验数据被经济学家们所掌握，他们关于人类经济行为的分析越来越真实化，尤其是在处理诸如不确定条件下的决策等问题时，心理学研究的引入使得经济学理论更加丰富和有说服力。

第三节 科学技术研究的数学与系统思维方法

恩格斯指出，“数学：辩证的辅助工具和表现形式”。①数学方法是一种关注事物的形式和抽象结构的思维和科学方法，它抽象地表达事物的空间关系与数量关系。而系统思维则是把事物视为系统来处理的思维方法。系统思维是一种整体性和关联性很强的思维方法。

一、数学方法及其作用

数学方法是所有成熟的数理科学的基本研究方法之一，而一个学科在其研究过程中对于数学方法使用的程度也成为测度其科学性的重要标志之一。在社会科学研究的各个领域之中，经济学的数学化程度是最高的，因此这也成为了不少人将经济学视为科学的原因之一。

数学方法注重的是抽象化与模型化，是我们可以把自然研究对象高度抽象、转化为人工模型，并抽象出其中的因果关系的基本方法。数学方法一般包括数学方程方法、数学建模方法、数学统计方法、数学实验方法等。

（一）数学方程方法

方程是代数学中的基本概念，也是一种把事物的关键关系抽象出来建立某种关于事物的数学模型的方法。方程的使用使得科学技术研究中的理论表述变得准确、严谨，是形成科学理论的重要过程之一。

科学研究与技术实践过程中都需要各自特殊的语言表述方式，我们大多将这些表述称为科学语言，方程就是科学语言的代表之一。科学语言来自于我们的日常语言，但是与日常语言区别明显。日常语言指的是人们在日常交往中使用的语言表达方式，这种语言表述往往并不要求严格意义上的准确性以及单义性，很多时候我们的日常表达都会出现一词多义、言此及彼、意在言外等语言现象；而且随着语境的不同，

---

① 马克思，恩格斯：《马克思恩格斯文集》，第9卷，401页，北京，人民出版社，2009。

甚至于语气的不同,相同的文字表示的是不同的含义。显然,科学语言不能出现上述这些语言学现象。“$F=ma$”这个式子表达的就是牛顿第二定律,在任何人那里说出来或者听到,都应该表达的是同一个意思;同样,“电子”在任何科学技术描述中都应该指的是由汤姆逊发现的那种物质微粒,其质量和带电量应该是一个大家公认的数值,不会因为语境产生改变。科学语言追求的是准确和严谨,是我们表达科学概念、确定科学理论的重要工具。数学方程作为科学语言的一种,体现的是科学家和工程师的抽象思维能力,也是科学技术研究中辩证思维方式的体现。

案例

科学史上最伟大的十个公式

英国科学期刊《物理世界》曾经让读者票选了科学史上最伟大的十个公式,最后统计的结果如下所示。这些式子中所反映出的自然界的各种神奇、简明、和谐的关系让人叹为观止,科学的美感也油然而生。

No. 10　圆的周长公式

$c=2\pi r$

No. 9　傅里叶变换

$\hat{f}(\xi)=\int_{-\infty}^{\infty} f(x)\mathrm{e}^{-2\pi i x\xi}\mathrm{d}x$

No. 8　德布罗意方程组

$p=\hbar k$

$E=\hbar\omega$

No. 7　$1+1=2$

No. 6　薛定谔方程

$i\hbar\frac{\partial}{\partial t}\Psi(r,t)=\hat{H}\Psi(r,t)$

No. 5　爱因斯坦的质能方程

$E_0=mc^2$

No. 4　勾股定理/毕达哥拉斯定理

$a^2+b^2=c^2$

No. 3　牛顿第二定律

$F=ma$

No. 2　欧拉公式

$\mathrm{e}^{i\pi}+1=0$

No. 1　麦克斯韦方程组

$\nabla\cdot D=\rho_f$

$\nabla\cdot B=0$

$\nabla\times E=-\frac{\partial B}{\partial t}$

$$\nabla \times H = J_f + \frac{\partial D}{\partial t}$$

案例解析

从这个例子中我们可以发现,作为一种通用的科学语言,数学公式已经成为了科学研究中最基础的组成部分。数学符号和数学公式的使用不仅大大简化了科学表述,而且也使得科学理论严谨、准确、可交流。同时,从这十个式子中我们可以很好地体会到科学的美感。面对如此庞杂的宇宙,这些简明的式子却可以“一语道破天机”,不管从形式上,还是从内容上,它们都应该是科学美的最好体现。当然,科学史上的经典数学公式远不止这些,大家还可以继续去寻找。

(二)数学建模方法

数学模型是科学抽象的结果,是通过符号、式子、程序、图形等数学语言对现实问题的抽象刻画,让这些现实问题变得简明。数学模型可以帮助科学技术研究者对相关问题进行合理的说明,并且能够帮助他们在一定程度上以模型为基础进行较为准确的预测。数学模型的提出一方面需要研究者对于现实问题的细致观察和思考,另一方面也需要他们具备相当熟练的数学与计算机功底。从现实问题中提炼和抽象出数学模型的过程就叫作数学建模,目前这种研究方法已经遍布于各个工程应用学科以及部分社会科学研究之中。

数学建模方法最初多用于物理学研究之中,但是随着各个学科研究的不断深入,数学模型已经成为了很多学科研究的基础之一。比如现代西方经济学就十分需要数学建模的方法,很多经济现象都可以被数学家们通过各种方式还原为抽象性更高的数学模型,然后通过数学分析的方法来解决或者说明这些经济学问题。当然,数学模型还可以广泛地运用在管理、金融、生物、医学、环境、地质、人口、交通等多个研究领域,数学建模已经成为了当今科学技术界最为流行与实用的研究方法之一。

一般说来,数学建模的步骤如下:第一,根据对于某个实际问题的了解,对其意义进行数学表述,并建立一些基本的假设作为建模的基础;第二,在上述假设的基础上找到合适的数学工具对该问题所涉及的关系进行数学刻画,并对问题进行相应的简化;第三,运用各种数学计算工具对抽象处理后的问题进行演算,并对结果进行数学分析;第四,将计算结果与现实情况进行比较,指出模型的适用范围和精确程度,并在此基础上做出必要的预测。

(三)数学统计方法

统计方法是人类对事物总体数量、类型及关系的认识方法。运用现代数学中的概率统计知识进行演算的数学统计方法对于认识事物的总体状况、分布状况及相关关系有着重要的意义。数学统计方法早期主要常见于物理学研究中,比如经典热力学研究以及后来的量子力学研究等。后来,数学统计方法被广泛地运用到了经济学、生物学等相关领域。经济学中的很多模型和理论都需要用到各种数理统计和概率论方法,而生物统计则是最近几十年发展非常迅速的领域之一。尤其是随着计算机技术的不断进步，人类进行统计运算的能力飞速发展，这就使得数学统计方法在科学技术研究中的作用越发明显。

案例

孟德尔的遗传定律①

奥地利科学家孟德尔因为首先发现了遗传定律，被人们尊敬地称为“现代遗传学之父”。孟德尔发现遗传定律的过程无疑是近现代科学研究中实验方法与统计方法完美结合的例子之一。

孟德尔在进行他的“豌豆实验”之前，早年曾经就学于维也纳大学，主修的专业是物理和数学，这种学习经历和知识背景或许是他后来采取统计分析方法的原因之一。

1852年，孟德尔在波西米亚省的圣托马斯修道院定居，从此献身于科学。他一丝不苟地记录日常的温度、湿度甚至修道院里水井的水位（作为对大气压的记录）。他观察和记录太阳黑子的活动。他养蜜蜂和白鼠，并且开始在修道院的花园里种植豌豆。实际上，在孟德尔之前就曾经有人用豌豆进行过培育和杂交的实验，但是孟德尔不仅仅选用豌豆进行种植、杂交以及记录下发生的事件，而且他还小心地建立了一个假说，进行了实验，然后分析结果。最终，他精细的方法论使得他在遗传方面做出了更多的结论和报告，超过了任何一位前辈。

重要的是，孟德尔只选用遗传特征（性状）不改变的植株。为了确定这些植株，他花了两年时间，从34种豌豆中挑选出22种。这些植株繁殖的都是纯种——当他把它们进行自交后，产生的后代植株和它们的亲代是完全一样的。然后他不厌其烦地把这些性状进行分类，最后一共分为了七类，分别是种子颜色、种皮颜色、种子形状、豆荚颜色、豆荚形状、花的位置以及茎的高度。当他确定了自己的植株是纯种，并且将总是表现出同样的性状之后，他开始对它们进行杂交，并且对于子一代进行进一步的自交，然后仔细地查明每一株植物和每一个性状。他在八个种植季节里对大约30 000株豌豆进行了实验。

实验的结果简单得令人难以置信，每一个上过生物学入门课程的人都见过那些图表。别的生物学家曾经做出并报道过同样的结果，但是他们并没有得出什么结论。而孟德尔的遗传学理论的伟大之处就在于他的实验方法。他不仅仅描述了结果，还对它们进行了统计学分析。在大量的实验数据和记录中，孟德尔找到了同样的、反复出现的数学关系，他发现隔代传递的性状在所有的植株和所有的性状里面占了四分之一。孟德尔做了一遍又一遍的实验，收获了数以千计的种子进行分类。每一次，他都得到了同样比例的植株；实际上，他培育的植株越多，他的数字都越接近于一个完美的比率。

---

① 米尔斯：《进化论传奇——一个理论的传记》，102-112页，李虎，译，北京，海洋出版社，2010。

如果你是一位物理学家，得到这样一致的结果的话，你就会把这个称为一个"定律"。孟德尔不愧是具有物理学背景的科学家，他正是这么做的。他当时就把自己发现的这个定律称为"不同形状的组合定律"，这也就是后来孟德尔遗传定律的主要组成部分，也是现代遗传学的理论基石。

案例解析

从这个例子中我们可以发现，很多科学假说和科学定律都是通过对大量经验事实的总结和归纳而得到的。但是，从经验事实到科学理论的转化过程要求精确性和定量性，因此，数学统计方法是近现代实验自然科学中非常基础和常见的研究方法。数学统计方法的使用，可以帮助科学家从大量的科学事实中发现不同考察对象之间的量化关系，并以此为基础形成较为精确的结论。

(四)数学实验方法

数学实验是把计算机技术和数学方法结合起来，在计算机上以数学方法设计实现的理想实验。数学实验方法有助于人类更加精确地从整体上认识事物内部要素和事物之间的理想关系。数学实验方法丰富了实验的概念，扩展了实验的内容，是一种理想化的数学实践。

数学实验方法的使用与发展需要依靠数学软件的开发和应用。目前，国际数学界比较常用的数学软件包括 Matlab、Mathematical、Maple、MathCAD 等，这些软件的科学计算功能都十分强大，如 Matlab 就可以进行矩阵运算、绘制函数和数据、实现算法、创建用户界面、连接其他编程语言的程序等，因此被广泛地使用在工程计算等多个领域之中。于是，人们就可以通过使用这些数学软件来运用数学实验方法去处理各种现实问题。

二、系统方法及其作用

系统方法是指 20 世纪 40—90 年代出现的系统科学所采用的一系列方法的综合，这些方法对于从横断面抽象认识对象的物质结构、能量流动和信息传递有重要的作用。

在系统科学的研究中，贝塔朗菲将"系统"定义为"处于一定相互关系中并与环境发生关系的各组成部分(要素)的总体(集合)"。而我国著名科学家钱学森则主张把极为复杂的研究对象称为"系统"，将"系统"表述为"由相互作用和相互依赖的若干组成部分结合的具有特定功能的有机整体"。综合上述这些定义，所谓"系统"，就是指由若干相互联系、相互作用的要素组成的具有特定结构和功能的有机整体。①

基于系统科学中对于"系统"这个概念的界定，科学技术研究中的系统方法主要是指将研究对象作为一个系统的整体对待，根据系统的性质、关系、结构，把对象的各个组成要素有机地组织起来构成模型，从而实现对于研究对象的功能与行为的说明与预测。

---

① 教育部社会科学研究思想政治工作司组编：《自然辩证法概论》，52 页，北京，高等教育出版社，2004。

(一)系统分析与系统综合方法

系统分析方法是指把系统分解,对其要素进行分析,找出解决问题的可行方案的思维与思考方法。这种分解式的研究方法在科学技术研究中是很常见的,也是非常基础的一种研究方法。当科学家或者工程师在面对某一个具体的研究对象时,如果研究对象的情况比较复杂,通常都会选择首先将其分解,然后从各个部分的细节入手展开研究。当然,分解式研究完成之后还必须将这些部分进行整合,因为系统的功能与属性是具有整体性的,而最初的研究对象是作为一个系统的整体出现的,所以分解只是整个研究的前半部分,但是可以帮助我们将困难的问题简化,并比较迅速地在杂乱的线索中找到突破口。

而系统综合则是把研究、创造和发明对象看作系统综合整体,并对这一系统综合整体及其要素、层次、结构、功能、联系方式、发展趋势等进行辩证综合的考察,以取得创造性成果的一种思维方法。系统综合是与系统分析相反的逆向思维方法。系统综合强调从系统整体出发,综合和分析同步进行,以综合统摄分析;强调从部分与整体的相互依赖、相互结合、相互制约的关系中揭示系统的特征和规律。

知识链:人类基因组“工作草图”①

在2000年世界十大科学发现中,人类基因组“工作草图”赫然位居榜首。2000年6月26日,由中、法、德、美、英、日六国科学家向全世界公布了人类基因组的工作草图,工作草图覆盖了97%的基因组,85%的基因组序列已被组装起来。这一消息标志着人类对自身的认识进入了新的阶段。

现代遗传学认为,基因是DNA(脱氧核糖核酸)分子上具有遗传效应的特定核苷酸序的总称,是具有遗传效应的DNA分子片段。基因位于染色体上,并在染色体上呈线性排列。基因不仅可以通过复制把遗传信息传递给下一代,还可以使遗传信息得到表达。不同人种之间头发、肤色、眼睛、鼻子等不同,是基因差异所致。人类只有一个基因组,有6万~10万个基因。人类基因组计划是美国科学家于1985年率先提出的,旨在阐明人类基因组30亿个碱基对的序列,发现所有人类基因并搞清其在染色体上的位置,破译人类的全部遗传信息,使人类第一次在分子水平上全面地认识自我。人类基因组计划的目标,就是为30亿个碱基对构成的人类基因组精确测序,从而最终弄清楚每种基因制造的蛋白质及其作用。这一过程就好比以步行的方式画出从北京到上海的路线图,并标明沿途的每一座山峰与山谷,虽然很慢,但很精确。由此可见,人类基因组计划是人类科学史上的一项伟大的系统工程,而系统分析与系统综合的研究方法在这项研究中的作用是非常显著的。

(二)软系统方法论

软系统方法论是与“硬系统方法论”相对而言的,“硬系统方法论”一般指的是那些带有明显工程性特征的系统研究方法,与人们比较熟悉的“系统工程”的概念较为

---

① 大连理工大学:《自然辩证法教学案例》,50页,北京,中国人民大学出版社,2006。

类似。而软系统方法论主要处理的是那些工程性不是很明显的社会及管理问题,这类问题一般界定起来比较复杂,而且任务范围也无法完全确定。但是,这类所谓的"软问题"较之工程问题而言,更加贴近真实的社会生活,因此具有很强的现实研究价值。

软系统方法论是英国学者切克兰德在1981年提出的,其主要研究对象是现实生活中的那些难以定义的社会及管理问题。系统工程的方法问世之后,在很多领域都有着很好的应用,但是人们也发现这类方法在分析和处理一些现实社会问题时往往效果并不是很好,原因就在于人类的社会活动的复杂性远远超出了一般意义上的工程。因此,基于解决这类"软问题"的考虑,切克兰德以系统工程中的方法为基础,提出了一套适用于"软问题"的软系统方法论。

软系统方法论主要包括四个方面的认知活动,即感知、判断、比较和决策。从逻辑结构上讲,这套方法论体系包含以下七个步骤:第一,无结构的问题情景;第二,表达问题情景;第三,相关系统的根定义;第四,建立概念模型;第五,对第二步与第四步的比较分析;第六,可行的合乎需要的变革;第七,改善问题情景的行动。

(三)反馈与控制方法

反馈与控制方法都是来自于系统科学中控制论领域的研究方法。控制论是诞生于20世纪中叶的一个研究领域,其最初的缘起是由于二战期间研制防空火力自动控制装置的需要。维纳等人于1943年合作发表的《行为、目的和目的论》一文,是关于控制论的第一篇学术论文,该文认为人的随机活动的一个极端重要的因素是控制工程师们所谓的反馈作用。这意味着生命系统与自动机这类技术系统之间具有统一性,即都存在着反馈回路,都会表现出自动调节与控制的功能,都会使系统趋达一种目标值。1948年维纳又出版了《控制论》一书,进一步认为:无论是自动机,还是神经系统、生物系统、社会经济系统,反馈对于系统状态的稳定性都起着至关重要的作用,反馈机制都可使这些系统表现出一系列目的性行为,如适应与学习行为等。① 从上述分析不难看出,控制论中所反映出的研究思路和研究方法在不同领域的科学技术研究中的应用性很强,因为它重点关注了科学技术实践过程中各种现象和事物的原因、过程及结果的相互联系,带有非常明显的辩证思想。

1. 反馈方法

一般说来,控制系统都包含施控部分、受控部分、传递控制作用或信号的信息通道或传输线路。当它们所构成的控制系统与外部环境发生耦合时,系统便能表现出一种维持或寻求某稳定结构状态的自动调节与控制行为。在一个控制系统中,如果控制信号或输入信息中没有加进被控信号或输出信息,没有把目标值与输出信息加以比较以产生控制作用,那么这种系统就是开环控制系统。如果控制信号或输入信息中加进了被控信号或输出信息,使控制信号由关于被控量相对于目标值的偏差的

---

① 王贵友:《科学技术哲学导论》,346-347页,北京,人民出版社,2005。

信息产生,用以连续地产生控制作用,那么这种系统就是闭环控制系统。在闭环控制系统中,系统的输出值 Y 需要通过一种装置回输到输入端,它与预先规定的目标值 J 相比较,所得出的偏差值 $U = J - Y$ 可产生新的输入信号并发挥与之相匹配的新的控制作用。这种将系统状态或输出信息回输到系统的输入端,通过与目标值的比较以重新产生输入信号与控制作用的过程就是所谓的反馈。如果这种反馈作用使系统的输出值 Y 与目标值 J 的偏差 U 愈来愈大,使系统状态或输出值偏离目标愈来愈远,就是所谓的正反馈;如果反馈作用使系统的输出值 Y 与目标值 J 的偏差 U 愈来愈小,使系统状态或输出值趋近于目标值,即使系统趋于一个稳定的状态结构,就是所谓的负反馈。一般说来,当一个控制系统的稳定性受到内外环境干扰时,正反馈会产生一个比扰动更大的偏差,会加速对系统稳定性的破坏;而负反馈会产生一个抵消扰动所造成的偏差的作用,会不断维持或重新建立起系统的稳定性。①

基于上述对于反馈的界定,反馈方法就是指在科学技术研究过程中运用反馈的概念去分析和处理问题的方法。一般说来,反馈方法强调的是从现象或者事件的结果入手,考察结果是否可能会进一步给整个现象或者事件的过程带来影响,从而改变该过程的发展以及最终状态。

2. 控制方法

总体上讲,控制方法就是对事物的起因、发展及结果的全过程的一种把握,能够帮助我们预测、了解并决定事物的结果。控制方法有很多不同的表现形式,反馈也是控制的一种。控制方法的核心就是在系统视野中如何处理好控制主体与控制客体的辩证关系。运用控制方法对复杂对象进行研究时,是对其控制流程加以综合性的考察,是以事物的系统要素、结构和功能关系的立场观察事物。

(四)信息方法

信息方法是运用信息的观点,把系统的运动过程看作信息传递和信息转换的过程,通过对信息流程的分析和处理,获得对某一复杂系统运动过程的规律性认识的一种研究方法。

随着系统科学的不断发展,信息成为了系统科学中的核心概念之一。信息论的出现以及一系列与信息相关的研究领域的出现,再结合计算机技术、自动化技术以及控制论等其他学科的发展,信息已经成为了当代科学技术研究中最基本的概念和对象。对于任何一个系统而言,除了我们比较熟悉的物质、能量两个方面的运动之外,该系统在任何一个时刻都保持着与外界的信息交互,因此以信息为载体去思考和理解系统的运动过程是必需的。而且这一特性也决定了不管是人类的社会活动,还是自然界的各种运动,都可以从信息的角度去解读。信息方法的出现无疑给了我们一个更深层次理解自然界、人类社会以及人类自身的视角和框架。在运用信息方法研究科学技术问题时,并不需要对研究对象进行分解式的剖析,而是对其信息流程加以

---

① 王贵友:《科学技术哲学导论》,347-348 页,北京,人民出版社,2005。

综合性的考察,着眼于该研究对象在与周围环境的交互作用中所体现出来的动态的功能。

因此,信息方法的优点是不割断系统的联系,通过流经系统结构的信息考察系统的结构和功能以及变化发展,用联系的、全面的、功能化的观点去综合分析系统运动过程。

三、复杂性思维及其方法

(一)复杂性思维

复杂性思维是20世纪90年代以后伴随着复杂性科学的兴起而产生的一种思维方式。复杂性科学的定义方式很多,从不同的角度出发,会得到不同的关于"复杂性"的界定。从方法论的角度出发,复杂性科学可以被看作是一种整体论科学或者非还原论科学。学界一般认为复杂性科学诞生的标志是贝塔朗菲创立一般系统论,并且习惯把复杂性科学的发展分为三个阶段,即研究存在、研究演化与综合研究。尤其是到了20世纪90年代,随着美国圣塔菲研究所的建立,复杂性科学成为一个跨学科的综合研究领域。其研究内容包罗万象,横跨多个不同的学科领域。而复杂性思维的兴起也要得益于复杂性科学的发展,这种以整体论为基本方法论依据的思维方式,对现代科学技术研究意义重大。

复杂性思维与简单性思维相对,把事物本身的复杂性特征凸显出来,让人们更加认识到事物发展的复杂性状态和性质,考虑问题的多样性。复杂性思维在更高的层次上体现了当代马克思主义的辩证思维,在科学上以多样性、相关性和整体性为主要特征。

(二)复杂性方法

复杂性方法是在借鉴传统科学研究方法的基础上,以辩证法为理论取向的一种科学技术研究方法。复杂性方法是一种综合的方法,侧重把定性判断与定量计算、微观分析与宏观分析、还原论与整体论、科学推理与哲学思考结合起来。同时,复杂性方法也是一种跨学科的多维融贯的方法。

复杂性方法主要考察事物以下几个方面的特性:第一,自组织性,即强调事物的自组织演化特性,在对研究对象进行认识和控制时,注意事物的自我发展演化的特性,不过分和直接干预对象的演化;第二,多样性,即注意从多个侧面认识和把握对象,注意对象的多样性关系,注意事物的多样性联系;第三,融贯性,即把对事物的历史考察和逻辑认知统一起来,把多样性与统一性联系起来,把整体和部分统一起来,进行连贯、系统的认识;第四,整体性,即首先把事物作为整体考察,力图超越还原论,从事物的整体出发,认识事物存在、演化的复杂规律和特性。

知识链:复杂性科学的整体研究方法①

从方法论意义上讲,整体研究方法对于复杂性科学和系统科学而言,是最具标志

① 郭元林:《复杂性科学知识论》,147-148页,北京,中国书籍出版社,2012。

性的研究方法。以下是整体研究方法的几种代表性体现。

1. 从历史的角度来研究"整体"的演化发展,主要采用直接观察的方法。如研究地质演化、生命进化,在天气预报中利用卫星来观察研究云层的整体变化,自组织理论就是研究系统的自组织过程。再比如,当我们研究某个罪犯的犯罪心理时,一般都不会采用还原分解的办法,而是去追溯和考察这名罪犯的成长背景等情况。

2. 刺激反应,直接观察。如研究动物的行为或习性时,不能采用还原分解动物的办法,而是把动物作为一个整体,放到一定的环境中,直接观察记录。科学家们经常为了加快研究过程,对动物施以刺激,观察其反应。

3. 输入和输出法。这种方法在研究系统时经常用到,如果系统的组成结构不清楚,甚至一时无法弄清楚,就如同一个黑箱一样,那么我们可以给它一定的输入,然后观察其输出,根据输出的结果即可推知系统的某些特性。

4. 模型方法,它又包括数学模型和实体模型等。数学模型包括那些通过数学抽象所建立的模型,比如城市交通的红绿灯设置模型,物流行业的中转站设置模型等等;而实体模型则主要应用于工程实践领域,如关于长江泥沙沉淀的模型等。当然,如果我们界定模型的范围再宽泛一些,那么计算机模拟以及隐喻也都可以看做是模型方法的扩展种类。

5. 类比方法,也是一类整体方法。在研究过程中,不还原分解研究对象,而是根据某种相似性,通过类比进行认识。例如,在物理中,把电场力和引力类比得到的库仑定律与万有引力定律具有形式相似性;把磁场力与电场力类比,描绘磁力线和电力线;光波与声波都能产生干涉和衍射现象,具有波的特性,把二者类比研究光的性质;把原子模型与太阳系行星模型类比,来说明原子内部的结构。

6. 直觉方法,指面对事物时的直接认识和即刻领悟的研究方法,这种方法中没有有意识的逻辑推理,也不需要进行实验,是对事物的整体把握。有些人认为这种方法是非理性的,并带有神秘主义色彩。但法国哲学家伯格森认为直觉是真正获得关于实在的内在知识的方法,是不带任何空间性和社会功利性的思维方法,是一种自我意识的本能。在研究整体时,我们可以用直觉方法直接研究,如对某个人的认识,我们的第一印象往往就是通过直觉所得。我们无法说清这种第一印象产生的原因和过程,对此也难以进行理性分析和经验研究,然而却获得了关于一个人的直觉知识。

第四节　科学技术活动的方法

科学技术研究的基本目标是发现、发明与创造,科学技术实践是科学技术活动中最基本的和最基础的活动。实践是马克思主义哲学中最为核心的概念之一,也是我们在自然辩证法的理论框架中理解科学和技术的本质的基础。科学技术实践是人类所有实践活动中重要的组成部分,也是比较特殊的一类实践活动。科学技术实践的产物是科学知识和技术产品,它们都具有区别于日常实践产物的特性。因此,科学技术活动中的实践方法在方法论意义上具有其独特的价值和位置，这部分方法对于我们更好地理解科学和技术意义重大。

一、科学实践的方法

一般说来，科学实践的基本方法包括科学观察、科学实验和科学仪器的运用。其中涉及观察、实验与理论之间的辩证关系，涉及研究主体、工具与研究对象以及与研究环境的复杂关系。

（一）科学观察

科学观察是人们有目的、有计划地感知和描述处于自然状态下的客观事物、获取感性材料的基本手段。科学观察是一种有理性目标的感性活动，是对自然状态下客体的感知过程，而且也不会干预自然状态下的研究对象。

从哲学的层面上理解，观察是主体与客体之间相互作用的过程，是主体在一定的条件下通过感官从被观察对象那里获得感觉映像，形成经验，最后得出观察陈述的过程。很显然，在观察的全过程中，充满了可能导致观察出现差错的因素，因此，排除这些影响因素是成功观察的重要条件。同时，我们也必须认识到观察是一种积极的认识活动，体现的是认知主体的认识能动性。

科学观察作为观察中较为特殊的一种，与日常观察比较起来，要求是十分严格的。科学观察不能是随意的，或者漫无目的的，而应该以相关理论为指导、有确定的观察目标、有相应的观察环境和条件。科学观察的结果是大量的科学事实，而科学事实是我们建构科学理论的基石，因此科学观察对于科学实践和科学理论而言都非常重要。那么，综合上述考察，我们可以从以下几个方面理解科学观察的基本特征。①

第一，科学观察是一种具有目的性、计划性、选择性的活动。在科学观察中，科学研究者们总会围绕着某一课题，带着需要解决的问题去进行观察，要对现实的观察对象进行选择和设计，要对观察仪器进行设计和改进，还要制定具体的观察方案和观测方法。当然，观察对象的选择对于科学观察显得尤为重要，人们一般倾向于以下这些观察对象：从客观对象的角度看，它们自身包含的因素比较少、比较简单，受外界环境的影响较小；从观察者的角度看，它们便于人们通过不同的方式、从不同的侧面进行考察和感知。只有这样，观察才会导致重大科学事实的发现。如第谷对火星的运行轨道的观察便获得了巨大的成功，并直接导致了开普勒三定律的建立。

第二，任何观察，包括科学观察都是一种感性认识的活动。在这种认知活动中，现实的观察者通过自己的感官或观测仪器，直接与自然状态下的现实对象接触，去感知和描述具体的个体事物的属性，这种观察过程本身是一种感性的物质活动、感性的认识活动，具有直接的可感受性、直观性。

第三，科学观察是对处于自然状态下的现实的具体对象的感知和描述。在科学观察中，观察者往往对于观察对象本身的状态、自然过程、环境条件不进行直接的作

---

① 王贵友：《科学技术哲学导论》，175-177 页，北京，人民出版社，2005。

用、控制、限制，而只是被动地接受与特定环境条件相关的具体对象发送的信息。由于这种自然对象原则上不受人为因素的控制、支配、扰动，因而在很大程度上可保证观察结果的客观性和具体性。

第四，科学观察而言应该在原则上具有可传达性、公共性、可重复性、可检验性。科学观察作为获取科学事实的重要手段，理论上是不会因为认知主体的差异而产生差异的。这也就意味着观察对象、环境条件与仪器，包括观察过程和观察结果，都应该是可以在不同认知主体间进行表达和交流的，而且也应该是不同的认知主体在不同的时间地点可以重复实现的过程。因此，科学史上的重大科学发现，不可能建立在某一次独立的科学观察的基础上的，而应该是被科学共同体的成员反复观察到的结果。

第五，由于科学观察的结果是科学事实，因此科学观察的结果应该是可以被量化和测度的，而且是可以不断地提高观察精确性的。人类对于自然的科学观察经历了一个由浅入深的过程，对于很多观察对象，都经历了一个从感性认识到理性认识、从粗浅了解到详细了解的过程。而且，科学观察的这种发展过程也是符合人类认知的发展历程的。

当然，科学观察本身作为观察的一种，其中也肯定存在着主观性和个体性的因素。首先，对观察者而言，其观察能力和观察手段会存在差别，而且在不同的历史阶段，科学观察的水平也必然受到当时的历史、社会条件的制约。我们的祖先在观察天体运动时的条件与我们现在进行天文学观测的条件比起来差别明显，因此得到不同的观察结果也是无可厚非的。其次，对于观察者来说，很多个体因素也会给科学观察带来影响，比如个人对环境的感受力、心理与生理条件等。再次，如果我们认为科学观察是有理论负荷的话，那么观察者本人的教育背景以及学术观点，也会影响到他的科学观察。上述这些因素都有可能使得某项科学观察存在主观性的特点，但是，不可否认的是，这些因素都无法改变科学观察本身的客观性，因为这种客观性是由观察对象的客观性所决定的。当然，上面几个方面的主观性特征是可以通过科学观察的一些辅助条件和背景知识进行消解的；而且随着某项科学观察重复次数的增加，其最终的观测结果会逐渐趋向于某个大致相同的结果。

除了上述这些特征之外，我们还可以从观察主体与观察客体之间关系的角度来理解科学观察活动。在这个层面上，科学观察可以分为直接观察和间接观察。所谓的直接观察，是指观察者并不借助于仪器这种中介物，单凭自己的感觉器官直接去对自然状态下的具体对象进行感知和考察，并且用公共语言对观察结果进行描述的活动。这类观察一般常见于早期的自然哲学研究和自然科学研究，早期的博物学研究就是其中很好的例子之一。而所谓的间接观察则是指观察者不直接与自然对象打交道，不直接感受自然对象，而是借助于科学仪器这种中介物去间接地感知自然状态下的具体对象，并且用公共语言对观察结果进行描述的活动。随着科学技术的不断发展，大量的科研仪器和科研设备出现了，这些观察手段的出现极大地扩展了科学家们的视野，也使得很多原先的不可观察对象成为了可观察对象，人类对自然界的认识程度更为精细。但是，在间接观察中，我们必须认识到观察仪器和设备对于科学观察的对象的扰动和改变。当然，这种由于仪器的介入而出现的扰动在宏观、低速的自然界中很多时候都是可以忽略不计的，或者是观察者无法察觉的，而且也是可以通过一些方法进行修正的；不过在微观高速的世界中，这种扰动就会变得比较明显，因此，关于量子世界的观察和测量一直都是物理学中的重大问题之一。①

总之，不管科学如何发展，科学观察都是科学实践和科学研究的基本活动。科学观察可以帮助我们获得大量的科学事实，而科学事实正是科学家们验证科学假说、建立科学理论的依据所在。

知识链：

达尔文的“贝格尔号”之行

达尔文的进化论早已为大家熟知，这一革命性的科学理论的提出，在很大程度上得益于达尔文青年时期的一次为期五年的科学考察。在这次科学考察的过程中，大量的科学观察使达尔文真正产生了进化论的理论构想。

1831 年 12 月，22 岁的达尔文乘坐“贝格尔号”从英国普利茅斯港出发，开始了他为期五年的博物学考察之旅。其实，在这之前，达尔文本来都已经打算好去做一名乡村牧师，收集昆虫，传教布道，但是这次旅行改变了之后所有的一切。在这接下去的五年中，达尔文看到了启迪头脑的东西，而这些观察结果也永远地改变了他的观念。他经受了一次地震；他发现了见所未见的生物的化石；他遭遇了原始部落，其生物令他震惊；而某些部落的斯文与高贵令他印象深刻。他的这段经历强化了他的思想，把它们铸成信念；他的发现支持了他，使他确信自己思想的价值。他曾经是一位知识英雄的崇拜者，而这次旅行使他可以把自己看作牛顿的同侪。

达尔文在船上有自己的小房间，他在那里备有图书和设备，也是在那里，他日复一日地饱受晕船之苦。他从来没有适应海上的生活。虽然他十分热爱和珍惜自己的冒险活动，但是他知道，他此后再也不会乘船旅行了。他花费了尽可能多的时间在陆地上，常常经由陆路和“贝格尔号”在其他港口会合。在他们踏上归程的时候，他已经走过了亚马逊森林，骑马考察了潘帕斯草原，坐车旅行了安第斯山脉。在这个过程中，达尔文一直带着莱尔的《地质学原理》一书，他也在用一双地质学家的眼睛观察着这个世界。每当他记录日志、搜集样本的时候，他主要是在提供地质学的描述。他收集岩石的样本，研究南美洲岛屿和山脉的形成。当他观察到这些令人吃惊的新景观时，便阅读莱尔的那本书。他发现自己可以清楚地勾画出这些景观的历史，并建立了自己的理论。然后，达尔文在智利经历了一次地震，这次经历让他见识了自然的能量，他亲眼看到了地球的改变能有多大。

---

① 王贵友：《科学技术哲学导论》，179-180 页，北京，人民出版社，2005。

达尔文并没有把所有的时间都用在地质学思考上,他观察和收集了许多动物和植物的标本。他从海洋着手,用漂网收集浮游生物。通过显微镜观察,他发现这些生物如此令人惊艳。在潘帕斯他收集到两种美洲鸵,这两个物种只在形态大小和腿部颜色上有微小的差别。它们比邻而居,一种在北潘帕斯占据优势,另一种在南部占据优势,有小片的重叠区域。达尔文惊异于此处陆地动物的不同形态,它们和非洲动物差别那么大,但它们的生活又是多么相似。当然,达尔文还收集了不少化石。在返程途中,"贝格尔号"在加拉帕戈斯岛停留,在这段时间中他又观察和收集到了大量的动植物标本。他的所见激发了他的思考,达尔文在"贝格尔号"上的日志中写道:"当我看到这些可以互相望见的岛屿,它们只有很稀疏的动物种群,栖息的鸟类在结构上有微小的差别,占据着自然界中的同等位置,我不得不猜想它们是变种……如果这种观点有一丝根据的话,那么该群岛的动物区系就很值得加以仔细研究:因为这些事实将会削弱'物种是稳定的'这种观点的说服力。"

达尔文回到英国时已经是1836年了,他之前寄回的标本和包裹已经让他的工作在当时的科学界出名了。当然,达尔文真正发表自己的进化论思想是20年之后的事情了,但是这次旅行的观察见闻以及他所写下的笔记,确实是他最终提出进化论的基础和渊源。

(二)科学实验

科学实验,是指科学研究者依据一定的科研目的,用一定的物质手段(科学仪器和设备),在人为控制或变革客观事实的条件下获得科学事实的基本方法。实验是科学区别于社会中其他领域的一个重要特征,近代科学的诞生也得益于实验方法与数学方法在自然研究中的使用。纵观整个人类的科学发展历程,科学实验在其中扮演了十分重要的角色,它一方面帮助科学研究者们获得科学事实,另一方面也帮助他们提出和检验科学假说,建立科学理论。

科学实验作为科学实践方法的一种,与科学观察一样,也具备一些基本的特征。这其中有些特征与科学观察相同,而有些特征则与科学观察完全不同。①

第一,科学实验也是有目的性、计划性、选择性、针对性的科学实践活动。科学实验的展开一般是建立在某些具体的科研课题或者科研目标之上的,而且科学实验的结果一般也在科学研究者们的预期之中。因为科学实验的设计原理一般都是一些有待检验的、或者已经得到认可的科学理论,那么通过理论推演,科学研究者们很容易得出实验中可能出现的情形,当然前提是实验装置、实验流程和实验操作都是没有问题的。同时,科学研究者们在进行科学实验时,一般会倾向于选择一些较为简单和典型的实验对象,以便于分析实验现象和实验结果背后的理论机制。研究者们还会想办法不断地去改进实验方法和实验仪器,从而使得实验的准确性更高。科学实验的设计,是非常考验科学家功力的事情,比如黑体辐射实验、摩尔根对果蝇进行的遗传

① 王贵友:《科学技术哲学导论》,182-183页,北京,人民出版社,2005。

学实验等都是非常著名的例子，很多重大的科学发现都要归功于一些巧妙的实验设计。

第二，科学实验虽然也是一种对实验对象的感性认识活动，但是它与科学观察不一样，它是一种作用于自然对象及其环境条件，直接地去控制自然对象的状态、关系、作用和进程的认识活动。实验室在某种意义上讲应该是一个人工的自然界，因为在实验室中，科学研究者们可以通过实验的方式去简化和强化某些自然界中的条件，这样可以帮助研究者们在实验过程中排除次要因素的影响，从而突出主要因素的作用；而且也可以帮助研究者们实现一些在自然界中很难出现的情形，比如超高温、超导等。

第三，科学实验的过程与科学观察一样，也应该是可重复、可交流、可检验的；而且科学实验的结果也应该是科学事实，同样也是可以被精确化和量化的。对于科学界而言，任何一个科学实验的结果如果需要得到科学界的公认，就必须能够被不同的研究者在不同的时间地点重复进行，这种主体间性是科学的基本特征之一。2011 年 9 月 23 号，欧洲核子研究中心的一份研究报告声称该中心的科学家在实验中发现了速度超过光速的粒子，并且是在多次实验中反复观察到这一结果。这一科学新闻的出现迅速在物理学界引发了重大的反响。因为，根据相对论的光速不变原理，宇宙中信号传递的速度上限就是光速，这是关于宇宙的一个基本原则，就如同万有引力定律一样。但是，一旦上述新闻被确认的话，那就意味着爱因斯坦的理论将会被改写，整个物理学理论也将随之被改写。不过，后续的重复实验并没有支持上述实验结果，因此，这一新闻最终并没有改变现有的物理学世界。

除了上述几点基本特征之外，对于科学实验，我们还需要理解以下几个问题。

第一，科学实验与科学观察一样，也具有一定程度的主观性、个体性和差异性。由于个人的背景条件的差异，科学实验的进行会受到影响；而且，科学实验是会对自然对象主动施加影响的，因此个人对自然对象信息的选择接受方式、信息传递与变换方式、信息加工处理方式、语言表达方式、主体感受与理解能力、主体所持概念框架等因素都会使科学实验带有主观性等特点。

第二，科学实验也可以分为直接实验和间接实验两类。其中直接实验是指科学研究者借助于实验仪器直接对自然对象进行操作、介入和控制，直接对自然现象进行感知和描述。日常科学实践中的大部分实验都属于直接实验的范畴。而间接实验则是指通过模型的方法对自然对象或者自然现象进行模拟，通过对这些模型的实验研究间接地实现对自然界的研究。这类实验在科学研究中也是比较常见的，而且一般会运用到以下的场合：研究对象已经时过境迁，无法回溯，如宇宙大爆炸等；研究对象涉及范围太广，直接研究困难太大，如全球的洋流系统；研究对象的实验成本太高，如飞机的速度界限；涉及人类的生命和健康，如器官移植反应；研究对象目前超出了现有科学技术水平，如微观、高速的物理世界。因此，科学研究者们就需要通过实物模型、数学模型以及计算机仿真等方法进行模拟实验，也就是通过一种间接实验的方式去获得科学事实。

第三,科学实验中还有一类较为特殊的实验,就是理想实验,也叫作思想实验。这类实验与我们在日常科学实践中进行的实验有着本质区别,它们是科学研究者们在自己的思想中构造出的实验过程,而并不是真实世界中的实践行为。但是,我们已然可以把它们看作是一种思维层次的感性认知活动。进行这类实验要求科学研究者们在自己的思想中设计和构造一套纯粹的、理想化的仪器设备和研究对象,在思想中设想一个实验者来进行理想化的实验操作和控制,使研究对象以绝对简明、纯粹的形式呈现出来,从而找寻这些现象背后的科学规律。具有代表性的理想实验包括伽利略对于惯性定理的实验以及爱因斯坦为了说明狭义相对论中同时性的相对性,所构想的那个接近光速行驶的火车的实验等。在这些实验中,我们可以设想绝对光滑的平面、绝对弹性的碰撞、绝对标准的时钟和标尺等在现实世界和实验室中都无法实现的实验条件。理想实验是提出科学假说的重要手段之一。

第四,科学实验中还有一类较为特殊的实验,我们称之为判决性检验。在科学理论的创立过程中,经常会出现相互竞争的假说。于是,科学家们需要在这些相互竞争的科学假说中进行检验和选择,从而形成公认的统一的科学理论。如果关于同一科学问题存在着两个相互竞争的假说,已有的证据并非都是有利于其中的一方而不利于另外一方,在这样的情况下,我们可以通过设计同样的实验条件,由两个相互竞争的假说分别在这个条件下推演出两个相互排斥的检验蕴涵,然后比较实验结果与检验蕴涵之间的匹配情况,从而决定选择哪个假说。上述过程就被称为判决性检验。这类实验在科学史上也经常出现,尤其是在某个研究领域的公认范式形成之前。当然,在科学实践中,往往并不能只是通过一个实验就完全否认一个假说,但是确实可以通过一个判决性检验的过程去增加某个假说为真的可能性。

第五,如果从实验结果的角度出发,科学实验还应该包括成功的实验与失败的实验。但是,我们不能小看科学史上很多失败的科学实验,因为很多科学发现都来自于这些失败的科学实验。失败的科学实验只是意味着在科学家预期中的实验结果并没有被检测到,但是这往往就意味着之前的科学假说有被改进、甚至重写的可能,关于验证以太存在的"迈克尔逊—莫雷实验"就是一个很好的例子。在这个系列实验中,大量的实验都无法检测到以太的存在,最终这样一种失败的结果反而促使爱因斯坦等科学家们去反思之前的理论预设的必要性,光速不变原理的最终提出在很大程度上要感谢这个失败的实验。

综上所述,科学实验作为科学实践方法的重要组成部分,可以帮助我们获得科学事实,提出科学定律,并且检验科学假说。科学实验的结果是关于自然界的准确描述,大量的科学事实之中往往就蕴涵着科学定律,经验型科学定律的得到就是依靠大量的科学实验和科学观察去总结归纳而实现的,而科学实验的结果与已知科学假说之间的关系可以构成对该假说的确证或者否证。确证的次数越多,该假说成立的可能性就越大,就越有可能成为大家公认的科学理论;从逻辑的角度讲,一次否证就可以证伪一个科学假说，但是科学实践一般会要求反复地去验证某个假说，当然，如果某个科学假说被科学家们反复地通过实验否证，那么这个假说成立的可能性就相对较低了。

案例

科学史上的十大科学实验①

在人类科学史上，在不同的研究领域曾经出现过很多经典的科学实验，以下十项科学实验是其中的杰出代表。

1. 伽利略：两个铁球同时着地

这个实验在所有的力学实验中应该是知名度最高的，伽利略做这个实验的目的是检验亚里士多德关于物体下落规律的论述，从而证明他自己关于物体下落规律的论断。在著名的比萨斜塔顶部，伽利略同时从塔顶放出两个重量不同的铁球，处在地面的人们发现这两个铁球同时着地。当然，从理论的角度讲，在这个实验过程中我们必须忽略掉空气阻力的作用。但是，仅就这个实验本身的设计和意义而言，不管其实践性的强弱，都应该成为科学史上的经典之一。

2. 哈维：血液循环

古希腊名医伽林曾指出，人体中有两种独立的血管系统：提供营养物质的蓝色血管系统以及为肌肉活动提供动力的红色血管系统。血液散布到全身后，依靠不可见的“灵魂”将其推回，犹如潮水的涨落一般。哈维对此产生了怀疑，他将一条蛇解剖开来，然后用镊子夹住其心脏附近的腔静脉，结果发现蛇的心脏变白变小，当他松开镊子时，蛇的心脏又恢复了跳动。挤压心脏的主要动脉有相反的效果，心脏和镊子之间的血液膨胀得像一个气球。由此得知，是心脏而非所谓的“无形的信念”在驱动血液向身体各个部位循环，血液通过蓝色静脉流向心脏，然后获取补充营养。

3. 牛顿：光的色散

在牛顿的年代，甚至欧洲最伟大的科学家都认为白光是纯色的，当它在有色物体上反射或穿过有色物体时，受到这些有色物体的颜色的沾染后才显露它们的颜色。牛顿并不这么认为，他设计了一个很巧妙的实验，他在一个漆黑的屋子里，从窗户上开一个小孔，让一束太阳光从小孔中射入，然后从三棱镜中通过。他发现太阳光被分解成了由不同颜色的光所组成的一个彩色的光斑。如果再次让这些不同颜色的光继续通过一个三棱镜，可以进一步发现各种颜色的光都发生了不同程度的偏转，但是没有出现再次分解。因此，牛顿认为白色光自身并不是白色的，而是由各种不同颜色的光混合而成。

4. 拉瓦锡：燃烧的原理

在18世纪，传统的观点认为物体可以燃烧是因为它们含有一种叫作燃素的东

① 参考 http://discover.news.163.com/08/0430/09/4AP4TN6F000125LI.html 中的相关内容。

西。当燃烧一块木柴的时候，木柴就释放出这种不可思议的神奇物质，留下一堆灰烬。因此，木柴是由燃素和灰组成的。同样，把金属在火焰下加热，留下白色的脆性物质，即金属灰。由此，金属是由燃素和金属灰组成的。但拉瓦锡一直被这样的事实困扰：物体的燃素释放出后，剩下的金属灰的质量却比原来的金属重。难道燃素的质量等于零？他把水银放入一个钟罩里面加热，当金属灰形成时，这种物质从周围的空气中吸取了某种物质，他把这种气体从钟罩里面移除后，再进行燃烧实验，结果并没有产生“令人眼花缭乱的光芒”。由此得知金属灰并不是金属燃烧掉燃素后留下的物质，而是金属与氧气反应后的产物。由此拉瓦锡发现了燃烧现象的真实原理，也就是氧化原理，同时也发现了空气的化学构成。

5. 伽伐尼：生物电的发现

伽伐尼与他的学生在一次动物学实验的过程中惊奇地发现：当他的助手在远处的实验室摇动一个静电器时，一个被肢解的青蛙腿的肌肉竟然会抽搐和痉挛，同样的效果也出现在了雷雨天气的情境中。更令人惊奇的是当把青蛙挂在黄铜钩上时，即使天气良好，青蛙的腿部肌肉也会产生抽动现象。因此，他得出结论，认为这其中存在某种生物电。

6. 法拉第：电、磁、光的联系

法拉第是经典电磁学理论的奠基人之一，早年他致力于研究电现象与磁现象之间的关系，通过长达十一年的实验研究终于在 1831 年提出了电磁感应定律，即变化的磁场能够产生电流，这也成为了法拉第发明圆盘发电机的基本原理。法拉第同时也坚持认为光与电磁之间同样存在着联系，直到 1845 年，他又一次通过实验提出了磁光效应，即当线偏振光在介质中传播时，若在平行于光的传播方向上加一个强磁场，则光振动方向将发生偏转。

7. 焦耳：能量的转化与守恒

在焦耳生活的那个年代，热质说是比较流行的观点。但是，焦耳并不这么认为，他通过实验证明了热不是一种物质，而应该是运动的结果，并且说明了不同类型的能量之间相互转化与守恒的原理。首先，焦耳将一个线圈绕在铁芯上，用电流计测量感生电流，然后将线圈放在装有水的容器中，通过测量水温来计算热量。在这个过程中，电路是完全封闭的，水温的变化只是由于机械能与电能之间的相互转化，整个过程不存在热质的转移，因此热质说是不成立的。之后，焦耳又设计了另外一个实验，他在量热器中装水，中间装上带有叶片的转轴，然后让下降重物带动叶片旋转，由于叶片和水的摩擦，水和量热器都变热了。根据重物下落的高度可以算出机械功，根据水温的变化可以算出水的内能的变化，把两者进行比较就可以计算出热功当量了。这一系列的实验对于经典物理学来说意义深远，尤其对于能量守恒定律和能量转化定律的提出更是基础性的。

8. 迈克尔逊、莫雷：以太存在的验证

迈克尔逊发明了高精度的迈克尔逊干涉仪，进行了著名的以太漂移实验，他认为如果以太存在,而地球又是在围绕太阳运动,那么在平行于地球运动方向和垂直于地球运动方向上光通过相同距离所需的时间应该是不一样的,因此当干涉仪进行九十度偏转时,前后两次光的干涉条纹将发生移动。但是实验的结果并不是如同他预期的那样。之后迈克尔逊与化学家莫雷合作,继续提高干涉仪的灵敏度,然而得到的实验结果依然是否定的。正是由于这个系列实验的失败,才使得当时的理论物理学家们开始反思以太的存在性,并最终导致了爱因斯坦提出狭义相对论。

9. 巴普洛夫:条件反射

动物的条件反射机制是巴普洛夫的杰出科学贡献之一,这一理论主要是他通过研究狗产生唾液的实验所得到的。在这个实验中,巴普洛夫为了计算狗在实验期间分泌的唾液量,为每一只参与实验的狗都做了一个小手术,即改变了一条唾液导管的线路,使其通到体外,这样就可以接取和计量导管中的唾液。在实验中,巴普洛夫发现当他每次给狗食物时,狗都会分泌唾液。于是他就在每次给狗喂食之前都按下蜂鸣器,这声音就如同喂食一般会让狗产生唾液。这就是最简单的条件反射,与动物的非条件反射比起来,这类反射现象要通过动物的大脑皮层,是动物的一种学习行为,因此更加高级。

10. 密力根:油滴实验

油滴实验的目标是测定单一电子的电荷,其实验方法主要是通过平衡重力和电场力,使油滴悬浮于两片金属电极之间,并根据已知的电场强度计算出整个油滴的总电荷量,然后重复对许多油滴进行实验,密力根发现所有油滴的总电荷值都是某一个数字的整数倍,因此认定这个数值就是单一电子的电荷值 e。

案例解析

列举了十个著名的科学实验,不仅使我们认识到科学实验在科学研究中的重要作用,也使我们认识到科学实验是近现代实验自然科学的最显著特征。实验自然科学的建立在很大程度上有赖于实验方法和数学方法的引入,从而使得定量分析成为科学研究的主要目标。科学实验一方面可以帮助科学家获取大量的科学事实,另一方面又可以对已有的科学理论及其预测进行合理的检验,因此,科学实验是科学实践中最主要的组成部分。当然,科学史上伟大的科学实验远不止上述十个,大家还可以进一步地去发现。与之前提到的数学公式一样,经典的科学实验同样也是科学美的体现。

(三)机遇在科学发现中的意义

在科学观察和科学实验中,机遇也是很重要的。所谓机遇,指的就是在科学研究中能够通过意外事件把握机会而导致科学上的新发现。科学史上的很多科学发现都来自于科学实践中的某些机遇,这其中展示的也是科学家们的创造性思维能力。当然,不可否认的是机遇通常是为那些有准备的人而准备着的,如果没有长期的研究和思考,机遇即使出现,也不一定能够被发现和运用。

科学史上关于机遇的例子很多。比如法国细菌学家巴斯德发现免疫作用的过程。巴斯德因为度假的原因一度中断了对于鸡霍乱的研究，假期结束之后，他在继续研究时碰到了一个意想不到的情况：几乎所有的培养物都变成无菌的了。他试图用再度移植到肉汤中并给家禽注射的方法来复活培养物。但在再度移植时，培养物大部分都不能生长，家禽也都未受到感染。他正想放弃这一实验时，突然发现用新鲜培养物给这些家禽再次进行接种后，几乎所有家禽都经受住了这次接种，而先前未经接种的家禽，经过了通常的潜伏期以后则全部死掉了。这是巴斯德没有料到的，由此免疫作用被发现了。随后，巴斯德在1881年进行了著名的抗炭疽免疫接种实验，后来又制成狂犬病疫苗并于1885年首次人体预防接种成功，为免疫理论与免疫技术的发展做出了重大贡献，进一步推动了免疫学的研究。①

（四）观察、实验与理论的关系

在传统的科学哲学研究中，较早得到关注的是观察与理论之间的关系。在逻辑经验主义的科学哲学中，观察与理论之间是有着明确区分的，这可以从逻辑经验主义者的两种语言模型论中看出。在这种理论模型中，有以下几个基本要点：第一，观察名词和理论名词界线分明，区分的标准为是否指称可观察事件，观察名词直接指称可观察事件，理论名词则不直接指称；第二，观察陈述与理论陈述界线分明，区分的标准为所包含的词汇，观察陈述包含有观察名词，而理论陈述则不包含观察名词；第三，观察名词能被直接地理解，完全地理解，理论名词只能被间接地解释，部分地理解。上述这种观点在相当长的时间中都被科学哲学界看作是关于观察与理论之间关系的正统观点。②

但是，随着科学哲学研究的不断展开，对于观察与理论之间的关系的认识又有了新的观点出现，这其中的代表性人物就是汉森，在他撰写的《发现的模式》一书中，他明确提出了著名的"观察的理论负荷"论点，直接挑战了上述的早期正统观点，他认为所有的科学观察都有理论渗透于其中，没有绝对中立的科学观察。其实这个论点理解起来也不困难，因为观察需要使观察对象与观察者的感官发生相互作用，并产生感觉图像。但是，观察却并不等于感官的感觉图像。观察固然要有一定的生理基础，使人的认识得以发生，还必须对感官获得的感觉图像加以组织或联系，即按一定的样式把感觉图像组成有序状态。这样，才能确定观察的对象是什么，才能做出观察报告。所以，观察是属于认识领域的范畴，不单纯是生理活动的过程。这就决定了观察要受到观察者已有的经验和所掌握的理论的影响，即观察渗透理论。当然，观察渗透理论并没有取消科学观察的客观性，因为这种客观性是由观察对象的客观性所决定的，这种客观性可以得到以下几个方面的保证，即科学观察的结果的可重复性，观察所负载的理论本身也需要经受检验，而且科学观察中所使用的仪器设备也是符合科

---

① 大连理工大学：《自然辩证法教学案例》，178-179页，北京，中国人民大学出版社，2006。

② 孙思：《理性之魂——当代科学哲学中心问题》，151页，北京，人民出版社，2005。

学原理的。①

关于科学实验与科学理论之间关系的研究也经历了一个发展的过程。在早期的科学哲学研究中,不同领域的科学实验一般都被归置到相应的科学理论框架之中。科学实验长期以来都被看作是科学理论的从属,科学家进行科学实验也必然是在某些科学理论的指导下进行的。但是,随着科学实践哲学研究的兴起,不少科学哲学家开始重新审视科学实验的位置,并重新定义科学实验与科学理论之间的关系。其中就有学者认为科学实验与科学观察不一样,是独立于科学理论的,是有着自己的生命力的,体现的是人类对于自然界的一种主动认识,是一种介入式的行为。当然,关于这个问题的探讨目前依然还是非常热烈的,但是实验与理论之间的关系显然不是简单的单向的决定关系,而是一种双向的相互影响。

对于观察、实验与理论之间的关系的理解,马克思主义的科学方法论借助现代科学研究,吸取现代科学哲学发展中积极的成分,提出了观察,特别是实验和理论有双向相互作用的观点;在科学发展中,实验相较于理论实践性更强,因而具有更基础的地位;时间总是比理论更为积极和活跃,实验的新发现不断推动理论的进步,修正理论,指引理论的发展;同样,理论一旦建立,就规范着实验,为实验的设计提供理论框架和指导,使得实践更具有理性的色彩。

(五)科学仪器的作用

无论是在科学观察的过程中,还是在科学实验的过程中,科学仪器都发挥着非常基础性的重要作用。科学仪器的出现和发展,使得人类对于自然界以及人类自身的认识水平不断提升。尤其是在高科技背景下,科学仪器对于科学观察和科学实验的作用更显得尤为突出。在人类自身认识能力之外的地方,科学仪器成为了我们扩展的感觉器官,极大地增加了我们观察的视野和精密程度。

马克思把使用什么劳动资料进行生产称为划分经济时代的指示器,反映了马克思主义对于物质性工具的重视。科学仪器是科学技术发展的“倍增器”、“指示剂”和“先行官”。马克思主义高度重视物质性的科学实践,其中科学仪器有突出的地位;近年来,西方科学哲学中出现了重视科学实践的倾向,推进了人们对于科学仪器在科学研究活动中的作用的认识,提升了科学仪器和工具在科学认识论中的地位。这些发展丰富了马克思主义科学技术观和方法论的实践观点。

(六)科学实验室与人工自然

实验室是科学家进行科学实验的场所,根据科学实验的定义不难发现,科学实验室实际上呈现的是一种人工状态下的自然界。科学家根据科学实践的需要,按照一定的计划和研究目标,结合一定的实验仪器,人为地控制着实验室中的实验条件,因此科学实验室可以被看作是一种“人工自然”的体现。

基于上述分析,科学实验室中进行的科学实践对于科学研究有以下作用。

---

① 教育部社会科学研究思想政治工作司:《自然辩证法概论》,118-119页,北京,高等教育出版社,2004。

1. 建构特定的微观人工世界

科学家通过实验室建构了一个特定的人工意义上的简化"世界",或者是强化"世界",从而规避了现象本性所包含的巨大的复杂性。

2. 隔离和突出研究对象

实验室把外部的任何可能的影响隔离开来,并且把建构现象中的若干要素突出出来。

3. 操纵和介入

建构这样一个在实践上被隔离开来的微观世界的目的,是为了能够以特定的方式操纵它。科学家有意地引入一个人工微观世界,让事件在实验室里运动。在实验室里,科学家不是袖手旁观者,是带有主动性的行动者、参与者和实践者。他们的科学研究方式不仅是"看",更重要的是"做"。

4. 追踪微观世界

追踪实验涉及从最初的建构到对整个实验进程的全程控制。通过追踪,实验室的微观世界的种种事件才能变成可观察的对象。

二、技术活动的方法

技术活动方法是人类在技术发明等活动过程中所使用的各类方法的总和。马克思主义极为重视技术活动及其意义。马克思在写作《资本论》时曾经大量和深入地研究了技术史和工艺过程,并且把科学技术在人类历史上的发明称为推动历史前进的火车头。通过对人类的技术发明等活动的历史与现实的总结,形成了今天的马克思主义技术活动方法论。

(一)技术思维及其特点

技术思维指的是工程师进行技术活动的思维,就如同科学家进行科学研究的思维一样,也有其思维方式和思维方法。从宏观的层面上讲,技术思维与科学思维有同有异。

技术思维与科学思维在方法论意义上是属于同一层次的,它们首先具有共通的一面,比如都必须以对自然规律的认识为前提,都应用已有的成果,都以实践为基础,都有一定的可操作性、规则性;选题的原则类似,都需要有信息资料的搜集及调研;检验的方式相同,都要有数据处理、分析、综合和类比的研究。①

不过从本质上讲,技术强调的是人与自然之间的实践关系,而科学强调的是人与自然之间的理论关系。虽然技术与科学反映的都是人与自然之间的联系,但技术较之科学,其实践性更强,离工程应用和日常生活更近。因此,技术思维由于来自于实践层面的要求而与科学思维有着显著的差别。相比之下,技术思维的特点表现在以下几个方面:第一,科学思维更关注普遍性,而技术思维更关注可行性;第二,科学思维更关注创造性,技术思维更关注价值性;第三,科学思维比较自由,可以任凭思维跳

---

① 教育部社会科学研究思想政治工作司:《自然辩证法概论》,205-206页,北京,高等教育出版社,2004。

跃发展，而技术思维是一种带有限制性的思维，是在已经有了原理的基础上思考如何通过现有条件或改造条件实现它；第四，技术思维是联系性思维，它一方面要连通科学的理论，另一方面要联系技术的实际，是两极思维，技术思维要求“顶天立地”。

因此，对于科学家和工程师而言，在思考一个具体的科学问题或者技术问题时，他们会有很多相似的方法和技巧。但是，从研究目标以及价值取向上讲，工程师的思维还是应该与科学家的思维有所区别的。当然，这就要求工程师在面对技术实践中的问题时，一方面要关注相关的科学理论背景，另一方面要从实际出发，以应用为导向。因此，很多时候当相同的理论出现在科学家与工程师面前时，给他们带去的启发往往是不一样的。

知识链：

赫兹实验与电报机的发明①

1881年，刚刚才30岁的赫兹还是卡尔斯鲁厄大学的一名教师。那段时间他一直在关注一个问题，那就是如何用实验的方法去验证电磁波的存在。因为按照麦克斯韦的经典电磁学理论，电磁波应该是存在的，我们应该能够通过某种方式检测到电磁波的发射和接收。

为了完成这个工作，赫兹自己设计了一套发射电磁波的实验装置，这套装置从构成上讲实际上是非常简单的。它的主要部分是一个电火花发生器，有两个大铜球作为电容，并通过铜棒连接到两个相距很近的小铜球上。导线从两个小球上伸展出去，缠绕在一个大感应线圈的两端，然后又连接到一个梅丁格电池上，将这套很有趣的装置连成了一个整体。于是，赫兹就运用这套装置来进行实验。实验开始时，他首先合上电路开关，电容两端的电压不断升高，当电压上升到2万伏左右时，两个小球之间的空气就会被电流击穿，电荷就可以从中穿过，往来于两个大铜球之间，从而形成一个高频的振荡回路。但是赫兹并不是要观察这些现象，因为按照电磁学理论，此时应该会在刚才提到的装置中产生一个振荡电场，并且会同时引发一个向外传播的电磁波。于是，赫兹在这套装置的不远处又放置了一个简单的接收装置，也就是两个开口的长方形铜环，接口处也各自镶了一个小铜球。如果电磁波真的存在，那么刚才的发射装置中产生的电磁波会传播到这个接收器上，并且会在这里产生一个感生的振荡电动势，从而可以观察到接收器开口处的电火花。最终实验的结果就按照赫兹预计的那样，接收器处可以观测到很明显的电火花，于是电磁波的存在被实验确认。

然而很不幸的是，在完成这个实验之后不到七年的时候，赫兹就英年早逝了。不过也就是在这一年中，一位20岁的意大利年轻人在度假的时候读到了赫兹关于电磁波的论文。这个年轻人叫马可尼，在技术领域有着很好的感觉，他在阅读过赫兹的论文之后就产生了一个很大胆的想法，那就是既然电磁波已经可以通过很简单的装置

---

① 曹天元：《上帝掷骰子吗？量子物理史话》，2-5页，沈阳，辽宁教育出版社，2011。

进行发射和接收,那么电磁波是否可以作为信息传递的载体呢?基于这种考虑,马可尼自己研制出了一套装置,两年之后这个年轻人就可以在公开场合表现无线电通信了。到了1901年,人类已经可以运用无线电报穿越大西洋,实现两地之间的即时通信。当然,除了马可尼之外,那个时代的另一位杰出的技术专家,来自俄国的波波夫也在无线电通信领域做出了很大的贡献。总之,这次技术变革改变了整个人类文明的发展。

当然,如果赫兹能在有生之年见证这一切的话,也应该会非常欣慰的,尽管他并不会考虑太多自己的科学发现所具有的商业价值。因为,赫兹是一位纯粹的科学家,他所有工作的理念和追求就是知识本身。

(二)技术活动的主要方法

如同科学观察与科学实验那样,技术活动过程中也有很多属于自己的方法。其中主要包括以下几个方面:技术构思、技术发明、技术试验、技术预测、技术评估。在马克思主义的技术认识论中,上述几个方面表现了技术认识所经历的几个重要阶段。

1. 技术构思的方法

技术构思是指在技术研究与开发中,对思维中考虑的设计对象进行结构、功能和工艺的构思。根据技术认识的流程,在确定了技术研究的课题或者对象之后,工程师们就已经明确了研究的目标,那么技术构思就是要寻找在既定的限制条件下满足课题要求的技术方案。技术方案的构思过程包括提出技术原理和解决问题的基本思路两部分。其中,技术原理的形成需要依靠已有的自然科学知识和原有的技术实践经验,通过工程师们的创造性思考提出。例如,瓦特提出提高蒸汽机热效率的分离式冷凝器原理就是以潜热理论和纽可门机为基础的。但是仅有技术原理还是不够的,还需要将其具体化为实现技术目的的构思,这需要把基本的自然规律和已有的技术经验巧妙地结合起来,围绕新的技术原理,提出具体的技术设想和方案。一般来说,对于某个具体的技术问题,工程师们提出的解决方案越多,其技术原理实现的可能性也会相应加大。①

在方法层面上,技术构思的方法主要包括经验方法和科学方法。技术构思的经验方法是在劳动者的直接经验的基础上,以原有技术或产品为基础,渐进地进行技术改进的方法,包括模仿创新和技术改制两类。而技术构思的科学方法是以科学知识和实践的理论成果为基础,主要有原理推演法、科学实验提升法、模型模拟法、移植法、回采法等。其中,运用前一种方法进行技术实践的代表包括那些从技术跟随模式起家,然后逐步发展为技术创新模式的高技术企业;而运用后一种方法进行技术实践的代表则主要是一些比较重要的技术发明和技术突破。

在科学技术高度融合和互动的高技术背景下,在技术研发和技术构思过程中需要研究者们密切关注相关学科科学知识的进展。虽然,科学技术发展到今天,已经很

① 教育部社会科学研究思想政治工作司:《自然辩证法概论》,211-212页,北京,高等教育出版社,2004。

难讲是谁在引领谁,或者说是谁在发挥主导作用,但是,对于技术构思来说,工程师们确实要认识到科学理论、科学实验与技术应用之间的紧密联系。因此,这提醒我们需要重点关注技术实践中的科学方法,尤其是原理推演和科学实验提升这两类。技术史上大多数重大技术发明和技术突破都与这两种方法有关。其中,原理推演法主要是指从科学发现的普遍规律和基本原理出发,推演技术科学和工程科学的特殊规律,从而形成技术原理;而科学实验提升法则主要强调直接通过科学观察和实验发现自然现象和规律,做出理性思维的加工与提升,产生新的概念或原理的方法,科学实验常常由此成为新兴技术的生长点。

总之,一方面我们需要熟悉已有的技术背景,另一方面我们也需要关注相关的科学理论发展,只有这样才能针对具体的技术课题做出合适的构思,从而为解决技术问题奠定坚实的基础。

知识链:

爱迪生效应与电子管的发明

电子管的发明是人类第二次工业革命的标志之一,从二极管到三极管,再到晶体管,对整个人类社会的科技和工业发展意义巨大。没有电子管技术的出现,也就不会有无线电通信,也不会有后来的电子计算机技术。电子管的发明还得从爱迪生在他的实验中观察到的一类特殊现象——爱迪生效应说起。

爱迪生发明电灯之后一直都在思考一个问题,那就是如何延长电灯的使用寿命。当时的电灯都是用碳丝作为灯丝的,但是碳丝在高温的状态下很容易就消耗掉了。爱迪生想通过实验改进电灯的性能,在1883年他想到了一种方法,就是在灯泡中再放入一根铜丝,以此来减缓或者阻止碳丝的蒸发。不过,这个思路并不成功,灯丝的消耗依然非常迅速。不过,在这次实验中爱迪生却意外地发现一个很有意思的现象,就是当碳丝被加热之后,铜丝上居然显示有微小的电流。爱迪生意识到这其中肯定有其他的发现,而且这种电流的出现可以帮助我们设计发明其他的一些电学仪器,因此就申请了一个专利,于是这个现象也就被命名为"爱迪生效应"。不过,爱迪生本人在获得这个专利之后并没有持续地研究下去,因为他当时的主要精力都放在了其他的发明领域。

不过,这个效应的获得启发了其他工程师的思路,这其中就有一位英国的电气工程师弗莱明,他同时也是一名物理学家。1904年,弗莱明运用爱迪生效应制作出了人类历史上的第一只电子管,也就是大家熟悉的二极管。二极管发明之后,在实验室中应用良好,但是在实际应用中效果却并不明显。在此基础上,1907年美国发明家德福雷斯特通过巧妙地在二极管的灯丝和极板之间加上一个栅板的方法制作出了人类历史上的第一只三极管。虽然只是一点点的改动,却实现了电子管检波、放大、振荡三项功能的融合,为整个电子工业的发展带来了极大的促进。当然,随着电子技术和材料科学的不断发展,到了20世纪50年代,晶体管也出现了。

2. 技术发明的方法

技术发明是创造人工自然物的方法。技术发明的产物是人类在自然客体的基础上，利用自然物质、能量和信息，创造出来的人工创造物，而这类物品在原本的自然界中是不存在的。

技术史上出现了很多杰出的发明家，虽然技术发明与发明者本人的天赋有一定的关系，但是通过总结这些技术发明的历程和思路，我们还是可以找到一些技术发明中比较通用的方法。目前在世界上比较流行的技术发明方法是由俄罗斯发明家阿里特舒列尔等人提出的 TRIZ 方法。这套方法是他们通过对 10 万份专利进行研究后归纳总结出 1 200 多种技术措施，并从中提炼出 40 种基本措施和 53 种较为有效的成对措施和成组措施的方法。

TRIZ 方法是用于解决发明问题的科学方法，也就是所谓的发明问题解决理论。阿里特舒列尔研究这一问题的初衷就是想探寻是否存在关于技术发明与创造的一般性科学方法和原则。通过大量的实证研究，他最终提出了 TRIZ 这个理论体系，现在已经被广泛地运用于全世界各个行业的创新活动之中。TRIZ 理论的核心思想包括以下三个方面，第一，技术产品或技术系统的发展都应该具有某种客观的进化规律和模式；第二，各种技术难题、技术冲突、技术矛盾的解决是推动上述进化过程的动力；第三，技术系统发展的理想状态是用尽量少的资源实现尽量多的功能。TRIZ 理论体系主要包括以下几个方面的内容：第一，创新思维方法与问题分析方法；第二，技术系统进化法则；第三，技术矛盾解决原理；第四，创新问题标准解法；第五，发明问题解决算法 ARIZ；第六，基于物理、化学、几何学等工程学原理所构建的知识库。

尽管技术发明的方法多种多样，但其精髓仍然离不开辩证思维和生活实践。因此，这就需要我们在不同方法之间保持思维的张力，才能产生有效和优化的技术发明，建构与天然自然和谐的、合理的人工自然。

知识链：发明工厂——贝尔实验室

1876 年，发明大王爱迪生移居到美国新泽西州的门罗公园，在这个地方他开办了世界上第一所发明工厂，集体研发的模式从此在技术发明领域出现。目前全世界的发明工厂当中，最知名的应该就是被誉为“全美最大的制造发明工厂”的贝尔实验室了。

贝尔实验室原名贝尔电话实验室，成立于 1925 年 1 月 1 日，其主要宗旨是进行通信科学的研究，隶属于美国电话电报公司及其子公司西方电器公司，由电话的发明者贝尔创建，1996 年起转为美国朗讯科技公司的研究单位，专注于新产品的开发。

贝尔实验室从成立至今，一直是世界上最大的科技研发机构之一，发展成为“全美最大的制造发明工厂”，职工人数由开始时的 3 600 人增加到 1995 年的 29 000 人，其中主要是研究人员，1998 年的研究经费达 37 亿美元，10% 用于基础研究。这个实验室下属 6 个研究部，共 14 个分部，56 个分实验室，除了无线电电子学以外，在固体物理学（其中包括磁学、半导体、表面物理学）、天体物理学、量子物理学和核物理学等方面都有很高的水平。它是世界最大的由企业经办的科学实验室之一,科学研究和新技术创新实力雄厚。它在许多基础学科和通信科技方面,诸如固体物理、半导体和凝聚态、高分子化学和信息科学等领域一直居于世界领先地位,成果累累、人才辈出。它不但奠定了信息论和系统工程的基础,而且成为微电子、光通信和集成光学的重要发源地。在新技术的发明创造上,历年来,发明了有声电影(1926 年)、电动计算机(1937 年)、微波雷达、晶体管(1947 年)、激光器(1960 年)、人造通信卫星、光纤和光通信、光子计算机、C++ 计算机语言、数字电子交换系统、电视电话;发现了电子衍射(1927 年)、宇宙微波背景辐射(1965 年)和分数量子霍尔效应(1984 年);发展了激光冷却方法(20 世纪 80 年代)、蜂窝移动电话及多种通信软件与网络。贝尔实验室成了微电子技术革命和光子技术革命的发祥地,为人类进入信息时代起到了火车头的作用。

3. 技术试验的方法

在技术实践的全过程中,技术试验是很重要的一项技术活动,是对技术构思和技术原理的考察和检验,是从理论向实践迈进的关键环节之一。如同科学实验在科学认识中的位置一样,技术试验也是技术认识中的核心方法之一。

技术试验是指在技术开发和设计、实施过程中,为了实现和提高技术成果的功能效用和技术经济水平,利用科学仪器、设备,人为地控制条件,变革对象,进而对技术对象进行分析和考察的实践活动和研究方法。技术试验与科学实验都属于认识的实践环节,都是使用科学仪器、设备等物质手段作用于研究对象或简化、强化各种条件研究事物的经验方法,因此它们具有很多的共同点。不过,技术实验与科学实验还是因为技术与科学之间的本质差别而有着很大的不同,这种差异主要表现在以下几个方面:第一,试验是直接为生产实践服务的,而实验主要关注的是客观规律;第二,试验属于从科学知识到人工物品的创造过程,而实验属于创立科学理论的过程;第三,试验主要研究的是人造物,而实验的研究对象一般为自然物;第四,试验大多依据可靠的科技原理进行,因此成功率较高,而实验带有很大的探测性和假设性,因此成功率往往较低。①

由于技术活动的目标和要求不同,技术试验一般可以分为以下几种不同的类型:第一,析因试验,即根据技术开发过程中已经出现的结果,通过试验来分析和确定产生这一结果的原因;第二,对照试验,即为确定两种或多种研究对象的优劣异同所安排的试验;第三,模拟试验,即以相似性原则构成模型,通过对模型的研究来间接地研究原型中的规律性,包括物理模拟、数学模拟以及功能模拟等形式;第四,中间试验,即为了使科技成果转化为实际应用、使实验室内取得的研究成果得以放大或推广为工业规模化生产而进行的试验。②

---

① 教育部社会科学研究思想政治工作司:《自然辩证法概论》,215 页,北京,高等教育出版社,2004。

② 教育部社会科学研究思想政治工作司:《自然辩证法概论》,215-216 页,北京,高等教育出版社,2004。

4. 技术预测的方法

技术预测是指运用预测科学的方法，对未来的科学、技术、经济和社会发展进行系统的研究，包括利用已有的理论、方法和技术手段，根据要预测的技术过去、现在的状况，推测和判断该技术发展的趋势或未知状况，确定具有战略性的研究领域，选择对经济和社会利益具有较大贡献的技术群，其主要类型包括类比型预测、归纳型预测和演绎型预测。

从技术预测的内容不难发现，在当今的高技术背景下，技术预测的重要性显得尤为突出，因为高技术意味着高投入和高风险，同时技术更新换代的频率也很高，是否能够掌握技术发展的先机，不管对于国家而言，还是对于企业而言，都意义深远。从哲学的层面讲，技术反映的是人与自然之间的实践关系，因此实践性很强，这也就决定了技术的可预测性要远高于科学。一般说来，技术实践大多是建立在一些具体的科学技术理论的基础上的，而且技术实践的目标性、计划性与可控性较强，因此，对技术发展的走向和趋势是可以进行合理预计的。当然，技术预测的前提是一方面对某个技术领域进行长期研究和追踪，另一方面也需要在技术实践中培养一定的感觉。目前来看，技术预测不仅是各国政府、经济管理部门和科技管理部门规划决策的依据和重要内容，也是企业和科研机构内的管理人员和专业技术人员从事管理活动和科技活动的依据。尤其是对于技术创新的主体，也就是企业而言，技术预测已经成为了企业运转的核心工作之一。研究数据表明，越来越多的国际大型企业都开始了自己的技术预测工作，都在自己公司内部设置了专门的技术预测部门。除此之外，科技中介服务机构当中也出现了越来越多的从事科技咨询的企业，这些企业很多时候都会从事技术预测的工作，为其他企业的发展提供专业的预测服务。

技术预测的基本步骤一般包括：第一，提出课题和任务；第二，调查、搜集和整理资料；第三，建立预测模型；第四，确定预测方法；第五，评定预测结果；第六，将预测结果交付决策。在这些步骤中，搜集相关信息、建立预测模型是最为关键的阶段。技术预测的基本方法可以分为以下几种：第一，直观型预测方法，即那些主要依靠经验、知识、直觉和综合分析能力进行预测的方法；第二，探索型预测方法，即假定未来仍按过去的趋向发展，可由现在推定未来的方法；第三，规范型预测方法，即根据未来的需要，从未来回溯现在，以获得新信息，模拟各级目标和估计事件实现的时间、条件、途径的方法；第四，反馈型预测方法，即将探索型和规范型等多种方法的要素结合起来，形成包含许多不同类型方法、不断反馈修正结果的方法系统。①

5. 技术评估的方法

技术评估是指对技术系统、技术活动、技术环境，包括技术计划、项目、机构、人员、政策等可能产生的作用、效果和影响进行测算与评价的行为。技术评估可以帮助我们从总体上把握某型技术将会带来的利害得失，从而将被评估的系列技术活动的

---

① 教育部社会科学研究思想政治工作司：《自然辩证法概论》，207-208 页，北京，高等教育出版社，2004。

负面影响降至最低，使活动的正面影响达到极大，引导技术活动朝着有利于自然、社会和技术和谐发展的方向前进。

技术评估产生于20世纪60至70年代，随着高技术时代的到来，技术评估的意义显得更加重要。在高技术背景下，技术对人类社会的影响程度日益加深，尤其是一些重大技术的提出和应用，更是对整个人类社会产生了极其深远的影响。这些高技术的出现，在很大程度上推动了人类文明的发展，加快了人类社会的进步。但是，我们也必须清醒地认识到高技术往往在带来福祉的同时也隐含着种种潜在的社会风险。因此，如何评价和估量这类技术带来的收益和风险，就成为了当下各个国家都十分关心的问题，因为这是关系到整个人类社会发展的关键问题。比如日本福岛核电站的核泄漏事件出现之后，就引发了很多国家关于核能源的利用和开发的进一步论证和探讨，而这些工作实际上就是在对这些技术进行再一次的技术评估。随着技术评估工作在全世界范围中的发展，我国也于1997年成立了国家科技评估中心，专门从事技术评估等相关研究工作。

技术评估，尤其是高技术背景下的技术评估，其工作的复杂程度和困难程度也随着技术的发展而不断加深，过去的单纯的技术内的评估已经不能满足当下的技术评估要求了，因此，跨学科的、多领域的交叉评估是目前技术评估最显著的特点之一。

总结起来，技术评估具备以下几个方面的特点：第一，评估内容的系统性，即技术评估是从政治、经济、生态环境、技术、法律、文化、伦理道德、宗教信仰等各个可能产生较大影响的方面对技术的正负效应做出全面评价；第二，评估主体的多学科性，即为了保证评估的客观性、公正性，技术评估需要来自于不同学科领域的评估者的通力合作；第三，评估对象的广泛性，即以广义上的技术为评估对象，因此自然技术、社会技术，甚至有关法律的制定、社会制度的理想状态等都是技术评估的对象；第四，评估方案的可操作性，即通过对技术预测所形成的各种方案做出定性和定量的分析评估，从需要和可能、现实和未来、政治道德和经济利益、技术基础水平和长远开发能力等多方面进行审定和可行性分析，提供适合用于实践的具体方案、策略和规划，具有较强的可行性；第五，评估过程的动态持续性，即在技术评估初始对评估的深度、范围和评估时间等各方面的预算在进行过程中很难贯彻始终，经常要随着研究工作的进展对研究内容作相应的调整；第六，评估视野的开阔性，即不仅对技术作用的效果进行预测分析，而且直接作用于技术从开发、创新到应用的全过程，不仅关系到技术的直接的经济效益，而且关注技术的间接的、潜在的、重大的全局性问题。①

技术评估的程序一般可以分为六个步骤：第一，调查研究；第二，寻找影响；第三，影响分析；第四，排除非容忍性影响；第五，制定改良方案；第六，综合评价。技术评估的常用方法包括矩阵技术法、效果分析法、多目标价值法、技术再评估法等。

总之，在高技术的时代背景下，任何一项技术的出现都有可能给人类社会带来不

---

① 教育部社会科学研究思想政治工作司：《自然辩证法概论》，209-210页，北京，高等教育出版社，2004。

可逆转的改变。这些技术一方面可以给人类带来莫大的福祉,另一方面也可能给人类社会带来潜在的巨大风险。因此,每当技术领域出现新技术时,都应该在其从实验室走向社会生产实践之前对其进行严格而且广泛的评估。

进一步阅读书目

1.[英]贝弗里奇.科学研究的艺术[M].陈捷,译.北京:科学出版社,1979.

本书是一本论述科学研究的实践与技巧的著作,深入浅出、形象生动地综合了一些著名科学家具有普遍意义的观点,对在科学上做出新发现的方法和实验、观察、机遇、直觉、假说、推理、想象力等作了颇有见地的分析和探讨;提供了可供各门学科参考的指导原则与思维技巧。本书对科学研究领域的初学者,是难得的入门向导。

2.亚里士多德.工具论[M].李匡武,译.广州:广东出版社,1984.

全书收集了亚里士多德的6篇逻辑学著作:《范畴篇》、《解释篇》、《前分析篇》、《后分析篇》、《论辩篇》、《辩谬篇》,主要讨论了命题、范畴、三段论等问题,阐述了证明、定义、演绎等方法。

3.弗朗西斯·培根.新工具[M].许宝骙,译.北京:商务印书馆,1984.

书中批判了经验哲学和以演绎方法为主的旧的逻辑方法,强调人要认识和征服自然,就要排除各种偏见和阻碍人们获得真理的虚妄观念;提出了著名的"假象说",进而全面、详细地阐述了逻辑方法,即归纳法,并把这种方法称为"新工具"。

思考题

1.马克思主义科学技术方法论的核心是什么?它在科学技术研究方法中是如何体现的?

2.如何理解假说—演绎方法对于提出科学理论的作用?

3.归纳与演绎的逻辑特性有何差别?如何理解这两种辩证思维方法在科学技术研究中的综合运用?

4.创新思维的特性是什么?如何理解创造性思维的逻辑性与非逻辑性?

5.如何理解数学方法的使用对于近代实验自然科学诞生的重要意义?

6.科学观察与科学实验各自的特性是什么?如何理解观察、实验与理论之间的关系?

7.如何看待机遇在科学发现中的意义?

8.如何理解技术预测及技术评估在高技术背景下的重要意义?

第四章 马克思主义科学技术社会论

马克思主义科学技术社会论是基于马克思、恩格斯的科学技术思想，对科学技术与社会关系的总的概括和进一步发展。科学技术对社会起着巨大的推动作用，社会对科学技术的发展和应用也有着重要影响。科学技术的社会功能观、社会建制观和社会运行观等，构成了马克思主义科学技术社会论的核心内容。

第一节 科学技术的社会功能

科学技术是历史发展的火车头，这是马克思主义的基本观点。科学技术推动了生产力内部各要素的变革，引发了产业结构的调整、经济形式的变化和经济增长方式的转变，实现了经济转型；变革了生产关系，促进了人类自由而全面的发展，推进了人类社会进入发展的新阶段；产生了异化现象，造成了一系列的环境问题，影响到人类的健康发展。这就需要从正反两个方面分析科学技术的社会功能。

一、科学技术与经济转型

"科学是一种在历史上起推动作用的、革命的力量"，①其首先是作为社会生产力，推动人类社会经济不断发展。随着科学技术的发展，新生产力的获得，生产力水平的提高，改变了生产方式，改变了经济发展模式。

(一)引发技术创新模式的改变

1. 技术创新的含义

技术创新概念和理论源于美籍奥地利经济学家熊彼特的创新经济学，他在《经济发展理论》(1912 年)中提出创新概念，认为经济学的中心问题不是均衡而是结构性变化即创新。创新是"创造性的破坏"，使资源从旧的、过时的产业转向新的、更富有生产性的产业。创新的一般含义是把一种从来没有过的关于生产要素的"新组合"引入生产体系，即将引进新产品、引用新技术、开辟新市场、控制原材料新的供应来源、实现工业的新组织等"新组合"不同程度地引入生产过程。因此，技术创新是新工具或新方法的商业化实施，是一种经济活动。其实质是将新技术所具有的新观念、新设想、新方案和新模式产品化、商品化，并在市场上获得成功，从而最终实现科学技术转化为现实生产力。其表现出以下一般性的特征：①市场性，技术创新是一个始于市场，又返回市场的双向作用过程；②创造性，技术创新的整合过程是将技术发

---

① 马克思，恩格斯：《马克思恩格斯文集》，第 3 卷，602 页，北京，人民出版社，2009。

明引入经济系统,使生产要素获得一种新的组合,这个过程包含三种形式,原始型创新、集合型创新、引进吸收再创新;③综合性,技术创新是科学技术和经济相结合的综合性活动,它既有技术和产品的研发创新,也有把新技术、新产品转化为商业化生产经营的经济活动和市场活动,因此,技术创新能力不仅是一种科学技术能力,而且是技术与经济、文化、组织和管理相结合的综合能力;④高风险性,技术创新过程中的每个环节都具有探索的性质,包含着许多不确定性的因素,特别是技术开发和产品商业化的难度较大,从而使技术创新呈现出高风险性。

2. 技术创新模式的改变

技术创新模式是指在技术创新的实际运行过程中,根据社会实践的需要而采取的推动方式。技术创新模式从不同的角度分析可有不同的分类,从宏观科技政策的梯度分析,可分为高技术带动型技术创新模式和全梯度型技术创新模式;从技术创新的动力源分析,可分为科技推进模式、市场需求推动模式、科技—市场综合作用模式、需求—资源关系作用模式等;从技术创新方法分析,可分为自主创新模式、模仿创新模式、合作创新模式等。从科学知识来认识,技术创新模式可概括为两种:一种来自经验探索或已有技术的延伸;一种来自科学理论的引导,即科学理论成为技术创新的基础,引导技术创新模式的改变。

一般而言,科学属于认识范畴,技术创新属于改造范畴。人类对自然界的改造是基于对自然界的认识而形成的有意识、有目的的实践活动,即科学是技术创新的知识性基础。对此可从以下几方面来认识。

第一,技术创新虽然属于改造自然的范畴,但包含着认识因素,是基于认识的基础开展的,且对自然事物的认识越深刻,也就越有可能进行技术创新。技术创新是认识自然和改造自然相互作用的辩证发展过程。人们要想通过技术创新“实现自己的目的”,要在技术创新开始就在自己的头脑里形成关于技术创新结果的“观念”,还要知道为把这一观念变为现实的“形式变化所必须采取的”活动的方式和方法。即要使技术创新成为一种自觉的、有目的的、能动的活动,就必须以认识自然的一定科学知识作为技术创新的依据。即表明科学是技术创新发生与成为现实的前提和基础。

第二,技术创新的水平越高,其所包含的认识因素也就越多,所需要的科学知识也就越多。比较而言,如果技术创新是较为低水平性的,仅依赖经验性知识就可以满足其需要,如果是复杂的、水平较高的技术创新,要提高技术创新的成功率,维护技术创新的效益和正常运行,所需要的知识就不仅仅是经验性知识,更需要那些反映被改造对象的本质及规律的理论知识。也就是以探索和正确反映事物的本质及规律为目的的科学知识对技术创新产生了深刻影响和重要作用,是技术创新的根据。

第三,技术创新作为现实生产力,其发展变化是随科学不断并入生产过程得以实现的。科学作为“知识形态”的生产力只有并入生产过程中,才能体现它对生产的现实性影响和功能,才能使技术创新转化为现实生产力。科学如果不能并入生产中,科学的生产力性就不能实现,对技术创新的现实性作用也不会存在。技术创新是科学并入生产过程,转化为现实生产力的最直接、最有效的表征。从第一次科技革命以来,每一次科技革命引发的产业革命,都是科学并入生产中而导致的技术创新模式变革的实证。当然,科学并入生产中,成为技术创新,是科学和生产发展到一定阶段形成的。当科学成熟到能为生产服务,而生产也发展到可以应用科学甚至非利用科学不可的时候,科学就并入了生产中,科学与生产一体化。如伴随第一次科技革命的兴起,机器生产逐渐代替了手工生产并有新的发展以后,科学就并入了生产过程,成为现实的生产力。正如马克思指出的,"劳动资料取得机器这种物质存在方式,要求以自然力代替人力,以自觉应用自然科学来代替从经验中得出成规"。① 在机器的生产方式下,"第一次产生了只有用科学方法才能解决的实际问题","第一次达到使科学的应用成为可能和必要的那样一种规模"。② 从那以后,科学与生产紧密关联,生产的发展需要科学,科学的应用成了生产过程的因素。科学作为生产力的"知识形态",应用于生产中,引发了技术创新,极大地提高了生产力水平,而且生产力的这种发展"是随着科学和技术的不断进步而不断发展的",③最终"归结为发挥作用的劳动的社会性质,归结为社会内部的分工,归结为脑力劳动特别是自然科学的发展"。④科学作为"知识形态"的生产力,在不断地推动和促进技术创新,引发技术创新模式不断革新。

因此,马克思的"科学是生产力"思想不仅揭示了科学作为"知识形态"的生产力,应用于生产中,能极大提高社会生产力水平,推动人类物质生产迅猛发展,同时"科学是生产力"思想打破了以往"科学与经济、生产无关"的传统观念,揭示了科学与经济、生产的紧密关联,为更好地发挥科学的生产力功能提供了思想基础,也被"科学—技术—生产"一体化发展所印证。

(二)推动生产力要素的变革

在生产力系统中,劳动者、劳动工具、劳动对象、管理是构成生产力的四个主要要素。劳动者是生产力系统中起主导作用的最积极、最活跃的能动性要素。要充分发挥劳动者的职能,实现应有的价值,就必须具备一定的劳动能力,而劳动能力是体力和智力的综合体。在劳动中,体力与智力相比,智力更为重要,是主要的。漫长的人类社会生产发展历史表明,生产力水平的提高与人类智力的增长是同步发展的,而在此过程中,人类的体力几乎没有明显增长。生产力水平的提高是靠智力水平提高的,不是靠体力,体力不会也不能提高生产力水平。所以,科学技术一经劳动者掌握,便成为劳动的生产力。以科学知识和理论武装了的劳动者就不是普通劳动者,是技术创新主体。劳动工具是劳动者作用于劳动对象的手段和方式。人对劳动对象的作用

---

① 马克思,恩格斯:《马克思恩格斯文集》,第5卷,443页,北京,人民出版社,2009。

② 马克思:《机器:自然力和科学的应用》,206页,北京,人民出版社,1978。

③ 马克思,恩格斯:《马克思恩格斯文集》,第5卷,698页,北京,人民出版社,2009。

④ 马克思,恩格斯:《马克思恩格斯文集》,第7卷,96页,北京,人民出版社,2009。

程度和改造水平,在很大程度上取决于劳动工具的好坏。劳动工具虽然是由物质材料构成的,但它并不是纯粹的物,其实质是人类以往知识、经验和技能的凝结体,是由“物化的智力”转化而成的物化态技术。因此,无论是生产工具的创造还是使用,都包含着科学知识的因素,劳动工具的生产和发展从来都同自然科学的发展水平紧密联系。劳动工具一经科学技术化,它的功能和作用就极大地提高和放大了,从而大大提高了人类认识自然、改造自然的能力,大大提高了从事物质生产的能力。劳动对象是劳动者作用于其而创造物质文明成果的原料或材料。劳动对象在生产过程中相对于前两者往往被看作是生产力中保守的因素。但随着科学技术的发展,劳动对象无论种类、存在形态等,还是人们对劳动对象属性的利用程度等都发生着急剧变化,成为制约现实生产力发展的非常活跃的因素。通过科学揭示自然物质的新属性,开发扩大新用途,开拓新的劳动对象,扩大新的资源领域,并通过技术改变劳动对象的存在形态,从而提高人类从事物质生产的能力,创造更丰富更大的物质文明。劳动者、劳动工具和劳动对象三者是相对独立的要素,在生产过程中三者是相互作用的动态结合。因此,现实生产力的水平不仅取决于三者的质量,同时取决于各要素相互作用而形成的系统结构的优化程度,即还取决于对它们的管理。生产管理通过科学为其提供了崭新的科学理论、方法和手段,使生产力诸要素更有效地组成一个整体,优化了生产力的结构,促进生产力各要素最大限度地发挥作用。

科学技术的发展直接、间接地变革了生产力各要素,使它们的性质、功能、作用、范围都发生了巨大变化。因此,科学技术作为第一生产力,是通过劳动者素质的提高、劳动手段的强化和劳动对象范围的扩大实现的。科学技术促进整个生产力系统的优化和发展,导致社会生产体系的结构性调整和演化,成为经济增长的内生力量。

(三)促进经济结构的调整

始于20世纪中叶的现代科学技术革命,是人类文明史上最为重大的一次飞跃,使人类社会生活和人的现代化向更高境界发展。现代科学技术革命推动了一批新的科学技术的兴起,在新科学技术的驱使和各种社会因素的拉动下,一大批高技术相继崛起,并最终形成了以电子信息技术为先导,以新材料技术、先进制造技术为基础,以新能源技术为支柱,在微观领域向生物技术、纳米技术开拓,在宏观领域向环境技术、海洋技术、空间技术扩展的一批相互关联的高技术和高技术产业群。高技术产业以其高效益、高智力、高渗透以及创新性、战略性和环境污染少等优势,对社会和经济的发展产生了革命性作用,推动着人类社会进入一个新的发展历史时期。首先是高技术和高技术产业的迅猛发展变革了社会经济发展模式,促进经济结构调整。一是产业结构呈现升级。新的科技对旧的传统产业(工业)进行技术改造,新兴产业(工业)也不断涌现,变革了产业结构,产业发展呈现出高级化升级。从整个国民经济结构来看,传统的物质生产部门,不仅农业,而且工业在整个国民经济中的比重将逐步下降,而服务业,特别是与新技术有关的应用服务部门,如科研、教育、培训、信息处理、技术咨询等将大大发展。第三产业的比重迅速上升,而第一产业和第二产业的比重减小,即表现为三、二、一型产业结构。二是经济形式发生变化。现代科学技术革命引发了产业革命，从而使人类社会的物质生产方式发生了质的变化，决定社会生产力的主导力量既不是自然资源和劳动力也不是物质资源和资本，而是人力资源和知识，知识成为推动经济发展和社会进步的核心因素，知识成为各种生产要素中最重要的、支配性要素。知识作为关键性资源成为经济发展的动力，变革了社会经济形态，出现了新的经济形式，如信息经济、知识经济、网络经济、生物经济等，成为新的经济增长点。三是经济增长方式出现转变。科技革命促使科技与生产相结合，改变了生产力要素，使社会生产力实现了新的质的飞跃，极大地提高了生产效率，改变了经济增长方式，使增加投入型经济转向技术进步型经济，即高消耗、低产出、高污染的粗放型经济逐渐被低消耗、高产出、低污染的集约型经济替代。生态经济、循环经济、低碳经济逐步得到实施和发展，进而取代粗放型经济，实现经济的可持续发展。

科学技术对经济转型的推动作用意义重大。党的十八大报告围绕"大力推进生态文明建设"提出了四大重点任务。第一，优化国土空间开发格局。国土是生态文明建设的空间载体，必须珍惜每一寸国土。要按照人口资源环境相均衡、经济社会生态效益相统一的原则，控制开发强度，调整空间结构，促进生产空间集约高效、生活空间宜居适度、生态空间山清水秀，给自然留下更多修复空间，给农业留下更多良田，给子孙后代留下天蓝、地绿、水净的美好家园。加快实施主体功能区战略，推动各地区严格按照主体功能定位发展，构建科学合理的城市化格局、农业发展格局、生态安全格局。提高海洋资源开发能力，发展海洋经济，保护海洋生态环境，坚决维护国家海洋权益，建设海洋强国。第二，全面促进资源交易。节约资源是保护生态环境的根本之策。要节约集约利用资源，推动资源利用方式根本转变，加强全过程节约管理，大幅降低能源、水、土地的消耗强度，提高利用效率和效益。推动能源生产和消费革命，控制能源消费总量，加强节能降耗，支持节能低碳产业和新能源、可再生能源发展，确保国家的能源安全。加强水源地保护和利用水总量管理，推进水循环利用，建设节水型社会。严守耕地红线，严格土地用途管理。加强矿产资源勘探、保护、合理开发。发展循环经济，促进生产、流通、消费过程的减量化、再利用、资源化。第三，加大自然生态系统和环境保护力度。良好的生态环境是人和社会持续发展的根本基础。要实施重大生态修复工程，增强生态产品生产能力，推进荒漠化、石漠化、水土流失综合治理，扩大森林、湖泊、湿地面积，保护生物多样性。加快水利建设，增强城乡防洪抗旱能力。加强防灾减灾体系建设，提高气象、地质、地震灾害防御能力。坚持预防为主、综合治理，以解决损害群众健康的突出环境问题为重点，强化水、大气、土壤等污染防治。坚持共同但有区别的责任原则、公平原则、各自能力原则，同国际社会一道积极应对全球气候变化。第四，加强生态文明制度建设。保护生态环境必须依靠制度。要把资源消耗、环境损害、生态效益纳入经济社会发展评价体系，建立体现生态文明要求的目标体系、考核办法、奖惩机制。建立国土空间开发保护制度，完善最严格的耕地保护制度、水资源管理制度、环境保护制度。深化资源性产品价格和税费改革，建立反映市场供求和资源稀缺程度、体现生态价值和代际补偿的资源有偿使用制度和生态补偿制度。积极开展节能量、碳排放权、排污权、水权交易试点。加强环境监管,健全生态环境保护责任追究制度和环境损害赔偿制度。加强生态文明宣传教育,增强全民节约意识、环保意识、生态意识,形成合理消费的社会风尚,营造爱护生态环境的良好风气。① 在这四项任务中,前三项任务的完成都与"推动科学技术进步,实现经济转变"紧密相关。

二、科学技术与社会变迁

(一)变革和调整生产关系

马克思十分关注科学技术对社会发展的作用,认为科学是一种在历史上起推动作用的、革命的力量。从近代科学诞生以来,科学技术上的新发现、新发明,对人类社会产生了深远的影响。科学技术作为强大的精神力量,能够促进人类思想的解放,在产业革命的基础上,推动社会变革,对生产关系的变革和调整产生巨大作用。马克思指出:"蒸汽、电力和自动走锭纺纱机是甚至比巴尔贝斯、拉斯拜尔和布朗基诸位公民更危险万分的革命家"。②即作为强大精神力量的科学技术,能够促进人类思想的解放,是人类精神文明建设的强有力杠杆。历史上,科学曾经在反对宗教神学的统治中起着解放人们思想的重要作用。今天,仍需要在全体公民中大力普及科技知识、科学思想和科学方法,提高全民族的科学、文化素质,用科学技术战胜迷信、愚昧和贫穷,促进整个社会精神文明建设向前发展。

以现代科学革命和新技术革命为标志的20世纪的现代科学技术革命,对人类社会生产力产生了重大影响。按照马克思关于生产力与生产关系的辩证关系原理,科学技术革命促进生产力革命,生产力变革必然引起生产关系变革。现代科学技术革命促使高技术产业崛起,生产的社会化和国际化程度大幅度提高,大量跨国公司出现,同时大量拥有高技术的中小企业涌现,风险投资业蓬勃发展,资本主义生产关系呈现出国家垄断资本主义与中小高技术密集型产业并存的局面,促进了资本主义生产关系的再调整。亦呈现出多种所有制形式并存,既有国有经济,又有国、私共有经济和跨国经济,既有私营经济,又有国有企业、跨国合营企业和合资企业;劳动者队伍整体素质提高,白领阶层等各种社会阶层出现;社会收入分配差距呈缩小趋势;资本主义社会经过自由竞争—私人垄断—国家垄断后,已发展到国际垄断阶段;电脑尤其是网络的广泛应用,使科学技术的政治功能得到加强,专家治国、网络民主凸现出来。

(二)为实现人类自由而全面的发展提供保证

人类在认识自然、改造自然的过程中,调节着人与自然的关系并创造着历史。马克思指出:"整个所谓世界历史不外是人通过人的劳动而诞生的过程,是自然界对人

---

① 本书编写组:《十八大报告学习辅导百问》,35-36页,北京,党建读物出版社,2012。

② 马克思,恩格斯:《马克思恩格斯文集》,第2卷,579页,北京,人民出版社,2009。

说来的生成过程。”①在这个过程中科学技术起着决定性作用，人类依靠科学技术的发展不断地协调人与自然界的关系，使自身得到提升和发展，不断增进人类精神生活的丰富性和自我发展能力，不断得到解放。科学使人类摆脱了神学的束缚，从神世界解放出来，“从外界的权威回到了自己里面”。② 科学技术使人类从繁重的劳动中解放出来。科学技术的应用，不断提高生产力水平，使人类的劳动生产方式从手工化走向机械化、电气化、自动化、信息化和智能化。所有这些不仅大大延伸了人的感觉器官、效应器官，而且还大大延伸了人的思维器官，使人类摆脱了繁重的体力劳动和脑力劳动。

马克思认为，在科学技术高速发展的社会中，资本为了追逐剩余劳动，尽量把必要劳动时间缩短到最低限度，节约劳动时间就等于增加自由时间。在机器化时代，“并不是为了得到剩余劳动而缩减必要劳动时间，而是直接把社会必要劳动缩减到最低限度，那时，与此相适应，由于给所有的人腾出了时间和创造了手段，个人会在艺术、科学等方面得到发展”。③恩格斯进一步指出，人类将实现从必然王国向自由王国的过渡，这一过渡过程划分为两个阶段。④第一次提升指“生产一般曾经在物种方面把人从其余的动物中提升出来”，⑤第二次提升指人从社会关系方面把自己从动物中提升出来。因此，作为使人类最终走向自由的科学技术，能够作为解放的动力，增进人类精神生活的丰富性和自我发展能力，有助于实现人的全面、自由的发展。正如马克思所说：“自然科学却通过工业日益在实践上进入人的生活，改造人的生活，并为人的解放作准备，尽管它不得不直接地使非人化充分发展。”⑥随着现代科学技术革命的进行，人类正在走向具有崭新特征的高科技生活方式，在满足人类生存需要的前提下，为实现人的自由而全面的发展提供保障。

（三）推动人类社会走向新的发展阶段

科学技术革命特别是现代科学技术革命对人类社会产生了重大影响，引发了生产力革命和生产关系变革，进而又带来社会生活的变革，即现代科学技术革命把人类社会推向了新的发展阶段。具体而言，在生产力方面，现代科学技术革命的发展，一方面使现代科学技术渗透到生产力系统的各要素中，并引起了这些要素的变化。现代科学技术革命不但使劳动者从繁重艰辛和危险的体力劳动中解放出来，而且大大扩展了人类体力劳动和脑力劳动的职能范围。智力、知识尤其是科学技术知识成为劳动者素质的主要决定性因素。同时，现代科技革命的发展推动了劳动资料的进步，扩大了劳动对象的内容。在生产管理方面，现代科学技术为电子信息管理提供了先

---

① 马克思，恩格斯：《马克思恩格斯全集》，第42卷，131页，北京，人民出版社，1979。

② 黑格尔：《哲学史讲演录》，第3卷，376页，北京，商务印书馆，1959。

③ 马克思，恩格斯：《马克思恩格斯全集》，第46卷（下），219页，北京，人民出版社，1980。

④ 林坚：《马克思、恩格斯的自然生态观论纲》，载《湖南文理学院学报（社会科学版）》，2009（3），23页。

⑤ 马克思，恩格斯：《马克思恩格斯选集》，第4卷，275页，北京，人民出版社，1995。

⑥ 马克思，恩格斯：《马克思恩格斯文集》，第1卷，193页，北京，人民出版社，2009。

进的技术手段,也为有组织地管理各种经济活动和社会活动提供了理论基础,使生产管理科学化。电子信息管理是科学管理的一次巨大飞跃。另一方面,现代科学技术革命影响着生产力的内在结构及结合方式,影响着整个生产力系统的模式或形态。现代科学技术的发展及其在生产中的应用,使得劳动资料结构内部机械化装备和自动化装备占的比重越来越大,并向着智能化方向发展,使得劳动对象结构内部金属材料的比重下降了,而非金属无机材料、有机合成材料和等离子体的比重则越来越大,使得劳动力结构内部直接生产人员逐渐减少,而科技与管理人员比重逐渐增大。现代科学技术还促进生产力结构的形态发生变化,使其由劳动密集型、资源密集型及资金密集型向知识密集型和技术密集型转变,由高物耗型、高能耗型向节物型、节能型转变,由初级技术型向高技术型转变,由硬型结构一、二类产业占的比重大向软型结构三类产业占的比重大转变。因此,以蒸汽和电力为核心的科学技术革命本质上是动力革命,其基本任务是超越人的体力的局限性;而以计算机为中心的现代科学技术革命本质上是智力革命,从以物质资源为主转向以信息资源为主,其基本任务是优化人的智力,超越人的大脑的局限性,使人类劳动日趋智能化和信息化,即社会生产力从手工化、机械化、电气化、自动化走向信息化和智能化。

在生产关系方面,现代科学技术革命促使生产社会化程度提高,大量跨国公司和拥有高技术的中小企业出现,资本主义生产关系呈现出国家垄断资本主义与中小高技术密集型产业并存的局面,促进了资本主义生产关系的再调整。即呈现出多种所有制形式并存以及各种社会阶层出现;科学技术的政治功能得到加强,专家治国、网络民主凸现出来,推动了民主化建设。

在生活方式方面,生产方式决定生活方式,生活方式与生产方式的发展是一致的。马克思指出:“物质生活的生产方式制约着整个社会生活、政治生活和精神生活的过程。”在传统的农业社会中,社会生产力水平极低,对自然界的依赖程度很高,基于这样的生产方式,人们的生活方式是封闭、落后的,是自给自足的自然经济生活方式。从第一次科技革命引发的产业革命或工业革命起,社会生产力得到了迅速提高,社会分工加剧,人们的思想价值观念也有了很大的改变,使人们的生活方式发生了变革,开始了商品经济生活方式。到了工业社会后期,现代科学技术革命的发展(信息技术革命的发展)又将人们带入了信息社会,社会生产力进一步提高,现代化的生产方式渗入人们的日常生活中,改变着人们的生活方式,并促使人们的价值观念由传统向现代转变。人们的生活方式逐步由工业时代商品经济生活方式向更高层次发展。现代科学技术革命使人们的生活方式呈现出以下一些新特征。①工作形式在时间和空间上发生分离。计算机的广泛使用以及各种“人—机控制系统”的形成,使远程工作、居家上班成为可能;管理方式由等级制的科层体制转化为网络化管理。②家庭结构巨变。从家庭的结构上看,传统、单一的家庭结构开始解体,出现了单身家庭、同性家庭以及不同于传统的新的群居家庭,新的家庭类型是“电子大家庭”;从家庭的功能上看,由于居家工作的普遍流行,家庭的功能增多,家庭重新成为社会的中心;家庭内部的关系趋于平等,妇女的自主性增强,形成“不生育文化”。③消费、娱乐多元化。生产的迅速发展使物质产品极大丰富,人们的消费趋向于多样化;同时,生产者与消费者合而为一,自助消费成为流行时尚;奉行“用过就扔”的消费理念,浪费成为社会的主要问题;消费形式多样化,人们开始倾向于租赁消费。④交往方式多样化。随着通信手段的进步,世界正在变成一个“地球村”,新兴传播媒介如广播、卫星电视、游戏机等得到了迅速的发展,人们获得信息的渠道趋向多样化;非群体化的传播媒介造就了非群体化的思想和文化。

现代科学技术革命从生产力革命、生产关系变革、社会生活变革等方面引发了社会形态的变革,使人类未来的社会进到一种新的社会形态。对此西方一些未来学家如托夫勒、贝尔、奈斯比特等提出了“第三次浪潮”、“后工业社会”、“知识社会”等新的社会发展阶段说。对西方学者关于科学技术对人类社会发展的推动作用的看法,我们应用马克思主义的观点来批评地认识,取其合理的成分。

三、科学技术与人类发展

(一)马克思劳动和技术异化理论

马克思、恩格斯生活在19世纪,生产力和资本主义大工业迅速发展,英、法、德等西方主要资本主义国家先后完成产业革命。科学技术的普遍应用在改造世界的过程中显示出强大的威力,所产生的社会影响重大。正如马克思和恩格斯所指出的,“资本主义用不到一百年的时间,就创造了比之前所有世纪更多更大的财富”。与此同时,科学技术带来的各种影响已经显现,不仅有推动社会进步、创造物质财富的一面,更出现了破坏环境的情况,对人的精神和思维等产生了影响,特别是对人的异化非常突出。因此马克思在肯定了技术在社会中发挥巨大作用的同时,也揭示了在资本主义条件下技术的运用所产生的异化现象。

马克思扬弃了古典异化观,建立了科学的劳动和技术异化观。按照马克思的说法,所谓“人类的异化”就是:在资本主义条件下,劳动对工人来说成为了外在的东西,也就是说,不属于他的本质的东西。工人在自己的劳动中不是肯定自己,而是使自己的肉体受折磨,精神受到摧残。劳动不是满足生活本身的需要,而是满足生活以外的需要(比如获取金钱)的一种手段。劳动的异化性质明显表现在,只要肉体的强制或其他强制一停止,人们就会像逃避鼠疫那样逃避劳动。异化劳动导致的结果是:“无论是自然界,还是人的精神的类能力——变成对人来说是异己的本质,变成维持他的个人生存的手段。异化劳动使人自己的身体,同样使在他之外的自然界,使他的精神本质,他的人的本质同人相异化。”马克思在《1844年经济学哲学手稿》中论述了劳动异化的四种形式或规定性,即劳动产品的异化、劳动活动本身的异化、人的类本质的异化和人与人的异化。

马克思对劳动和技术异化观的主要贡献在于:一是将劳动和技术异化观建立在辩证唯物主义和历史唯物主义的哲学理论基础之上;二是明确指出资本主义社会制度是劳动和技术异化产生的根源,变革社会制度是消解劳动和技术异化的根本有效途径。马克思对劳动和技术异化观的这两项贡献具有很强的现实意义:一是用辩证唯物主义和历史唯物主义的观点推进技术异化理论问题的创新;二是将马克思技术异化观与现代西方技术异化观和技术异化新情况相结合,可以全面正确地认识技术异化问题。

马克思对技术异化现象的批评把对技术的批评与对资本主义制度的批评有机结合起来。这既不是技术决定论的,也不是社会决定论的,对于我国现阶段的科学技术应用具有重要的启发作用。

(二)法兰克福学派科学技术社会批判理论

西方马克思主义发扬马克思的反资本主义精神,对现代科学技术革命和现代社会进行了反思,提出了许多有价值的见解。法兰克福学派是其中的一支典型代表。法兰克福学派是在20世纪30—40年代初,由法兰克福社会研究所的领导成员发展起来的,是以德国法兰克福大学的"社会研究中心"为中心的一群社会科学学者、哲学家、文化批评家所组成的学术社群。在西方社会科学界,法兰克福学派被视为"新马克思主义"的典型,并以从理论上和方法论上建构了对资产阶级的意识形态进行"彻底批判"理论而著称。20世纪30年代,由于西方世界的工人运动处于低潮和法西斯主义在欧洲大陆崛起,批判理论家们抛弃了无产阶级具有强大革命潜能的信念,转而强调工人阶级意识的否定作用。在《启蒙的辩证法》(1947年)一书中,霍克海默和阿多诺认为,自启蒙运动以来整个理性进步过程已堕入实证主义思维模式的深渊,在现代工业社会中理性已经变为奴役而不是为自由服务。据此,他们判定无论"高级"文化还是通俗文化都在执行着同样的意识形态功能。这样,在批判资产阶级意识形态时,法兰克福学派进一步走上了对整个"意识形态的批判"。其从1930年开始转向马克思主义理论的思考方式,包括以马克思及黑格尔、卢卡奇、葛兰西等人的理论为基础,对于20世纪的资本主义、种族主义及文化等作进一步的探讨,并借助马克斯·韦伯的现代化理论和弗洛伊德的精神分析。他们最大的特色在于建立了所谓的批判理论(Critical theory),相对于传统社会科学以科学的、量化的方式建立社会经济等的法则规律,更进一步探讨历史的发展以及人的因素在其中的作用。

对于科学技术的社会功能,法兰克福学派的分析是独到而深刻的。他们认为科学技术在当代西方社会不仅不是起着解放功能,而且相反它是一种新的意识形态统治工具。马尔库塞在《爱欲与文明》、《单向度的人》两部著作中分别提出了"必要的压抑与额外的压抑"、"真实需求与虚假需求"的概念,借以说明科学技术的意识形态职能。所谓"必要的压抑"是指在物质生活资料相对匮乏的情况下,对人的本能欲望进行的压抑,这种压抑之所以必要,是因为它是社会进步的前提。所谓"额外的压抑"则是指在社会物质财富相当丰裕,在已经具备建立一种非压抑性文明的情况下,资产阶级从自身的利益出发强加给人们的压抑。这种不必要存在的额外压抑之所以能够实现,就在于资产阶级借助于科学技术进步所带来的巨大物质财富,通过在全社会制造"虚假需求"实现。所谓"虚假需求"是指资产阶级通过广告等大众媒体在全社会制造出来的服从和服务于资本追求利润的需求，这种虚假需求把人们的价值追求引向消费方面，使人们沉醉于商品消费中，放弃对自由、解放以及与人的生存直接相关的“真实需求”的追求，它并非是人内心的真实需求，它是“那些在个人的压抑中由特殊的社会利益强加给个人的需求；这些需求包括使艰辛、不幸和不公平长期存在下去”。也就是说，这种需求并非是人们的自主需求，而是被社会所制造出来并强加给人们的虚假需求，问题正在于当前人们的内心世界却被这种虚假需求所控制和支配，这不仅意味着人们已经处于被总体控制的异化生存状态，同时也意味着人的发展向度必然要服从资本的发展向度，从而走向片面、畸形的发展道路。可以说，当代西方社会正是通过“盛行的技术合理性的政治方面，生产设备和它生产的商品和服务，‘出卖’或欺骗着整个社会体系”。

技术理性不仅造成了人的片面、畸形发展和异化生存状态，而且还造成了人的个性失落和伦理价值观的混乱。由于技术理性造就了资本主义机器生产体系和管理体系，人不得不屈从于资本主义生产体系和管理体系及由这一体系所规定的交换原则和利己主义原则，进而把适应市场经济的交换原则作为美德来看待，并由此造就了权威主义的伦理价值观盛行。权威主义伦理价值观把服从权威的利益看作“善”，把不服从看作“恶”，把个体追求自身的利益看作“自私”，要求人们为了权威的利益而放弃自己的利益，显然这和西方社会固有的利己主义的价值原则是相互冲突的，这种伦理价值观上的矛盾冲突又使得相对主义的伦理价值观得以产生和流行，它反映了在技术理性盛行的条件下，人的个性失落和在价值观上的困惑和矛盾。社会和人的关系的异化实际上反映的是人和人之间的利益矛盾，这种利益矛盾又必然会反映到人和自然的关系上，体现为日益严重的生态危机。

（三）生态马克思主义的技术、环境与社会批判理论

在当代人类面对环境、资源危机等新的生存问题时，在人们纷纷探求生态危机的根源与解决途径时，“生态马克思主义”者把生态学和马克思主义结合起来，提出了新的观点和主张，展开了有益的探索。

随着生态危机日益严峻地威胁人类生存，当代生态学马克思主义理论也越来越受到人们的重视。“生态学马克思主义”是战后“西方马克思主义者”根据变化的社会现实对马克思主义的一种新的理论表达。他们反对资本主义制度，也不满现存的社会主义制度，希冀寻找新的社会发展理论，并把马克思主义与“生态革命”相结合。他们认为当前资本主义危机的形式已经从经济危机转变为生态危机，已经从生产领域转向消费领域，同时，他们结合生态学与马克思主义分析资本主义生态危机，最终提出实现社会主义稳态经济的策略主张。毫无疑问，生态学马克思主义的理论主张在当代社会是具有一定的价值与实践意义的。

马克思主义一直强调环境与发展要相互协调。如果人类需要长期停留在物质享受上，就会产生恶性消费和恶性发展，从而破坏环境，也摧毁人类自身。恩格斯在论述人类干预自然时指出，“这种事情发生得愈多，人们愈会重新地不仅感觉到，而且也会意识到自身和自然界的一致。而那种把精神和物质、人和自然、灵魂和肉体对立起来的荒谬的、反自然的观点,也就愈不可能存在了”。我们一定要牢记马克思主义经典作家的教诲,在征服自然、改造自然和发展文明的同时,更应善待自然,多一些厚道,少一些糟蹋。马克思、恩格斯的论述应当成为人们的清醒剂,人类在发展过程中对自然环境的影响要适当,要保持清醒的头脑,千万不可盲目和无止境。

马克思、恩格斯认为,要对生产的长远的自然后果和社会影响进行有利于人类的调节,“这还需要对我们所有的生产方式以及和这种生产方式连在一起的我们今天的整个社会制度实行完全的变革”。这种变革追求的目标是“社会化的人,联合起来的生产者,将合理地调节他们和自然之间的物质变换,把它置于他们的共同控制之下,而不让它作为盲目的力量来统治自己,靠消耗量小的力量,在最无愧于他们的人类本性的条件下进行这种物质变换”。

在确立人与自然关系的新认识方面,以前,由于人们对自然规律的认识不够深刻,在生态建设上犯了不少错误,致使生态环境恶化。随着资源短缺、环境恶化、生态失衡等问题的出现,人类不得不重新审视人与自然的关系,可持续发展成为时代的呼唤。所谓“可持续发展”,就是要树立新的发展观,改变传统的发展思维和模式,经济发展不能以浪费资源和破坏环境为代价,而是要努力实现经济持续发展、社会全面进步、资源永续利用、环境不断改善和生态良性循环的协调统一。可见,生态文明作为人类理性化的选择,必然全面推进社会文明。生态文明不仅改造人与自然的关系,而且改变现存的不合理的社会关系,使人与人的关系协调发展,从而促进政治文明的发展。同时,生态文明不断把许多新观念、新内容引进思想道德领域和科学文化领域,从而促进精神文明建设。以对人与自然的关系的新认识为理论基础,以可持续发展为核心内容,以促进社会文明协调发展为目标导向的生态文明观,完成了其严密的、科学的理论体系的建构。

思考题

1. 如何看待科学技术对自然和人的异化?
2. 如何理解科学技术是第一生产力?
3. 如何全面、辩证地评价科学技术的社会功能?

第二节　科学技术的社会建制

建立相关的社会建制是科学技术持续发展的基本条件。科学技术的社会建制是一个历史过程,与科学家和技术专家的社会角色形成密切相关。在科学技术的社会建制中,经济支持制度、法律保障体系等科学技术体制是根本,各种组织机构及科研组织运行是保证,科学技术的伦理规范是引导。在科学技术发展应用的新阶段,科学技术的社会建制呈现出一些新的特点,因此必须进行科学技术体制改革,以保障科学技术的良好运行。

一、科学技术社会建制的形成和内涵

(一)科学技术社会建制的形成

社会建制是指为了满足某些基本的社会需要而形成的相关社会活动的组织系统。一般而言,社会建制主要指包含价值观念、行为规范、组织系统和物质支撑四大要素的社会组织制度。科学技术社会建制是社会建制的一方面,它指科学事业成为社会构成中的一个相对独立的社会部门和职业的一种社会现象。科学技术社会建制是反映科学的社会现象。

科学技术社会建制是一个历史过程,它是由对科学技术的好奇、兴趣、为生之计的个体行为转为有计划、有目的、有组织的组织行为而逐步形成的,并随着科学技术作为一项社会事业的发展而不断成熟、完善和壮大。具体而言,科学技术社会建制形成与发展的链式是:个体探索→协作研究→集体研究→大科学研究。

1. 个体探索阶段:科学技术社会建制前史

在古代,人类的科学技术活动表现为个人性的、零散的认知和实践活动。人类早期从事的科学技术活动是以个人行为进行的,而且主要通过两条途径。一是自然哲学家对自然现象的哲学式研究。如古希腊的自然哲学家泰勒斯提出"水"是世界的本原("万物源于水")之说。古代中国的先哲认为"气"是万物之源等。二是工匠在从事建筑、水利和运输等各类实践活动中积累起来的知识和技能。

因此,古代科学活动的主体是自然哲学家,他们不是具有独立社会地位或身份的科学家。技术活动的主体是工匠、技师,他们没有文化,不是独立的技术专家。即在古代无独立的科学家和技术专家的社会角色,无专门从事科学技术研究的职业。但在科学技术的社会建制中,科学家和技术专家是最基本的成员,科学技术的职业是核心,其进程与科学家和技术专家的职业化程度有着直接的关系。因此,在古代虽无法形成独立的科学家和技术专家的社会角色,但自然哲学家和工匠是后来科学家和技术专家的雏形,为科学技术社会建制奠定了基础。

2. 协作研究阶段:科学技术社会建制的肇始

(1)近代科学家角色的出现

进入欧洲中世纪后,大学由起初的培养神职人员、法官和医生以及课程也围绕神学、法学和医学设置,转变为在大学里也教授自然科学课程,即出现了教授自然科学的专职教书的哲学家(教师),且教授自然科学成为一种社会职业,孕育了未来的科学家角色。同时尊重经验、擅长观察和实验的具有探索精神的艺术家和工匠也成为近代科学家角色的一个重要来源。如以达·芬奇为代表的一批文艺复兴时期的艺术家和工匠都是集艺术家、工程师和科学家角色于一身的近代科学家。当大学教师的学术传统与工匠的实验探索精神结合起来时,便产生了近代意义上的科学研究,出现了近代科学家的社会角色。

对近代科学家社会角色形成有着决定性意义的是1660年英国皇家学会宣布成

立。皇家学会的成立宣告了科学活动和科学家角色在英国社会中得到正式社会承认。在皇家学会的早期会员中有著名的大科学家牛顿、波义耳、胡克、哈维等人。他们位居当时的社会上层,不需依靠从事科学研究活动维持生计,从现代的职业观念看,属于业余科学家。

1666 年法国建立了巴黎科学院,它是科学家的专门学术机构。科学院仅有少数专职从事科学活动的高级精英从国家获得丰厚的年薪,还配有助手。所以,巴黎科学院的成立和领取国家薪俸的院士制度的出现,是科学家社会角色形成过程中的重要一步。

到 19 世纪,德国将科学研究发展成为一种专门的职业,即形成科学职业,具体标志是:因科学研究与高等教育、工业生产的发展密切相关,所以出现了教学和科研相结合的研究型大学;成立了从事科研的科学学会;企业建立了工业研究实验室。大学教育和工业研究为科学家的研究活动提供了职业岗位,使科学家成为社会中一种新型的角色。

1834 年,英国哲学家惠威尔在英国科学促进协会成立大会上首先提出了"科学家"(Scientist)概念,以与"哲学家"(Philosopher)这个"太广泛、太崇高"的传统概念相区别。其后,近代科学家群体的社会角色真正诞生了。

(2)近代技术专家角色的出现

近代技术专家角色的出现即工程师的形成过程。从 16 世纪起,欧洲开始出现土木工程师,主要以从事测量和道桥建设为职业的人员。之后,一方面随着生产的发展,相继出现了采矿、冶金、机械、电气、化工和管理等一系列专业工程师;另一方面随着工程技术教育的发展,在法国和德国创办了世界上最早的有相当规模的技术学院。高等工程技术教育的发展,不仅培养了一大批工程师,还导致了技术科学的诞生。技术科学和工程师互为因果的推动,导致了近代工程师队伍的不断壮大,逐渐取代传统工匠成为近代技术专家的社会角色。

科学家和技术专家真正成为一种社会角色及科学研究成为一种社会职业,既为科学技术社会建制做了充分准备,也出现了科学技术社会建制的雏形。

3. 集体研究阶段:科学技术社会建制的集体化(集体科技体制的形成)

进入 20 世纪后,随着科学对技术和生产的指导作用日益显著,科学在现代社会中的重要性被普遍认识,科学事业成为社会和国家事业,科学成为对人类历史发展前途和现代国家兴亡起决定作用的力量,各国政府越来越认识到科学技术事业已成为国家的重要资源,各国纷纷制定鼓励和支持科学技术活动的政策,这时科学家、技术专家在社会中的地位也得到普遍的承认,科学家、技术专家的社会角色稳固地确立了下来。对此,美国的情况最具有代表性。

1938 年,美国国家资源委员会发表了《科学研究是一种国家资源》的重要政策报告。1945 年,美国著名工程师、科学家管理者万尼瓦尔·布什向政府提交了《科学——无止境的前沿:提交总统的战后科学研究计划》的科技政策报告。这充分体现了美国对科技事业及科学家和工程师的高度重视。最具有代表性和重要意义的举措如下。第一,大学教育和科研体制的改革:系的建立和研究生院制度的形成,研究生的培养发展和壮大了科学家队伍。第二,工业实验室的大量涌现,这些实验室既吸收了科学家和研究生,也培养出了工业科学家。第三,国家直属科研机构的兴起,聚集了大批从事基础研究和应用研究的科学家,还有进行科学政策咨询和研究的软科学家。这三种职业岗位,不仅使科学家们有了稳固的工作和收入,更为重要的是形成了现代科学家的角色,并在三种不同的岗位上实现自己的历史使命。在科学和技术的发展中,科学与技术的关系日益密切,在一定程度和范围内很难对二者做出严格意义上的区分,形成了科学技术化、技术科学化的发展。因此,上述关于造就现代科学家角色的三种职业岗位,实际上也有大量的技术专家存在,再加上生产一线的技术专家,就形成了宏大的现代技术专家队伍。技术专家在社会生产中有着比科学家更加直接和显见的经济功能,从而确立了他们在社会中的地位。

总之,由于科学家及与科学家日益融为一体的技术专家、生产一线的技术专家在大量涌现,不仅形成了现代科学家和技术专家的社会角色,也建立了与现代科学技术相适应的社会组织机构——集体化的科学技术社会建制,科学技术社会体制化了。

4. 大科学研究阶段:科学技术社会建制的国家化(国家科技体制的形成)

到20世纪40年代后,科学技术研究在物力、知识、规模、目标等方面都超出了个体和集体的能力范围,产生了国家化的大科学研究。正如美国科学家普赖斯在其著名的《小科学、大科学》中指出的,二战前的科学都属于小科学,从二战时期起,进入大科学时代,主要表现为投资强度大、多学科交叉、需要昂贵且复杂的实验设备、研究目标宏大等。进入20世纪90年代以来,随着基础研究在科学前沿全方位拓展以及在微观和宇观层面深入发展,许多科学问题的范围、规模、成本和复杂性远远超出一个国家的能力,必须开展双边和多边的科技合作,组织或参与国际大科学研究计划以及耗资巨大的大科学工程成为进入国际科学前沿和提高本国基础研究实力和水平的重要途径,形成了国际化的大科学研究。到目前各国政府和国际性组织在各科学领域组织实施的具有代表性的大科学国际合作研究计划大约有51项,我国作为合作成员参加的约有21项,占总数的41.2%,主要集中在全球变化、生态、环境、生物和地学领域。在高能物理与核物理领域,参加了CERN的LHC计划合作,表明我国在参与高能物理领域重大国际合作研究计划方面有了一个良好的开端。大科学研究国际合作在运行模式上主要分为三个层次:科学家个人之间的合作、科研机构或大学之间的对等合作(一般有协议书)、政府间的合作(有国家级协议)。

大科学研究的出现使得科学技术社会建制的内部结构及其与其他社会系统的关系发生了重大变化。一方面是各国政府纷纷建立和扩大由政府支持的科研机构;建立了支持大学和其他研究机构中的科研人员进行研究的资助机制,如美国科学基金会;政府和企业成为科技投入主体,改变了以前科技活动主要依赖社会捐助和科学家个人资产的状况。另一方面是各国家纷纷制定鼓励和支持科技活动的政策。此时的

“科技政策”是一个国家或地区为强化其科技潜力，为达成其综合开发之目标和提高其地位而建立的组织、制度及执行方向的总和。科技政策成为国家科技体制的重要支撑。

大科学阶段科学技术社会建制的变化使得科研组织表现出以下一些新特征。

①大科学作为一种新的科学活动方式日益得到政府的重视。

②科学活动出现制度性分化，科学进到后学院科学时代。在学院科学存在的同时，产业科学和政府科学出现了。三者分别在大学、产业组织和政府实验室中进行，具有不同的作用和特点。

③科学技术产业化进程加快，形成“政府—产业界—学术界”之螺旋发展，政府、企业与大学之间呈现出新关系。

④进入21世纪，由于计算的数量和信息的范围迅速扩张，计算机和通信技术迅速发展与深度、广度应用，科研环境发生了很大变化，出现了虚拟科研组织或e-科学概念。

总之，大科学的形成使科学技术社会建制进到了国家科技体制化，其中“国家创新体系”是国家科技体制化的一种集中体现。国家创新体系是国家层次上对科学技术的社会运行过程，即科学技术知识的产生、交流、传播与应用过程的体制化是在国家的总体规划下，科学技术的社会运行中各有关部门相互作用而形成的推动创新的网络。

科学技术社会建制经历了“个体探索→协作研究→集体研究→大科学”的形成和发展过程，其实就是科学技术研究或科学技术知识生产由业余走向专业化，由专业化走向职业化，再走向国家化（国家科技体制形成）的过程。并且不同国家形成了具有各自特点的科学技术社会建制（科技体制）类型。以美国、英国为代表的“多元分散型”：政府用间接手段（法律、政策）对国家的科技发展实行宏观调控，没有统一、确定的科技政策和宏观指导方针；政府只对基础性的、国防的和社会环境等方面的研究进行投资，其他研究活动主要靠市场机制来调节；管理方式呈现多元化特点，组织结构也较为分散。以原苏联、法国为代表的“高度集中型”：管理体制和政策方针一元化，集中领导并有金字塔式的层次分明的管理机构；政府直接介入从研究到生产的全部过程，并且是国家科技活动的主要投资者。以德国、日本为代表的“集中协调型”：在市场引导、集中为主的社会经济条件下，对科技开发实行集中管理；产业界是国家科技活动的投资主体，政府通过统一而配套的方针政策将政府与民间的各种要素纳入统一的科技发展轨道。我国在改革开放以前，是与计划经济体制相适应的科学技术管理体制，这种体制在当时的历史条件下发挥了一定的作用。改革开放后，随着市场经济体制的建立，科技体制进行了改革，国家宏观科技管理部门的职能从具体项目管理向间接服务管理转变，工作重点主要放在科技发展战略规划和政策法规的研究制定方面；微观层次的科研院所进入市场，成为享有自主、实行科学管理的独立法人。

知识链:"小科学"和"大科学"时代之比较

	"小科学"时代	"大科学"时代
价值导向	真理性价值	真理性价值和实用性价值
科研目标	一元化(扩展正确无误的知识)	多元化(知识目标、经济目标、社会目标、生态目标、军事和安全目标等)
科研主体	科学共同体(主要是科学家)	科技—社会—经济共同体(包括政府、大学、科研机构、中介机构、金融机构、企业等)
科研主体性质	自主性、独立性	合作性、创新性
科研主体组织方式	个体性、自组织	集体性、由社会来组织
科研涉及领域	纯科学领域	科学、技术、经济、政治、军事领域

(二)科学技术社会建制的内涵

科学技术社会建制,是指科学技术事业成为社会构成中的一个相对独立的社会部门和职业部类,是一种社会现象,主要包括组织机构、社会体制、活动机制、行为规范等要素。它们承载着科学技术活动的展开,并成为其必不可少的条件。在科学技术社会建制过程中形成与发展起来的机构有:科学技术的决策、管理与咨询机构,科学技术的活动组织机构,科学技术的传播机构,科学技术的人才培养机构,等等。

二、科学技术的社会体制和组织机制

(一)科学技术的社会体制

科学技术的社会体制是其社会建制的一部分,是在一定社会价值观念支配下,依据相应的物质设备条件形成的一种社会组织制度,旨在支持、推动人类对自然的认识和利用。科学技术的社会体制包括经济支持制度、法律保障体制、交流传播体制、教育培养体制和行政领导体制等。科学技术的社会体制主要是指社会组织制度,其含义概言之主要包括四个方面的内容。一是在"价值层面"确立了科学技术的特殊价值和体制目标。科学的价值和体制目标"扩展确证无误的知识","创造性地运用科学知识进行技术发明,并产生直接的社会经济效益"。二是在"制度层面"形成了与科学技术知识的产生、传播、应用相适应的社会秩序,形成了一系列科学家和工程师的行为规范、科学技术活动中的奖励机制和其他与科技活动相关的制度,如国家科技政策等。三是在"组织层面"建立了以科学技术人员为活动主体的社会组织,如学会、研究院、工业实验室、国家实验室、大学等。四是在"物质层面"为科技活动提供了必要的物质支撑,如科研所需的资金投入、仪器设备等。

积极推进科学技术体制改革,完善科学技术体制,使其与当代科学技术的发展规律相适应,对提高国家的科学技术水平和能力,增强综合国力和国际竞争力,具有决定性作用。了解科学技术体制的主要内涵,对理解我国科技体制改革的方向和目标有重要意义。科学技术研究资源的合理配置和科学技术活动的法律保障,是科学技术体制改革的主要内容。

(二)科学技术的组织机制

科学技术共同体通过一定的组织机制从事科学技术活动。随着科学技术的发展及其应用的推进,科学技术活动的主题和形式都发生了变化,从而使得科研活动的组织机制相应地呈现出新的特点。

①从基础理论研究到基础应用研究,从非战略性基础研究到战略性基础研究。

②从学院科学到后学院科学,从高校科研到“官产学”三螺旋。

科学研究发展到大科学化阶段,形成了国家科技体制科学研究,科学活动出现制度性分化,科学进入后学院科学时代。在学院科学存在的同时,产业科学和政府科学出现了。三者分别在大学、产业组织和政府实验室中进行,具有不同的作用和特点。科学技术产业化进程加快,形成“政府—产业界—学术界”三螺旋发展,政府、企业与大学之间呈现出新关系。

③从“机械连带”到“有机连带”,①从正式学术交流到非正式学术交流,如创新者网络、虚拟科技组织等。

三、科学技术的伦理规范

(一)科学共同体的行为规范和研究伦理

1.科学共同体的行为规范

科学共同体是从事智力劳动的职业群体,是在一定的价值观念和行为规范下开展工作的,具有特殊的社会责任。英国皇家学会成立时,学会秘书长胡克在其起草的章程中明确指出,科学的目标有两层含义:其一,科学应致力于扩展确证无误的知识;其二,科学应为社会服务。因此,科学共同体的首要使命是扩展确证无误的知识,这决定了科学共同体应该要有相应的内部理想化的行为规范。1942 年,科学社会学家默顿将科学共同体的内部行为规范概括为普遍主义、公有主义、无私利性和有条理的怀疑主义,以此凸显科学所独有的文化和精神气质。

“普遍主义”(Universalism)强调科学标准的一致性。科学应当是没有国界的,评价的客观是非个人标准。只要是科学真理,不管它来源如何,都服从于不以个人为转移的普遍标准,而与个人或社会属性,如国家、种族、宗教、年龄、阶级和个人品质等无关。普遍主义表明,科学事业向所有有才能的人开放,这与民主精神是一致的。

“公有主义”(Communism)要求研究者不占有和垄断科学成果。科学研究是建立在前人的知识积累之上的,所有科学发现都属于“公共知识”,所有权归属于全体社会成员,应当是为人类所共有的。因此,科学家对自己的科研成果不具有独占权,科学发现是社会协作的产物,它归属于科学共同体。用人名命名的定律或理论只是一种纪念性的形式。“专利”是指国家授予发明创造人在一定期限内独占其发明创造的一种特权(知识产权)。表面看来,专利的独占性与公有主义相矛盾,实际上并非如此。这是因为专利制度在授予发明人一定期限的专利权的同时,也要求他公开

---

① 瑟乔·西斯蒙多:《科学技术导论》,144 页,许为民,等,译,上海,上海世纪出版集团,2007。

新技术,使任何人都可以了解新技术的进展,为新技术的广泛使用与改进提供条件。因此,专利制度本质上是要打破技术保密的,只是为了回收发明的投资,才给予发明者一定期限的独占权,这样做是利于发明创造本身的。

“无私利性”(Disinterestedness,祛利性)要求从事科学活动、创造科学知识的人不应以科学牟取私利。无私利性并不否认科学家的个人利益的正当性。它要求从事科学活动的科学家不应该因为对个人私利的追求而影响科学事业,也不应该以任何方式从自己的研究中牟取私利。无私利性不是对科学家行为的一种道德上的要求,而是一种基本的制度性要求。所以,默顿认为科学家从事科学活动的动机是多种多样的,科学上的社会规范就是要在一个宽广的范围内对科学家的行为进行制度上的控制。当种种科学不端行为(伪造和篡改科研成果、抄袭和剽窃、因利益冲突而有意做出有失客观的评价等)出现时,无私利性这一制度要求便成为一种禁令。这种“祛利性,既不是指科学家只应‘为科学而科学’,也不是指科学家只能‘利他’、不应‘利己’,甚至不是指‘科学知识实际上与利益无涉’,而在于从制度层面上控制和避免科学活动因各种利益而导致偏见和错误。”

“有条理的怀疑主义”(Organized Skepticism)强调科学永恒的批评精神。它要求科学研究应崇尚合理而有依据的怀疑与批判,对所有的科学知识,不论是新的还是老的,都要经过仔细的检验;不论是哪个科学家做出的贡献都不能未经检验而被接受,科学家对于自己和别人的工作都应该采取怀疑的态度。因此,研究者有责任对他人的研究成果提出批评,也要允许别人对自己的研究成果提出怀疑,只要这种怀疑或批评是有根据的、有条理的,而不是毫无道理的妄加揣测。大胆怀疑、批评的精神是科学的创新精神,也是实现科学体制目标“开展确证无误的知识”的必然要求。

“独创性”(Originality)要求科学家依靠自己,独立思考,发现前人未曾发现的东西,做出别人未曾做出的贡献,科学家的工作才被认为对科学的发展具有实质意义。科学是对未知的探索,科学成果应该是新颖的、创新的。其实“独创性”内在地包含于公有主义规范中,即把“独创性”作为制度性要求来规范科研。“独创性”是默顿1957 年补充的一条行为规范。

进入20 世纪下半叶以后,科学自身的发展特点以及社会运行机制发生了巨大的变化:科学从“纯科学”“小科学”和“学院科学”嬗变为“应用科学”“大科学”和“后学院科学”。这些都对科学共同体的行为规范产生了影响,导致他们可能为了追求个人利益最大化而违反默顿“四原则”,产生一系列学术不端行为。鉴于此,需要制定相应的科研诚信指南或行为规范,来指导和规范科学共同体的科学研究活动。

2. 科学共同体的研究伦理

从研究伦理的视角看,科学共同体在科学研究中,要对研究中的个人、动物以及研究可能影响到的公众负责,遵循“公众利益优先原则”。这就要求科学共同体的科研活动符合社会伦理和动物伦理的基本要求。科学工作者进行科学研究和医学研究实践,尤其是进行人体实验和动物实验,应该遵循社会伦理、生命伦理、动物伦理等,人体实验应该尊重人类的尊严和伦理，动物实验应该遵循动物实验伦理，科学研究应该增进人类福祉。1999 年 7 月 1 日布达佩斯世界科学大会通过并颁发的《科学和利用科学知识宣言》声明：科学促知识，知识促进步；科学促和平；科学促发展；科学扎根于社会和科学服务于社会。

（二）技术共同体的伦理规范和责任

面对科学技术的迅猛发展和大规模运用所带来的消极后果，人们围绕着科学技术的合理性问题、科学与伦理的关系问题、科学与自然的关系问题进行了反思和探讨，与此同时对技术共同体的伦理规范和责任也提出了要求。马克思认为，技术活动有其道德合理性，科学技术发展的同时也推动了社会道德的进步。自由应该建立在非异化的技术基础上，未来技术的社会发展目标应该是“它是人向自身、也就是向社会的合乎人性的人的复归”，①目的是实现自然主义和人道主义的统一。这就从人类、社会、自然三者和谐发展的角度，为技术共同体的伦理规范指明了最高目标。

技术共同体的主体是工程师。工程师既是工程活动的设计者，也是工程方案的提供者、阐释者和工程活动的执行者、监督者，还是工程决策的参谋，在工程活动中起着至关重要的作用，对社会的影响巨大。正因如此，工程师在工程技术活动中，应该遵循一定的职业伦理和社会伦理准则，应该承担对社会、专业、雇主和同事的责任，应该对工程的环境影响负有特别的责任，规范自己的行为，为人类福祉和环境保护服务。国外一些发达国家公布的工程师伦理准则明确指出，工程技术活动要遵守四个基本的伦理原则：一切为了公众安全、健康和福祉；尊重环境，友善地对待环境和其他生命；诚实公平；维护和增强职业的荣誉、正直和尊严等。

（三）新兴科学技术的伦理冲击及其应对

随着生命科学技术、材料科学技术、信息科学技术、能源科学技术等一些新兴科学技术的发展和应用，引发了一系列的伦理难题。如，生命科学技术的一系列重大突破，在给人类经济社会生活带来巨大利益的同时，也极大地改变了人在自然界之中地位的传统观念。人不再是严格区别于其他动植物的天之骄子，物种之间的生物屏障被打破，各物种之间的杂交成为可能，人类的一些传统形象和原有的价值观念也随之改变，如克隆人、基因治疗、基因增强等事实，极大地冲击了人类社会固有的道德观念，引发出克隆人的伦理问题、基因治疗和基因增强的伦理问题，还有网络伦理问题、核伦理问题等。这需要我们运用伦理学的基本原则，结合科学技术发展应用的现状以及社会发展的需要，制定并实施切实可行的伦理规范，以更好地实现科学技术的社会价值。任何一个科学家、工程师和技术人员都理应树立高度的社会责任感，在科学研究和成果转化过程中，在工程技术活动中，考虑人类、社会、自然的全面、协调、和谐发展，尽可能趋利避害。

① 马克思，恩格斯：《马克思恩格斯文集》，第 1 卷，185 页，北京，人民出版社，2009。

思考题

1. 科学技术的社会建制对科学技术的发展有何重要意义?

2. 科学技术工作者的伦理规范包括哪些内容? 在当代有什么新变化?

3. 应怎样对待科学奖励及科学的社会分层?

第三节 科学技术的社会运行

科学技术的社会运行需要政治、经济、文化、教育等各方面的支撑,良好的社会环境是科学技术顺利运行的保证。科学技术的运行必须与国家综合国力的提高、国家利益的维护以及经济社会的健康和谐发展相一致;必须防止"专家治国论"的不良影响,制定恰当的公共政策,以进行科学技术风险国家治理;必须以先进的文化理念引导科学技术,保证科学技术的健康发展。

一、科学技术运行的社会支撑

(一)社会政治对科学技术发展的影响和制约

科学技术作为一种社会活动,在遵循自然规律的同时还要受多种社会因素制约。首先是受社会政治的影响和制约。社会政治对科学技术发展的影响主要表现在社会制度、政策体制、军事对抗以及政治理念和行为等方面。

1. 社会制度对科学技术发展的影响

一般而言,先进的社会制度为科学技术的发展提供了更大的可能性,科学技术的进步程度与其所处的社会制度的先进性成正比。越是先进的、积极的、开明的社会制度,越是有利于科学技术的发展和繁荣。社会制度对科学发展的影响主要体现在制约科学技术发展的方向、速度和规模等方面,为科学技术发展提供可能性空间。

2. 政策体制对科学技术发展的影响

政策和体制直接、实际地决定着科学技术发展的道路和实际运作,并对科学技术系统和整个社会大系统之间的关系进行调整。党的十八大报告提出,要进行科技体制改革,实施创新驱动发展战略。①政府的重要管理职能就是出台政策来引导和支持科学技术的发展,出台正确的用人政策,吸引科研人才、稳定科研队伍、激励人才最大程度地创新,是科学技术发展的重要保障。因此,政府的科学技术政策和体制直接决定着科学技术发展的效应。

3. 军事对抗对科学技术发展的作用

战争是政治的继续,军事对抗作为最激烈的政治行为,必然成为科学技术发展的重要推动力量。关于军事对抗或军事需求对科学技术发展的作用,古今中外的事例有很多。

---

① 《中国共产党第十八次全国代表大会文件汇编》,20 页,北京,人民出版社,2012。

4. 政治理念及行为对科学技术发展的作用

好的政治理念及行为对科学技术的发展是起推动作用的。相反,在一个极端政治化的社会中,统治阶层往往会依据某些政治理念评判并干涉科学技术活动,对科学技术的发展产生负面影响。政治理念及行为为科学技术的发展提供了一定的条件,对科学技术的研发所产生的作用是直接影响科学技术的发展及其评价。

随着科学技术对国家发展有着决定性作用的力量成为社会共识,科学技术与政治结合的程度也得到了前所未有的提高。能否更好地发展科学技术以维护国家利益,不但是一个政治体系的应有职责,而且成为影响其权力巩固与否和权威性高低的重要因素。特别是"科技是国家重要的战略性资源"的思想被人们共识,进而作为增进科技研发和基础研究与国家目标之间的联系就成为科技政策和体制的核心目标。

(二)社会经济对科学技术发展的作用

社会经济对科学技术发展的作用,马克思认为,"只要在大工业已经达到较高的阶段,一切科学都被用来为资本服务的时候——在这种情况下,发明就将成为一种职业,而科学在直接生产上的应用本身就成为对科学具有决定性的和推动作用的着眼点"。①在马克思看来,近代科学的产生、发展及大规模应用,是与机器大工业和资本主义劳动方式联系在一起的,后者是前者不可逾越的社会基础。

社会经济对科学技术发展的作用可从两方面来认识。其一是基本途径或一般原理。从经济的社会功能看,经济系统的基本功能是为人类提供物质生活资料,而物质生活资料是人类得以生存和发展的基本前提。人类只有通过物质生产解决了衣、食、住、行等基本生活条件,才谈得上从事包括科学在内的其他活动。从科学系统来看,科学作为一种社会活动,其活动主体是科技人员,也是人类的一部分,同时科学活动是一个开放系统,需要不断地同外部社会环境进行物质、能量和信息等的交换。特别是随着科学社会化程度的提高,科学研究所需要的人、物、财等愈来愈依赖整个社会的支持和资助,首先是经济系统的保证。否则,科学技术系统不仅谈不到发展,甚至不能生存。其二是直接的外在条件。社会经济发展为科学技术的发展提供了直接的外在社会条件:社会经济为科学技术研究提供了经费保证,科研开发所需的研究经费、仪器设备、实验材料以及科研人员的生活待遇等物质条件均需要有经济保障;社会经济发展不断向科技研究与开发提出新的课题,促使科学研究不断开拓新的领域,从而为科学技术提供了新的发展平台;社会经济为科学技术发展提供了科学和技术活动的人力、物力、财力、技术以及科学技术发展所使用的物质手段。

总之,经济系统与科学系统有着内在的联系,经济系统对科学技术系统的发展产生作用不仅是可能的,而且是强烈的、带有根本性的。特别是随着"科学—技术—生产"一体化的推进,社会的经济需要是科学技术发展的最重要推动力量,社会的经济支持是科学技术发展的最重要基础,社会的经济竞争是科学技术发展的最重要刺激

---

① 马克思,恩格斯:《马克思恩格斯文集》,第8卷,195页,北京,人民出版社,2009。

因素。

(三)文化对科学技术发展的影响

关于文化的概念有很多理解,也就有很多的定义。这里把文化界定为一种意识。人的行为是在两种根本因素的作用下活动的,其一是本能,其二是意识。本能是自然性,意识是人类社会性即社会意识①。意识在人的行为中起着核心作用,人类的生存活动都是在一定的意识驱使下而践行的。因此,不同文化背景、不同文化单元的人对同样事物的感受是不同的;不同文化背景下的行为结果也是不同的。从感受到行为是一种倾向性意识,这就是人类行为的结果。科学技术作为人类的一种社会实践活动是一种有意识的行为,受文化的影响。文化对科学技术发展的影响是多方面的,这里仅从国家与社会、科学家个体、思维方式三个层面来分析。

在国家和社会的层面,大一统的文化对于动员国家资源完成一些重大科技任务是有利的,特别是对大科学研究显得尤为明显。但这样也会窒息科学的自由精神,不利于科学的发现和创新。因此,要深化科技体制改革,要从科技体制上处理好"计划"与"市场"、国家需求与自由探索、主流与多样性等关系,尤其要完善"法制"、弱化"人治",防止掌控话语权和决策权者对科技资源的垄断和关于科技发展的"一言堂"。文化对科学技术发展的影响更多的不是通过个体行为来影响的,而是通过集聚行为,是通过制度来影响的。

在科学家个体层面,社会文化环境应该使科技人员的科研不应仅是为"稻粱谋",而要有自由探索的条件,无后顾之忧;不要成为"吹糠见米",而要提倡"十年磨一剑,不敢试锋芒"。人是文化的载体,科学家既有科学文化也有人为文化。因此,科学家的人际关系和协作精神受文化传统的影响很深,如果有团队精神,就会形成有效的协作和竞争,如果"同行是冤家",就很难形成良性的竞争和传承。科学家的价值取向也受传统的文化的影响,其追求有"至理"和"致用"之分。中国传统士大夫文化主张"君子不器",把科学技术看成雕虫小技,阻碍了其发展。而现在却又有点急功近利,忽视"至理",也严重地影响了科学技术的发展。

在思维方式层面,科学作为探求事物本质和规律的活动,不能没有思维。而人的思维受文化的影响,在一定文化下进行思考。受西方文化的理性主义和客观主义影响,在科学思维方式上,要求用批评的眼光去审视已取得的知识,强调客观世界是具有内在规律性的,是不以人的意志为转移的。因此,认为主体可以通过知识作为媒介去认识、把握客体,而知识本身则可以用逻辑语言来表达。所以,形式逻辑和公理化思想、理性演绎法、科学归纳法等对近代西方科学思维方式的全面确立和发展产生了重大的影响。中国传统文化的重整体、重联系,带有拟人色彩的自然观,培育出整体

---

① 社会意识是社会精神生活现象的总和,是社会存在的反映,是与一定社会的经济和政治直接相联系的观念、观点、概念的总和,包括政治法律思想、道德、文学艺术、宗教、哲学和其他社会科学等意识形式。社会意识形态是指社会意识在社会现实生活中的表现和表述形式。

性科学思维方式,创造了如中医理论这种独特的从整体上把握自然的理论体系。但中国传统的综合思维缺乏深入、准确、可重复等科学性质,有不利于科学发展的一面。

(四)教育对科学技术发展的影响

科学技术具有很强的继承性和连续性,而教育的一项主要功能就是向人们传授前人或他人所获得的科学知识及技能。教育的发展水平直接影响着科学技术的发展水平,教育的普及程度直接影响着科学技术成果在社会中的传播、消化、吸收和应用,教育的实施培养着人们的科学精神和创新精神。因此,良好的教育是科学技术发展的前提和基础;没有教育,科学技术事业就后继乏人,科学技术知识就无法传承。具体而言,在科学技术的发展进程中,科学技术依赖教育,教育是推动科学技术发展的主要动力,主要表现为以下几点。

(1)教育促进科学技术知识的再生产

科学技术知识的生产是直接创造新科学技术的过程,而科学技术知识的再生产则是将科学技术生产的主要“产品”(知识)经过合理的加工和编排,传授给更多的人,尤其是传授给新一代人,使他们能充分地掌握前人创造的科学成果,为科学技术知识再生产打下基础。

科学技术知识的再生产有多种途径,学校教育是科学技术知识再生产的最主要途径。这是因为学校教育所进行的科学技术知识再生产,是一种有组织、有计划、高效率的再生产。它通过一定的教学和教师的指导,对已有的科学技术知识加以合理的编排、综合,通过有效的组织形式,选择最佳的方法,在较短的时间内传授给学习者。

教育作为科学技术知识的再生产,一方面是继承与积累,即对前人创造的科学知识加以总结和系统化,一代一代地传下去,实现科学技术知识的继承与积累;另一方面是创新与扩大,在对前人创造的科学知识进行传授中,接受者在前人的基础上有所发现、有所创新,生产出更新更多的科学成果。

(2)教育推进科学技术研究

一方面是教育直接从事科研工作,这在高校里尤为突出。据有关统计,美国的科学家被大学聘用的占全部科学家的40%,美国的大学担负了全国基础研究的60%,应用研究的15%;在日本,大学承担基础研究,国立研究机构承担应用研究,民间企业承担开发研究;我国的高校承担的国家科研基金项目占总数的60%,1/2获国家自然科学奖,1/3获国家发明奖。另一方面是教育应用科学技术成果的技术化要求,丰富了科学技术活动,扩大了科学技术成果。比如多媒体技术、电脑软件技术在教育上的广泛运用,对相关科学和技术的研究有直接的推动作用。随着教育的科学化和现代化,教育对科学技术发展的这种推动作用会越来越深化和拓展。

(3)教育培养科学技术人才队伍

学校或大学教育的根本使命是育人、培养人才。高等教育通过育人,培养出一大批科技人才,人才是科学技术的承接者,进而科学精神和科学技术的创新能力得以进一步向深度和广度发展。高等教育的发展状况也决定了高校科研队伍的质量、数量和结构,决定了科研队伍的知识更新能力及其后备力量的培养。

(4)教育在科学研究与知识创新中起着支撑和引领作用

高校具有学科和人才方面的优势,积聚了科学技术的巨大潜力,是发展科学技术的重要基地,承担着许多重点科研项目,产生并提供了许多具有重大影响的原创性成果。高等教育的普及程度还决定着科学技术成果在社会中创造、传播、消化、吸收、应用的程度。在历次科技革命中,大学都发挥了主力军作用。科技知识的产生和发展,特别是许多重大科学理论的提出、科学技术的重大突破,都是大学的研究成果。据统计,迄今为止影响人类生活方式的重大科技成果中有70%以上诞生于大学。

(五)哲学对科学技术发展的影响

任何科学研究活动都必须运用理论思维。科学越是向前发展,理论思维也越重要,越要受到世界观、认识论和方法论的影响,即要受到哲学的影响。哲学对科学技术发展的影响,首先从哲学的性质来看,哲学是人们对自然、社会和人类思维中的本质和本原问题的深入思考和高度概括,故会影响人们对事物的看法(世界观和方法论),从而对人们(包含科技人员)的行为产生影响。另外哲学是人们理性思维的结果,对所有与理性思维有关的任何认识活动都具有强烈的渗透性和覆盖性。其次从科学技术发展来看有如下几方面影响。①哲学的许多具有普遍意义的概念都为科学技术所用,如时间、空间、物质、原子等。哲学的一般结论为科学技术研究所用,如奥肯的"原胞说"与细胞学说的联系,进化论形成中自然哲学的影响,自然哲学对奥斯特与法拉第发现电磁效应的启发,在通往能量守恒定律的道路上自然哲学的作用等。②科学的任务是揭示事物(或自然界)的本质和规律,而本质和规律只能靠理性思维来把握。没有脱离理性思维的科学,而且越是需要理性思维的地方,就越有哲学的影响和作用。③科学不是简单的知识堆积,而是一种有内在联系的相关知识组织起来的知识系统。构建知识体系除了受到认识对象的制约以外,还要受一定的哲学观念,特别是自然观的影响和作用。④科学按其抽象程度的不同,受哲学的影响不同,一般基础科学与哲学的关系更为密切。科学为提高自己的理论性、思想性,使之更具有普遍性,往往将在一定范围内得出的结论加以扩充和推广,在这种情况下,哲学对科学中的抽象理论部分具有更大的影响。因此,在科学研究中,一些大科学家,尤其是走在最前沿的物理学家,往往最后转向哲学,要么对其成果进行哲学的总结,要么在研究的过程中寻求哲学的支持。

在认识哲学对科学技术发展的影响和作用时,要注意既不要偏激地认为哲学与科学技术无关,从而在科学研究中不关心哲学,认为哲学没有任何作用,科学研究只关心观察、实验就可以了,也不要片面夸大哲学的作用,视哲学为万能。我们承认哲学对科学技术有影响和作用,绝不是说哲学可以解决科学实验和技术创新的具体问题,绝不是说可以用哲学来代替或评断科学技术中的是非,绝不是说哲学的一般结论可以代替科学技术的具体结论。这两种倾向都是片面的、错误的。

二、科学技术运行的国家治理

（一）大力发展有关国计民生的科学技术

马克思指出，自由应该建立在非异化的技术基础上，未来技术的社会发展目标应该是“它是人向自身、也就是向社会的即合乎人性的人的复归”，①以实现自然主义和人道主义的统一。在当代，科学技术运行的根本目的在于推进科学技术创新，服务民生，支撑经济社会的健康、协调、持续发展，提高综合国力，以实现振兴国家的伟大目标。这体现了科学发展观的内涵。

①科学技术的发展和应用要为国家的经济社会发展、长治久安以及可持续发展服务。这主要包括以下几方面。一是推进工业化、信息化、城市化、农业现代化等科学技术发展战略实施。工业化、信息化、城市化、农业现代化是我国社会主义现代化建设的战略任务，也是加快形成新的经济发展方式，促进我国经济持续健康发展的重要动力。“四化”是相互关联、不可分割的，其作用是在融合、互动、协调中实现的，因此要促进“四化”同步发展，提高其社会主义建设的作用。二是促进粮食安全、能源安全、国防安全等涉及国家安全的科学技术发展战略实施。粮食安全关乎人民的生存，而人民的生存是国家生存的必要条件。粮食安全要长抓不懈，任何时候都不能放松，加快构建供给稳定、储备充足、调控有力、运转高效的粮食安全保障体系。一国的能源安全不仅是经济问题，也是一个政治问题，能源安全是国家发展的重要基础。要积极推进能源安全战略，提高能源效率，加快能源方面的法律法规建设，确保我国能源供需平衡。国防安全是国家安全的支柱和核心，是国家安全的基础和保障。一定要提高我国的国防实力，确保国家的领土、领海、领空安全，不受外来军事威胁或侵犯。三是促进资源节约、环境保护科学技术发展战略实施。加强资源节约和管理，落实节约优先战略，全面实行资源利用总量控制、供需双向调节、差别化管理，大幅度提高能源资源利用效率，提升各类资源保障程度。加大环境保护力度，实施主要污染物排放总量控制，减少环境污染和生态破坏。以解决饮用水不安全和空气、土壤污染等损害群众健康的突出问题为重点，加强综合治理，明显改善环境质量。

②科学技术的发展和应用要以人为本，促进民生，推动社会的公平和公正，为和谐社会建设服务。也就是说把人民的发展作为科学技术发展的根本目的，把人民的利益作为科学技术发展的出发点和落脚点，把人民作为科学技术发展的根本动力，依靠人民的积极性、主动性和创造性。

首先，大力发展民生科技。现代科学技术的发展理念从“工业科技”转向“民生科技”，民生科技就是以“民”为本的衣食住行、教育、医疗、就业、环境等与民生最为密切的科学技术。发展民生科技是实现人民共享科技创新与科技进步成果，促进整个社会公平、公正、和谐持续发展。发展民生科技作为我国中长期科学技术发展重要战略，一方面对涉及民生的关键技术、共性技术研发政府应发挥重要作用，对公益性

① 马克思，恩格斯：《马克思恩格斯文集》，第1卷，185页，北京，人民出版社，2009。

项目政府要成为投资主体，并引导社会投资积极投向民生科技，做好公共产品和公共服务；另一方面政府要给予政策支持，科技工作要以服务民生和改善民生为目标，重点解决人民最关心、最直接、最现实的民生科技，让人民充分享受科技进步和科技创新的成果。尽快解决“飞船可以载人上天，马桶漏水解决不了”的科技发展不平衡，加快推进民生科技的迅速发展；把发展民生科技纳入国家创新体系建设中，引领整个社会的民生科技发展；完善民生科技发展的政策支持体系，通过科技政策、财政政策、金融政策等进行引导、规范和管理，推动民生科技研发、成果转化和产业化经营；在大力进行基础理论研究的同时，加强战略性基础应用研究；在积极发挥科学技术的经济功能的同时，加强环境技术创新等，以充分发挥科学技术的政治、文化以及环境保护功能，实现人与人以及人与自然之间的和谐。

其次，实施积极的就业政策，改善科学技术与就业之间的矛盾。就业是民生之本，国家应把提高就业率作为宏观调控和科技发展的重要目标。随着科技创新，产业结构得到了升级，随之劳动力就业水平也发生了明显的变化，一、二产业下降，三产业提高。因此，为了实现科技创新与劳动力市场的良性循环，应在坚持“就业优先战略”的前提下，充分利用创新在经济增长中的关键作用，实现经济发展与就业增长的双丰收。同时大力发展劳动密集型产业、服务业和小型微型企业，拓宽就业渠道，优化就业环境，实现充分就业。

再次，发挥科学技术在缩小贫富差距、关注弱势群体中的作用。弱势群体是那些实际收入低，物质生活贫困，在竞争中处于劣势地位，且由于各种条件的限制，未来发展非常困难的社会底层人群和贫困人群。在我国经济社会发展中，弱势群体与强势群体(贫困人群与富有人群)的贫富差距很大，出现了两极分化，两极分化不是社会主义，社会主义是共同富裕。关注弱势群体，缩小贫富差距的政策取向：第一，加大对民生科技的投入，推进民生科技发展，促进经济发展，是缩小贫富差距、解决弱势群体问题的根本途径，只有实现经济持续、稳定、快速的发展，才能从根本上缓解和消除贫困；第二，合理配置城乡科技资源，城乡科技进步差异是导致城乡收入差距的一个主要原因，缩小城乡之间的收入差距，必须对城乡科技资源进行合理配置，逐步提高农村或农业的科技进步水平，降低城乡科技水平的差异。

科学技术的发展和应用以人为本，促进民生，推动社会的公平、公正、和谐发展，这既符合马克思主义以人为本的价值取向，也契合当前我国建设社会主义和谐社会的理论需求和实践取向，体现了中国共产党的社会理想和根本宗旨，贯彻了立党为公、执政为民的本质要求。

(二)从专家治国到公众参与

科学技术是一把双刃剑。科学技术的运行在给人类带来巨大正面作用的同时，也带来了一系列的负面影响，有可能产生各种各样的风险，如克隆人的伦理风险、水坝和核电站的环境风险、转基因食品的健康风险等，引发了一系列争论，造成评价和决策上的困难。

在科学技术风险评价与决策的主体问题上，有人认为，科学是例外的，享有特殊的地位，具有特殊的品质，有关科学政策应该置于一个特定的范围，由科学技术专家进行。科学技术专家能够正确地进行科技风险评价与决策，不需要公众参与。这就是"科学例外论"①或"专家治国论"。

"科学例外论"的观点是不恰当的，应该基于政治学的公共选择理论和多元主义理论发展公共选择模式，针对公共政策的具体情境，强调决策的公共性、正当性、可归责性，打破官僚精英、经济精英、科技精英联手形成的"三位一体"垄断决策模式，将公众作为行动者和权利人引入公共政策的制定过程，形成科学、民主的决策模式，实现科学技术的民主化。

构建科学、民主的决策模式，应通过发展教育特别是综合素质教育，提高国民"各种理解判断事物的能力、技术能力和行政管理能力"，使其"参加政治活动的能力"，"学会和掌握相当广博的知识和成熟的技能"，②为其参与各种政治或公共决策活动奠定基础；通过深化公共管理改革，建立民主制度和监控制度；通过深化科技体制改革和公共制度改革，建立由公众参与决策的社会管理体制，建立"依靠人民的科学"特别是"由人民自主的科学"③运行体制。

（三）制定恰当的科学技术公共政策

科学技术公共政策是国家为实现一定历史时期的科技任务而规定的行动准则，是确定科技事业发展方向，指导整个科技事业的战略和策略原则。

在有关科学技术风险公共政策的制定上，应该全面评价科学技术风险——收益的多个方面，批判性地考察"内部"存有争议的科学知识或技术知识，分析相互竞争的利益集团和社会结构的"外部"政治学，理解专家知识和决策的局限性、公众理解科学的必要性以及外行知识的优势，明确政府、专家以及公众在科学技术风险相关的公共决策中的不同作用，确立公众参与决策的可能方式，从而形成最优化的科学技术公共政策模式，制定恰当的公共政策，以达到对科学技术风险有效治理的目的。

建成小康社会，实现社会和谐发展，需要有合理的科学技术公共政策来对科学技术发展和应用进行管制，以限制和避免"科技危害"的影响。科学技术公共政策的研究和制定涉及很广的内容，从关系国家政治、经济、文化等的科技发展战略、科技管理的基本原则，到具体的地方性科技政策等。国家的科技事业要得到发展，既要处理好科技领域内部的各种关系，利于科技事业的发展；又要处理好科技与社会、经济的相互关系，促进经济社会全面、协调、可持续发展。

---

① 希拉·贾撒诺夫，杰拉尔德·马克尔，詹姆斯·彼得森，等：《科学技术论手册》，424-437页，盛晓明，等，译，北京，北京理工大学出版社，2004。

② 星野芳朗：《未来文明的原点》，44-45页，哈尔滨，哈尔滨工业大学出版社，1985。

③ 星野芳朗：《未来文明的原点》，235页，哈尔滨，哈尔滨工业大学出版社，1985。

三、科学技术运行的人文引导

（一）以人文文化引导科学技术文化

1. 科学文化与人文文化的冲突与协调

20世纪50年代，英国学者C. P. 斯诺指出“科学文化与人文文化”之间存在分歧与冲突。他在《两种文化》中对这种冲突进行了全面的分析，科技与人文正被割裂为两种文化，一种是人文学者的文化，一种是科技专家的文化。从事科学文化的人（如科学家）和从事人文文化的人（如文学家），即科技和人文知识分子正在分化为两个言语不通、社会关怀和价值判断迥异的群体，这必然会妨碍社会和个人的进步和发展。在当代，两种文化的分裂没有缓解，仍然存在，且有愈演愈烈之势，主要表现为“科学主义”的盛行。要促进科技与人文的融合，需要我们在承认科学与人文、科学文化与人文文化之间的内在差异和各自功能的基础上，加强科技工作者与人文工作者之间的沟通和对话，并给科技一个准确的人文定位，破除对科技的盲目崇拜，防止科学在生活世界、自然世界对人文的僭越所造成的科学文化与人文文化之间的冲突，深刻理解科学的限度，用正确的人文理念指导我们的生活。

2. 技术文化与人文文化的冲突与协调

作为文化系统的一部分，技术文化的核心是技术理性。技术理性追求发展的物的意义，有可能遮蔽人的意义，人被异化为技术和物的奴隶，成为“技术—经济人”；技术理性以机械世界观及工具的高效性将机械程序导入人们生活的各个层面，用机器模式形塑人们的生活模式，使人们更自觉、更严格地按照机器生活方式生活；①技术理性向社会各个领域的扩张过程，也是其控制自然以及入侵控制人类的过程，为西方文化的“合理化”奠定了基础。要走出技术文化的上述困境，必须以社会先进文化来引领科学技术文化，使科学技术发展和应用为经济社会健康全面发展服务。当前得到广泛提倡的环境科学技术就是为了协调人与自然之间的关系所做的努力，是科学技术文化与人文文化、绿色文化的良性互动产物。

（二）女性主义、后殖民主义科学技术论

1. 女性主义科学技术论

自20世纪60年代，女性主义探讨科学技术史、科学哲学和科学社会学的相关问题，形成女性主义科学技术研究。它对科学技术领域的性别分层原因、科学技术的性别化特征以及性别建构等作了深入的阐述。从女性主义的经验主义到立场理论，从差异女性主义到反本质主义，都有很好的启示作用。

2. 后殖民科学与欠发达国家

后殖民主义的“科学研究”对科学的多元文化起源与欧洲中心论进行了反思，指出地方性知识具有一定的合理性，西方科学并非唯一的科学知识，还有民族科学；西

① 杰里米·里夫金，特德·霍华德：《熵：一种世界观》，13-14页，吕明，袁舟，译，上海，上海译文出版社，1987。

方科学的普遍性与客观性是欧洲中心主义与男性至上主义的社会建构，成为剥削殖民地国家的手段。特别是自 20 世纪末起，在全球化背景下，国际 STS(Science and Technology Studies)学界受赛义德后殖民主义理论影响，开始了后殖民研究，他们思考着科学的普遍性、特殊性、现代性与全球化等问题。在当前全球化时代，如何思考在西方科学传播中，“西方与本土”、“中心与边缘”之间的关系问题以及相关发展中国家各具特色的“现代化”的现实问题，成为广泛关注的问题。从西方发达国家输入科学思想和技术制品会导致欠发达国家虚弱的依附性。反思扬弃这些思想，有助于深刻理解欠发达国家科学与西方科学之内涵，正确处理消化吸收与自主创新之间的关系。

(三)反科学主义但不反科学

1. 科学主义与反科学主义

科学主义的主要思想一般认为真正的科学知识只有一种，即自然科学。自然科学是最权威的世界观，也是人类最重要的知识，其高于一切其他类的对生活的诠释。试图用科学的标准来衡量裁决人类的认识和生活，把一切与科学不相符的人类认识与价值信仰看作是没有多少价值的或错误的，把科学技术看成是解决人类一切问题的工具，①这是科技乐观论和科技万能论的集中体现。

近代以来人们普遍认为科学技术能将人类从自然的束缚中解放出来，获得所需的一切，甚至能化解一切社会矛盾，建立一个幸福富裕的社会。尤其是战后西方世界 20 年左右的经济繁荣，更使人们陶醉在利用科技征服自然的胜利中。于是科技乐观主义、科技救世主义、科技拜物教十分流行。然而，20 世纪初以来，伴随着科学技术前所未有的突飞猛进发展，科技的负面影响也比历史上任何时候暴露得都更加明显和突出，主要表现在战争破坏与威胁、环境污染、生态危机、资源短缺、人口危机等全球问题上。以丹尼斯·米都斯为代表的罗马俱乐部在 1972 年的《增长的极限》一书中，分别从人口、农业生产、自然资源、工业生产和环境污染几个方面阐述了不合理经济增长模式给地球和人类带来的毁灭性灾难，考察了科学技术的发展给人类造成不安的复杂问题：富足中的贫困；环境的退化；对制度丧失信心；就业无保障；青年的异化；遗弃传统价值；通货膨胀以及金融和经济混乱等。

2. 不要由反科学主义走向反科学

20 世纪下半叶出现在西方学术界的“反科学思潮”，就是“反科学主义”的极端体现，具体表现在激进的后现代主义、“强纲领”科学知识社会学、极端的环境主义者等的论述中。这些观点的中心含义是：科学知识是社会建构的，与自然无关，是科学共同体内部成员之间相互谈判和妥协的结果。原科学主义对科学研究的逻辑标准、客观真理与实验证据等认识论价值进行挑战，导致对科学、理性与人类文明的攻击，对文艺复兴以来的理性主义的传统进行批判，把科学看作是一种脱离经验检验的诡

---

① Mikael Stenmark, Scientism:《Science, Ethics and Religion》, Ashgate Publishing Limited.

辩，认为科学不过是众多地位相等的文化形式中的一种"话语"、一种"神秘的现象"或社会建构，强调科学归属于不同的生活形式、不同的语言游戏。并且这种批判被提高到了政治与意识形态的层次上：把科学看作是一种资产阶级社会关系的建构，一种资产阶级的意识形态的误导；把科学看作男权至上主义的统治，控制与权威化自己权力的工具；把科学作为导致一切全球性生态灾难的意识形态；把科学看作帝国主义入侵与殖民统治的工具。对于这些观点，应该辩证分析，加以扬弃，批评地接受，否则会走向科学技术悲观论甚至反科学，不利于科学技术的发展和应用。

思考题

1. 如何理解科学技术文化与人文文化之间的冲突与协调？
2. 如何保障科学在社会中顺利进行？

案例

20 名诺贝尔奖获得者诞生的"摇篮"

卡文迪许实验室是英国剑桥大学的物理实验室，实际上就是它的物理系。剑桥大学建于 1209 年，历史悠久，与牛津大学同为英国的最高学府。

剑桥大学的卡文迪许实验室建于 1871—1874 年间，是当时剑桥大学的一位校长威廉·卡文迪许私人捐款兴建的。他是 18—19 世纪对物理学和化学做出过巨大贡献的科学家亨利·卡文迪许的近亲。这个实验室就取名为卡文迪许实验室，当时用了捐款 8 450 英镑，除去盖成一栋实验楼，还买了一些仪器设备。英国是 19 世纪最发达的资本主义国家之一。把物理实验室从科学家的私人住宅中扩展出来，成为一个研究单位，这种做法顺应了 19 世纪后半叶工业技术对科学发展的要求，为科学研究的开展起了很好的促进作用。随着科学技术的发展，科学研究工作的规模越来越大，社会化和专业化是必然的趋势。卡文迪许实验室后来几十年的历史，证明剑桥大学的这位校长是有远见的。

负责创建卡文迪许实验室的是著名物理学家、电磁场理论的奠基人麦克斯韦。他还担任了第一届卡文迪许实验室物理学教授，实际上就是实验室主任或物理系主任，直至 1879 年因病去世（年仅四十八岁）。在他的主持下，卡文迪许实验室开展了教学和多项科学研究，按照麦克斯韦的主张，在系统地讲授物理学的同时，还辅以表演实验。表演实验要求结构简单，学生易于掌握。他说："这些实验的教育价值，往往与仪器的复杂性成反比，学生用自制仪器，虽然经常出毛病，但他却会比用仔细调整好的仪器学到更多的东西。仔细调整好的仪器学生易于依赖，而不敢拆成零件。"从那个时候起，使用自制仪器就成了卡文迪许实验室的传统。

实验室附有工厂，可以制作很精密的仪器。麦克斯韦很重视科学方法的训练，特别是科学史的研究。例如：他用了几年的时间整理一百年前 H. 卡文迪许有关电学实验的论著，并带领大家重复和改进卡文迪许做过的一些实验。有人不理解他的想法，但是后来证明麦克斯韦是有远见的。同时，卡文迪许实验室还进行了多项研究，例如：地磁、电磁波速度、电气常数的精密测量、欧姆定律实验、光谱实验、双轴晶体等，这些工作起了为后人开辟道路的作用。麦克斯韦的继任者是斯特技特即瑞利第三，他在声学和电学方面很有造诣。在他的主持下，卡文迪许实验室系统地开设了学生实验。1884 年，瑞利因被选为皇家学院教授而辞职，由二十八岁的 J. J. 汤姆逊继任。

J. J. 汤姆逊对卡文迪许实验室有卓越贡献，在他的建议下，从 1895 年开始，卡文迪许实验室实行吸收外校(包括国外)毕业生当研究生的制度，一批批的优秀青年陆续来到这里，在 J. J. 汤姆逊的指导下进行学习与研究。在他任职的三十五年间，卡文迪许实验室的工作人员开展了如下工作：进行了气体导电的研究，从而导致了电子的发现；进行了正射线的研究，发明了质谱仪，从而导致了同位素的研究；对基本电荷进行测量，不断改进方法，为以后的油滴实验奠定了基础；膨胀云室的发明，为基本粒子的研究，提供了有力武器；电磁波和热电子的研究导致了真空二极管和三极管的发明，促进了无线电电子学的发展和应用；其他如 X 射线，放射性以及 α、β 射线的研究都处于世界领先地位。

卡文迪许实验室在 J. J. 汤姆逊的领导下，建立了一整套研究生培养制度和良好的学风。他培养的研究生当中，著名的有卢瑟福、朗之万、汤森德、麦克勒伦、W. L. 布拉格、C. T. R. 威尔逊、H. A. 威尔逊、里查森、巴克拉等，这些人都有重大建树，其中有多人得了诺贝尔奖，有的后来调到其他大学主持物理系工作，成为科学研究的中坚力量。

1919 年，J. J. 汤姆逊让位于他的学生卢瑟福。卢瑟福是一位成绩卓著的实验物理学家，是原子核物理学的开创者。卢瑟福更重视对青年人的培养。在他的带领下，查德威克发现了中子，考克拉夫特和瓦尔顿发明了静电加速器，布拉凯特观察到了核反应，奥利法特发现了氚，卡皮查在高电压技术和低温研究方面取得了硕果，另外还有电离层的研究，空气动力学和磁学的研究等。

1937 年，卢瑟福去世后，由 W. L. 布拉格继任第五届教授，之后是莫特和皮帕德。20 世纪 70 年代以后，古老的卡文迪许实验室大大地扩建了，研究的领域包括天体物理学、粒子物理学、固体物理以及生物物理等。卡文迪许实验室至今仍不失为世界著名实验室之一。

应该指出，卡文迪许实验室之所以能在近代物理学的发展中做出这么多的贡献，有它特定的时代背景和社会条件，但是它创造的经验还是很值得人们吸取和借鉴的。

附表 1：卡文迪许实验室出身的诺贝尔奖获得者

姓　名	获奖年份	主要贡献
瑞利第三	1904	研究气体密度，发现氮
J. J. 汤姆逊	1906	气体导电的理论和实验研究
卢瑟福	1908	放射性研究，获诺贝尔化学奖
W. H. 布拉格、W. L. 布拉格	1915	用 X 射线研究晶体结构
巴克拉	1917	发现作为元素特征的二次 X 射线
阿斯顿	1922	发明质谱仪，获诺贝尔化学奖

续表

姓　名	获奖年份	主要贡献
C.T.R.威尔逊	1927	发现用蒸汽凝结的方法显示带电粒子的轨迹
理查森	1928	研究热电子现象,发现理查森定律
查德威克	1935	发现中子
G.P.汤姆逊	1937	电子衍射
阿普列顿	1947	上层大气的物理特性
布莱开特	1948	改进威尔逊云室,由此在核物理和宇宙线领域中有新发现
鲍威尔	1950	照相乳胶探测技术
科克拉夫特、瓦尔顿	1951	用人工加速原子粒子实现原子核嬗变
泡鲁兹、肯德纽	1962	用X射线分析大分子蛋白质的结构,获诺贝尔化学奖
克利克、瓦森、维尔京斯	1962	发现去氧核糖核酸的双螺旋结构,获生理学或医学奖
约瑟夫逊	1973	发现约瑟夫逊效应
赖尔	1974	射电天文学
赫维赛	1974	发现脉冲星
莫特	1977	磁性与无规系统的电子结构

附表2:与卡文迪许实验室有密切关系的诺贝尔物理学奖

姓　名	获奖年份	主要贡献
玻尔	1922	研究原子结构和辐射
康普顿	1927	发现康普顿效应
狄拉克	1933	建立新的原子理论
P.W. 安德逊	1977	磁性与无规系统的电子结构
卡皮查	1978	低温物理学

进一步阅读书目

1.[美]R.K.默顿.科学社会学[M].鲁旭东,等,译.北京:商务印书馆,2003.

该书作者把科学看作具有独特精神特质的社会制度,并对其进行了精辟的分析。分析了科学的发展与社会之间的关系,阐述了科学家应遵循的行为规范,提出了科学奖励系统和科学中的评价过程等方面的独到观点。这对我们分析今天的科学技术的发展问题有重要的指导意义。

2.徐纪敏,王烈.科学社会学[M].长沙:湖南出版社,1991.

该书系统地介绍了科学社会学的研究对象、研究任务、研究方法等内容,分析了科学社会学中的个人作用、群体结构、社会关系、社会行为等问题,是系统了解科学社会学内容的入门之书。

思考题

1. 卡文迪许实验室内科学家集团或科学共同体在科学研究中以及培养自己接班人的方式上有什么共同点？

2. 卡文迪许实验室取得如此丰富的成果的内在原因有哪些？它的“范式”对我国的科学研究和科学人才的培养有何借鉴意义？

第五章 中国马克思主义科学技术观与创新型国家

中国马克思主义科学技术观是马克思主义科学技术观与中国具体科学技术实践相结合的产物，是中国共产党人集体智慧的结晶，是对毛泽东、邓小平、江泽民、胡锦涛科学技术思想的概括和总结，是他们科学技术思想的理论升华和凝练而成的对当代科学技术及其发展规律的反映。建设中国特色的创新型国家是中国马克思主义科学技术观的具体体现；提高自主创新能力是中国特色的创新型国家建设的核心；国家创新体系建设是中国特色的创新型国家建设的关键。

第一节 中国马克思主义科学技术观

一、中国马克思主义科学技术观的历史形成

（一）毛泽东、邓小平、江泽民、胡锦涛的科学技术思想

1. 毛泽东、邓小平、江泽民、胡锦涛科学技术思想形成的背景

毛泽东在青少年时期，中国处于半殖民地半封建社会这样一个特殊历史时期。毛泽东少年时接受了儒家文化的熏陶，阅读了中国传统的圣贤之书。当时的社会现实激起了一大批热血青年奋起救国的激情，特别是在世界科技文化广泛传播的世纪之交，马克思主义传播到了中国这片热土上。广大先进知识分子开始关注它、学习它。中国社会的现实和世界先进文化的传播，使毛泽东开始翻阅大量的国内外科学技术著作，接触一些先进思想，自此，他的科学技术思想开始萌芽。

在 20 世纪上半叶，中国以至世界处于战争与革命的时代。国内形势，中国处于分崩离析的状态，中国人民在帝国主义和封建主义的双重压迫下，民不聊生，国家的社会经济发展已趋于停滞。国际背景，1914 年第一次世界大战的爆发引发了世界革命形势，首先俄国爆发了十月社会主义革命，世界出现了第一个社会主义国家，开辟了无产阶级社会主义革命的新时代，马克思主义关于科学社会主义的学说由理论变为了现实。俄国的无产阶级革命带动了欧洲和东方许多国家的革命浪潮，给中国送来了马克思列宁主义，一大批赞成俄国革命的具有初步共产主义思想的知识分子成长起来。他们认识到要想救中国，就必须将马克思主义与中国现实相结合，走革命的道路。中国当时特殊的国情和复杂的阶级关系是毛泽东的科学技术思想产生的客观基础。

1949 年新中国成立后，中国社会进入全新的历史时期，在新民主主义革命完成后就进入了社会主义建设，建立崭新的社会主义经济制度，快速发展生产，提高人民

生活水平是全党和全国人民的最高政治。苏联社会主义建设所取得的成就和经验为毛泽东所借鉴。苏联的一些科学技术成就成为毛泽东学习的重点。苏联对中国的友好援助为毛泽东的科学技术思想付诸实践并取得巨大成就做出了很大的贡献。国内外的现实状况以及中国共产党领导中国人民进行的革命斗争和建国后恢复经济发展的经验是毛泽东的科学技术思想形成和发展的现实条件。

邓小平科学技术思想形成的社会背景分为几个阶段。首先是其早年留学法国,对先进科技有着切身的体会。其次是从新中国成立到20世纪60年代中期。新中国成立后,1956年完成了社会主义三大改造,建立了崭新的社会主义经济制度,但新中国是在“一穷二白”的基础上建立独立的工业体系和国民经济体系,使我国的科学技术尤其是高新技术实现从无到有。这一时期又出现了“文化大革命”等政治运动的冲击,党内的某些“左”的思想也不同程度地影响着我国科学技术的发展,影响着我国科技人员的积极性和创造性的发挥,从而制约了我国科技事业的发展。再次是从“文化大革命”开始到“四人帮”被粉碎。“文化大革命”对我国的科学技术发展产生了严重的影响,使我国的科学技术事业遭到了很大的破坏,出现了不尊重知识、不尊重人才的现象。“四人帮”被粉碎后,党中央高度重视发展科学技术,把发展科学技术摆在了重要位置,提出了重大方针决策。1975年,邓小平复出主持中央日常工作,他以高度的政治敏锐性、政治洞察力和强烈的政治责任感认识到发展科学技术对中国社会发展的深远重大意义。第四是从党的十一届三中全会以后或改革开放后,面对我国在经济与科技发展水平上与世界先进水平的显著差距,面对国际上同受二战影响的以日本、德国及以亚洲“四小龙”为代表的一些新兴国家抓住科技革命的历史机遇实现赶超的发展事实,同时,邓小平出访美国、日本等国,实地考察了发达资本主义国家的发展情况,深切感受到科技促进生产力发展的巨大作用,深刻认识到只有运用科技来推动中国经济的快速发展,才能改变中国落后的面貌。

江泽民具有长期从事科技工作的职业背景,曾自称是“一名工程师”。在他成为我们党的领导核心时正处于世界科技发展突飞猛进的新时代。20世纪90年代,世界进入了科学技术和经济高速发展的阶段,国际竞争越来越激烈,其中科技竞争占了主导地位。许多发达国家调整了科技和经济的发展战略,争夺世界经济的霸主地位。同时,知识经济迅速发展,推动科技不断进步,科技竞争的关键在于人才,而人才的培养就在于知识素质的不断提高。中国社会发展面对的是科学技术日新月异带来的世界激烈竞争,大国霸权主义。国情是,改革开放以来,综合国力和国防能力虽有显著提高,但我国的社会主义建设还十分落后,与发达国家的生产力水平相比差距很大,而且我国面临着粗放式的经济增长方式,不合理的产业结构,发展农业和国有企业的任务十分沉重。人口多、环境污染严重等问题影响深远。我国的自主创新能力薄弱,在重要的科技领域发展不够完善,科技体制有待进一步提高。如何应对国内外形势,把科技创新和进步上升到社会主义社会发展动力的新高度发展科技事业,这是建设中国特色社会主义现代化的重要保障,也是立足于世界之林的历史使命。

胡锦涛作为党的新一代领导核心处在世纪之交,科学技术迅速发展,科学技术成为国际竞争力的关键,各国通过科技力量增强国家实力。世界形势,谁掌握了先进科学技术,谁就掌握了经济社会发展的主动权。从国际环境看,世界多极化和经济全球化的趋势的特征越来越显著,科学技术高速发展,国际产业和技术转移加速进行,国家之间的合作现象越来越多。同时,国际局势继续发生深刻复杂变化,影响和平与发展的不稳定、不确定的因素增多,国际竞争日趋激烈。中国科技发展面临着巨大的国际挑战。

改革 30 多年来,中国社会发生了举世瞩目的历史性变化,取得了举世瞩目的发展成就,但仍处于社会主义初级阶段,“仍然是世界上最大的发展中国家,经济社会发展面临巨大的人口、资源、环境压力,发展中不平衡、不协调、不可持续问题依然突出,实现现代化和全体人民共同富裕还有很长的路要走”。① 相比发达国家的先进科学技术,相比世界顶尖的科学技术,中国总体的科技水平还很落后,特别是在信息技术、生物技术、纳米技术等对人类发展影响较大的科技领域。改善、提高中国科技领域的条件和水平、摆脱落后的现状,同时能将具体的方案落实到细节,是中国科学技术发展面临的紧迫任务。中国科技事业面临着国内条件的巨大压力。

2. 毛泽东、邓小平、江泽民、胡锦涛的科学技术思想

从毛泽东的“向科学进军”,到邓小平的“科技是第一生产力”,到江泽民的“科教兴国”战略,到胡锦涛的“建设创新型国家”战略,体现了我们党高度重视发展科学技术,把发展科技上升到国家战略的高度。他们的科技思想全面反映了中国共产党探索发展科技、实现国家现代化的历程,内容丰富、全面、深刻,从广度上看,他们的科学技术思想涉及科学技术发展的所有方面,包括科学技术的生产力、创新、社会功能、发展方向、战略重点、体制改革、人才培养、对外开放以及科技伦理、民生科技等各个方面;从深度上看,深刻揭示了科学技术发展的历史脉络和内在逻辑,既有着重论述科学技术发展规律的理论,也有着重于解决实践问题的应用。理论与实践两方面的内容相互联系,共同构成了中国马克思主义科学技术思想体系。

(1)科学技术促进生产力发展

中国共产党是中华民族的先锋队,历史赋予了我们党实现中华民族伟大复兴的光荣使命。从我们党领导中国革命和社会主义事业建设的伟大实践来看,不难发现,他们都从政治上、从追求国家的现代化的角度看待和发展科学技术,体现了政治与科技的完美结合,把科学技术看作发展经济、推进社会主义现代化建设、保障国家安全以及提高国际地位的“最高意义上的革命力量”,②最为有效的途径。因此,他们在论及科学技术发展时,都是与生产力的发展、国家的独立富强联系在一起的。

20 世纪 50 年代初,新中国刚刚建立,百业待兴,毛泽东以无产阶级革命家的强

---

① 胡锦涛:《推动共同发展　共建和谐亚洲》,北京,人民出版社,人民日报,2011-04-16。

② 马克思,恩格斯:《马克思恩格斯全集》,第 19 卷,327 页,北京,人民出版社,1972。

烈的历史使命感,认识到刚刚站立起来的中华民族要想永远结束落后挨打的屈辱历史,就必须使中国的科学技术有一个大的发展,用科学技术促进和提高生产力。1956年1月,在全国知识分子问题会议上,他首先提出“向科学进军”,后来在国务会议上明确指出:“社会主义革命的目的是为了解放生产力”。① 1960年,他说:“提高劳动生产率,一靠物质技术,二靠文化教育,三靠政治思想工作。后两者都是精神作用”。② 并指出“资本主义各国,苏联,都是靠采用先进的技术,来赶上最先进的国家,我国也要这样”,③“只有实行技术革命,才能使社会经济面貌全部改观”。“科学技术这一仗一定要打,而且必须打好……不搞科学技术,生产力无法提高”。④ 1963年,他在修改《关于工业发展问题 <初稿>》时指出,科学技术落后是近代中国被动挨打的重要原因,并认为“如果不在今后几十年内,争取彻底改变我国经济和技术远落后于帝国主义国家的状态,挨打是不可避免的”。⑤在这种科学技术思想指引下,我国研制出“两弹一星”,极大地促进了我国科学技术与生产力的发展,极大地提高了我国的军事实力和国际地位,建立了较完整的基础科学研究体系,为新中国科技事业的发展打下了一定的基础。

邓小平继承和发展了马克思、毛泽东的科学技术思想。他从我国社会主义建设的全局与现代化的高度,并根据世界科技与经济发展的最新态势,把握住科技已成为推动社会生产力发展的决定性因素这一历史潮流,提出“科学技术是第一生产力”的著名论断。他说:“马克思讲过科学技术是生产力,事实证明这话讲得很对,是非常正确的。现在看来这样说可能不够,依我看,科学技术是第一生产力。”“现代科学技术的发展,使科学与生产的关系越来越密切了,科学技术作为生产力,越来越显示出巨大的作用。”⑥邓小平不仅明确了科学技术的重要地位,而且首次在理论上把科学技术同作为经济社会发展现实基础的生产力紧密联系在一起,精辟阐述了科学技术与发展生产力之间的必然联系和内在规律,是中国化马克思主义科学技术观形成过程中的一大创举。对实现现代化,他强调,“四个现代化,关键是科学技术的现代化。没有现代科学技术,就不可能建设现代农业、现代工业、现代国防。没有科学技术的高速度发展,也就不可能有国民经济的高速度发展”。⑦ 邓小平的科学技术思想,把握了社会主义建设全局,认识了经济社会发展规律,指明了我国提高综合国力、加速现代化建设的根本途径,也是对马克思主义生产力学说和科学技术观的丰富和发展。

江泽民对科技在全球竞争中的重要性有着更深刻的理解。他强调科学技术是先

---

① 中共中央文献研究室:《毛泽东文集》,第7卷,1-2页,北京,人民出版社,1993。
② 中共中央文献研究室:《毛泽东文集》,第8卷,124-125页,北京,人民出版社,1993。
③ 毛泽东:《毛泽东文集》,第8集,126页,北京,人民出版社,1999。
④ 毛泽东:《毛泽东选集》,第5卷,88-89页,北京,人民出版社,1977。
⑤ 《建国以来毛泽东文稿》,第10册,34页,北京,中央文献出版社,1996。
⑥ 中共中央文献编辑委员会:《邓小平文选》,第2卷,87页,北京,人民出版社,1994。
⑦ 中共中央文献编辑委员会:《邓小平文选》,第2卷,86页,北京,人民出版社,1994。

进生产力的集中体现和主要标志，指明了科学技术在先进生产力发展中的关键地位和决定作用，丰富和发展了“科学技术是第一生产力”的思想。他指出：“科学技术是第一生产力，而且是先进生产力的集中体现和主要标志。”①“科学技术是第一生产力，科技进步是经济发展的决定性因素。要充分估量未来科学技术特别是高技术发展对综合国力、社会经济结构和人民生活的巨大影响，把加速科技进步放在经济社会发展的关键地位，使经济建设真正转到依靠科技进步和提高劳动者素质的轨道上来。”②而且根据时代发展的潮流和全球经济竞争的要求，把“科教兴国”确定为新世纪我国实现现代化的发展战略，作为全面落实科学技术是第一生产力的有效战略途径。他指出：“科教兴国，是指全面落实科学技术是第一生产力的思想，坚持教育为本，把科技和教育摆在经济社会发展的重要位置，增强国家的科技实力及向现实生产力转化的能力，提高全民族的科技文化素质，把经济建设转到依靠科学技术进步和提高劳动者素质上来，加速实现国家繁荣富强。”③这就进一步揭示了科学技术的重要地位和重要作用，指明了只有借助科学技术改造和提高国民经济质量，发挥科学技术在转变经济发展方式中的作用，发挥科学技术在提高劳动者工作技能和熟练程度等方面的重要性，发挥科学技术在协调经济总量增长和经济发展速度上的关系，才能实现国民经济的持续、健康、快速发展，加速社会主义现代化进程。

胡锦涛在正确把握世界科技发展态势的前提下，对新时代人类社会正经历的全球性的科技革命及科技的作用和力量进行了最新概括，指出“要始终坚持科学技术是第一生产力的战略思想，充分发挥科学技术推动经济社会发展的关键作用”。④“科学技术是第一生产力，是经济社会发展的重要推动力量”。⑤ 并进一步指出：“科学技术是推动人类文明进步的革命力量”，⑥“作为第一生产力，对一个国家、一个民族现在和未来的发展具有决定性意义”。⑦ 科学技术是经济社会发展的一个重要基础资源，是引领未来发展的主导力量，因此要充分发挥科学技术对发展我国先进生产力和先进文化、发展我国最广大人民根本利益的重要作用，努力实现我国科技事业的跨越式发展。进一步揭示了科学技术与生产力、科学技术与人类文明进步、科学技术与社会发展观的关系。即阐明了科技不仅是经济发展的决定性因素，而且在推动经济社会发展、人类文明进步中起到关键作用；科技不仅引发生产力的跨越式发展，而且将引发理论创新、社会体制系统变革、社会结构变化以及人们思想文化的突破；科

① 江泽民：《江泽民文选》，第1卷，275页，北京，人民出版社，2006。

② 江泽民：《论有中国特色社会主义》，232页，北京，中央文献出版社，2002。

③ 江泽民：《江泽民文选》，第1卷，428页，北京，人民出版社，2006。

④ 胡锦涛：《在庆祝神舟六号航天飞行成功大会上的讲话》，人民日报，2005-11-27。

⑤ 胡锦涛：《在中共中央政治局第十八次集体学习时的讲话》，人民日报，2004-12-29。

⑥ 胡锦涛：《坚持走中国特色自主创新道路，为建设创新型国家而努力奋斗》，人民日报，2006-01-10。

⑦ 胡锦涛：《在中国科学院第十二次院士大会、中国工程院第七次院士大会上的讲话》，人民日报，2004-06-03。

技不仅是创造财富的手段,更是推动文明的力量;科技不只是决定人类物质文明的革命力量,也是决定人类精神文明、政治文明、生态文明的革命力量;科学技术不仅是变革社会发展的革命力量,而且也是变革社会发展观的革命力量。丰富和发展了马克思主义科学技术是生产力的思想,也体现了我国主动迎接科技革命新浪潮的高度的历史责任感和宽广的世界战略眼光。

(2)科学技术人才队伍建设

人才是先进生产力的开拓者和实践者,是发展科技事业的决定性因素。

毛泽东十分重视人才在中国革命和社会主义建设中的作用。早在1937年12月,他在为中共中央起草的《大量吸收知识分子》的决定中就提出了"没有知识分子的参加,革命的胜利是不可能的"著名论断。1938年,他在《中国共产党在民族战争中的地位》中指出:"中国共产党是在一个几万万人的大民族中领导伟大革命斗争的党,没有多数才德兼备的领导干部,是不能完成其历史任务的。十七年来,我们党已经培养了不少的领导人才,军事、政治、文化、党务、民运各方面,都有了我们的骨干,这是党的光荣,也是全民族的光荣。但是,现有的骨干还不足以支撑斗争的大厦,还须广大地培养人才。"[①]新中国成立初期,毛泽东提出,我们要搞技术革命,没有科技人员不行,不能单靠我们这些大老粗。在财政极其困难的情况下,人民政府仍对专家、教授等高级知识分子实行十倍于工人的高薪政策,并对科学家委以重任。正是由于以毛泽东为核心的我们党的第一代领导集体重视知识分子在发展科技事业中的决定作用,激励着新中国的科研工作者和海外游子。截至1956年底,共有1 805名在国外学习20多年的优秀科学家毅然回国,参加祖国的科技事业和社会主义建设。[②]新中国的科技事业出现了第一个蓬勃发展的黄金时代。

1956年后,毛泽东更加重视人才在经济建设和技术革命中的重要作用,并把培养工人阶级自己的知识分子队伍提到了发展生产力、巩固社会主义制度的战略高度,一再强调要造就一支宏大的工人阶级科技队伍,培养和尊重人才是发展科学技术的关键。1957年7月,他在《1957年夏季的形势》中指出:"为了建成社会主义,工人阶级必须有自己的技术干部队伍,必须有自己的教授、教员、科学家、新闻记者、文学家、艺术家和马克思主义理论家队伍。这是一支庞大的队伍,人少了是不成的。……这是历史向我们提出的伟大任务。在这个工人阶级知识分子宏大新部队没有形成以前,工人阶级的革命事业是不会充分巩固的。""如果无产阶级没有自己的庞大的技术队伍和理论队伍,社会主义是不能建成的。""中央委员会中应该有许多工程师,许多科学家","现在我们这个中央的确有这个缺点,没有多少科学家,没有多少专家"。[③]

---

① 毛泽东:《毛泽东选集》,第2卷,526页,北京,人民出版社,1991。

② 游光荣:《中国科技国情分析报告》,78页,北京,中国青年出版社,2001。

③ 毛泽东:《毛泽东文集》,第7卷,309页,北京,人民出版社,1999。

毛泽东十分重视生产力中人的因素,为了实现中国工业化的目标,毛泽东强调要造就新中国自己的科学技术队伍。毛泽东指出,为了改变中国在经济以及科学技术方面的落后状况,赶上世界先进水平,中国要培养一批优秀的科学技术专家。后来毛泽东又说,为了建成社会主义,工人阶级必须打造自己的技术干部队伍。同时,毛泽东基于中国是农业大国、农村劳动者科学文化素质普遍较低这一基本国情,把扫除文盲,普及科学知识,提高农村劳动者素质,看作提高中国农业生产力、实现农业现代化的一个基本前提。

邓小平丰富和发展了马克思主义人才理论,形成了富有时代特点和中国特色的人才思想。1977 年 5 月,邓小平指出:"我们要实现现代化,关键是科学技术要能上去。发展科学技术,不抓教育不行。靠空讲不能实现现代化,必须有知识,有人才。没有知识,没有人才,怎么上得去?"①"一定要在党内造成一种空气:尊重知识,尊重人才。"②

邓小平科学地阐述了社会主义社会中知识分子的阶级属性、社会作用,明确提出知识分子是工人阶级的一部分,在现代化建设中具有特别重要的作用。党的知识分子政策,"概况地说,就是'尊重知识,尊重人才'八个字,事情成败的关键就是能不能发现人才,能不能使用人才"。③ 他指出:"把尽快地培养出一批具有世界第一流水平的科学技术专家,作为我们科学、教育战线的重要任务。"④培养出更多的人才,使拔尖人才脱颖而出,形成一支宏大的又红又专的科学技术队伍,以符合经济发展、科技进步的需要。他提出了培养和选拔人才的途径。一是培养,"科学技术人才的培养,基础在教育"。⑤ 二是选拔,"我们要破格选拔人才,不要按老规矩办事,要想到这是百年大计"。"选拔干部选拔人才,只要选得好,选得准,我们的事业就大有希望"。⑥三是使用,"要从科技系统中挑选出千名尖子人才。这些人挑选出来之后,就为他们创造条件,让他们专心致志地做研究工作"。⑦ 四是考核,完善考核、评定、晋升制度,是考核科技人员贡献的一种基本方法。邓小平早在 1977 年的一次谈话中就指出:在科研机构要"恢复科研人员的职称","大专院校也应该恢复教授、讲师、助教等职称"。⑧ 目前,这些制度还需要进一步完善。

江泽民高度重视科学技术人才在科教兴国战略中、在科学技术进步和创新中的重要作用,强调科学技术人才是新的生产力的开拓者,是科技进步和社会经济发展最

---

① 中共中央文献编辑委员会:《邓小平文选》,第 2 卷,40 页,北京,人民出版社,1994。
② 中共中央文献编辑委员会:《邓小平文选》,第 2 卷,41 页,北京,人民出版社,1994。
③ 中共中央文献编辑委员会:《邓小平文选》,第 3 卷,91,北京,人民出版社,1994。
④ 中共中央文献编辑委员会:《邓小平文选》,第 2 卷,86 页,北京,人民出版社,1994。
⑤ 中共中央文献编辑委员会:《邓小平文选》,第 2 卷,95 页,北京,人民出版社,1994。
⑥ 中共中央文献编辑委员会:《邓小平文选》,第 2 卷,225 页,北京,人民出版社,1994。
⑦ 中共中央文献编辑委员会:《邓小平文选》,第 2 卷,40-41 页,北京,人民出版社,1994。
⑧ 中共中央文献编辑委员会:《邓小平文选》,第 2 卷,70 页,北京,人民出版社,1994。

重要的资源，提出了具有深远意义的"人才资源是第一资源"的科学论断。他说："科技人员是新的生产力的重要开拓者和科技知识的重要传播者，是社会主义现代化建设的骨干力量。"①"实施科教兴国战略，关键是人"，"在社会的各种资源中，人才是最宝贵最重要的资源。"②"推动科技进步、技术创新，关键是人才。"③"科技和经济的大发展，人才是最关键、最根本的因素。实现现代化，必须靠知识，靠人才。"④这些论述深刻阐明了新时期科学技术人才的重要地位和主要作用，科学技术人才是先进生产力的开拓者和社会主义现代化建设的主要力量。在知识经济时代，高技术产业迅速增长，以知识为基础的产业逐步上升为社会的主导产业。技术密集型、智力密集型产业崛起，科学技术人才作为知识的研发者、传播者、使用者，是推动科学技术发展的关键因素，已经成为生产力发展的核心要素。科学技术人才资源的数量和质量成为经济增长和社会发展的关键因素。

在科学技术人才的培养方面，江泽民指出："科技进步、经济繁荣和社会发展，从根本上说取决于提高劳动者素质，培养大批人才。"⑤当前我国科技人员的数量和整体水平还不能有效适应社会主义现代化建设的需要，高素质创新人才的缺乏严重制约了科技进步和创新能力的提高。为了充分发挥科学技术在经济建设和社会发展中的重要作用，必须做好对科学技术人才的培养工作，建设一批高素质人才队伍，尤其是要加快培养高层次急需人才。江泽民指出："我们要培养造就一大批能够进军当代科学前沿，赢得技术竞争，开拓和发展高新技术产业的各类人才，不断提高这支队伍的素质和水平。"⑥"我们一定要大力培养和任用年轻人。这应成为我们推动科技创新、知识创新和其他各个方面的创新工作的重要指导思想。"⑦科学技术人才队伍建设关系到我国经济和社会发展的速度和质量，关系到社会主义现代化建设的目标能否顺利实现，从根本上说，有了人才的优势，就能充分发挥社会主义制度的优越性，就完全可以更快更好地把我国的科技事业搞上去。

在人才的具体培养上，江泽民指出，培养和造就科技人才要注重德才兼备的人才素质，同时努力创造有利于知识分子施展聪明才智的良好环境，要坚持尊重知识、尊重人才，在全社会形成良好的风尚；要重视教育在科技人才成长过程中的作用，"教育是知识创新、传播和应用的主要基地，也是培育创新精神和创新人的重要摇篮。无论在培养高素质的劳动者和专业人才方面，还是在提高创新能力和提供知识、技术创

---

① 江泽民:《论科学技术》,58页,北京,中央文献出版社,2001。
② 江泽民:《论科学技术》,77页,北京,中央文献出版社,2001。
③ 江泽民:《论科学技术》,15页,北京,中央文献出版社,2001。
④ 江泽民,《论科学技术》,105页,北京,中央文献出版社,2001。
⑤ 江泽民:《论科学技术》,35页,北京,中央文献出版社,2001。
⑥ 江泽民:《论科学技术》,58页,北京,中央文献出版社,2001。
⑦ 江泽民:《论科学技术》,112页,北京,中央文献出版社,2001。

新成果方面,教育都具有独特的重要意义”。① 因此,“为实现现代化,我国要有若干所具有世界先进水平的一流大学。这样的大学,应该是培育和造就高素质的创造人才的摇篮”。加强对科学技术人才的培养,还应建立灵活的科学技术人才管理体制。培养出一大批年轻的科技人才,才能在未来的国际竞争中站稳脚跟,赶上和超过发达国家。

胡锦涛对科技人才在新时代的地位和作用进行了新的概括。其在2003年首次人才工作会议上提出“人才资源是第一资源、人人都可成才、人才就在群众中”②的新的人才观。高素质人才中,创新型人才尤为重要,他指出:“创新型人才是新知识的创新者、新技术的发明者、新学科的创建者,是科技新突破、发展新途径的引领者和开拓者,是国家发展的宝贵战略资源。”③“建设创新型国家,关键在人才,尤其是创新型科技人才。”④科学技术人才直接关系我国科技事业的未来,直接关系国家和民族的明天。杰出科学家和科技人才是国家科技事业发展的决定性因素。当今世界的综合国力竞争,本质上是一场人才竞争;科技竞争,说到底也是人才的竞争。胡锦涛指出:“人才是国家发展的战略资源,科技进步和创新的关键是人才。”⑤“世界范围的综合国力竞争,归根到底是人才特别是创新型人才的竞争。”⑥“谁能够培养、吸引、凝聚、用好人才特别是创新型人才,谁就抓住了在激烈的国际竞争中掌握战略主动、实现发展目标的第一资源。”⑦“创新型科技人才特别是领军人物都具有成长成才、实现科技创新所必需的一些基本素质和特点,……国际一流的科技尖子人才、国际级科学大师、科技领军人物,可以带出高水平的创新型科技人才和团队,可以创造世界领先的重大科技成就,可以催生具有强大竞争力的企业和全新的产业。”⑧因此,必须“努力造就世界一流科学家和科技领军人才”,⑨“必须培养造就宏大的创新人才队伍,人才直接关系我国科技事业的未来,直接关系国家和民族的明天。”⑩

关于培养造就宏大的人才队伍,胡锦涛做了全面总结。

---

① 江泽民:《论科学技术》,90页,北京,中央文献出版社,2001。

② 胡锦涛:《在全国人才工作会议上的讲话》,人民日报,2003-12-21。

③ 胡锦涛:《在中国科学院第十三次院士大会和中国工程院第八次院士大会上的讲话》,光明日报,2006-06-05。

④ 胡锦涛:《在中国科学院第十三次院士大会和中国工程院第八次院士大会上的讲话》,光明日报,2006-06-05。

⑤ 胡锦涛:《在中国科学院第十四次院士大会和中国工程院第九次院士大会上的讲话》,人民日报,2008-06-24。

⑥ 胡锦涛:《在庆祝神舟七号载人航天飞行圆满成功大会上的讲话》,人民日报,2008-01-07。

⑦ 胡锦涛:《在中国科学院第十三次院士大会和中国工程院第八次院士大会上的讲话》,光明日报,2006-06-05。

⑧ 胡锦涛:《在中国科学院第十三次院士大会和中国工程院第八次院士大会上的讲话》,光明日报,2006-06-05。

⑨ 胡锦涛:《高举中国特色社会主义伟大旗帜,为夺取全面建设小康社会新胜利而奋斗》,人民日报,2007-10-25。

⑩ 中共中央文献研究室:《十七大以来重要文献选编》(上卷),502页,北京,人民出版社,2009。

第一，实施人才强国战略。“努力造就数以亿计的高素质劳动者、数以千万计的专门人才和一大批拔尖创新人才，把优秀人才集聚到国家科技事业中来”，①“使我国由人口大国转化为人才资源强国”，②“使各方面的创新人才大量涌现”。③

第二，遵循人才标准。以“尊重劳动、尊重知识、尊重人才、尊重创造”为方针，以建设创新型国家的需求作为基准，“坚持德才兼备原则，把品德、知识、能力和业绩作为衡量人才的主要标准，不唯学历、不唯职称、不唯资历、不唯身份，不拘一格选人才”。④

第三，总结人才成长途径。遵循创新型科技人才成长规律，“用事业凝聚人才，用实践造就人才，用机制激励人才，用法制保障人才”，“在创新实践中识别人才、在创新活动中培育人才、在创新事业中凝聚人才”。⑤营造尊重人、为了人、依靠人的文化氛围，构建鼓励人才干事业、支持人才干成事业、帮助人才干好事业的社会环境，形成有利于优秀人才脱颖而出的体制机制。“人才工作的活力取决于体制和机制”。⑥把“是否有利于促进人才的成长，是否有利于促进人才的创新活动，是否有利于促进人才工作同经济社会发展相协调”，⑦作为深化人才工作机制和体制改革的出发点和落脚点。

第四，全面提高人才自身素质与道德修养。在当代中国，要成为一名优秀的科技人才，就要坚持“求真务实、勇于创新的科学精神，不畏艰险、勇攀高峰的探索精神，团结协作、淡泊名利的团队精神，报效祖国、服务社会的奉献精神”，“以国家需要为最高需要，以人民利益为最高利益，以报效祖国为最高职责，把自己的聪明才智与社会主义现代化建设的需要紧密结合起来，把自己的事业追求与人民的幸福安康紧密结合起来”。⑧ 就是广大科技工作者要严格要求自己，要具备良好的思想道德素质和科学文化素质，力争成为适应科技进步和创新需要的优秀人才。

第五，优化人才结构，壮大人才队伍。要以培养造就战略科技专家和选拔凝聚科技尖子人才为重点，努力造就一大批具有世界先进水平的科学家、工程技术人员和各类专门人才；要抓紧培养造就一批中青年高级专家，为他们脱颖而出、施展才华提供更大的舞台和更多的机会；要完善政策措施，大力引进海外高层次人才，吸引广大出国留学人员回国创业。形成年龄结构老中青三结合，知识结构基础技术工程三匹配的创新型人才结构。

---

① 胡锦涛：《在中国科学院第十四次院士大会和中国工程院第九次院士大会上的讲话》，人民日报，2008-06-24。

② 胡锦涛：《在全国人才工作会议上的讲话》，人民日报，2003-12-21。

③ 胡锦涛：《在庆祝中国首次月球探测工程圆满成功大会上的讲话》，人民日报，2007-12-12。

④ 中共中央国务院关于进一步加强人才工作的决定（2003-12-26）。

⑤ 胡锦涛：《在庆祝中国首次月球探测工程圆满成功大会上的讲话》，人民日报，2007-12-12。

⑥ 胡锦涛：《在全国人才工作会议上的讲话》，人民日报，2003-12-21。

⑦ 胡锦涛：《在全国人才工作会议上的讲话》，人民日报，2003-12-21。

⑧ 胡锦涛：《在纪念中国科协成立 50 周年大会上的讲话》，人民日报，2008-12-15。

第六,充分调动人才的积极性。“紧紧抓住培养、吸引、用好人才这三个环节”,[①]建立健全育才、引才、聚才、用才的体制机制,开创人尽其才、才尽其用、用当其时、人才辈出的局面;要完善分配制度,坚持向关键岗位和优秀人才倾斜的政策,对做出突出贡献者给予重奖,真正形成岗位靠竞争,报酬靠贡献的激励机制,让优秀人才得到优厚报酬;要改进和完善职称制度、院士制度、政府特殊津贴制度、博士后制度等高层次人才制度。

(3)科学技术创新和技术革命

关于技术革命,毛泽东早在1953年修改《党的过渡时期总路线的宣传和学习提纲》时,就提出了“在技术上起一个革命”的思想,明确地把三大改造作为发展生产力和开展技术革命的必要前提。在1956年1月召开的知识分子问题会议上,毛泽东又正式把技术方面进行的改革和革命称为“技术革命”。1958年,毛泽东在《工作方法六十条》中再次提出“现在要来一个技术革命”,要“把党的工作的着重点放到技术革命上去”。[②] 1969年,毛泽东对“技术革命”的内涵作了科学界定,指出“技术革命是指历史上的重大技术改革”,例如蒸汽机代替手工以及电力和原子能的发明等,才称得上技术革命。[③] 钱学森说:“毛泽东把技术革命的含义很精确地定了下来。”[④]关于科学技术创新,毛泽东的基本观点是,人类总是不断有所发现、有所发明、有所创造、有所前进,悲观主义是没有出路的。

邓小平强调要立足世界科学技术的发展,努力学习,努力吸收,努力创新。“我们要把世界上的一切先进技术、先进成果作为我们的发展的起点”。“引进技术,第一要学会,第二要创新”。20世纪70年代以来,世界科学技术突飞猛进,尤其是在信息技术、生物技术等高科技领域取得长足进展,面对时代的挑战,邓小平指出:“中国必须发展自己的高科技,在世界高科技领域占有一席之地。这些东西反映了一个民族的能力,也是一个民族,一个国家兴旺发达的标志”。在他的决策下,实施了著名的“863”计划——“高科技研究发展计划”,组织了一大批优秀科技队伍跟踪世界高科技的发展,推动了我国高科技及其产业化的创新发展。

江泽民十分重视科技创新,在1992年10月党的十四大报告中提出了创新问题,之后多次谈论创新。他站在时代的前沿,把创新提到了关系国家民族兴衰存亡的高度,指出“创新是一个民族进步的灵魂,国家兴旺发达的不竭动力”。[⑤] 这里的“创新”包括理论创新、体制创新、科技创新及其他创新。江泽民对科技创新的高度重视,显示出他对国家和民族伟大复兴的战略眼光和紧迫感。一方面,他看到了没有创新,民族就无法进步,国家就难以兴旺;另一方面,他又看到了我国目前科技创新的严

---

① 胡锦涛:《在全国人才工作会议上的讲话》,人民日报,2003-12-21。

② 中共中央文献研究室:《建国以来毛泽东文稿》,第7册,61页,北京,中央文献出版社,1992。

③ 中共中央文献研究室.《建国以来毛泽东文稿》,第13册,49页,北京,中央文献出版社,1998。

④ 中共中央组织部:《迎接新的技术革命》,4页,长沙,湖南科技出版社,1984。

⑤ 江泽民:《江泽民文选》,第3卷,64页,北京,人民出版社,2006。

峻形势，自主创新水平和能力与发达国家相比还都很低，不能满足中国社会快速发展的需要。他进一步指出："如果自主创新能力上不去，一味靠技术引进，就永远难以摆脱技术落后的局面……作为一个独立自主的社会主义大国，我们必须在科技方面掌握自己的命运。""有没有创新能力，能不能进行创新，是当今世界范围内经济、科技竞争的决定性因素。"①"我们在学习国外先进技术时，当然不能跟着别人亦步亦趋，或者一味依赖外国的现成技术，而必须进行我们自己的探索和创造。我国是一个发展中的社会主义大国，在一些战略性、基础性的重大科技项目上，必须依靠自己，必须拥有自主创新能力和自主知识产权。不能靠别人，靠别人是靠不住的。如果在这些方面我们不能尽快取得突破，一味依赖别人，一旦发生什么情况，我们就很难维护国家安全。"因此，"要在学习、消化、吸收国外先进技术的同时，加强自主创新，加强人才培育，加强创新基地建设，提高企业创新能力，掌握科技发展的主动权，在更高水平上实现技术发展的跨越。""对中国来说，大力推进科技创新、实现技术发展的跨越极为重要。我们必须紧跟世界潮流，抓住那些对我国经济、科技、国防和社会发展具有战略性、基础性、关键性作用的重大科技课题，抓紧攻关，自主创新。"②"必须把以科技创新为先导促进生产力发展的质的飞跃，摆在经济建设的首要地位。这要成为一个重要的战略指导思想。"③因为"科技创新越来越成为当今社会生产力解放和发展的重要基础和标志，越来越决定着一个国家、一个民族的发展历史"。④

江泽民指出："科学的本质就是创新，整个人类历史，就是不断创新、不断进步的过程，当代科学技术的发展，更加雄辩地证明了这一点。"⑤为了贯彻科学技术是第一生产力的思想，为了实施科教兴国战略和可持续发展战略。江泽民指出：全面实施两大战略的关键"是要加强和不断推进知识创新、技术创新"。⑥ 只有创新才能真正地推动科学技术发展，"科学技术是先进生产力的集中体现和主要标志"，⑦是一种先进的文化，而最广大人民的根本利益是实现社会主义现代化(四个现代化中，科学技术现代化是关键)，因此，重视科技创新，发展科学技术就是代表最广大人民的根本利益，就是实现中华民族伟大复兴的真实体现。因此，坚持和鼓励科技创新与进步，就不仅关系到科技本身的发展，更重要的是关系到能否保持中国共产党的先进性，能否践行中国共产党的宗旨，能否维护中国最广大人民根本利益的重大政治问题。因此，他要求积极推进国家知识创新体系建设，抢占知识经济的制高点。江泽民的科学技术创新思想为我们正在进行的创新型国家建设奠定了思想基础。

---

① 江泽民:《江泽民文选》,第 3 卷,64 页,北京,人民出版社,2006。
② 江泽民:《论科学技术》,216 页,北京,中央文献出版社,2001。
③ 江泽民,《论科学技术》,147 页,北京,中央文献出版社,2001。
④ 江泽民:《论科学技术》,200 页,北京,中央文献出版社,2001。
⑤ 江泽民:《论科学技术》,215-216 页,北京,中央文献出版社,2001。
⑥ 江泽民:《论科学技术》,147 页,北京,中央文献出版社,2001。
⑦ 江泽民:《在庆祝中国共产党成立八十周年大会上的讲话》,人民日报,2001-07-02。

胡锦涛在继承江泽民自主创新思想的基础上，对自主创新做出科学定位，丰富和发展了自主创新思想。他说："当今世界，科学技术正成为国家竞争力的核心。我们一定要……把提高自主创新能力摆在全部科技工作的突出位置，在实践中走出一条中国特色的自主创新之路"，①"把增强自主创新能力作为发展科学技术的战略基点，作为调整产业结构、转变增长方式的中心环节，作为国家战略"，②贯穿到现代化建设的各个方面。"必须依靠自主创新，……在若干重要领域掌握一批核心技术，拥有一批自主知识产权，造就一批具有国际竞争力的企业，大幅度提高国家竞争力"。③ 他在党的十七大报告中进一步明确地提出："要坚持走中国特色自主创新道路，把增强自主创新能力贯彻到现代化建设各个方面。"④对如何走中国特色自主创新道路，胡锦涛指出："核心就是要坚持自主创新、重点跨越、支撑发展、引领未来的指导方针"，⑤就是从"增强国家创新能力出发，加强原始创新、集成创新和引进消化吸收再创新"。⑥ 总之，"走中国特色自主创新道路，必须把提高自主创新能力作为科技发展的首要任务；必须以制度创新促进科技进步和创新；必须培养造就宏大的创新型人才队伍；必须以创新文化激励科技进步和创新"，⑦提出了走中国特色自主创新道路的"四个必须"的具体要求。

2005 年 10 月，胡锦涛在党的十六届五中全会第二次会议上首次提出了建设创新型国家的命题，指出：要"努力建设创新型国家，把增强自主创新能力作为科技发展的战略基点和调整经济结构、转变经济增长方式的中心环节，大力提高原始创新能力、集成创新能力和引进消化吸收再创新能力，努力走出一条具有中国特色的科技创新之路"。⑧ 同年 11 月他又明确表示"必须把建设创新型国家作为面向未来的重大战略"，⑨从而确立了建设创新型国家在我国经济社会发展中的战略地位。胡锦涛为此指出："科技自主创新能力是国家竞争力的核心，是我国应对未来挑战的重大选择，是统领我国未来科技发展的战略主线，是实现建设创新型国家目标的根本途径。"⑩

2006 年 1 月，在全国科学技术大会的讲话中，胡锦涛对建设创新型国家的科学

---

① 胡锦涛：《大力提高科技自主创新能力，坚定不移落实人才强国战略》，载《中国科技奖励》，2005(2)，12 页。

② 胡锦涛：《坚持走中国特色自主创新道路，为建设创新型国家而努力奋斗》，人民日报，2006-01-10。

③ 胡锦涛：《坚持走中国特色自主创新道路，为建设创新型国家而努力奋斗》，人民日报，2006-01-10。

④ 胡锦涛：《高举中国特色社会主义伟大旗帜，为夺取全面建设小康社会新胜利而奋斗》，人民日报，2007-10-25。

⑤ 胡锦涛：《坚持走中国特色自主创新道路，为建设创新型国家而努力奋斗》，人民日报，2006-01-10。

⑥ 胡锦涛：《坚持走中国特色自主创新道路，为建设创新型国家而努力奋斗》，人民日报，2006-01-10。

⑦ 胡锦涛：《在中国科学院第十四次院士大会和中国工程院第九次院士大会上的讲话》，人民日报，2008-06-24。

⑧ 中共中央文献研究室：《十六大以来重要文献选编(中卷)》，21-94 页，北京，人民出版社，2006。

⑨ 中共中央文献研究室：《十六大以来重要文献选编(中卷)》，262 页，北京，人民出版社，2006。

⑩ 胡锦涛：《坚持走中国特色自主创新道路，为建设创新型国家而努力奋斗》，人民日报，2006-01-10。

内涵进行了全面阐述："建设创新型国家，核心就是把增强自主创新能力作为发展科学技术的战略基点，走中国特色的自主创新道路，推动科学技术的跨越式发展；就是把增强自主创新能力作为调整产业结构、转变经济增长方式的中心环节，建设资源节约型、环境友好型社会，推动国民经济又快又好发展；就是把增强自主创新能力作为国家战略，贯穿到现代化建设的各个方面，激发全民族的创新精神，培养高水平创新人才，形成有利于自主创新的体制机制，大力推进理论创新、制度创新、科技创新，不断巩固和发展中国特色社会主义伟大事业。"①胡锦涛提出，本世纪头20年是我国科技事业发展的重要战略机遇期，要在2020年使我国进入创新型国家行列。

胡锦涛对怎样提高自主创新能力，建设创新型国家进行了深入思考，提出了一系列重要措施。第一，推进国家创新体系建设。具体而言，要建设以企业为主体、市场为导向、产学研相结合的技术创新体系，使企业真正成为研究开发投资的主体，技术创新活动的主体和创新成果应用的主体，全面提升企业的自主创新能力；要建设科学研究与高等教育有机结合的知识创新体系，以建立开放、流动、竞争、协作的运行机制为中心，高效利用科研机构和高等院校的科技资源，稳定支持从事基础研究、前沿高技术研究和社会公益研究的科研机构，集中形成若干优势学科领域、研究基地和人才队伍；要建设军民结合、寓军于民的国防科技创新体系，加强军民科技资源的集成，实现基础研究、应用研究开发、产品设计制造、技术和产品采购的有机结合，形成军民高技术共享和相互转移的良好格局；要建设各具特色和优势的区域创新体系，促进中央和地方的科技力量有机结合，发挥高等院校、科研机构和国家高新技术开发区的重要作用；要建设社会化、网络化的科技中介服务体系，大力培育和发展各类科技中介服务机构，并实现其专业化、规模化、规范化。第二，选择重点领域实现跨越式发展。"要坚持有所为有所不为的方针，选择事关我国经济社会发展、国家安全、人民生命健康和生态环境全局的若干领域，重点突破，努力在关键领域和若干技术发展前沿掌握核心技术，拥有一批自主知识产权"。② 目前要加大对信息、生物、能源、纳米和材料等关键性领域实施重大科技研究的支持，积极促进战略高技术及产业的发展。第三，把提高自主创新能力作为科技发展的首要任务。要认真落实国家中长期科学和技术发展规划纲要，加快组织实施国家重大科技专项，加大对自主创新的投入，激发创新活力，增强创新动力，在若干重要领域掌握一批核心技术，拥有一批自主知识产权，造就一批具有国际竞争力的企业，创造一批具有核心知识产权和高附加值的国际著名品牌；要制定和实施鼓励自主创新的政策，加大对产权尤其是知识产权的保护力度，改善对高新技术企业的信贷服务和融资环境，加快发展创业风险投资，营造有利于自主创新的环境。第四，推进科技对外开放。要向资本主义发达国家学习先进的科学技术，扩大多种形式的国际和地区科技交流与合作，有效利用全球科技资源。要坚持引进来和走出去相结合。第五，坚持把以人为本、改善民生作为科技创新的根本

① 中共中央文献研究室：《十六大以来重要文献选编》，下卷，2187页，北京，人民出版社，2006。

② 中共中央文献研究室：《十六大以来重要文献选编》，中卷，2119页，北京，人民出版社，2006。

出发点和落脚点，使科技进步和创新成果惠及广大人民群众。

(4)深化科学技术体制改革

科技体制对一个国家的科技发展和科技进步有着重大的作用，科技体制确定得是否得当，关系着国家科技方针政策能否认真贯彻；科技规划能否顺利实现；科研机构和科技人员的潜力能否充分发挥；科研成果能否尽快转化为生产力。合理的科技体制能促进科技发展，反之，不合理的科技体制则会阻碍科技发展。

科技体制改革是邓小平全面改革思想的重要组成部分。1985 年他明确指出："改革是全面改革，不仅包括经济、政治，还包括科技、教育等各行各业"，①即科技体制改革是其一。传统的科技体制已不适应改革开放和现代化建设的需要，严重制约了生产力的快速发展。社会主义的根本任务是解放生产力，科学技术是第一生产力，邓小平对我国传统的科技体制呈现出的种种弊端的认识和分析，深刻地论述了科技体制改革的必要性和紧迫性。他认为，只有通过科技体制改革，才能解放科技的创造力，才能解决科技与经济严重脱节的问题，这是我国科技长期不发展的问题所在。为了使科技成果迅速转化为生产力，为了使科技人员的智慧与创造才能得以充分发挥，必须进行科技体制改革，科技体制改革的深入进行，将会促进我国经济社会更快地发展，将会加速我国现代化的实现。邓小平指出："新的科技体制，应该是有利于经济发展的体制。双管齐下，长期存在的科技与经济脱节的问题，有可能得到比较好的解决。"②

邓小平还为我国科技体制改革的原则、目的、内容和任务指明了方向。科技体制改革的重要原则：新的科技体制应该是有利于经济发展的体制。实现科技与经济的结合是科技体制改革的核心。科技体制改革的主要目的就是要解决科技与生产脱节的问题，促进科技成果转化为现实生产力，充分发挥科技人员的聪明才智，促进科学技术的繁荣，它的目标模式是建立与社会主义市场经济相适应的科技新体制，使企业成为科研开发和投入的主体。因此，科技体制改革必须与经济体制改革同步进行，有机结合，协调发展。科技体制改革的重要内容：改革要为人才成长创造良好的环境。邓小平指出："改革经济体制，最重要的、我最关心的，是人才。改革科技体制，我最关心的，还是人才。"③可以说，能否创造有利于人才成长的环境，是科技体制改革成功与否的重要标志。科技体制改革的主要任务：加快结构调整。原有科技体制弊端的另一个表现是结构不合理，造成科技资源的分配不合理。我国是一个穷国，科技人力、物力、财力本来就不足，再加上分散使用，低水平重复，其结果是低产出、低效益。深化科技体制改革，必须下大力气进行结构调整。邓小平认为，科研部门、教育部门都有一个调整问题。邓小平关于科技结构调整的意见包括宏观和微观两个方面，涉

① 中共中央文献编辑委员会：《邓小平文选》，第 3 卷，117 页，北京，人民出版社，1993。

② 中共中央文献编辑委员会：《邓小平文选》，第 2 卷，91 页，北京，人民出版社，1994。

③ 中共中央文献编辑委员会：《邓小平文选》，第 3 卷，108 页，北京，人民出版社，1993。

及的内容包括领导体制结构、组织结构、学科结构、队伍和人才结构等。

江泽民深刻阐述了我国科技体制改革的目标是逐步建立起适应社会主义市场经济体制和科技自身发展规律的新型科技体制。江泽民指出:“如何促进科技与经济的有机结合是我国经济和科技体制改革需要着力解决的根本问题……要深化经济体制和科技体制改革,在国家宏观调控下,充分发挥市场机制促进科技与经济结合前的重要作用。”①健全的市场经济体制是科技进步和科技创新的推动力量,江泽民强调:“通过深化改革,建立完善科技与经济有效结合机制,加速科技成果的商品化和现实生产力转化。”②科技体制只有真正适应市场经济中科技进步和创新的要求,才能基本形成以企业为主体的技术创新体系,以科研机构和重点大学为主的高水平的研究基地。

江泽民高度概括指出了我国深化科技体制改革的策略。

①深化科技体制改革要确定正确方针。“稳住一头,放开一片”是科技体制改革深刻化应遵循的方针。江泽民指出:“我非常赞成在科技的发展上实行‘稳住一头,放开一片’的方针。‘稳住一头,放开一片’这句话所表述的辩证关系,所包含的深刻内涵,是我国科技体制改革成功经验的总结”。③

②深化科技体制改革要抓住中心环节。这就是要面向国家现代化建设、面向市场经济发展、面向广大人民需求,进一步建立和完善能够有利于促进科技创新、有利于推动科技成果向现实生产力转化的充满活力的体制和机制。

③深化科技体制改革要加强科技法制建设。江泽民指出:“在我国加强科技法制建设,是要按照依法治国、建设社会主义法治国家的要求,努力建设有中国特色的科技法制,保证党和国家的科技工作方针得到全面贯彻落实,推动建立适应社会主义市场经济体制和科技自身发展规律的新的科技体制,促进生产力的解放和发展,充分发挥科学技术对经济社会发展的巨大推动作用。”④为了规范科技工作,加强科学技术对经济社会的促进作用,我国必须完善科技法治和科技体制建设。具体而言,就是要普及科技法规知识,提高公众的科技法治意识;要完善立法,制定发展科学技术的法律法规,只有将科学技术的发展纳入法治化轨道,才能为科技进步和创新提供法律保障和法律依据;要加强执法,推进科技工作法治化。我国在完善有关科技发展的法律法规后,还要制定配套性法规,建立相应的专门执法机构,确保有法必依。

④深化科技体制改革要解决好科技资源的配置。目前,我国的科技资源(科技活动中的人、财、物)相当有限,这就决定了科技活动要根据我国的国情和现实需要,有所侧重,有进有退。江泽民对合理配置我国现有的科技资源有明确论述,他指出:

---

① 江泽民:《论科学技术》,52-53页,北京,中央文献出版社,2001。

② 江泽民:《论科学技术》,155页,北京,中央文献出版社,2001。

③ 江泽民:《论科学技术》,39页,北京,中央文献出版社,2001。

④ 江泽民:《论科学技术》,97页,北京,中央文献出版社,2001。

"基础研究和高技术研究,是推进我国21世纪现代化建设的动力源泉。"①即"没有基础研究,就没有科技发展的后劲"。但是,"如果只搞基础研究,不能把与经济建设有直接联系的科技开发工作搞好,也是空的"。因此,"要有一个很好的配置,使之各得其所。毫无疑问,从人员配置上,基础研究的要求比较高,但它的百分比不是那么大的"。② 同时对"发展高技术,要有所为有所不为。我国的经济和科技实力还有限,追求所有高精尖技术是不现实的,应该量力而行,突出重点,有所赶有所不赶"。③ 江泽民的论述指明了深化科技体制改革必须对有限的科技资源进行优化配置,从根本上处理好基础研究、应用研究和开发研究三者的关系。

⑤深化科技体制改革要更有效促进科技与经济结合。"如何促进科技和经济的有机结合,是我国经济和科技体制改革需要着力解决的根本问题"。④ 科技改革就是为了大力提高生产力发展,科技进步就是为了极大推动经济发展,经济发展的主要推动力是科技。因此,科技改革要始终瞄准经济建设,以攻克国民经济发展中迫切需要解决的关键问题为己任。江泽民指出:"要深化经济体制和科技体制改革,在国家宏观调控下,充分发挥市场机制促进科技与经济结合的重要作用。"⑤通过科技体制改革,建立起适应中国特色社会主义市场经济体制和科技自身发展规律的新型科技体制。

胡锦涛高度重视深化科技体制改革,他认为科技体制是关于科学技术发展的一个带有根本性、全局性、稳定性、长期性的问题,直接、深层次地关系着科学技术的发展。深化科技体制改革,是解放生产力的根本途径,也是实现科学技术是"第一生产力"的根本途径,科技体制改革是推进科技事业不断前进的强大动力,是建设创新型国家的有力保障,是建设中国特色社会主义和实现中华民族伟大复兴的根本要求。

胡锦涛指出了我国深化科技体制改革的动因、目标、科学思路和对策。

深化科技体制改革的动因是,"有利于科技进步和创新的充满活力的体制机制还没有完全形成,有利于科技成果更快更好地向现实生产力转化的有效机制还没有真正建立起来"。⑥ 科技体制改革的目标是,"完善而具有活力的科技体制,是推动科技进步和创新、加速科技成果向现实生产力转化、加强科技同经济社会发展结合的重要保障","形成科技创新与经济社会发展紧密结合的机制"。⑦

深化科技体制改革的科学思路如下。第一,优化科技管理。我国现代化建设的

---

① 江泽民:《论科学技术》,154页,北京,中央文献出版社,2001。

② 江泽民:《论科学技术》,39页,北京,中央文献出版社,2001。

③ 江泽民:《论科学技术》,71页,北京,中央文献出版社,2001。

④ 江泽民:《论科学技术》,52页,北京,中央文献出版社,2001。

⑤ 江泽民:《论科学技术》,53页,北京,中央文献出版社,2001。

⑥ 胡锦涛:《在中国科学院第十二次院士大会和中国工程院第七次院士大会上的讲话》,人民日报,2004-06-03。

⑦ 胡锦涛:《在庆祝神舟六号载人航天飞行圆满成功大会上的讲话》,人民日报,2005-11-27。

实践表明，越是现代化，越是高技术，越要加强科学管理。"要始终把科学管理作为推动科技进步和创新的重要环节，不断提高科学管理水平"。① 也就是说，必须适应社会主义市场经济的发展，不断强化质量效益观念，切实转变传统的人力密集型、数量规模型的管理模式，积极创新科学管理的体制机制，大力提高科学管理能力。必须按照自主创新、重点跨越、支撑发展、引领未来的要求，加强战略筹划，着眼全局和长远确定切实可行的发展目标和思路。第二，完善科技资源配置方式。要促进科技力量的整合，打破部门分割，强化组织协调，实现科技资源的综合集成，形成强大合力，努力实现人力、物力、财力的最佳结合，产生最大效益；要促进科技资源开放和共享，形成广泛的多层次的合作机制；要建立健全绩效优先、竞争向上的资源分配和评价机制。第三，建立健全有关法律法规。完善科技开发计划，促进科技要素和其他社会生产要素的有机结合，加快科技成果向现实生产力的转化，形成科技不断促进经济社会发展和社会不断增加科技投入的良好机制。第四，建立竞争机制。坚持国家科技计划对全社会开放，支持和鼓励国内有条件的各类机构平等参与承担国家重大科技计划和项目。

深化科技体制改革的对策如下。①深化宏观管理体制改革，减少重复计划、重复投资、重复建设；改革科技管理体制，加快国家创新体系建设。②完善科技资源配置方式，改革一切束缚科技生产力发展和公平竞争的体制机制，充分发挥市场在科技资源配置中的基础作用。③要建立健全国家科技决策机制和宏观协调机制，促进全社会科技资源高效配置和综合集成，促进科研布局和结构调整。④发挥政府的主导作用，市场在科技资源配置中的基础性作用，企业在技术创新中的主体作用，国家科研机构的骨干和引领作用，大学的基础和生力军作用，加强国家科研机构、大学、企业等单位之间的合作，进一步形成科技创新的整体合力，加快建设中国特色国家创新体系。

⑥自力更生与学习国外的先进科学技术。独立自主、自力更生，无论过去、现在和将来，都是推动我国科技事业发展的根本立足点。但独立自主、自力更生并非排外、封闭和孤立，整个世界是个开放系统，中国也是开放的，所以我们要吸收人类的一切优秀文明成果，学习国外的先进科学技术，既要自力更生又要向他人学习，要始终坚持以自力更生为主以外援为辅的原则。

毛泽东在强调独立自主、自力更生的基础上，提出了要向外国学习和"打破常规"的科技发展思想。毛泽东有一句名言："古为今用，洋为中用"。1964 年他在关于"把我国建设成为社会主义的现代化强国"的讲话中指出："我们不能走世界各国技术发展的老路，跟在别人后面一步一步地爬行。我们必须打破常规，尽量采用先进技

① 中共中央文献研究室：《十六大以来重要文献选编》，下卷，263 页，北京，人民出版社，2006。

术,在一个不太长的历史时期内,把我国建设成为一个社会主义的现代化的强国。”①他主张要以批判的态度学习外国的先进科学技术和企业管理经验。他说:“我们的方针是,一切民族、一切国家的长处都要学,政治、经济、科学、技术、文学、艺术的一切真正好的东西都要学。但是,必须有分析地有批判地学,不能盲目地学,不能一切照抄,机械搬用。”②如果我们“对外国的科学、技术和文化,不加分析地一概排斥,和前面所说的对外国的东西不加分析地一概照搬,都不是马克思主义的态度,都对我们的事业不利”。在“自然科学方面,我们比较落后,特别要努力向外国学习。但是也要有批评地学,不可盲目地学。在技术方面,我看大部分先要照办,因为那些我们现在还没有,还不懂,学了比较有利”。③ 他又强调:“外国资产阶级的一切腐败制度和思想作风,我们要坚决抵制和批判。但是,这并不妨碍我们去学习资本主义国家的先进的科学技术和企业管理方法中合乎科学的方面。工业发达国家的企业,用人少,效率高,会做生意,这些都应当有原则地好好学过来,以利于改进我们的工作。”④1956 年在同音乐工作者的一次谈话中毛泽东说:“我们接受外国的长处,会使我们自己的东西有一个跃进。中国的和外国的要有机结合,而不是套用外国的东西。外国有用的东西,都要学到,用来改进和发扬中国的东西,创造中国独特的新东西。”⑤1958 年他进一步指出:“自力更生为主,争取外援为辅,破除迷信,独立自主地干工业、干农业、干技术革命和文化革命 …… 认真学习外国的好经验。”⑥毛泽东在强调独立自主地探索建设社会主义现代化强国道路时,为了不盲目地排斥外国先进的技术和经验,从理论的高度上给出了清晰的认识,毛泽东指出自然科学成果是没有阶级性的,没有国界的。“自然科学分两个方面,就自然科学本身来说,是没有阶级性的,但是谁人去研究和利用自然科学,是有阶级性的”。⑦因此“要向外国学习科学的原理 …… 自然科学,社会科学的一般原理都要学。水是怎么构成的,人是猿变的,世界各国都是相同的”。⑧ 这些阐述深刻地表明了毛泽东关于自力更生、独立自主与学习国外先进的科学技术和管理经验的辩证统一思想。毛泽东在强调要向外国学习先进的科学技术的同时,还注重把发展科技与发展经济结合起来,特别是强调发展科学技术就是服务于经济的思想,最终促进经济和社会的全面发展。在这种思想指导下,极大地促进了建国初期我国国民经济的发展,促进了工业体系的建设,促进了科学技术事业的发展。

---

① 中共中央文献研究室:《毛泽东文集》,第 8 卷,341 页,北京,人民出版社,1993。
② 中共中央文献研究室:《毛泽东文集》,第 8 卷,41 页,北京,人民出版社,1993。
③ 中共中央文献研究室:《毛泽东文集》,第 7 卷,42-43 页,北京,人民出版社,1993。
④ 中共中央文献研究室:《毛泽东文集》,第 7 卷,43 页,北京,人民出版社,1993。
⑤ 中共中央文献研究室:《毛泽东文集》,第 7 卷,78-82 页,北京,人民出版社,1993。
⑥ 李志红,马俊峰:《毛泽东科技思想》,9-11 页,长沙,湖南大学出版社,2004。
⑦ 《建国以来毛泽东文稿》,第 6 册,177 页,北京,中央文献出版社,1992。
⑧ 《建国以来毛泽东文稿》,第 6 册,178 页,北京,中央文献出版社,1992。

邓小平与时代紧密结合，在新的历史时期，站在时代的高度，进一步探索中国科技兴国的道路。“现在世界的发展，特别是高科技领域的发展一日千里，中国不能安于落后，必须一开始就参与这个领域的发展”。他指出：“世界在发展，我们不在技术上前进，不要说超过，赶都赶不上去，那才是爬行主义。我们要以世界先进的科学技术成果作为我们发展的起点。我们要有这个雄心壮志。”①邓小平认为，中国长期处于停滞和落后的状态，其中一个重要原因就是闭关自守。实践证明，关起门来搞建设是不能成功的，中国的发展离不开世界。经济建设如此，对于科学技术的发展来说更是如此。因为“科学技术是人类共同创造的财富。任何一个民族、一个国家，都需要学习别的民族、别的国家的长处，学习人家的先进的科学技术”。②“学习先进，才有可能赶超先进……我们不仅因为今天的科学技术落后，需要向外国学习，即使我们的科学技术赶上了世界先进水平，也还要学习人家的长处”。③因此，一要大力引进先进的技术和设备。科学无国界，科学技术成果是人类共同的财富。每个科技和经济强国在其发展历程中，无不是通过学习和借鉴别国科技成果来增强自己的科技实力和经济实力。“任何一个国家要发展，孤立起来、闭关自守是不可能的，不加强国际交往，不引进发达国家的先进经验、先进科学技术和资金，是不可能的”。④对外开放，向国外学习，引进国外的先进科学技术，加强国际科技交流，其最终目的都是提高国家的科学技术水平、自主创新能力，促进科学技术事业的发展。二要引进和借鉴外国先进的管理技术和经验。在与国际科学技术交流中，邓小平指出：“我们要以世界先进的科学技术成果作为我们发展的起点。”②我国是发展中国家，只有尽可能采用先进技术，提高发展起点，自主创新，才能发挥后发优势，实现跨越发展。从长远来说，“社会主义要赢得与资本主义相比较的优势，就必须大胆吸收借鉴人类社会创造的一切文明成果，吸收和借鉴当今世界各国包括资本主义发达国家的一切反映现代社会化大生产规律的先进经营方式、管理方式”。⑤因此“我们一方面实行开放政策，另一方面仍坚持建国以来毛泽东主席一贯倡导的自力更生的方针。必须在自力更生的基础上争取外援”。⑥这充分体现了自力更生、独立自主与改革开放的辩证统一。三要提倡国际学术交流，广泛吸引国外人才。学习国外的先进科学技术，既要学习其先进的科技成果，还要吸引国外的优秀人才。因此，邓小平不仅非常关注科学技术领域中的国际合作与交流，强调“要提倡学术交流”，认为“一个新的科学理论的提出，都是总结、概括实践经验的结果。没有前人或今人、中国人或外国人的实践经验，怎

① 中共中央文献编辑委员会：《邓小平文选》，第2卷，129页，北京，人民出版社，1994。
② 中共中央文献编辑委员会：《邓小平文选》，第2卷，132页，北京，人民出版社，1994。
③ 中共中央文献编辑委员会：《邓小平文选》，第2卷，87页，北京，人民出版社，1994。
④ 中共中央文献编辑委员会：《邓小平文选》，第3卷，117页，北京，人民出版社，1993。
⑤ 中共中央文献编辑委员会：《邓小平文选》，第3卷，373页，北京，人民出版社，1993。
⑥ 中共中央文献编辑委员会：《邓小平文选》，第2卷，129页，北京，人民出版社，1994。

么概括、提出新的理论?"①他还非常关注广泛吸引国外人才,特别关心旅居海外的华裔科学家和中国留学生,把他们看成是我国科技进步的宝贵财富。他指出:"接受华裔学者回国是我们发展科学技术的一项具体措施,派人出国留学也是一项具体措施"。② 他对引进和利用外国智力作了具体指示:"要利用外国智力,请一些外国人来参加我们的重点建设以及各方面的建设"。③根据邓小平的指示,我国政府专门成立了人才引进部门,同时安排专项资金资助大批有为青年到世界各国留学和从事合作研究,科学技术领域的国际合作与交流得到迅速发展。

邓小平十分注重和强调科技发展与经济发展的结合,他发展和升华了毛泽东的科技与经济发展相结合的思想。在1985年3月7日的全国科技工作会议上邓小平指出:"现在要进一步解决科技和经济结合的问题","经济体制,科技体制,这两个方面的改革都是为了解放生产力","双管齐下,长期存在的科技与经济脱节的问题,有可能得到比较好的解决"。④ 他又讲道:"没有科学技术的高速度发展,也就不可能有国民经济的高速发展。"⑤他后来在1992年南方讲话时进一步强调:"经济发展得快一点,必须依靠科技和教育。"邓小平的论述,为我们深刻揭示了科学技术对于发展生产力有巨大的推动作用,也指明并不是有了科学技术,经济就会自然而然地得到发展。只有当科技与经济有机地结合起来,才能将其转化为现实的生产力,才会促进国民经济的高速发展。我国的现实就是科技与经济相互脱节,科技管理体制与经济管理体制远远适应不了发展的需要。所以,他指出要解决科技与经济脱节的问题,根本出路就在于科技体制与经济体制的配套改革,走一体化发展的新路。

江泽民同志根据科技全球化已成为当今世界科技发展的重要趋势,指出:"各种社会制度、经济模式、文化传统和发展水平的国家积极开展科技交流与合作,对合作双方和整个世界的发展都是有利的。"⑥他强调要积极加强国际科学技术的合作与交流,以推动我国科技事业的发展。

(7)科技伦理是人类面临的一个重大问题

科学技术的发展极大地提高了社会生产力水平,使人类社会发生了翻天覆地的变化,特别是20世纪后期以来,世界进入了"高科技"时代,高科技对社会经济发展起到了空前的积极作用,也使人类活动的领域大大地拓展了。随着科学技术所释放的巨大威力,人们也开始逐渐认识到科学技术是一把双刃剑,不仅能极大地提高人类控制自然和人自身的能力,而且会给人类带来一些消极的负面影响甚至对人类自身产生威胁。世界范围内的贫富两极分化愈演愈烈,各种形式的恐怖主义泛滥成灾,霸

---

① 中共中央文献编辑委员会:《邓小平文选》,第2卷,58页,北京,人民出版社,1994。
② 中共中央文献编辑委员会:《邓小平文选》,第2卷,57页,北京,人民出版社,1994。
③ 中共中央文献编辑委员会:《邓小平文选》,第3卷,32页,北京,人民出版社,1993。
④ 中共中央文献编辑委员会:《邓小平文选》,第3卷,108-109页,北京,人民出版社,1993。
⑤ 中共中央文献编辑委员会:《邓小平文选》,第2卷,86页,北京,人民出版社,1994。
⑥ 江泽民:《论科学技术》,208页,北京,中央文献出版社2001。

权主义、种族屠杀屡见不鲜，尤其是人的精神危机，丧失人生理想，盲目崇拜金钱，以至无视自身价值和尊严而沦为物的奴隶，环境污染和生态危机加剧，等等，科技伦理问题也越来越突出。就科技本身而言是中性的，没有好坏之分。但对科学技术的应用是有价值取向的，既可为利，又可为害，何以而为，要由人、由被某种伦理观念所支配的人从中抉择，或弃或取，唯此而已。伦理观念起着十分重要的作用。高科技的发展提出了一系列新的伦理问题，这就要求我们在大力发展高科技的同时，一定要考虑其价值导向，绝不能忽视人文关怀。发展高科技不仅是自然科学问题，也是伦理道德问题，正如江泽民指出的："在21世纪，科技伦理的问题将越来越突出，核心问题是，科学技术进步应服务于全人类，服务于世界和平、发展与进步的崇高事业，而不能危害人类自身。"①为了适应时代发展，以更好地发挥科技的积极作用，限制科技的消极作用，江泽民用马克思主义科技观辩证地认识科学技术，不仅着眼于科技在现代化建设中的巨大作用，同时提出在发展我国科技事业的过程中要提高科技伦理道德，建立和完善高尚的科技伦理"是21世纪人们应该注重解决的一个重大问题"。①因此，广大科技工作者作为科学技术活动的主体，在践行科技伦理中发挥着主要的作用，必须重视对科学技术工作者的科技伦理教育，必须提高全民的科技伦理素质，在全社会建立和完善高尚的科技伦理。

(8)科学技术发展是"以人为本"

发展科技的最终目的是为人民服务。胡锦涛从"以人为本"的观点出发，提出了科学发展观，对中国化马克思主义科技思想的实质和内涵做了更为精确的概括。在2004年，胡锦涛阐发了以人为本、全面、协调、可持续发展的内涵。他指出："坚持以人为本，让科技发展成果惠及全体人民……要坚持科技为经济社会发展服务、为人民群众服务的方向，把科技创新与提高人民生活水平和质量紧密结合起来，与提高人民科学文化素质和健康素质紧密结合起来，使科技创新的成果惠及广大人民群众"，②"这是中国科技事业发展的根本出发点和落脚点"。③ 他在阐述科学发展观时指出："我国科技事业发展的状况，与完成调整经济结构、转变经济增长方式的迫切要求还不相适应，与把经济社会发展切实转入以人为本、全面协调可持续的轨道的迫切要求还不相适应，与实现全面建设小康社会、不断提高人民生活水平的迫切要求还不相适应。我们必须下更大的气力、做更大的努力，进一步深化科技改革，大力推进科技进步和创新，带动生产力质的飞跃，推动我国经济增长从资源依赖型转向创新驱动型，推动经济社会发展切实转入科学发展的轨道。"④其根本宗旨就是科技发展要以人为本，贴近民生，"一切为了人民，一切依靠人民"；科技发展的成果，要以解决人民最关

① 江泽民：《论科学技术》，217页，北京，中央文献出版社，2001。
② 胡锦涛：《坚持走中国特色自主创新道路为建设创新型国家而努力奋斗》，人民日报，2006-01-10。
③ 胡锦涛：《在纪念中国科协成立50周年大会上的讲话》，人民日报，2008-12-15。
④ 胡锦涛：《坚持走中国特色自主创新道路为建设创新型国家而努力奋斗》，人民日报，2006-01-10。

心、最直接、最现实的利益问题为重点，使科技发展成果更多体现到改善民生上，科研项目的选题要把解决民生问题放在重要位置。从人民的实际需要出发，让科技成果为惠民、富民做出贡献。胡锦涛进一步提出，要“以科学发展为主题，以加快转变经济发展方式为主线，更加注重以人为本，更加注重全面协调可持续发展，更加注重统筹兼顾，更加注重保障和改善民生”。[①] 为此要“大力发展能源资源开发利用科学技术；大力发展新材料和先进制造科学技术；大力发展信息网络科学技术；大力发展国家安全和公共安全科学技术；大力发展健康科学技术；大力加强生态环境保护科学技术；大力发展空间和海洋科学技术；大力发展现代农业科学技术”。[②] 这些方面是当前我国科技发展的重点问题，也都与民生息息相关，如能源资源开发利用、发展现代农业科技、发展健康科技、加强生态环境保护科技等，其科研成果的应用将造福于民，加快改善民生的进程。这同时也体现了胡锦涛科学技术与环境的和谐发展思想，即人与生态环境协调发展（保护生态环境是民生的一个重大内容）。民生科技是以民生为出发点的科学技术以及科技成果的应用，是“以人为本”科技思想的充分体现，是科学发展观贯彻落实的体现，是胡锦涛科技思想的重要内容。胡锦涛科技思想以马克思主义为指导，把实现人的全面发展作为基本出发点，依靠科技成果改善人民的生活质量，促进人在公平受教育、自身素质发展等方面全面发展。总之，注重民生是中国经济快速发展的结果，是解决当前经济高速发展与人民物质需求矛盾的体现，也是社会主义社会的本质要求。

（二）中国马克思主义科学技术观的内涵

中国马克思主义科学技术观是马克思主义科学技术思想与中国具体科学技术实践相结合的产物，是中国共产党人探索发展中国科学技术和建设社会主义的智慧结晶，是对毛泽东、邓小平、江泽民、胡锦涛科学技术思想的概括和总结。毛泽东、邓小平、江泽民、胡锦涛的科学技术思想是在我国科学技术事业发展和社会主义现代化建设的伟大实践中形成、发展和完善的，因此是关于科学技术的本质和发展规律以及科学技术与其他科学及社会现象的关系的总观点，全面反映了中国社会探索发展科学技术与实现国家现代化的历程。从毛泽东“不搞科学技术，生产力无法提高”，到邓小平“科学技术是第一生产力”，再到江泽民“科学技术是第一生产力，而且是先进生产力的集中体现和主要标志”，再到胡锦涛“自主创新能力是国家竞争力的核心”。这些思想，既有理论方面的论述，也有应用方面解决实践的问题，内涵丰富，对科学技术的社会功能、地位作用、发展方向、战略重点、基本任务、体制改革、人才培养、对外开放、科技伦理、民生科技等各个方面都作了深刻的论述，构成了一个科学、完整的科技思想理论体系，对指导我国科学技术事业的发展和建设中国特色社会主义具有重

① 胡锦涛：《推动共同发展共建和谐亚洲》，人民日报，2011-04-16。

② 胡锦涛：《在中国科学院第十五次院士大会和中国工程院第十次院士大会上的讲话》，人民日报，2010-06-08。

大的理论意义与现实意义。

二、中国马克思主义科学技术观的基本内容

(一)科学技术功能观

科学技术功能观是对科学技术改造自然创造财富和改造社会创造文明的看法(观点)。马克思主义对科学技术的功能作过精辟的论述,认为:"科学是一种在历史上起推动作用的、革命的力量"。① 社会物质财富和文明的创造较多地"取决于一般的科学水平和技术进步,或者说取决于科学在生产上的应用"。② 中国马克思主义或中国共产党领导集体继承和发展了马克思主义的科学技术功能观,把科学技术的功能与中国社会发展紧密联系起来,形成了中国化马克思主义科学技术功能观。毛泽东认为科学技术是人们争取自由的一种武器。因为科学技术是自然界和人类社会运动、变化和发展规律的反映,其目的就是揭示自然规律和社会规律,指导人类改造自然和社会。人们要在自然界中获得自由,就要用自然科学技术来了解自然和改造自然。人们要在社会中获得自由,就必须通过社会科学(技术)来了解和改造社会,开展社会革命。人们掌握了自然知识和社会知识,认识了自然规律和社会规律,实现了认识客观世界的飞跃。毛泽东对近代以来中国落后挨打有着深刻的认识,他说:"近代以来中国挨打的最根本原因之一就在于经济技术的落后",因此,他清醒地告诫:"如果不在今后几十年之内,争取彻底改变我国经济和技术落后于帝国主义国家的状态,挨打是不可避免的。"③"不搞科学技术,生产力无法提高。"④因此,在新中国成立初期,毛泽东提出:要下决心研究科学,搞尖端技术,要研究原子弹。很快我国就造出"两弹一星",从此中华民族真正站起来了！打破了超级大国的核垄断和核威胁,巩固了社会主义制度。

改革开放后,邓小平深刻分析了中国社会发展现状并洞察了世界发展形势,指出贫穷不是社会主义,中国现代化的关键在于科学技术现代化,科学技术是第一生产力。"科学技术是第一生产力"是邓小平对科技功能所作的精辟论断,准确地揭示了当代科技的经济功能。在当代,经济增长与发展已经越来越依靠科学技术,科学技术已上升为推动生产力发展的首要因素。一是科技创新促进经济可持续增长;二是科技进步转变经济增长方式,提高经济效益;三是现代科技可实现经济协调、可持续发展。

江泽民对科技的功能在全球竞争中的重要性有着更深刻的理解。他在强调科学技术强国富民重要作用的同时,还多次指出世界范围的经济竞争、综合国力竞争,在很大程度上表现为科学技术的竞争,科学技术长期落后的国家和民族不可能繁荣昌

---

① 马克思,恩格斯:《马克思恩格斯选集》,第3卷,777页,北京,人民出版社,1995。

② 马克思,恩格斯:《马克思恩格斯选集》,第46卷,217-218页,北京,人民出版社,1980。

③ 毛泽东:《毛泽东文集》,第8卷,340页,北京,人民出版社,1999。

④ 毛泽东:《毛泽东文集》,第8卷,351页,北京,人民出版社,1999。

盛，不可能自立于世界民族之林。因此，江泽民提出"科学技术是先进生产力的集中体现和主要标志"的新论断，并根据时代发展的潮流和新一轮全球经济竞争的要求，把科教兴国战略确定为新世纪我国实现现代化的发展战略。这一伟大的战略决策，使得科技功能观在新科技革命条件下获得了全新的含义："科技进步是经济发展的决定性因素。要充分估量未来科学技术特别是高技术发展对综合国力、社会经济结构和人民生活的巨大影响，把加速科技进步放在经济社会发展的关键地位，使经济建设真正转到依靠科技进步和提高劳动者素质的轨道上来"，①才能实现国民经济的持续、健康、快速发展，加速社会主义现代化进程。

胡锦涛进一步认识到一个国家只有拥有强大的科学技术自主创新能力，才能在激烈的国际竞争中把握先机、赢得主动。他指出："必须依靠自主创新，……在若干重要领域掌握一批核心技术，拥有一批自主知识产权，造就一批具有国际竞争力的企业，大幅度提高国家竞争力。"②

要"努力建设创新型国家，把增强自主创新能力作为科技发展的战略基点和调整经济结构、转变经济增长方式的中心环节，大力提高原始创新能力、集成创新能力和引进消化吸收再创新能力，努力走出一条具有中国特色的科技创新之路"，③才能强国富民，实现现代化，实现中华民族的伟大复兴。

科学技术的功能还表现为它是重要的精神力量，即科学技术在创造社会物质文明的同时也推动了社会精神文明进程。正如邓小平所说："我们要在建设物质文明的同时，提高全民族的科学文化水平，发展高尚的丰富多彩的文化生活，建设高度的社会主义精神文明"。④ 一方面是，科学技术深刻影响着人们的世界观、人生观。"科学主要是一种改革力量而不是保守力量……人们接受了科学思想就等于是对人类现状的一种含蓄的批判，而且还会开辟无止境地改善现状的可能性"。⑤ 另一方面是，科学技术增强人的科技意识。科技意识的增强是科学技术发展和应用的结果，又是促进科学技术进一步发展的内在动力。再一方面是，科学技术的进步促进人的素质的提高。较高的科学文化水平有助于形成较高的文化素质，科技在用其知识武装广大群众的同时也会带动人民思想道德水平的提高。科学技术精神功能发挥着科学技术在净化社会意识、提高国民素质等方面的重要作用，克服着那种重科学技术的经济效益、轻科学技术的精神效益的思想。

总之，科学技术的功能是多层次和全方位的，体现在社会发展的各方面，这里主要概述了政治功能、经济功能、精神功能。科学技术功能观表明，科学技术既是推动生产力发展的物质力量，又是促进社会意识进步和国民素质提高的精神力量；既是促

---

① 江泽民：《论有中国特色社会主义》，232页，北京，中央文献出版社，2002。

② 胡锦涛：《坚持走中国特色自主创新道路，为建设创新型国家而努力奋斗》，人民日报，2006-01-10。

③ 中共中央文献研究室：《十六大以来重要文献选编》，中卷，21-94页，北京，人民出版社，2006。

④ 中共中央文献编辑委员会：《邓小平文选》，第2卷，208页，北京，人民出版社，1994。

⑤ J. D. 贝尔纳：《科学的社会功能》，513页，北京，商务印书馆，1982。

进国家繁荣、事业发展的力量，又是军队和国防建设的社会力量。在今天我们致力于中国特色社会主义现代化建设、着重于发挥科学技术的经济功能的同时，还要重视和发挥科学技术的其他功能，全面完整地贯彻中国马克思主义科技功能观，促进社会的协调发展和全面进步。

(二)科学技术战略观

科学技术战略观是对科学技术发展的全局性、长远性的整体认识。中国马克思主义将科学技术战略提升至国家层面，认为发展科学技术是关系国家和民族兴旺发达的战略问题。

毛泽东对发展科技始终是从战略的高度来认识的，始终把科学技术发展当作整个社会发展中的一个有机部分来考虑，把发展科学技术当作提高我国综合实力和国防实力的一个重要手段来考虑。例如，社会主义改造运动刚取得胜利时，毛泽东就提出要向科学进军，要来一个技术革命，要搞原子能；对中央委员会建设提出从政治性的中央委员会向科学性的中央委员会转变。这些思想充分体现了毛泽东关于用科学技术改变整个中国社会面貌的科学技术战略观。

邓小平提出了既坚持自力更生，又学习世界先进的科学技术，这是关系中国尽快摆脱贫穷落后而富强起来的"一个战略问题"。"现在是我们向世界先进国家学习的时候了"，"我们引进先进技术，是为了发展生产力，提高人民生活水平，有利于我们的社会主义国家和社会主义制度"。"技术问题是科学，生产管理是科学，在任何社会，对任何国家都是有用的。我们学习先进的技术、先进的科学、先进的管理来为社会主义服务，而这些东西本身并没有阶级性"。"我们要把世界上的一切先进技术、先进成果作为我们发展的起点"。[①] 邓小平到北京正负电子对撞机国家实验室参观时说："有一位欧洲朋友，是位科学家，向我提出了一个问题：你们目前经济并不发达，为什么要搞这个东西？我就回答他，这是从长远发展的利益着眼，不能只看眼前"。[②]"过去也好，现在也好，将来也好，中国必须发展自己的高科技，在高科技占有一席之地"。[②]这些论述充分显示了邓小平对发展科学技术的远见卓识战略思想。

江泽民提出了科教兴国的战略，把科教兴国确定为新世纪我国实现现代化的发展战略。他说，科教兴国是坚持以教育为本，把科技和教育摆在经济社会发展的重要位置，增强国家的科技实力及向现实生产力转化的能力，提高全民族的科技文化素质，把经济建设转到依靠科技进步和提高劳动者素质的轨道上来，加速实现国家的繁荣强盛。他进一步强调："科学技术是第一生产力，而且是先进生产力的集中体现和主要标志。科学技术的突飞猛进，给世界生产力和人类经济社会的发展带来了极大的推动。未来的科技发展还将产生新的重大飞跃。我们必须敏锐地把握这个客观趋势，始终注意把发挥我国社会主义制度的优越性同掌握、运用和发展先进的科学技术

---

① 中共中央文献编辑委员会：《邓小平文选》，第2卷，129页，北京，人民出版社，1994。

② 中共中央文献编辑委员会：《邓小平文选》，第3卷，279页，北京，人民出版社，1994。

紧密地结合起来,大力推动科技进步和创新,不断用先进科技改造和提高国民经济,努力实现我国生产力发展的跨越。这是我们党代表中国先进生产力发展要求必须履行的重要职责。"①

胡锦涛多次强调"我们党始终把发展科技事业作为国家整体发展战略的重要组成部分",②并提出"建设创新型国家作为面向未来的重大战略"。③ 实现这一战略目标的核心就是"把增强自主创新能力作为发展科学技术的战略基点,作为调整产业结构、转变增长方式的中心环节,作为国家战略"。④ 因为,"科技自主创新能力是国家竞争力的核心,是我国应对未来挑战的重大选择,是统领我国未来科技发展的战略主线,是实现建设创新型国家目标的根本途径"。④

(三)科学技术人才观

科学技术人才观是对人才在社会和科学技术发展中的地位和作用的整体看法。中国马克思主义非常重视人才在经济社会和科学技术发展中的关键作用。

中国马克思主义科学技术人才观,从毛泽东的"任人唯贤"到邓小平的"尊重知识,尊重人才",再到江泽民的"人才资源是第一资源"和胡锦涛的"人才强国战略",给出了一个清晰的人才认识,也说明了在不同历史时期人才在社会和科技的发展中都处于重要地位和发挥着关键作用,推动了中国革命和社会主义建设事业向前发展。在中国革命战争时期,大批的知识分子投入革命运动,为革命胜利做出了杰出贡献,推动了新中国早日成立。在社会主义建设中,从"中国自造"到"中国制造"再到"中国创造",既描绘出人才对中国经济和科技的发展历程及未来前景,⑤也充分显示出人才对社会主义建设事业的巨大推动作用。

毛泽东对人才非常重视,他说,我们要搞技术革命,没有科技人员不行,不能单靠我们这些大老粗,对科学家要委以重任。1937 年他提出:"没有知识分子的参加,革命的胜利是不可能的。"⑥建国后,他更加重视知识分子在经济建设和技术革命中的重要作用,并把培养工人阶级自己的知识分子队伍提到了发展生产力、巩固社会主义制度的战略高度。他指出:"为了建成社会主义,工人阶级不能没有自己的技术干部队伍,如果无产阶级没有自己的庞大的技术队伍和理论队伍,社会主义是不能建成的。"⑦邓小平明确提出知识分子是工人阶级的一部分,在现代化建设中,"要'尊重知识,尊重人才',……事情成败的关键就是能不能发现人才,能不能使用人才"。⑧

---

① 江泽民:《江泽民文选》,第 3 卷,北京,人民出版社,2006。

② 福柯:《不正常的人》,13 页,钱翰,译,上海,世纪出版集团,上海,人民出版社,2003。

③ 中共中央文献研究室:《十六大以来重要文献选编》,下卷,62 页,北京,人民出版社,2006。

④ 胡锦涛:《坚持走中国特色自主创新道路,为建设创新型国家而努力奋斗》,人民日报,2006-01-10。

⑤ 王舒怀,张意轩:《向"中国创造"迈进》,人民日报,2009-09-25。

⑥ 毛泽东:《毛泽东文集》,第 2 卷,618 页,北京,人民出版社,1999。

⑦ 中共中央文献研究室:《毛泽东文集》,第 7 卷,102 页,北京,人民出版社 1999。

⑧ 中共中央文献编辑委员会:《邓小平文选》,第 3 卷,91 页,北京,人民出版社,1994。

为了发现人才和用好人才，他指出，要接受华裔学者回国发展科学技术，要派人出国留学，还要请外国著名学者来我国讲学。为了发现人才和用好人才，邓小平对科学技术人才的地位、选拔、培养教育、使用管理作了精辟的阐述。

在新世纪，在知识创新、科技创新、产业创新不断加速的时代，人才已成为关系党和国家事业发展的最重要的战略资源。江泽民指出，一个国家、一个民族如果要跟上科技进步的时代潮流，迅速提高本国的科技水平，人才就具有决定性的意义和作用。“我国要跟上世界科技进步的步伐，必须千方百计加快知识创新，加快高新技术产业化。而创新的关键在人才，必须有一批又一批优秀年轻人才脱颖而出，必须大量培养年轻的科学家和工程师”。① 人才竞争正成为国际竞争的一个焦点，无论是发达国家还是发展中大国，都把科技人才视为提升国家竞争力的战略资源和核心因素，都在大力加强科技人才能力建设。胡锦涛指出：“世界范围的综合国力竞争，归根到底是人才特别是创新型人才的竞争。谁能够培养、吸引、凝聚、用好人才特别是创新型人才，谁就抓住了在激烈的国际竞争中掌握战略主动、实现发展目标的第一资源。”②“走中国特色自主创新道路，必须培养造就宏大的创新型人才队伍。人才直接关系我国科技事业的未来，直接关系国家和民族的明天。”③胡锦涛把新时期科学人才观概括为三层含义：“要牢固树立人才资源是第一资源的观念，充分发挥人才资源开发在经济社会发展中的基础性、战略性、决定性作用。要牢固树立人人都可以成才的观念。……要牢固树立以人为本的观念，把促进人才健康成长和充分发挥人才作用放在首要位置。”④无论实施科教兴国战略还是建设创新型国家，都必须实施人才强国战略，努力造就大批拔尖创新人才，大力提升国家的核心竞争力和综合国力。

（四）科学技术和谐观

科学技术和谐观是指通过科学技术来改造自然、利用自然、协调自然，使人与自然的关系保持和谐发展的观点。中国马克思主义高度重视人与自然的关系，形成了中国马克思主义科学技术和谐观。

人类是自然界的一部分，自然界自从有了人类后，人类为了生活就向自然界展开了斗争，获取生存资料，亦开始了人类对自然界的破坏，但在工业社会出现之前，人类改造利用自然的破坏力没有超过自然界的承载力，人类的生存实践活动与自然界的自我恢复是平衡的，人类与自然界处于共生共存的和谐状态。当人类进入了工业社会后，生产力有了极大的发展，即人类有了强大的改造利用自然的能力，创造了工业文明。在人类中心主义驱使下的工业文明为人类创造了巨大的物质财富的同时，也使人类走上了生存发展的极限——工业文明仅以人的价值为尺度利用科学技术改造

---

① 江泽民：《江泽民文选》，第2卷，396页，北京，人民出版社，2006。

② 中共中央文献研究室：《十六大以来重要文献选编》，下卷，481页，北京，中央文献出版社，2007。

③ 中共中央文献研究室：《十七大以来重要文献选编》，上卷，502页，北京，中央文献出版社，2009。

④ 胡锦涛：《胡锦涛在全国人才工作会议上的讲话》，人民日报，2003-12-21。

和利用自然，从而带来了环境污染、生态危机等严重威胁人类生存与发展的全球性问题。马克思主义科学技术观向人类昭示，人类利用科学技术改造利用自然求得生存发展的同时要与自然界共生共荣，和谐发展。否则，如恩格斯所说的，人类在从"敬畏自然"向"征服自然"的转变中，"不要过分陶醉于我们人类对自然界的胜利。对于每一次这样的胜利，自然界都对我们进行报复"。① 中国马克思主义依据中国的现实继承和发展了马克思主义科学技术观，形成了中国马克思主义科学技术和谐观。

毛泽东在中国革命和建设社会主义进程中，指出要正确认识和对待自然，处理好认识应用自然规律与充分发挥人的主观能动性之间的辩证统一关系。他说：我们对自然的改造和利用，"这是科学技术，是向地球开战——如果对自然界没有认识，或者认识不清楚，就会碰钉子，自然界就会处罚我们，会抵抗"。② 这充分体现了毛泽东的人与自然共生共荣的科学技术和谐观。毛泽东的科学技术和谐观主要内容包括水利建设、人口控制和环境保护等内容。早在1934年毛泽东就鲜明地指出："在目前的条件之下，农业生产是我们经济建设工作的第一位——水利是农业的命脉，我们也应予以极大的注意"。③ 新中国成立后，我国经历了数次大规模的洪涝灾害，造成了大量的人员、财产损失。这些洪涝灾害的产生与危害，坚定了毛泽东治水兴农的决心和信念。在毛泽东正确决策的指导下，进行了治淮、官厅水库、荆江分洪、引黄济卫、三门峡水库、葛洲坝水利枢纽上马等大型水利工程。这些水利建设为抗御自然灾害和促进工农业发展发挥了重大作用④，使新中国水利事业取得了巨大成就。关于人口控制，早在1920年，毛泽东就反对盲目生育，认为无政府主义的生育状态"必至于人满为患"。⑤ 在20世纪50—70年代，毛泽东提出"有计划的生育"论断，并明确了关于"有计划地控制人口增长"的节育政策，开创了我国的计划生育事业。这不仅为我国彻底解决人口问题提供了宝贵的经验，也为我国提高人口素质、增强综合国力指明了道路。关于环境保护，新中国成立后，毛泽东提出"植树造林，绿化祖国"的号召，要求"在十二年内，基本上消灭荒地荒山，在一切宅旁、村旁、路旁、水旁以及荒地上、荒山上，即在一切可能的地方，均要按规格种起树来，实行绿化"。⑥ 1958年毛泽东又提出了"要使我们祖国的河山全部绿化起来，要达到园林化，到处都很美丽，自然面貌要改变过来"，⑦要"兴修水利，保持水土"。⑧

毛泽东的科学技术和谐观是马克思多维自然观的发展与创新，是将马克思价值

---

① 马克思，恩格斯：《马克思恩格斯选集》，第4卷，383页，北京，人民出版社，1995。

② 毛泽东：《毛泽东选集》，第8卷，72页，北京，人民出版社，1999。

③ 毛泽东：《毛泽东选集》，第1卷，131-132页，北京，人民出版社，1991。

④ 康沛竹，艾四林：《毛泽东水利建设思想探析》，载《毛泽东思想研究》，2002（1），36-39页。

⑤ 《毛泽东书信选集》，北京，中央文献出版社，2003。

⑥ 毛泽东：《毛泽东选集》，第五卷，262页，北京，人民出版社，1977。

⑦ 中共中央文献研究室，国家林业局：《毛泽东论林业》，51页，北京，中央文献出版社，2003。

⑧ Judith Shapiro：Mao's War against Nature：Politics and Environment in Revolutionary China，4，Cambridge University Press，2001.

观与中国国情相结合而产生的理论和思想，是从“自然—人—社会”三元视角出发的有机的系统思维方式，并在本质上重新定义了人、自然和社会三者的关系，建立了一种新的人类生存方式：既强调了马克思价值观视野中的三元关系，又特别强调了人与自然和谐共存对人类生存发展的巨大意义以及对地球生态文明的重大意义。这为我国在新时期运用马克思主义唯物辩证法认识自然规律、协调人与自然关系的实践探索提供了理论根据，也为实施科学发展观、促进人与自然和谐共存奠定了理论基础。

邓小平在人类寻求资源与环境可持续发展道路的大趋势下，也是基于我国社会环境与经济发展的现实下提出了关于人与自然的科学技术和谐观。邓小平认为通过发展科学技术使社会发展的同时要保证自然生态系统的安全，保证人与自然的和谐发展。他在全国环境保护会议明确提出：“环境保护是我国的一项基本国策”，“努力开拓有中国特色的环境保护道路”。他认为农业发展不能过度损害植被，破坏生态环境的整体安全，发展农业要保护环境系统的完整性，要重视生产发展与环境保护之间的紧密关系，并认为科学发展林业是保障生态安全的重要方面，“植树造林，绿化祖国，是建设社会主义，造福子孙后代的伟大事业，要坚持二十年，坚持一百年，要一代一代永远干下去”。① 保护生态环境就是保护人与自然的协调发展，因此“我们计划在那个地方先种草后种树，把黄土高原变成草原和牧区，就会给人们带来好处，人们就会富裕起来，生态环境也会发生很好的变化”。② 他在 1983 年进一步强调指出：“解决农村能源，保护生态环境等，都要靠科学。”③“农业的发展一靠政策，二靠科学。科学技术的发展和作用是无穷无尽的。”④“将来农业问题的出路，最终要由生物工程来解决，要靠尖端技术，对科学技术的重要性要充分认识。”⑦保护生态环境，解决人与自然的矛盾，要从转变经济增长方式这一根本来解决经济与生态间的张力。为此，邓小平指出：“重视提高经济效益，不要片面追求产值、产量的增长。”⑤经济发展不能盲目地关注经济指标，而要注重经济发展的质量和效益，要区分经济发展和经济增长之间的本质差异，如果不提高效益、增产不增收，无疑会给生态环境带来沉重的压力。因此，一定要转变经济增长方式，着力解决我国的生态问题。为了实现从根本上转变经济增长方式，保护好生态环境，他提出要加强环境保护法治建设。通过加强我国的生态立法、普法与执法工作，促进我国生态法治的发展与完善，是保护环境安全和解决生态问题的有力保障。

邓小平的科技和谐观深刻阐发了人与自然和谐发展，纠正了长期以来将经济增长视为社会发展的传统认识误区，增强了党和政府、企事业单位以及人民群众的生态保护意识，并对改变整个社会的生产方式、建立健全生态环境法治等方面提供了重要

---

① 本刊编辑部：《邓小平论林业与生态建设》，内蒙古林业，2004 年，1 页。

② 本刊编辑部：《邓小平论林业与生态建设》，内蒙古林业，2004 年，1 页。

③ 中共中央文献研究室：《邓小平年谱》，下册，882 页，北京，中央文献出版社，2004。

④ 中共中央文献编辑委员会：《邓小平文选》，第 3 卷，274 页、17 页，北京，人民出版社，1993。

⑤ 中共中央文献编辑委员会：《邓小平文选》，第 3 卷，22 页，北京，人民出版社，1993。

思想启迪，为促使我国在工业化、城市化、信息化的过程中走出一条符合中国国情的可持续发展道路，实现人与自然的和谐，经济社会与生态环境的长远发展提供了理论指导。

江泽民系统阐述了我国人口、资源、环境和经济社会的协调发展，提出了人口、经济、环境、社会相协调的可持续发展战略，把生态文明建设确立为衡量经济社会发展的重要指标，把生态环境保护提升到执政兴国和可持续发展的高度，丰富和发展了中国马克思主义科学技术和谐观。其含义如下。

第一，促进人与自然的和谐发展。江泽民指出，我们"要促进人和自然的协调与和谐，使人们在优美的生态环境中工作和生活"。①因此，必须正确处理经济同人口、环境的协调发展，使生态环境得到改善。生态环境是人类赖以生存的物质条件，是生产力的基本要素，是经济社会发展的重要基础。"保护环境的实质就是保护生产力"。② 因为，"环境问题直接关系到人民群众的正常生活和身心健康。如果环境保护搞不好，人民群众的生活条件就会受到影响"。③ 生活在优美的生态环境中，能增进人们的身心健康，能激发人们的创新创造热情，增强人们的发展信心，进而会释放出最大的生产力。因此，一定要"促进人与自然的和谐，推动整个社会走上生产发展、生活富裕、生态良好的文明发展道路"。④ "生态良好"就是指人与生态环境的协调和可持续发展，指人与自然的和谐共生，是生态文明建设的重要尺度。为此"要从宏观管理入手，建立环境和发展综合决策的机制。制定重大经济社会发展政策，规划重要资源开发和确定重要项目，必须从促进发展与保护环境相统一的角度审议利弊，并提出相应对策。这样才能从源头上防止环境污染和生态破坏"。⑤

第二，实现经济效益和生态效益的协调发展。生态环境问题主要是在经济发展中引起的，因此要转变经济发展方式，发展经济既要提高经济效益又要提高生态效益，既要安排好当前的发展，还要为未来的发展创造更好的条件。"任何地方的经济发展都要注重提高质量和效益，注重优化结构，都要坚持以生态环境良性循环为基础，这样的发展才是健康的、可持续的"。⑥ 为了实现经济效益和生态效益的协调发展，必须加快由粗放型经济增长向集约型经济增长转变，优化经济结构，"走出一条科技含量高、经济效益好、资源消耗低、环境污染少、人力资源优势得到充分发挥的新型工业化路子"。⑦

第三，实施可持续发展战略思想。江泽民指出："环境保护很重要，是关系我国

---

① 江泽民：《江泽民文选》，第3卷，295页，北京，人民出版社，2006。
② 江泽民：《江泽民文选》，第1卷，534页，北京，人民出版社，2006。
③ 江泽民：《江泽民文选》，第1卷，535页，北京，人民出版社，2006。
④ 江泽民：《江泽民文选》，第3卷，544页，北京，人民出版社，2006。
⑤ 江泽民：《江泽民文选》，第1卷，534页，北京，人民出版社，2006。
⑥ 江泽民：《江泽民文选》，第1卷，533页，北京，人民出版社，2006。
⑦ 江泽民：《江泽民文选》，第3卷，545页，北京，人民出版社，2006。

长远发展的全局性战略问题。在社会主义现代化建设中,必须把贯彻实施可持续发展战略始终作为一件大事来抓。可持续发展的思想最早源于环境保护,现在已成为世界许多国家指导经济社会发展的总体战略。"①"我国有十二亿多人口,资源相对不足,在发展进程中面临的人口、资源、环境压力越来越大。我们绝不能走人口增长失控、过度消耗资源、破坏生态环境的发展道路,这样的发展不仅不能持久,而且最终会给我们带来很多难以解决的难题。我们既要保持经济持续快速健康发展的良好势头,又要抓紧解决人口、资源、环境工作面临的突出问题,着眼于未来,确保实现可持续发展的目标。"②

第四,坚持物质文明与精神文明的协调发展。在我国改革开放过程中,出现了不少地方只重视物质财富的增长,并把经济增长等同于社会发展,把 GDP 的增长作为社会发展的唯一尺度的现象。江泽民指出:"任何情况下都不能以牺牲精神文明为代价换取经济的一时发展",③精神文明是物质文明的思想保障,精神文明是可持续发展战略的重要内容。因此,在中国特色社会主义现代化建设中,要坚持物质文明与精神文明全面协调发展。中国特色"社会主义社会是全面发展、全面进步的社会"。④以经济建设为中心,不断解放和发展生产力,其根本目的就是推动社会文明进步,为人们创造出平等的多方面发展的社会环境,促进人与自然和谐、人与人和谐,促进人的全面发展。

江泽民指出,"科学技术进步应服务于全人类,……而不能危害人类自身"。⑤ 因此,"全球面临的资源、环境、生态、人口等重大问题的解决,都离不开科学技术"。⑥解决当前面临的生态环境问题要充分发挥科学技术的作用,要有效"运用现代科学技术,特别是以电子学为基础的信息和自动化技术改造传统工业,使这些产业的发展实现由主要依靠外延到主要依靠内涵增加的转变,建立节约、节能、节水、节地的节约型经济"。⑦ 我们必须提高科技创新能力,发展现代高科技产业,为生态文明建设创造良好的科技条件,提供强大的科学技术支撑。

江泽民的科技和谐观深刻阐述了我国人口、资源、环境和经济社会的协调发展,丰富了可持续发展理论,发展了马克思主义生态文明理论,为我国实现人口、资源、环境与经济社会可持续发展和加强生态文明建设提供了理论指导。

胡锦涛指出,构建社会主义和谐社会,必须优化人与自然的关系,实现人与自然的和谐发展。在我国社会发展中,由于长期过多地关注社会生产,忽视了对自然生态

---

① 江泽民:《江泽民文选》,第 1 卷,532 页,北京,人民出版社,2006。
② 江泽民:《江泽民文选》,第 3 卷,461 页,北京,人民出版社,2006。
③ 江泽民:《江泽民文选》,第 1 卷,474 页,北京,人民出版社,2006。
④ 江泽民:《江泽民文选》,第 3 卷,276 页,北京,人民出版社,2006。
⑤ 江泽民:《江泽民文选》,第 3 卷,104 页,北京,人民出版社,2006。
⑥ 江泽民:《论科学技术》,2 页,北京,人民出版社,2001。
⑦ 江泽民:《论科学技术》,21-22 页,北京,人民出版社,2001。

的保护，造成环境污染，生态恶化，严重影响了我国社会发展。为了解决人与自然的矛盾，促进人与自然和谐化，要“发展相关技术、方法、手段，提供系统解决方案，构建人与自然和谐相处的生态环境保育发展体系”。① 即通过“建设生态文明，基本形成节约能源资源和保护环境的产业结构、增长方式、消费模式；循环经济形成较大规模，可再生能源比重显著上升；主要污染物排放得到有效控制，生态环境质量明显改善；生态文明思想在全社会牢固树立”。②

胡锦涛强调科技发展，一方面“为加快调整经济结构、转变经济增长方式提供强大支撑，为保持我国经济长期平稳较快发展提供强大支撑，为提高我国的国际竞争力和抗风险能力提供强大支撑”。③另一方面，还要协调人与自然的关系、使环境生态化。胡锦涛密切关注科学技术发展的生态化趋势，提出要着力建设资源节约型、环境友好型社会，坚持节约资源和保护环境的基本国策，坚持开发节约并重、节约优先，积极开发和推广资源节约、替代、循环利用技术，抓紧解决严重危害人民群众健康安全的环境污染问题，努力形成低投入、低消耗、低排放和高效率的节约型增长方式。“把经济发展真正转到依靠科技进步和提高劳动者素质的轨道上来，坚定不移地依靠科技进步和创新来实现全面、协调、可持续发展”。④同时发展科技“坚持以人为本，让科技发展成果惠及全体人民。这是我国科技事业发展的根本出发点和落脚点”。⑤发展科技依靠人民，为了人民，科技发展要以解决人民最关心、最直接、最现实的利益为重点，使科技发展成果更多体现到改善民生上，让全体人民共享科技成果。

科学技术发展促进科学、合理、综合、有效地利用资源，最大限度地保护好生态环境，实现生态环境的良性循环和社会生产力的持续发展；科学技术发展为惠民、富民做出贡献，提高人民群众的生活质量，提高人民群众的幸福指数。即科学技术发展实现人与自然协调发展，实现人与人、人与社会和谐发展，这是胡锦涛科学技术和谐观的中心思想。

（五）科学技术创新观

科学技术创新观是对科学技术创新的地位、作用和能力的系统认识。中国马克思主义十分重视科学技术创新，科学技术创新观是中国马克思主义科学技术观的重要内容。

中国马克思主义科学技术观认为，创新特别是科学技术创新是一个国家和民族保持先进的动力，整个人类生存发展就是不断创新而不断进步的历史。有没有创新

① 胡锦涛：《在中国科学院第十五次院士大会和中国工程院第十次院士大会上的讲话》，10 页，北京，人民出版社，2010。

② 周文东：《怎样树立正确政绩观》，载《理论前沿》，2009(9)，38-39 页。

③ 胡锦涛：《在庆祝神舟六号载人航天飞行圆满成功大会上的讲话》，人民日报，2005-11-27。

④ 胡锦涛：《中国科学院第十二次院士大会和中国工程院第七次院士大会上的讲话》，人民日报：2004-06-03。

⑤ 胡锦涛：《坚持走中国特色自主创新道路为建设创新型国家而努力奋斗》，人民日报，2006-01-10。

能力,能不能进行创新,是世界范围内经济、科技竞争的决定性因素,直接决定着国家和民族的发展历史。因此,毛泽东指出:"我们不能走世界各国技术发展的老路,跟在别人后面一步一步地爬行,我们必须打破常规,尽量采用先进技术,在一个不太长的历史时期内,把我国建设成为一个社会主义的现代化的强国。"①中国建设社会主义,发展经济,必须发展自己的科学技术,搞技术革命。改革开放后,邓小平立足于世界科学技术的发展,特别强调指出,努力学习,努力吸收,努力创新。"我们要把世界上的一切先进技术、先进成果作为我们的发展的起点"。"引进技术,第一要学会,第二要创新"。只引进,不能创新,就是跟着别人爬行,建设社会主义也就成为空谈。进入知识经济时代,江泽民同志站在时代的前沿,把创新提升到关系国家民族兴衰存亡的高度,指出:"创新是一个民族进步的灵魂,是国家兴旺发达的不竭动力。""如果自主创新能力上不去,一味靠技术引进,就永远难以摆脱技术落后的局面……作为一个独立自主的社会主义大国,我们必须在科技方面掌握自己的命运"。②"必须依靠自主创新,把提高自主创新能力摆在全部科技工作的首位,在若干重要领域掌握一批核心技术,拥有一批自主知识产权,造就一批具有国际竞争力的企业,大幅度提高国家竞争力"。"科技自主创新能力是国家竞争力的核心,是我国应对未来挑战的重大选择,是统领我国未来科技发展的战略主线,是实现建设创新型国家目标的根本途径。"③

三、中国马克思主义科学技术观的主要特征

(一)时代性

时代性是指作为社会科学的理论、思想都与其产生和创立的历史时期密切相关,是对那个历史时代社会现实的反映。中国马克思主义科学技术观是中国共产党人集体智慧的结晶,是对毛泽东、邓小平、江泽民、胡锦涛科学技术思想的概括和总结。毛泽东、邓小平、江泽民、胡锦涛他们各自处于不同的历史时期,即所处的社会背景、历史条件各不相同,因而他们的科学技术思想、理论由所处历史条件和社会现实所决定,是对不同时代科学技术发展的状况及科学技术发展的需求的实事求是反映。毛泽东、邓小平、江泽民、胡锦涛作为党的领导核心、作为中国共产党人的代表,他们在继承马克思主义科技思想的同时,结合我国革命和社会主义建设进入不同阶段的时代背景,针对当时科学技术发展面临的新局面、新问题,独创性地阐发了科学技术的丰富内涵、科学技术人才的培养规律、科学技术创新的紧迫性、基础研究的重要意义、高新技术的发展以及科学技术的可持续发展等内容,形成了具有中国特色的科学技术观,丰富和发展了马克思主义科学技术观。

(二)实践性

实践性是指一种思想、理论对于推动社会发展具有深刻的指导作用或指导意义,

---

① 毛泽东:《毛泽东文选》,第8卷,341页,北京,人民出版社,1999。

② 江泽民:《江泽民文选》,第三卷,545页,北京,人民出版社,2006。

③ 胡锦涛:《坚持走中国特色自主创新道路,为建设创新型国家而努力奋斗》,人民日报,2006-01-10。

并随着科技和社会的实践发展不断完善。中国马克思主义科学技术观是在国内外科技和社会的实践基础上形成的，为我国社会主义建设提供了重要思想支撑，为我国科学技术事业发展指明了方向，为我国科学技术相关部门制定路线、方针、政策提供了理论依据，开拓了科学技术创新在历史上的新局面。毛泽东十分重视理论与实践的结合，重视科学、技术和经济、社会发展的实际，他的科学技术思想对服务我国社会主义建设起到了重大的作用。如在“向现代科学技术大进军”的号召下，直接推动了以尖端军事科学技术为龙头的中国科学技术事业的快速发展。毛泽东提出了符合中国国情的发展科学技术的方针、政策和策略，对中国科学技术的发展产生了深远的影响，使我国在制定科学规划和推进科学技术发展的实践中，取得了极大的成就。邓小平、江泽民、胡锦涛的科学技术思想对我国的改革开放、经济建设、现代化建设等领域都产生了重要的指导作用。如，“发展高科技，实现产业化”为我国高科技成果的转化，为现实生产力的发展进一步提供了行动指南，使我国经济持续高速发展；“科教兴国”战略与“尊重知识，尊重人才”促进了我国对教育事业的重视和教育事业快速发展以及高科技人才的不断涌现；建设创新型国家战略推动和提升了我国的自主创新能力，提高了我国的综合国际竞争力，等等。中国马克思主义科学技术观对我国社会主义建设产生了深刻的指导作用，推动了我国经济、科技、教育文化、人才培养、国防等各个领域的发展。同时，毛泽东、邓小平、江泽民、胡锦涛既坚持马克思主义科技观，又结合中国社会发展的实际，在将科学技术发展纳入生产劳动、现代化建设、社会发展等视阈中，也关注了科学技术与现实社会之间的关系、与自然的关系以及人的解放问题，使得科技观在理论方面有突破和创新，进而丰富和发展了马克思主义科技观。

（三）科学性

理论、思想的科学性是指客观、正确地反映了事物的本来面貌，揭示出质的规定性。中国马克思主义科学技术观的科学性是基于科学和社会的实践而形成的反映中国科学技术发展的质的规定性的思想体系。毛泽东、邓小平、江泽民、胡锦涛的科学技术观是从认识科学技术在历史上和现代社会中的地位与作用，从世界科学技术发展情况与中国当时科学技术发展现实状况以及实际需要出发，寻求解决实际问题而得出的指导我国科学技术发展的战略、方针、政策。他们的科学技术观遵循着辩证唯物主义和历史唯物主义的基本原则和方法，是在总结其他国家的发展规律，并结合中国社会主义建设的历史经验的基础上对马克思主义科技观的继承和发展，形成了符合中国科学技术发展的思想理论体系。在这些科学技术思想的指导下，我国在经济、社会、科学技术、人才、自主创新等方面取得了举世瞩目的成绩，极大地提升了我国的综合国力，充分证明了中国马克思主义科学技术观的科学性。

（四）创新性

创新性是指在学习、继承的基础上丰富和发展了已有理论、思想或突破已有理论、思想而创立了新的理论、思想。创新性分为原始型创新、集成型创新、消化吸收型创新三个层次。中国马克思主义科学技术观在学习和继承马克思主义科学技术思想的基础上,创新性地发展了马克思主义科学技术观。与时俱进是马克思主义的本质特征,是其永葆生命力的不竭源泉,中国马克思主义科学技术观始终注视着世界历史发展的新情况,始终关注着中国社会发展的现实情况,根据科学和实践的发展不断充实和完善自己的理论。毛泽东、邓小平、江泽民、胡锦涛他们立足于中国当时的国情,在深入研究了资本主义自工业革命以来的冲击与经验之后,提出了适合中国国情发展的创新性科学技术思想。在新中国成立初期,毛泽东对科学技术有自己的独到理解,提出了符合中国当时国情的发展科学技术的方针、政策和策略,对中国科学技术的发展产生了深远的影响。邓小平提出"科学技术是第一生产力"的科学论断,江泽民提出"科教兴国"战略,胡锦涛提出建设"创新型国家",都显示了他们实事求是地把握住了时代发展的脉搏。一是深刻认清了日益激烈的国际综合国力竞争。冷战结束后,世界斗争的重心由政治战争转化为经济战争,各国都为增强综合国力极力增强经济能力,而实现经济飞速增长的途径就是发展科学技术,所以科技竞争成为世界竞争的焦点。二是抓住了当时我国现代化建设的时代要求。20 世纪 80 年代,我国的生产力水平很低,不能满足中国社会发展的需要,不能满足人民日益增长的物质文化需要,解决先进的社会主义制度同落后的社会生产之间的矛盾的出路,就是大力发展科学技术,提高生产力水平。改革开放几十年,中国发展的事实向世人昭示了他们创造性地提出符合我国各个时期国情发展的科学技术思想是正确的,也体现了中国马克思主义科学技术观的创新性。

(五)自主性

自主性是指科学技术发展中拥有自主发现、发明和研发能力,拥有尖端科学核心技术的自主知识产权。在科学技术事业发展中,自我发展能力、自主创新能力是核心。独立自主,自力更生,无论过去、现在和将来,都是推动我国科技事业发展的根本立足点。中国马克思主义科学技术观一贯强调走"独立自主、自力更生"的发展道路。毛泽东、邓小平、江泽民、胡锦涛都倡导借鉴和学习国外的先进科学技术和好的管理经验,他们在主张学习和继承的同时,更注重自我发展、自主创新。毛泽东提出发展科学技术要坚持以自力更生为主,以外援为辅的发展方针。邓小平指出:"现在世界的发展,特别是高科技领域的发展一日千里,中国不能安于落后,必须一开始就参与这个领域的发展。"江泽民说:"如果自主创新能力上不去,一味靠技术引进,就永远难以摆脱技术落后的局面……作为一个独立自主的社会主义大国,我们必须在科技方面掌握自己的命运。"胡锦涛指出:"必须依靠自主创新,把提高自主创新能力摆在全部科技工作的首位,在若干重要领域掌握一批核心技术,拥有一批自主知识产权,造就一批具有国际竞争力的企业,大幅度提高国家竞争力。""科技自主创新能力是国家竞争力的核心,是我国应对未来挑战的重大选择,是统领我国未来科技发展的战略主线,是实现建设创新型国家目标的根本途径。"科学技术发展中的独立自主、自力更生、自我发展的自主性是中国马克思主义科学技术观的一个显著特征。

(六)人本性

科学技术发展的人本性是指科学技术的发展以人为本,即科学技术发展依靠人民,科学技术成果惠及人民。中国马克思主义科学技术观认为人民是中国社会主义科技事业的建设者,也是建设成果的享受者。"坚持以人为本,让科技发展成果惠及全体人民,这是我国科技事业发展的根本出发点和落脚点。"①发展科技的根本目的是为人民服务,"为人民服务"是我们党一切工作的宗旨。因此,发展科学技术要从人民的实际需要出发,解决人民最关心、最直接、最现实的利益问题,让科技成果更多体现到改善民生上,让科学技术发展为惠民、富民做出贡献,提高人民的生活质量,提高人民的幸福指数。科学技术发展造福于民,服务于人的全面发展是中国马克思主义科学技术观人本性的中心思想。

第二节 创新型国家建设

到2020年中国要建设成创新型国家。因此,建设创新型国家是目前中国社会发展的重大战略目标。"建设创新型国家,核心就是把增强自主创新能力作为发展科学技术的战略基点,走出中国特色自主创新道路,推动科学技术的跨越式发展。"②

一、创新型国家的内涵与特征

(一)创新型国家的基本内涵

创新型国家的含义分狭义和广义。狭义的创新型国家主要是指科学技术和经济的创新以及由此产生的经济发展。广义的创新型国家是指整个社会结构的创新以及由此带来的社会全面进步。基于广义的理解,国际学术界一致认为:创新型国家是将科技创新作为基本战略,大幅度提高科技创新能力,形成日益强大的竞争优势的国家。

胡锦涛指出:"建设创新型国家,核心就是把增强自主创新能力作为发展科学技术的战略基点,走出中国特色自主创新道路,推动科学技术的跨越式发展;就是把增强自主创新能力作为调整产业结构、转变增长方式的中心环节,建设资源节约型、环境友好型社会,推动国民经济又好又快地发展;就是把增强自主创新能力作为国家战略,贯穿到现代化建设的各个方面,激发全民族创新精神,培养高水平创新人才,形成有利于自主创新的体制机制,大力推进理论创新、制度创新、科技创新,不断巩固和发展中国特色社会主义伟大事业。"③建设创新型国家有赖于国家创新体系。通过国家创新体系充分发挥政府的主导作用,发挥市场在科技资源配置中的基础性作用,使企业真正成为技术创新的主体,使各创新主体有效互动和合作,进一步形成科技创新的

---

① 胡锦涛:《坚持走中国特色自主创新道路,为建设创新型国家而努力奋斗》,人民日报,2006-01-10。
② 胡锦涛:《坚持走中国特色自主创新道路,为建设创新型国家而努力奋斗》,人民日报,2006-01-10。
③ 胡锦涛:《坚持走中国特色自主创新道路,为建设创新型国家而努力奋斗》,人民日报,2006-01-10。

整体合力,为建设创新型国家提供良好的保障。可知,自主创新能力是实现建设创新型国家战略目标的根本途径,国家创新体系是实现建设创新型国家战略目标的根本保障,二者在建设创新型国家中不可或缺。基于这样的认识,创新型国家的内涵可界定为:创新型国家是以科技创新为基本战略,以国家创新体系为保障,大幅度提高自主创新能力,形成强大国际竞争优势的国家。

此界定的要义有以下几点。

第一,国家是科技创新的人格化代表。科学、技术、工程与社会呈现一体化发展趋势,科技创新成为多因素复杂的大系统行为,不再是个体行为或小团体行为,即科技创新成为一种国家性活动的国家事业,要依靠国家的社会管理职能来对全社会创新资源进行有效整合与配置,实现资源的最大化创新价值。

第二,科技创新主体是以企业为第一执行主体的多主体联盟。科技创新已发展成为全社会共同参与的事业,因而科技创新的实践主体是由企业、政府、研发机构、大学和中介服务机构共同构成的创新联盟。但企业是国家创新体系的核心部分,在技术创新中发挥着重要作用,没有高水平的企业创新系统,就不可能建立起强大的国家技术创新体系。企业是技术创新投入、产出和应用的主体,市场行为占主导地位。

第三,提高自主创新能力是根本。自主创新是科技创新的核心,自主创新能力是建设创新型国家的根本途径,只有提高了自主创新能力,才能形成日益强大的国际竞争优势,才能大幅度降低对外技术的依存度。一个国家只有拥有强大的自主创新能力,才能在激烈的国际竞争中把握先机、赢得主动,才能把握经济发展的主动权,才能在国际分工中抢占战略制高点。

第四,积极发挥国家创新体系的作用。通过国家创新体系使企业真正成为科技创新主体,全面提升企业的自主创新能力;充分发挥政府的主导作用,发挥市场的资源配置的基础性作用;构建科学研究与高等教育有机结合的知识创新体系和社会化、网络化的科技创新服务体系,使各类创新资源有效整合和优化配置,进而为建设创新型国家提供良好的机制保障。

(二)创新型国家的重要特征

从创新投入与产出的关系看,创新型国家表现出以下四个重要特征。

第一,科学技术进步贡献率一般在70%以上。如美国、日本、芬兰、德国等创新型国家的科技进步贡献率都在70%以上,普遍高于其他国家。目前我国科技进步对经济增长的贡献率仅为40%左右。在《国家中长期科技发展规划纲要》中提出:到2020年中国科技进步对经济增长的贡献率要提高到60%以上。

第二,R&D(研究与开发)投入占GDP(国内生产总值)的比例在2%以上。创新型国家十分重视创新投入,研发投入占国内生产总值的比重一般在2%以上,如日本和美国的R&D占GDP的比重分别为3.5%和2.7%;瑞典、芬兰均超过了3%。我国的创新投入情况是,1960年达到2.32%,近年来一直比较低,如2004年为1.23%,2006年为1.41%,始终达不到有关法规规定的1.5%。而且投入不足与浪费、低效并存，我国大型科研装备利用率只有25%，发达国家达到170%～200%。《国家中长期科技发展规划纲要》提出到2020年研发投入要提高到2.5%以上。

第三，对外技术依存度较低，在30%以下。创新型国家的对外依存度指标在30%以下，如美、日、法等国家仅为5%左右。我国对外技术依存度高达50%，关键技术自给率低。据统计，我国两万家大中型企业中，平均每个企业不到5个开发项目和2.5个新产品，拥有自主知识产权核心技术的企业仅为万分之三，有99%的企业没有申请专利，有60%的企业没有自己的商标。①《纲要》提出到2020年我国对外技术依存度降低到30%以下。

第四，自主创新能力强。创新型国家的科技创新能力突出表现在有强的自主创新能力，掌握着创新活动的自主权，即通过自主创新整合科技资源，通过创新人才和创新活动创造出高水平的产品与服务，并不断提升这些特色产品或服务，形成和保持自身的核心竞争能力。创新型国家所获得的三方专利（美国、日本和欧洲授权的专利）数占世界总数的97%以上。相比之下，我国科技自主创新能力较弱，2004年我国科技创新能力在49个主要国家（占世界GDP的92%）中位居第24位。自主创新是推动经济社会持续快速前进的源头活水，更是企业发展的灵魂和核心。自主创新能力不足，必然导致在国家之间的竞争中失去先机，丧失话语权，必然导致长期落后于发达国家，成为其兜售落后和外围技术的市场。

二、创新型国家建设的背景

（一）世界新科学技术革命使传统经济发展模式发生重大变革

新科学技术革命是指20世纪50年代发端于美国的以原子能、电子计算机和空间技术的广泛应用为主要标志的一次科技革命。学术界也称这次科学技术革命为第三次科技革命，即人类文明史上继蒸汽技术革命和电子技术革命之后科技领域里的一次新能源技术、新材料技术、生物技术、空间技术和海洋技术等诸多领域的信息控制技术革命。这次科技革命不仅极大地推动了人类社会经济、政治、文化领域的变革，而且也影响了人类的生活方式和思维方式，使人类社会生活和现代化向更高境界发展。所以说，第三次科技革命是迄今为止人类历史上规模最大、影响最为深远的一次科技革命。

新科技革命使人类社会的经济发展模式发生了重大变革，由传统经济发展模式转为现代经济发展模式，即人类社会经济发展的主导力量既不是自然资源和劳动力，也不是物质资源和资本，而是科学技术知识，科学技术知识成为推动经济发展和社会进步的核心要素、决定性力量。也就是说，新科学技术革命使人类社会的经济发展提升为以知识（科学技术）为基础、为核心的一种有别于农业经济、工业经济的新的经济发展模式（形态）。这种模式是以现代科学技术为核心的建立在知识和信息的生产、存储、分配、消费和使用之上的经济。其实质是经济的成长和发展主要依赖于科

① 李斌，等：《九大问题挑战“创新型国家”》，人民政协报，2006-01-09。

学技术知识和人的智力。新科技革命对经济发展模式的变革，具体而言，新科技革命极大地推动了信息技术发展，随着信息技术的迅速发展和广泛、深度的使用，出现了数字化、网络化、智能化、虚拟化的社会发展大趋势，深度变革了生产方式和经济发展模式。一方面，由于科学技术的迅速发展，产生了新知识、新技术，并转化为新产品，继而出现新的生产方式、使用方式、消费方式，知识生产率将取代劳动生产率成为衡量经济发展的重要标准；另一方面，经济发展不是以物质产品为商品，而是以知识的传播、应用作为它的商品，新技术、新经济将带来一群全新的产业，形成全新的经济增长点，出现新的生产方式，改变了产业结构，改变了经济增长模式。我国仍处于社会主义初级阶段，社会生产力水平不高，经济增长的技术含量和资源利用效率还很低。2003 年，我国创造了 1.4 亿美元的 GDP，为此消耗了约 50 亿吨各类资源。中国经济每创造 1 美元消耗的能源是美国的 4.3 倍、德国和法国的 7.7 倍、日本的 11.5 倍。①传统资源消耗、粗放型经济发展模式已经不符时代需求，我国必须抓住世界新科技革命的机遇，下更大的力气、做更大的努力，大力推动科技进步和创新，推动生产力质的飞跃，推动我国经济增长从资源依赖型转向创新驱动型，推动经济发展切实转入科学发展的轨道，化解资源环境约束，走新型工业化道路。

（二）科学技术竞争成为国际综合国力竞争的焦点

当今世界，科学技术的发展突飞猛进，成为推动经济社会发展的主导力量，在这种新形势下，全球化进入了以知识和技术为核心竞争资源的新阶段，发达国家的竞争优势也越来越从在全球市场中对产品和资本的垄断转向对技术和知识的垄断，即科技竞争成为国际综合国力竞争的焦点。科学技术已经成为一种战略性资源，谁拥有了先进科学技术这种战略资源，谁就处于发展的制高点，把握了先机，有了主动权。因此，拥有先进的科学技术对于一国的国际竞争地位有着至关重要的意义。发达国家为了不断巩固其在国际竞争中的优势地位，通过全球化的知识产权制度把“通过技术的控制”扩大到“通过知识产权的控制”来控制先进科学技术的扩散，达到在国际竞争中的优势地位。知识产权制度既是保障创新者收益的制度安排，也是维护发达国家竞争优势的全球秩序的重要制度设计。这种制度安排不但使得知识的公有性信念、知识产品的公共产品属性受到前所未有的冲击，而且使科技和经济相对落后的后发国家面临更高的学习成本，也难以通过引进获得核心技术和关键知识，同时，也决定了后发国家如果仅仅停留于模仿和跟踪，将会在知识化的全球竞争中处于更加被动的地位。因此，当今时代，面对世界科技发展的大势，面对日趋激烈的国际竞争，我国只有把科学技术真正置于优先发展的战略地位，真抓实干，奋起直追，才能把握先机，赢得发展的主动权。②

---

① 路甬祥，郑必坚：《和平崛起》，33 页，北京，高等教育出版社，2005。

② 胡锦涛：《坚持走中国特色自主创新道路，为建设创新型国家而努力奋斗》，人民日报，2006-01-10。

(三)我国已具备建设创新型国家的科学技术基础和条件

从新中国成立以来,特别是经过30多年的改革发展,我国已经在资金、人力资源总量和基础条件平台建设方面具备了建设创新型国家的一定基础条件和能力。首先,拥有完整的科学技术体系。自新中国成立以来,经过几代人的努力,现在已经形成了世界上为数不多的国家才具备的完整的科学技术体系,这是中国自主创新、建设创新型国家的前提基础。其次,具有充足的科技人力资源。我国是人口大国,经过多年的教育事业的发展,培养了大批的科技工作者和创新人才,到2006年,我国的科技人力资源达到3 850万人,名列世界第一,研发人员109万人,名列世界第二。因此,与其他国家相比,我国具有充足的科技人力资源,这是中国建设创新型国家最宝贵的资本。再次,拥有一定的科技实力。现在,我国已经具备了任何历史时期都无法比拟的科技实力,依据测算,中国的科技综合创新指标已经相当于人均GDP为5 000~6 000美元国家的水平,在生物、纳米、航天等一些重要领域的研发能力居于世界先进水平。我们拥有悠久的历史文化遗产,中华民族重视教育,有辩证思维的传统、集体主义的传统,这些都将为建设创新型国家提供丰富的支持。①

(四)我国科学技术发展同世界先进水平仍有较大差距

我国的科学技术取得了长足的发展,但总体创新能力和创新绩效同世界先进水平仍有较大的差距,与建设创新型国家的要求还有相当的距离。具体表现如下。第一,关键技术自主研发能力低。创新型国家的对外技术依存度指标在30%以下,而我国对外技术依存度超过了50%,占固定资产投资40%左右的设备投资中,有60%以上靠进口来满足,高科技含量的关键装备基本上依赖进口。第二,科技竞争力不强。2008年5月15日瑞士洛桑国际管理发展学院(IMD)公布的《2008国际竞争力年度报告》显示,中国的科学竞争力和技术竞争力在55个评比对象国中排17位,美国居第一,韩国排第三。2004年,SCI、EI和ISTP三大系统收录我国科技人员发表的论文占三大系统收录世界科技论文总量的6.3%,连续3年居世界第五位,但衡量论文影响度和研究质量的论文引用数的排名相对比较落后,排在第14位。这说明了我国科技竞争力不强。第三,科技进步对经济增长的贡献率较低。美国等西方发达国家科技进步对经济增长的贡献率高达70%以上,而我国仅为39%,从1985年4月到2006年2月,我国授权的发明专利中,国内只占36.8%,国外占63.2%。第四,科技对经济的融入度很有限或科技成果转化滞后。科技研发与经济发展在我国长期处于脱节状态,许多科技成果不能产业化、商品化,致使经济发展缺乏科技推动力,科技进步缺乏经济基础,既削弱了我国的科技竞争力,也严重影响了经济发展。第五,科技与教育投入偏低。研究开发与教育的投入是一个国家的战略投资,进入21世纪以来,大幅度增加科技研发和教育的投入正成为各国提升竞争力的国家战略,研发经费占GDP的3%,已成为主要发达国家和新兴工业化国家共同的投入目标。从国际上

---

① 徐冠华:《2020年,进入创新型国家行列》,科学时报,2006-03-13。

来看，创新型国家的研发投入和教育投入占国民生产总值的比例一般保持着较高的水平，都保持在2%以上，我国仅在1%以上。第六，全民科学素质较低。目前，我国公民的科学素养仍然较低，据有关调查，2003年我国公民具备基本科学素养的人口比例仅为1.98%，与美国2001年已经达到的17%的水平相距甚远。近年中国公民科学素养调查，也显示出城乡之间、地区之间公民科学素质存在着显著差距。我国公民科学素质的上述状况，与建设创新型国家战略目标有很大的反差。总之，我国在关键技术自主创新能力、发明专利、科技成果转化、科技投入、拔尖创新人才、公民科学素质等方面与建设创新型国家还有一定的差距。

综上所述，无论是国际社会发展的形势，还是我国发展的现实状况，建设创新型国家是我国社会发展的重要战略选择，是我国亟待解决的重大使命。

三、中国特色的国家创新体系

（一）国家创新体系理论的形成与发展

国家创新体系理论是熊彼特创新理论的丰富和发展。1921年，美籍奥地利经济学家约瑟夫·熊彼特（1883—1950年）在其著作《经济发展理论》中首次从经济学角度提出了创新理论。他认为，一个经济系统如果没有创新，就是一个静态的没有发展和增长的经济。经济之所以不断发展，就是因为在经济体系中不断引入创新。

从20世纪60年代开始，管理、经济等不同领域的学者专家关注熊彼特的创新理论，并从各自研究的侧重点出发，对创新赋予了不同的含义，有制度创新、管理创新、科技创新、市场创新、知识创新等不同的提法。研究国家创新体系的学者们普遍把创新界定在技术创新的范围内，而管理创新、组织制度创新、市场创新等都是以技术创新为核心的，是实现技术创新的保障。受新制度经济学理论与方法的启示，于20世纪80年代提出了有重要影响的国家创新体系理论。

"国家创新体系"概念首先是英国经济学家弗里曼于1987年在他的《技术与经济绩效：来自日本的经验》中提出的。他通过对日本经济发展的研究，发现日本在技术落后的情况下，以技术创新为主导，以制度、组织创新为辅助，只用了几十年的时间，使得国家的经济突飞猛进，一举成为工业强国。他认为，在人类历史上，技术领先国家从英国到德国、美国再到日本，实现经济的追赶、跨越或超越发展，不仅仅是技术创新的结果，而且还由制度、组织等一系列创新所造成，是一种国家创新体系演变的结果。换言之，在一个国家经济发展的历史过程中，仅靠自由竞争的市场经济是不够的，需要政府提供一个公共商品，需要从一个长远的、动态的视野出发，寻求能够使得资源实现最优配置，推动产业和企业发展的技术创新。之后，纳尔逊、佩特尔、伦德瓦尔、彼特等外国学者分别从不同的角度和维度对国家创新体系理论进行了探讨。自20世纪中期起，我国学者也对国家创新体系理论和实践进行了研究，并取得了一定的成果。

国家创新体系理论大致经历了三个发展阶段。

第一阶段，国家技术创新体系（系统）阶段。该阶段始于第二次世界大战，时间为20世纪40—70年代，属于工业时代后期的国家创新体系。其特点是受技术创新理论和技术进步理论的影响，强调技术创新、技术流动、行为主体的相互作用和政策创新等，其中技术创新是核心。国家技术创新体系促进了日本、韩国等后发工业化国家的经济振兴，也推动了工业经济向知识经济的转移。

第二阶段，国家创新体系阶段，即从工业时代向知识时代过渡的国家创新体系。时间是20世纪80—90年代。受内生人力资本理论和新增长理论的影响，国家创新体系理论的研究重点除技术创新外，还强调知识的生产、传播和应用及其在经济中的作用，重视知识创新和技术创新的并重。国家创新体系为欧美20世纪90年代的经济发展提供了持续和强大的动力。

第三阶段，国家知识创新体系阶段。该阶段是知识时代的国家创新体系，时间是20世纪90年代以来或是21世纪。其理论基础是知识创新理论和知识增长理论，强调知识创新和新知识的高效应用。知识创新将成为经济发展和竞争能力的决定性因素，成为国家创新体系的轴心。

(二)中国国家创新体系的演化

1. 计划经济体制下的国家创新体系

20世纪50—70年代，计划经济体制时期，我国的国家创新体系是以政府指令型为特征，即国家创新体系以政府计划体制为基本制度安排，相应的组织体系按照功能和行政隶属关系严格分工；创新动机源于政府所认为的国家经济和社会发展及国际安全需要；创新决策由各级政府制定；政府是创新资源的投入主体，资源按政府计划配置；创新执行者的创新收益不直接取决于他们所实现的创新成果，同时也不直接承担创新失败的风险和损失。这种创新体系不但有明确而且强烈的国家目标，而且有政府强大的行政力量对创新活动进行全面的指令型管理。它的主要方法为：①政府制定具有权威性的创新任务；②创新活动的展开依靠政府力量强力推动；③创新资源主要依靠政府投入。

这种政府指令型创新体系的最大优势是能够在行政力量的强大推动下，充分调动各种创新资源，它未必是高效益的，但却是高效率的。因为它能够使有限的人力、物力和财力按计划、需要随时调集和分散，较少受不同部门、不同单位局部利益的干扰，从而能够保证国家目标的实现。因此，在经济和科技力量都比较薄弱的情况下，我国用较少的钱，以比资本主义国家更快的速度取得了如“两弹一星”这样举世瞩目的成就，在半导体、计算机、空间科学、分子生物学等尖端领域也取得了重大突破。与此同时，初步建立起了比较完备的工业体系。

这种创新体系也存在着明显的缺陷：其一，政府对创新资源的计划配置往往与创新活动的探索性之间存在冲突；其二，以政府的行政计划配置资源，知识的生产、传播与应用之间以“线性”的方式相联系，其结果是科技与经济脱节，不利于科技工作面向经济建设，也不利于科技成果迅速推广；其三，创新活动所依赖的资源由政府根据国家目标按计划供给，创新者往往按计划使用政府的投资，因此其创新的自主性受到很大约束，相应地，以科学家的自由探索为特征的“小科学”以及企业家和研发人员自主决策开展的创新活动往往难以充分发展；其四，对创新行为缺乏足够的激励，创新动力不足。

知识链：《1956—1967 年全国科学技术发展研究规划》提出的重要科技任务规划中的 6 类重要科技任务

①国家工业化、国防现代化建设中迫切需要解决的关键性问题；②调查研究我国自然条件和资源情况；③配合国家重工业建设的若干项目；④为提高中国农业收获量和发展林业所进行的重大科研项目；⑤为人民健康事业进行的重大科研项目；⑥基本理论问题研究。

在 6 类 57 项重要科技任务基础上，规划提出了 12 项重点任务：①原子能的和平利用；②喷气技术；③电子学方面的半导体、计算机、遥控技术；④生产自动化和精密机械、仪器仪表；⑤石油等重要资源的勘探；⑥建立我国自己的合金系统和新冶炼技术；⑦重要资源的综合利用；⑧新型动力机械和大型机构；⑨长江、黄河的综合开发；⑩农业的化学化、机械化和电气化；⑪几种主要疾病的防治；⑫若干重要基本理论的研究。

2. 体制转型过程中的国家创新体系

20 世纪 80 年代，中国的国家创新体系从政府指令型向政府导引型转变，即政府的职能不在于在宏观和微观层面上全面规划创新活动，而在于以形成市场经济体制安排作为目标导向，激活社会创新行为，并引导新的创新主体趋向成熟。因此“导引”具有“主导”和“引导”的双重含义。这种“政府导引”型创新系统是一种过渡状态，进一步的发展方向是建立“政府协调”型创新体系，以逐步确立企业在整个创新系统中的主体地位。

在体制转型过程中，我国的国家创新体系的演变经历了两个主要发展阶段。

第一个发展阶段从 20 世纪 80 年代初体制改革开始到 90 年代初。这一时期国家创新体系的转型主要发生在“政府指令”型创新系统的外层运作带，尚未全面触及“政府指令”型创新系统的内核，主要体现在以下三个方面。

一、通过引入竞争机制和扩大市场调节来替代单纯依靠行政手段的运行机制，以激发人们创新的积极性。

二、经济体制、科技体制和教育体制的改革往往在各个系统内部相对独立地展开，相互之间缺乏有效的结合，科技体制、教育体制改革与经济体制、政治体制改革配套和协调的制度安排不多，还不能够比较全面地促进不同行动者之间在新知识、新技术的创造、传播和应用方面的交互作用。

三、“政府指令”型创新系统的主要变革对象是外层运作带，尚未真正触及其基本制度安排。也就是说，这一时期的国家创新体系重塑并没有真正改变以计划经济体制作为制度基础，重塑的理论出发点依然是坚持“有计划的商品经济体制”，计划体制仍然被作为社会主义的本质特征。

第二个发展阶段从1992年开始至今,从内核层面展开对国家创新体系的变革,确立了建立以市场经济体制为基本制度安排的国家创新体系的目标。

这种转变以思想观念上的突破为前提,认识到计划经济并不是社会主义的本质特征。"计划多一点还是市场多一点,不是社会主义和资本主义的本质区别。计划经济不等于社会主义,资本主义也有计划;市场经济不等于资本主义,社会主义也有市场。计划和市场都是经济手段。社会主义的本质是解放生产力,发展生产力,消灭剥削,消除两极分化,最终达到共同富裕。"①以这种思想上的突破为基础,十四大明确了建立社会主义市场经济的宏观改革走向,也使对"政府指令"型创新体系的变革由外层运作带全面拓展到作为内核的基本制度安排。

把市场经济体制作为国家创新体系的基本制度安排,国家创新体系建设进入一个新的阶段。一方面,随着市场机制开始逐渐发挥配置资源的基础性作用,政府以往在创新体系中承担的诸多职能需要由其他角色承担,企业成为技术创新的主体;另一方面,基于市场机制的资源配置方式要求打破传统的条块分割的行政格局和管理模式,因此,经济体制、政治体制、科技体制和教育体制的改革之间的协同和配套也成为创新体系建设的内在要求。

我国《国家中长期科学和技术发展规划纲要(2006—2020)》明确提出把提高我国企业技术创新能力,建设以企业为主体、市场为导向、产学研结合的技术创新体系作为有中国特色的国家创新体系的突破口,全面建设适应社会主义市场经济体制要求的国家创新体制。

(三)国家创新体系的内涵与结构

1. 国家创新体系的内涵

目前,对"国家创新体系"这个概念还没有明确的界定,也就没有得到一致的确认定义,学者们从自己的研究角度来界定国家创新体系,故有不同的国家创新体系的定义。不同学者对国家创新体系做了不同界定,但对国家创新体系的实质或核心的认识是一致的,即都围绕着知识技术创造、扩散过程中的社会机构及制度的作用,认为是创新的"网络性"和"系统性"或"交互作用的网络"。

对国家创新体系的界定,有一定代表性的认同是经济合作与发展组织(OECD)提出的国家创新体系的定义:由公共部门和私营部门的各种机构组成的网络,这些机构的活动和相互作用决定一个国家扩散知识和技术的能力并影响国家的创新表现。

知识链:不同研究者对国家创新体系的界定

弗里曼(Freeman):公共和私人部门中的机构与制度网络,其活动和相互作用激发、引入、改变和扩散着新技术。(1987年)

伦德瓦尔(Lundvall):在生产、扩散和利用经济有效的新知识上相互作用的要素和关系——它们处于一个国家之内或根植于一个国家之中。(1992年)

① 中共中央文献编辑委员会:《邓小平文选》,第3卷,373页,北京,人民出版社,1993。

纳尔逊(Nelson):一组机构,其相互作用决定了国家公司的创新绩效。(1993年)

佩特尔,波特(Pater,Pavitt):国家的种种机构,其作用结构和能力决定了一个国家技术学习的速率和方向(或数量和成分的变化所引发的活动)。(1994年)

Metcalfe:种种不同出色机构的集合,这些机构联合地和分别地推进新技术的发展和扩散、提供了政府形成和实施关于成型过程的政策和框架。这是创造、储存和转移知识、机能及新技术产品的相互联系的机构所构成的系统。(1995年)

国家创新体系没有一致的定义,不同研究者有不同的界定,充分表现出国家创新体系有着多样性的特点。由于每个国家资源禀赋、产业结构、科研能力、科技优势、教育培训以及参与创新的要素之间的相互作用等存在差异,决定了每个国家有自己的创新体系,不可能与别国相同。国家创新体系各异,表现出各自的很突出的特色与特有的国情。即使各方面的客观条件相似,但由于制度、组织、文化观念等因素的影响,创新体系效率的高低也不尽相同。

2. 国家创新体系的结构

经济合作与发展组织在1996年《以知识为基础的经济》研究报告中认为:“国家创新体系的结构是一个重要的经济决定因素,这种结构由工业界、政府和学术界之间在发展科学和技术方面的交流和相互关系构成。”在实际运行中,国家创新体系包含着不同地位和作用的构成要素,因而对国家创新体系结构的认识分为狭义和广义。狭义的观点认为国家创新体系主要包括创新执行机构、创新基础设施和创新环境,或国家创新体系是由与知识创新和技术创新相关的机构和组织构成的网络系统。其中组织和机构的主要组成部分是企业、科研机构、高等院校等,它们是国家创新体系绩效的最直观、最直接的决定者,同时,组织内部的各种制度安排和组织外部的制度环境又直接决定着组织和机构的效率、学习和互动的状况,因而创新的制度结构又是国家创新体系创新绩效的一个深层次的决定因素和构成因素。广义的观点认为国家创新体系分为创新执行机构、创新基础设施、创新资源、创新环境、国际互动部分,或国家创新体系是由企业、科研机构、高等院校、政府部门、教育培训机构、中介机构和基础设施等构成的社会系统。创新执行机构主要指企业、大学、政府及其科研机构、咨询与中介机构,发达国家还存在很少的非营利性民间研究机构;创新基础设施包括国家技术标准、数据库、信息网络、大型科研设施、图书馆等基本条件;创新资源指人才、知识、专利、信息、自然资源和资金;创新环境是国家政策与法规、管理体制、市场和服务的统称;国际互动是参与国际竞争合作的必要手段。一个国家的创新体系就是全球竞技场上的一个团队,经济全球化和研究与发展活动的国家化要求国家创新体系必须是一个开放式的、国际化的体系。国际科技交流与合作以及国际贸易是国家创新体系与国际环境互动的两个十分重要的渠道。

一般地认为:国家创新体系是由知识创新系统、技术创新系统、知识传播系统和知识运用系统构成的。它们在国家创新体系中的地位和作用分别是:知识创新系统是技术创新的基础源泉;技术创新系统是企业发展的根本;知识传播系统培养和输送高素质人才;知识运用系统促进科学知识和技术转变为现实生产力。四个系统各有侧重、相互交叉、相互支持,是一个开放的有机整体。

3. 我国国家创新体系的内涵与结构

中国特色的国家创新体系是以政府为主导、充分发挥市场配置资源的基础性作用、各类科学技术创新主体紧密联系和有效互动的社会系统。

我国的国家创新体系由以企业为主体、产学研结合的技术创新体系,科学研究与高等教育有机结合的知识创新体系,军民结合、寓军于民的国防科学技术创新体系,各具特色和优势的区域创新体系,社会化、网络化的科学技术中介服务体系五个部分构成。其中,"以企业为主体、产学研结合的技术创新体系"是国家创新体系的核心部分,而企业是技术创新的投入、产出、应用主体,在技术创新体系中发挥着重要作用。没有高水平自主创新能力的企业,就不可能建立起强大的国家创新体系。同时,产学研结合,既可规避经济与科技脱节现象,又可提升自主创新能力,在国家创新体系中占有重要的地位和作用;"科学研究与高等教育有机结合的知识创新体系"为国家创新体系提供了基础科学知识和技术科学知识,保证了技术创新的知识支撑,同时还培养了高层次创新人才,培训开发了具有必要的技术技能、知识和创造能力的人力资源,传播和转移了知识,是国家创新体系的基础;"军民结合、寓军于民的国防科学技术创新体系"使技术创新形成以军促民、以民带产的创新格局,即将高精尖的军事科技转为民用,进而促进民生科技的发展,再以民用科技带动(驱动)生产和产业的发展,故而加强了军民科技资源的集成,实现了从基础研究、应用研发、产品设计制造到技术和产品采购的有机结合,形成了军民高技术共享和相互转移的良性运转,是建立国家创新体系的有效途径;"各具特色和优势的区域创新体系"强调了中央与地方、地方与部门、部门与单位(或机构)的创新资源和科技力量的有机结合,使各方面、各种具体组织和机构在发展科学和技术(科技创新)方面实现有效的学习、交流和互动,充分发挥各方面的优势和特色,国家创新体系的绩效直接取决于各方面的通力协作,是国家创新体系的有力支撑;"社会化、网络化的科学技术中介服务体系",大力培育和发展了各类科技中介服务机构,对提高技术创新的支持和服务作用,特别是充分发挥政府的主导作用、发挥市场在科技资源配置中的基础性作用,进一步形成科技创新的整体合力提供了有效的服务,是国家创新体系的有力保障。

五个部分在国家创新体系中的地位和作用各有侧重,关系是既分工又合作,形成了一个相互促进的交互作用的社会网络系统。

四、增强自主创新能力,建设有中国特色的创新型国家

(一)自主创新的内涵及类型

1. 自主创新的内涵

从微观层面或从企业的角度来理解,自主创新是企业或其他研发者通过自我探索,研究开发出有创新价值的成果,并使之(成果)商品化,以获取商业利润的活动。

从一般意义理解或广义的界定：自主创新是创新主体经过自身努力，创造出与既有状态有质的不同的成果，其高级形式是掌握相关的核心技术和自主知识产权。

为对自主创新有全面正确的理解，做以下几点解析。

①自主创新其意是突出和强调科学技术创新的自主性。实质是掌握科技创新活动的主动权，即通过自主创新整合科技资源，创造出新的科学发现以及拥有自主知识产权的技术产品、品牌等，并不断提升技术和产品的特色，形成和保持自身的核心竞争能力。

②自主创新并不意味着要独立研究开发某个领域或某方面的所有技术，只要独立研究开发了其中的关键性核心技术，打通了创新中最困难的技术环节，独自掌握了核心技术原理即可，辅助性技术研究开发既可自己进行，也可委托其他组织进行，或通过技术购买解决。

③自主创新并非排斥向别人学习而自己一切从零做起，更不是封闭的"自力更生"，"自主"的核心要义是强调在开放环境下"不依赖别人，不受别人控制"，要自立自强、勇于创新，也要向别人学习，引进、吸收他人的先进成果，在充分学习、借鉴别人的先进科技成果的基础上实现自主创新。

④自主创新的投入大、风险高、周期长。通过自主创新探索或研究开发新技术，获得有效的技术突破，要求创新者拥有雄厚的研究力量，需要强的创新能力，一方面必须有雄厚的科研队伍，有高水平的创新人才；另一方面必须有雄厚的研发或创新资金做后盾，新技术的研究开发需要耗费巨额资金，消耗更多的创新资源，因此，没有雄厚的资金和充足的创新资源支撑，自主创新是很困难的，表明了自主创新投入大的特性。自主创新是多因素的系统工程，在自主创新过程中，创新者要面对很多的不确定因素，如科技发展趋势、市场需求趋势、科技研发、产品生产、市场开拓等，这一系列的工作都需要创新主体来承担，这些工作都存在着很大的创新风险性，创新主体要承受更高的风险，一般而言，技术创新的成功率大约只有10%。自主创新是多方面的综合过程，创新进程的快慢受单个创新主体的创新条件的制约，再加上技术难度的影响，自主创新的周期一般来说相对要长。

2. 自主创新的类型

自主创新因创新强度和层次的不同，可分为原始创新、集成创新、引进消化吸收再创新。

原始创新就是创造新的知识，这种新知识指前所未有的重大科学发现、技术发明、原理性主导技术等创新成果。所以，原始创新也可以说是一种突破性、破坏性的创新，它的出现可以引发产业革命，出现新的产业，改变产业的发展模式。如，蒸汽技术、电气技术、内燃机技术等都是历史上重大的原始创新。瓦特蒸汽机的出现使工作机、动力机和传动机三者构成近代的机器系统，导致了火车、轮船的发明和交通运输业的变革，推动了各个工业部门的发展和新型工业部门的兴起，改变了工业产业的发展模式；电能和电机的发明，特别是三相交流发电和输变电系统的建立，改变了以蒸汽技术为主导的技术体系,改变了原有的产业结构,促进了电冶金、电解、电镀、电机、变压器、电线电缆、各种电器的制造行业的建立和发展,改变了产业发展模式,使人类社会进入了电气产业发展时代;内燃机的发明和应用,导致了汽车、飞机、农机(拖拉机等)的制造,石油的开采和精炼以及与这些技术相匹配的材料生产,成为当时社会主导的产业,推动社会产业结构发生了重大变化,形成了新的产业发展模式;原子能技术和计算机的发明与应用,创生了核能开发利用产业和 IT 产业。每项重大的原始创新,都会使社会生产力水平有显著的提高,极大地推动产业结构升级,改变经济增长方式,推动人类社会向更高一级文明发展。原始创新的实现方式是加强基础研究和前沿高技术研究,支持科学家和创新主体的自主探索和高技术领域的开创性研究。

集成创新就是指把个别的知识或技术有效整合为有新性能的知识或技术系统。集成创新是一个新系统的整体创新,一般是围绕特定市场的需求,将相关技术进行有机融合,实现关键技术的突破,形成有市场竞争力的产品或新兴产业。集成创新是以企业为主,促进产学研合作,促进知识、技术、人才等各种创新资源包括全球资源的有效整合和有机融合而进行的创新。因此,集成创新的形式是多样的,可以是委托他人进行研究开发的创新、合作的创新等。

引进消化吸收再创新是指在引进国内外先进技术的基础上,通过学习、研究、消化、吸收,突破引进技术,形成具有自主知识产权的新技术。改革开放以来,我国有许多产业通过引进技术实现了消化吸收再创新,如彩色电视机领域、汽车产业等;也有许多企业成功地实现了引进消化吸收再创新,如中国重型汽车集团在消化吸收奥地利斯太尔的技术之后,实现了许多产品创新。当然,我国有许多的产业由于引进后消化吸收做得不够、不精,学习能力不强,不能实现再创新,致使走上“引进—落后—再引进—再落后”的恶性循环;另外,有些产业领域的核心技术的出口一直有许多限制,即与国家安全和市场激烈竞争有关的核心技术、关键技术是不可能引进的(买到的),因而也就很难通过引进、消化、吸收、再创新这一模式进行创新。这就是说,不能总是靠“买”或“借”别人的先进技术发展生产(产业),这样只能走恶性循环之路;那些核心技术、关键技术是买不到的。因此,要不受控于人,不跟在别人后面走,实现自主发展,必须自主创新。

上述三类创新都是自主创新,实际当中不能偏废任何一种。三种创新从不同层面说明了自主创新的内涵,自主创新的三层内涵是关联的:原始创新是提高科技创新能力的重要基础和提升科技竞争力的重要源泉,集成创新是科技创新的一个重要范式,引进、消化、吸收、再创新是科技创新的一个有效途径。我们要通过集成创新和引进、消化、吸收、再创新不断地提高自主创新能力,实现原始创新。

(二)建设创新型国家的根本目标

党中央提出到 2020 年把我国建设成为创新型国家。

从目前世界不同国家走的发展道路来看,不同的国家可分为资源型、依附型和创新型三种。其中,资源型是指一些国家主要依靠自身丰富的自然资源作为生产力的主要因素，来增加国民财富，如中东产油国家，这些国家称为资源型国家；依附型是指一些国家主要依附于发达国家的资本、市场和技术作为国家发展的主要因素，如一些拉美国家，这些国家称为依附型国家；创新型是指一些国家把科技创新作为国家发展的基本战略，大幅度提高科技创新能力，形成日益强大的竞争优势，如美国、日本、芬兰、韩国等，这些国家称为创新型国家。因此，建设创新型国家就是选择走创新型发展道路，即主要依靠技术创新驱动发展，科技进步和技术创新在产业发展和国家财富增长中起着核心作用。目前世界上公认的创新型国家有20个左右，创新型国家的创新综合指数明显高于其他国家，如科技进步贡献率在70%以上，对外技术依存度在30%以下，研发（R&D）经费占GDP的比重在2%以上，三方专利数占世界数量的97%以上，更为重要的是，具有高效的国家创新体系。这些指标事实上从不同侧面反映了创新型国家的创新程度很高，有很强的自主创新能力，是发达的强国。世界上不同发展类型国家的实践告诉我们：创新型国家才拥有强大的自主创新能力，拥有强大自主创新能力的国家，才能在激烈的国际竞争中把握先机、赢得主动，才能在国际产业分工和全球经济格局中抢占战略制高点，才能牢牢把握经济发展的主动权。

因此，我国实施建设创新型国家战略，其根本目标就是提高我国的自主创新能力。提高自主创新能力是发展科学技术的战略基点，是调整产业结构、转变增长方式的中心环节，是国家发展战略的核心，是提高综合国力的关键，是实现建设创新型国家的根本途径。

自新中国成立以来，我国在建设国家创新体系、增强自主创新能力方面做了很大的努力，在经济和科技力量比较薄弱的情况下，初步建立起比较完备的工业体系，取得了“两弹一星”、载人航天、人工合成牛胰岛素、杂交水稻等举世瞩目的成就。有关研究表明，2005年我国的自主创新能力在49个主要国家（占全球GDP的92%）中处在第18位，位居发展中国家前列。新中国成立以来特别是经过30多年的改革开放，我国的自主创新能力和综合国力都有很大的提升，在资金、人力资源总量和基础建设等方面具备了建设创新型国家的一定基础和能力。但也应注意，长期以来，我国为了在相对薄弱的科技和经济基础上尽快提高经济发展水平，走的是一条主要依靠劳动力、自然资源和资本等生产要素高投入、高积累的粗放型经济增长道路。即使是改革开放以后，我国经济经过20多年的持续高速增长，GDP已居世界前列，现代化进程得到快速推进，国家在全球经济中的竞争能力与参与程度显著提高，这种粗放型增长的模式仍没有根本性改观。这种发展模式，一方面严重影响了我国企业和产业的国际竞争力，不但企业技术创新能力相对薄弱，国家重大产业对外技术依存度居高不下，而且产业生产率大大低于国际先进水平；另一方面造成我国资源供应压力加剧，环境加速恶化，经济和社会的进一步发展面临资源、环境等瓶颈因素的极大制约。据有关统计，我国耕地、淡水、森林、石油、天然气等资源的人均占有量远低于世界平均水平，而近年来我国资源消耗占世界总消耗量的比重却居于世界前列（如表5.1所示）。

表 5.1 2003 年我国资源消耗量占世界总消耗量的比重(%)①

原油	原煤	铁矿石	钢材	氧化铝	水泥
7.4	31	30	21	25	40

在我国人均国内生产总值从 1 000 美元提升到 3 000 美元乃至更高水平的发展中,经济社会的快速发展将进一步加大我国已面临的资源和环境压力。因此,必须转变经济发展模式,走主要依靠创新驱动发展的道路,即把增强自主创新能力作为调整产业结构、转变发展方式的中心环节,建设资源节约型、环境友好型社会,推动国民经济又好又快发展。否则,将如胡锦涛指出的:"如果不从根本上转变经济增长方式,能源将无以为继,生态环境将不堪重负。那样,我们不仅无法向人民交代,也无法向历史、向子孙后代交代。"提高自主创新能力,是转变发展方式,建设资源节约型、环境友好型社会的根本途径。

第二,我国长期以来形成的"重引进,轻研发"的发展模式对我国的国家持久竞争力产生了严重影响。改革以来,我国引入了大量技术和装备,对提高产业技术水平、促进经济发展起到了重要作用。但也必须清醒地认识到,引进技术不等于获得了技术创新能力,特别是核心技术是引不进来的。实践证明,技术创新能力是内生的,需要在引进的基础上,有组织地进行学习和产品研发才能获得,即对引进的技术要消化、吸收、再创新,才能提高和获得创新能力。如果只引进不能消化、吸收、再创新,不可避免地将陷入"引进,落后;再引进,再落后"的恶性循环之中。有关研究指出,日、韩两国技术引进与消化吸收的费用比例均保持在 1∶10 左右,我国引进与消化吸收的资金比例为 1∶0.15,充分说明我国消化、吸收、再创新能力较弱,这种状况极大地削弱了自主研发能力,拉大了与世界先进水平的差距;更为重要的是,核心技术、关键技术是引不进来的,引进来的往往都是发达国家产业结构调整下来的,甚至趋于淘汰的技术,这些技术虽在一定意义上有助于推动经济增长,但大都是以高耗能、高污染、低附加值为代价的。随着我国经济的发展,对先进技术的需求和要求都提高了,而关系国民经济命脉和国家安全的关键领域,真正的核心技术是不可能引进来的,同时,近些年来西方发达国家通过技术控制和知识产权控制来遏制我国发展。我们要改变现存状态,在激烈的国际竞争中掌握主动权,就必须走自主创新的道路,把提高自主创新能力作为发展科学技术的战略基点,在若干重要领域掌握一批核心技术,拥有一批自主知识产权,造就一批具有国际竞争力的企业,彻底改变"重引进,轻研发"的发展模式,大幅度全面地提高国家创新能力,国家综合国际竞争力。当然,讲自主创新并非是排斥对外开放,要学习和借鉴国外的先进技术,把在引进技术基础上的消化、吸收、再创新作为增强自主创新能力的重要路径。既要最大限度地利用全球化知识和

① 吴敬琏:《中国增长模式选择》,126 页,上海,上海远东出版社,2006。

技术资源，更要把提高自主创新能力作为科学技术发展的战略基点，只有这样，我国在当前和未来的全球化进程中才能真正处于主动地位。

我国社会发展的历史与现实充分证明，我国只有拥有了强大的自主创新能力，拥有了大批的核心技术和知识产权，关系国民经济命脉和国家安全的关键领域的核心技术、关键技术才不会受控制，才能在国际竞争中占有主动，才能在经济全球化中把握经济发展的主动权。因此，必须建设创新型国家，走出一条中国特色的自主创新道路，把提高自主创新能力作为发展科学技术的战略基点，作为调整产业结构、转变发展方式的中心环节，作为国家战略贯穿现代化建设的各个方面。

（三）建设创新型国家的总体战略方针

《国家中长期科学和技术发展规划纲要（2006—2020）》明确提出我国建设创新型国家的总体战略方针："自主创新，重点跨越，支撑发展，引领未来"。

自主创新，就是从增强国家创新能力出发，加强原始创新、集成创新和引进消化吸收再创新。重点跨越，就是坚持有所为、有所不为，选择具有一定基础和优势、关系国计民生和国家安全的关键领域，集中力量、重点突破，实现跨越发展。支撑发展，就是从现实的紧迫需求出发，着力突破重大关键、共性技术，支撑经济社会的持续协调发展。引领未来，就是着眼长远，超前部署前沿技术和基础研究，创造新的市场需求，培育新兴产业，引领未来经济社会的发展。

在科技工作中以总体战略方针为指导，把提高自主创新能力摆在全部科技工作的突出位置，坚持有所为、有所不为，抓关键、抓核心，重点突破，跨越发展，力争在若干关系国民经济命脉和国家安全的关键领域，掌握一批核心技术、关键技术，拥有一批自主知识产权，造就一批具有国际竞争力的企业和产业，大幅度提高我国的自主创新能力。

（四）建设创新型国家的战略对策

1. 发展创新文化，培育全社会的创新精神

为了加快我国创新型国家建设，要发展创新文化，培育全社会的创新精神，在全社会形成一种推崇创新、尊重创新的氛围。创新文化、创新精神是建设创新型国家的基础，发展创新文化，培育创新精神是建设创新型国家的灵魂。国外创新型国家十分重视创新文化、创新精神培育环境的建设，从培植创新基因，培育创新精神，培养创新心理，更新创新观念，促进创新型人才个性的和谐、全面和自由发展等全方位进行建设。美国是世界一流的创新型国家，其包容多元文化、鼓励自由思考、尽力为企业和个人营造创新的社会环境。系统的独特创新文化、创新精神是美国创新型国家建设成功的主要原因。我国建设创新型国家，也必须大力加强创新文化、创新精神培育环境的建设，从弘扬"自强不息"的优秀传统文化，繁荣发展哲学社会科学，在全社会传播科学知识、科学方法、科学思想、科学精神、充分发挥社团组织的联动协作等方面来营造一个有利于各创新主体之间合作和互动的良好创新环境，让一切有利于自主创新的力量生机勃勃、健康成长，形成科技创新的整体合力，加速创新型国家建设。

2. 培养造就富有创新精神的人才队伍

科技创新，人才是关键。建设创新型国家，需要一批批的富有创新精神的人才队伍。杰出的科学家和高素质的科学技术专业人才群体，是国家科技事业发展的决定性因素，是建设创新型国家的基本条件，国外创新型国家都把科技人力资源视为战略资源和提升国家竞争力的核心因素。当前，人才竞争正成为国际竞争的一个焦点。为了加快我国创新型国家建设，要加快推进人才强国战略，树立人才资源是第一资源的观念，实施人才培养工程，造就大批创新人才。一方面要依托国家重大人才培养计划、重大科研和重大工程项目、重点学科和重点科研基地、国际学术交流和合作项目，培养大批德才兼备的富有创新精神的高素质科技人才；另一方面要加大引进人才、引进智力工作的力度，尤其是要积极引进海外高层次人才，要充分利用一大批国家级研究院和实验室，在全球范围招聘更多的科技人才，同时鼓励一些大型企业引进国外优秀人才；再一方面要大力推进科教兴国战略，提高高等教育培养人才职能。高等院校的一项重要职能是为全社会培养高技能人才和高素质创新人才。改革课程体系，改革研究生(主要是博士生)招生制度，为社会培养更多的高素质有效创新人才。

3. 建设科学、合理的制度和政策体系

创新型国家建设是依靠国家的社会管理功能把社会打造成创新型社会，其实质是政府制定相关的制度和政策，保障创新资源合理、有效的配置，进而促进创新型国家建设。因此，科学、合理的制度和政策体系支持和保障了创新型国家的建设。

首先，通过宏观调控政策实现国家创新资源的有效配置。在发挥市场资源配置的基础性作用的基础上，应充分发挥政府的宏观调控作用，政府制定有关的政策和制度，协调和推动产业界、大学和研究机构有效合作，实现其功能上的互补；同时对基础知识的提供、产业共性知识的提供、创新基础设施的提供以及涉及国家安全和政治地位的创新行为等这些有着较长的回报周期和较大的投资需求强度的项目，政府来组织和实施，以规避市场的低效区和失效区的随机性和局域性，实现创新资源有效配置。

其次，通过政府职能的转变，改变条块分割的管理机制，避免基于局部利益的不同政策之间的相互冲突和相互掣肘，加强经济政策、产业政策、科技政策等之间的相互协调，建立连贯、系统的宏观政策体系，以保障国家创新资源的有效配置。

再次，为了加快创新型国家建设的进程和效益，政府应制定系列的运行政策以支持创新型国家建设。第一，实施强有力的投入政策，增加政府投入。目前我国的研发(R&D)投入占 GDP 的比重小于 2%，因此在建设创新型国家的进程中，必须实施更有力的科技投入政策，把对科技事业发展特别是提高自主创新能力的投入作为战略性投资，同时调整科技投入方向政策和科技基础条件平台建设。第二，加快创新型人才培养政策。创新型人才是建设创新型国家的基本条件，目前我国人才总体规模比较大，但高层次人才十分短缺，因此应把科技创新人才培养作为战略资源和提升国家竞争力的核心因素来高度重视，培养和造就大批高素质创新人才。第三，推动自主创

新政策。建设创新型国家的核心是不断提高自主创新能力，要把提高自主创新能力摆在建设创新型国家工作的首位，通过出台和实施一系列提高自主创新能力的政策，加强原始创新、集成创新和引进、消化、吸收、再创新。第四，加大创新产出政策。提高创新产出是创新型国家建设的目标，与创新型国家相比，我国目前创新产出很低，科技进步对经济增长的贡献率仅为40%左右，发明专利数量仅占世界总量的2%，因此在建设创新型国家的进程中，要着力实施加大创新产出政策，促进优势产业发展，促进科技成果转化。

4. 深化科学技术体制改革

科学技术体制是关系我国科学技术事业发展的一个带有根本性、全局性、稳定性和长期性的问题，科学技术体制确定得是否科学、合理，关系着国家科技方针政策能否认真贯彻；科技规划能否顺利实现；科研机构和科技人员的潜力能否充分发挥；科研成果能否尽快转化为生产力。因此，科技体制直接关系到创新型国家建设。目前我国“有利于科技进步和创新的充满活力的体制机制还没有完全形成，有利于科技成果更快更好地向现实生产力转化的有效机制还没有真正建立起来”，①还存在着各地区、各部门自成体系、分工过细、机构重叠、力量分散的条块管理格局，突出地表现着科技活动的行政化，这种缺乏市场导向的科研使科研人员缺乏为生产服务的内在动力和外在压力，造成科研与生产脱节，既阻碍了科技发展，又制约了生产力发展。

“完善而具有活力的科技体制，是推动科技进步和创新、加速科技成果向现实生产力转化、加强科技同经济社会发展结合的重要保障”。“形成科技创新与经济社会发展紧密结合的机制”，②才能解放科技的创造力，使科技人员的智慧与创造才能得以充分发挥，才能解决科技与经济严重脱节的问题，使科技成果迅速转化为生产力。

因此，为了加快创新型国家建设进程，应“深化宏观管理体制改革，减少重复计划、重复投资、重复建设；改革科技管理体制，加快国家创新体系建设；完善科技资源配置方式，改革一切束缚科技生产力发展和公平竞争的体制机制，充分发挥市场在科技资源配置中的基础作用”。③建立健全国家科技决策机制和宏观协调机制，促进全社会科技资源高效配置和综合集成，促进科研布局和结构调整。发挥政府的主导作用，市场在科技资源配置中的基础性作用，企业在技术创新中的主体作用，国家科研机构的骨干和引领作用，大学的基础和生力军作用，加强国家科研机构、大学、企业等单位之间的合作，进一步形成科技创新的整体合力，加快建设中国特色国家创新体系。

---

① 福柯：《权力的眼睛——福柯访谈录》，105页，严锋，译，上海，上海人民出版社，1997。

② 福柯：《不正常的人》，13页，钱翰，译，上海，上海人民出版社，2003。

③ 福柯：《福柯集》（杜小真编选），79页，上海，上海远东出版社，2003。

案例

芬兰创新型国家建设

在20世纪50年代初,芬兰作为一个农业人口大约占一半的半工业化国家,很落后。20世纪70年代,芬兰开始考虑放弃资源密集型经济发展战略并选择知识经济发展道路的时候,仍是一个以森林资源加工为主的国家。但是,到20世纪末,时隔短短20年左右,芬兰就成功地从一个资源型国家转变成了世界上最具有竞争力的创新型国家之一。这主要表现在,芬兰从信息通信技术发展程度最低的国家发展成了世界上ICT最专业化的国家,ICT成为其经济发展的强有力产业。特别是进入21世纪以来,芬兰在达沃斯世界经济论坛的全球竞争力排名中已经有四次位列榜首。在"世界经济论坛"公布的《2004—2005年度全球竞争力报告》中,芬兰再次领先美国荣获第一名。芬兰经验的特殊意义还在于,它在成功地建立一种动态发展的知识经济的同时,仍保持着北欧福利国家的模式,从而为创新型国家建设的多样化模式提供了经验。

进一步阅读书目

1. 李仁. 创新时速与竞争之道[M]. 北京:中华工商联合出版社,2004.

该书论述了当前世界技术创新的特点和趋势;介绍了我国及世界发达国家许多著名企业技术创新成功的案例;系统总结和转载了我国技术创新系统的机关部门和机构在建构我国技术创新系统和提高我国技术创新能力过程中所采取的措施。

2. 李正风,曾国屏. 中国创新系统研究——技术、制度与知识[M]. 济南:山东教育出版社,1999.

3. 柳卸林. 21世纪的中国技术创新系统[M]. 北京:北京大学出版社,2001.

思考题

1. 如何理解创新型国家的内涵?
2. 我国建设创新型国家的过程中要实现哪些转变?
3. 国外创新型国家建设经验对我国有哪些启示?

参考文献

[1] 陈凡. 自然辩证法概论[M]. 北京:人民出版社,2010.

[2] 陈昌曙. 技术哲学引论[M]. 北京:科学出版社,1999.

[3] 曾国屏,高亮华,刘立,等. 当代自然辩证法教程[M]. 北京: 清华大学出版社,2005.

[4] 于光远. 关于"我国的一个哲学学派"[J]. 自然辩证法研究,2004(2).

[5] 陈昌曙. 哲学视野中的可持续发展[M]. 北京:中国社会科学出版社,2000.

[6] 李醒民. 爱因斯坦:伟大的人文的科学主义者和科学的人文主义者[J]. 江苏社会科学,2005(2).

[7] 冒从虎,王勤田,张庆荣. 欧洲哲学通史[M]. 天津:南开大学出版社,2012.

[8] 杜石然,范楚玉,陈美东,等. 中国社会科学技术史稿(上、下)[M]. 北京:科学出版社,1982.

[9] 王伯鲁. 马克思技术思想纲要[M]. 北京: 科学出版社,2009.

[10] 教育部社会科学研究思想政治工作司. 自然辩证法概论[M]. 北京:高等教育出版社,2004.

[11] 全国工程硕士政治理论课教材编写组. 自然辩证法——在工程中的理论与应用[M]. 北京:清华大学出版社,2008.

[12] 李三虎,赵万里. 技术的社会建构——新技术社会学评介[J]. 自然辩证法研究,1994(10).

[13] M. 玻恩. 我的一生和我的观点[M]. 北京:商务印书馆,1979.

[14] E. 拉兹洛. 用系统论的观点看世界[M]. 北京:中国社会科学出版社,1985.

[15] 白夜昕,陈凡. 论前苏联—俄罗斯技术观的历史演变[J]. 理论探讨,2006(2).

[16] 贝尔纳·斯蒂格勒. 技术与时间:爱比米修斯的过失[M]. 裴程,译. 南京: 译林出版社,1999.

[17] 马红霞. 浅析自然科学、社会科学和人文科学的本质差异[J]. 广东社会科学,2006(6).

[18] 马元方,王泽兵. 论自然科学与人文科学的和谐发展[J]. 四川师范大学学报(社会科学版),2009.

[19] 沈铭贤,王淼洋. 科学哲学导论[M]. 上海:上海教育出版社,1991.

[20] 伊姆雷·拉卡托斯. 科学研究纲领方法论[M]. 兰征,译. 上海: 上海译文出版社,2005.

[21] J. D. 贝尔纳. 科学的社会功能[M]. 陈体芳,译. 桂林: 广西师范大学出版社,2003.

[22] 肖德武,姜正东,孙波. 简明自然辩证法教程[M]. 济南: 山东大学出版社,2006.

[23] 任晓明. 新编归纳逻辑导论——机遇、决策与博弈的逻辑[M]. 郑州:河南人民出版社,2009.

[24] 约翰·齐曼. 技术创新进化论[M]. 孙喜杰,曾国屏,译,上海:上海科技教育出版社,2002.

[25] C. L. Mills. 进化论传奇——一个理论的传记[M]. 李虎,译,北京:海洋出版社,2010.

[26] 王贵友. 科学技术哲学导论[M]. 北京:人民出版社,2005.

[27] 尼科·雅赫尔. 科学社会学[M]. 北京:中国社会科学出版社,1981.

[28] 赫伯特·马尔库塞. 单向度的人[M]. 张峰,译. 重庆:重庆出版社,1988.

[29] 中华人民共和国国务院. 国家中长期科学和技术发展规划纲要(2006—2020 年)[M]. 北

京:人民出版社,2010.
[30] 肖前. 马克思主义哲学原理[M]. 北京:中国人民大学出版社,1994.
[31] 希拉·贾撒诺夫,杰拉尔德·马克尔,詹姆斯·彼得森,等. 科学技术论手册[M]. 盛晓明,孟强、胡娟,等译. 北京:北京理工大学出版社,2004.
[32] 夏从亚. 自然辩证法概论[M]. 北京:中国石油大学出版社,2012.
[33] 游光荣. 中国科技国情分析报告[M]. 北京:中国青年出版社,2001.
[34] 张素华. 说不尽的毛泽东[M]. 北京: 中央文献出版社,1996.
[35] 福柯. 不正常的人[M]. 钱翰,译. 上海:上海人民出版社,2003.
[36] 路甬祥,郑必坚. 和平崛起[M]. 北京:高等教育出版社,2005.
[37] 徐冠华. 2020 年,进入创新型国家行列[N],科学时报,2006-03-13.
[38] 吴敬琏. 中国增长模式选择[M]. 上海:上海远东出版社,2006.